电子设计系列教材

电子技术设计进阶

路廷镇　李　伟　主　编
薛海峰　杜晓颜　李　攀　副主编

電子工業出版社
Publishing House of Electronics Industry
北京·BEIJING

内 容 简 介

本书以电子技术设计为主线，全面介绍电子技术发展的相关理论、方法和技术，主要内容包括电路基本理论、电路分析与故障诊断、电子电路设计 3 篇共 12 章，难度按照由浅入深、分层次循序渐进逐步加深，内容涉及电工电子基础、常用仪器仪表的使用、电工技能、电子技术设计等。

本书基于电子技术基础的工作实践，包含了大量实例，便于读者对照参考练习，适合相关行业和领域的电工电子技术人员学习使用。

图书在版编目（CIP）数据

电子技术设计进阶 / 路廷镇，李伟主编. —北京：电子工业出版社，2021.6

ISBN 978-7-121-41097-0

Ⅰ. ①电… Ⅱ. ①路… ②李… Ⅲ. ①电子技术—高等学校—教材 Ⅳ. ①TN

中国版本图书馆 CIP 数据核字（2021）第 080044 号

责任编辑：王羽佳　　特约编辑：武瑞敏
印　　刷：保定市中画美凯印刷有限公司
装　　订：保定市中画美凯印刷有限公司
出版发行：电子工业出版社
　　　　　北京市海淀区万寿路 173 信箱　邮编　100036
开　　本：787×1 092　1/16　印张：17.5　字数：448 千字
版　　次：2021 年 6 月第 1 版
印　　次：2021 年 6 月第 1 次印刷
定　　价：69.00 元

凡所购买电子工业出版社图书有缺损问题，请向购买书店调换。若书店售缺，请与本社发行部联系，联系及邮购电话：（010）88254888，88258888。

质量投诉请发邮件至 zlts@phei.com.cn，盗版侵权举报请发邮件至 dbqq@phei.com.cn。

本书咨询联系方式：（010）88254535，wyj@phei.com.cn。

前　言

电子技术的进步极大地促进了经济与科学技术的发展，明显加快了经济和社会现代化进程。本书从先进性和实用性出发，较全面地介绍了电子技术基本理论和应用方面的技能。本书分为电路基本理论、电路分析与故障诊断、电子电路设计3篇。难易程度按照入门、提高、进阶分层次循序渐进加深。在介绍基本理论和基础方法的基础上，列举了一些典型实验，希望通过理论和实践相结合的方法，使读者理解、把握相关方法与技术。本书的编写旨在进一步加强电子技术基础教学工作，适应岗位培训内容，积极探索人才培养新的教学模式。

本书内容安排注重实用，讲解清晰透彻，表现形式丰富新颖，语言简明扼要、通俗易懂，具有很强的专业性、技术性和实用性。本书可供电子专业学生和相关工程技术人员学习、参考。在实际教学中，可以根据对象和学时等具体情况对书中的内容进行删减和组合，也可以进行适当的扩展。

本书由路廷镇、李伟担任主编，薛海峰、杜晓颜、李攀担任副主编。第1～3章、第7章、第10章由李攀、杜晓颜、赵曦晶编写；第4～6章由王元芝、陈炳乾编写；第8～9章由张晋、周保顺编写；第11～12章由李伟、范灵毓编写。全书由路廷镇统稿，卢小平对全书进行了审阅。本书在编写过程中参考了大量相关书籍和资料，在此一并表示诚挚的感谢！

由于编者水平有限，书中难免有错误和不妥之处，望广大读者提出宝贵意见和建议。

编　者

2021年1月

前言

目　录

第一篇　电路基本理论

第二篇 电路分析与故障诊断

第三篇 电子电路设计

第一篇　电路基本理论

第 1 章　电子电路基本知识

1.1　基本概念

1.1.1　电流、电压和电功率

电路的电性能可以用一组表示为时间函数的变量来描述，常用的是电流、电压和电功率。

1. 电流

自然界中存在正、负两种电荷，在电源的作用下，电路中形成了电场；在电场力的作用下，处于电场内的电荷发生定向移动，形成电流，习惯上把正电荷运动的方向规定为电流的方向。

电流的大小称为电流强度（简称电流），是指单位时间内通过导体横截面的电荷量，即

$$i(t)=\frac{\mathrm{d}q}{\mathrm{d}t} \tag{1-1}$$

式中，q 为电荷，单位为库仑（C）；t 为时间，单位为秒(s)；i 为电流，单位为安培（A）。电流的单位除了安培（A），还有毫安（mA）、微安（μA），它们之间的换算关系为

$$1\mathrm{A}=10^3\mathrm{mA}$$

$$1\mathrm{mA}=10^3\mu\mathrm{A}$$

如果电流的大小和方向不随时间的变化而变化，那么这种电流称为恒定电流，简称直流，一般用大写字母 I 表示。

如果电流的大小和方向都随时间的变化而变化，那么这种电流称为交变电流，简称交流，一般用小写字母 i 表示。

2. 电压

电压是指电场中两点间的电位差（电势差），电压的实际方向规定为从高电位指向低电位，a、b 两点之间的电压在数值上等于电场力驱使单位正电荷从 a 点移至 b 点所做的功，即

$$u(t)=\frac{\mathrm{d}W}{\mathrm{d}q} \tag{1-2}$$

式中，dq 为由 a 点转移到 b 点的正电荷量，单位为库仑（C）；dW 为转移过程中电场力对电荷 dq 所做的功，单位为焦耳（J）；$u(t)$为电压，单位为伏特（V）。

如果正电荷由 a 点转移到 b 点，电场力做了正功，那么 a 点为高电位，即正极，b 点为低电位，即负极；如果正电荷由 a 点转移到 b 点，电场力做了负功，那么 a 点为低电位，即负极，b 点为高电位，即正极。

若正电荷量及电路极性都随时间的变化而变化，则称为交变电压或交流电压，一般用小写字

母 u 表示；若电压大小和方向都不变，则称为直流（恒定）电压，一般用大写字母 U 表示。

3. 参考方向

在实际问题中，电流和电压的实际方向事先可能是未知的，或者难以在电路图中标出，如交流电流，就不可能用一个固定的箭头来表示其实际方向，所以引入参考方向的概念。参考方向可以任意选定，在电路图中，电流的参考方向用箭头表示；电压的参考方向（也称参考极性）则在元件或电路的两端用符号“+”“−”来表示，“+”表示高电位端，“−”表示低电位端；有时也用双下标表示，如 u_{AB} 表示电压参考方向由 A 指向 B。

如果电流或电压的实际方向（虚线箭头）与参考方向（实线箭头或“+”“−”）一致，那么用正值表示；如果两者相反，那么用负值表示，如图 1.1.1 所示。这样，可利用电流或电压的正负值结合参考方向来表明实际方向。

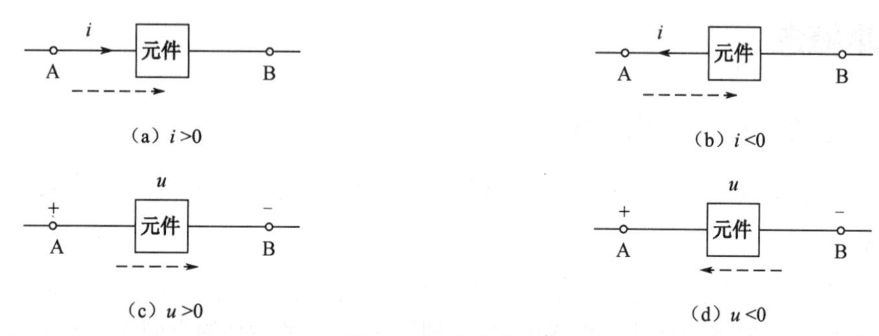

图 1.1.1　参考方向

在分析电路时，应先设定好合适的参考方向，在分析与计算的过程中不再任意改变，最后由计算结果的正、负值来确定电流和电压的实际方向。

如果指定流过某元件（或电路）的电流参考方向是从标电压的正极性的一端指向负极性的一端，即两者的参考方向一致，那么把电流和电压的这种参考方向称为关联参考方向；而当两者不一致时，称为非关联参考方向，如图 1.1.2 所示。

图 1.1.2　关联参考方向与非关联参考方向

在分析计算电路时，对无源元件常取关联参考方向，对有源元件则常取非关联参考方向。

4. 电功率

电功率表示电路或元件消耗电能快慢的物理量，定义为电流在单位时间内所做的功，即

$$p(t)=\frac{\mathrm{d}W}{\mathrm{d}t} \tag{1-3}$$

式中，t 为时间，单位为秒(s)；W 为功，单位为焦耳(J)；p 为功率，单位为瓦特(W)。

设定电流和电压为关联参考方向时，由式（1-2）可得 $\mathrm{d}W=u(t)\mathrm{d}q$，再结合式（1-1），有

$$p(t)=\frac{\mathrm{d}W}{\mathrm{d}t}=u(t)\frac{\mathrm{d}q}{\mathrm{d}t}=u(t)i(t) \tag{1-4}$$

此时，把能量传输（流动）的方向称为功率的方向。若 $p(t)>0$，则表示此电路（或元件）吸收能量，此时的 $p(t)$称为吸收功率；若 $p(t)<0$，则表示此电路（或元件）发出能量，此时的 $p(t)$称

为发出功率。

对于 $p(t)=u(t)i(t)$，当设定电流和电压为非关联参考方向时，若 $p(t)>0$，则表示此电路（或元件）发出能量，此时的 $p(t)$ 称为发出功率；若 $p(t)<0$，则表示此电路（或元件）吸收能量，此时的 $p(t)$ 称为吸收功率。

根据能量守恒定律，对于一个完整的电路来说，在任一时刻各元件吸收的电功率的总和应等于发出电功率的总和，或者电功率的总代数和为零。

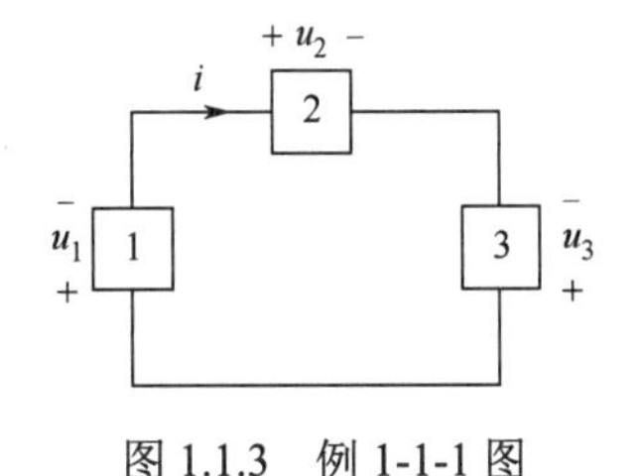

图 1.1.3　例 1-1-1 图

【例 1-1-1】 图 1.1.3 所示电路中已标出各元件上电流、电压的参考方向，已知 $i=2\text{A}$，$u_1=3\text{V}$，$u_2=-8\text{V}$，$u_3=5\text{V}$，试求各元件吸收或发出的功率，并验证整个电路的电功率是否平衡。

解： 对于元件 1 和元件 2，其上的电压和电流为关联参考方向，有

$$p_1=u_1 i=3\times 2=6\text{W}>0 \text{（吸收功率）}$$

$$p_2=u_2 i=(-8)\times 2=-16\text{W}<0 \text{（发出功率）}$$

对于元件 3，其上的电压和电流为非关联参考方向，有

$$p_3=u_3 i=5\times 2=10\text{W}>0 \text{（发出功率）}$$

电路发出的总功率为

$$p_{\text{发}}=p_2+p_3=6\text{W}$$

电路吸收的总功率为

$$p_{\text{吸}}=p_1=6\text{W}$$

可见，$p_{\text{发}}=p_{\text{吸}}$，总功率平衡。

功率平衡的规律可用于电路设计或求解电路的结果验证。

在电压和电流选定关联参考方向时，电路从 t_0 到 t 时间内所吸收的电能 W 为

$$W(t_0,\ t)=\int_{t_0}^{t}p(\xi)\mathrm{d}\xi=\int_{t_0}^{t}u(\xi)i(\xi)\mathrm{d}\xi \tag{1-5}$$

电能的单位为焦耳(J)，但在电力系统中，电能的单位通常用千瓦时（kW·h）来表示，也称为度（电）。它们之间的换算关系为

$$1\text{ 度（电）}=1\text{ kW}\cdot\text{h}=3.6\times 10^6\text{ J}$$

注意，实际的电气设备都有额定的电压、电流和功率限制，使用时不要超过规定的额定值；否则易使设备损坏。超过额定功率称为超载，低于额定功率称为欠载。

1.1.2　电阻、电容和电感元件

1. 电阻元件

电阻元件是从实际物体中抽象出来的理想模型，表示物体对电流的阻碍和将电能转化为热能的作用，如模拟灯泡、电热炉等电器。

1）电阻元件的伏安特性

任何一个二端元件，如果在任意时刻的电压和电流之间存在代数关系（伏安关系，Voltage Current Relation，VCR），即不论电压和电流的波形如何，它们之间的关系总可以由 u-i 平面上的一条曲线（伏安特性曲线）所决定，那么此二端元件称为电阻元件，简称电阻。

伏安特性曲线过原点且为直线的电阻元件称为线性电阻元件，如图 1.1.4 所示。

设电流和电压参考方向相关联，则电阻元件两端的电压和电流遵守欧姆定律

$$u = Ri \tag{1-6}$$

式中，u 为电阻元件两端的电压，单位为伏特(V)；i 为流过电阻元件的电流，单位为安培(A)；R 为电阻元件的参数，为正实常数，单位为欧姆(Ω)。电阻 R 的大小与直线的斜率成正比，R 不随电流和电压的大小而改变；u、i 可以是时间 t 的函数，也可以是常量（直流）。

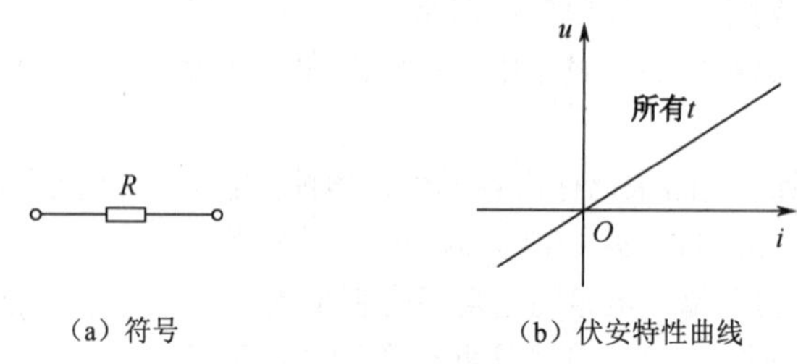

图 1.1.4 线性电阻元件

定义电阻的倒数为电导 G，即 $G=\dfrac{1}{R}$，式（1-6）可写为

$$i = Gu \tag{1-7}$$

电导的单位为 S（西门子）。

若电流和电压参考方向非关联，则有

$$u = -Ri \quad 或 \quad i = -Gu$$

电阻元件还可分为非线性、时不变、时变等类型。非线性电阻元件符号及各类电阻伏安特性曲线如图 1.1.5 所示。

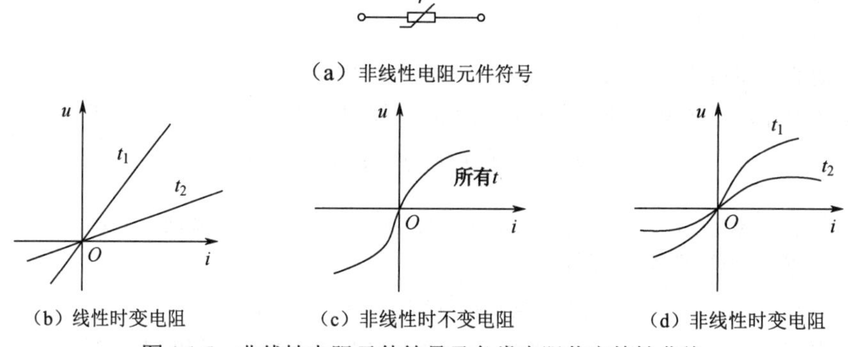

图 1.1.5 非线性电阻元件符号及各类电阻伏安特性曲线

根据电阻元件的一般定义，在 u-i 平面上用一条斜率为负的特性曲线来表征的元件也属于电阻元件，这种元件称为负电阻元件或负电阻，即 $R<0$。

在本书中，除非专门说明，电阻均指线性时不变的正值电阻。

2）电阻元件的功率

对于任意线性时不变的正值电阻，即 $R=\dfrac{u(t)}{i(t)}>0$，因此 $p(t)=u(t)i(t)>0$。也就是说，这种电阻元件始终吸收（消耗）功率，为耗能元件，也称为无源元件。

电阻元件从 t_0 到 t 时间内产生的热量即为这段时间内消耗的电能，即

$$Q=\int_{t_0}^{t} Ri^2(\xi)\mathrm{d}\xi$$

2. 电容元件

电容元件是一种表征电路元件储存电荷特性的理想元件，简称电容。电容的原始模型是由两

块金属极板中间用绝缘介质隔开的平板电容器，当在两极板上加上电压后，极板上分别积聚了等量的正、负电荷，在两极板之间产生电场。积聚的电荷越多，所形成的电场就越强，电容元件所储存的电场能也就越大。

电容（或称为电容量）是表示电容元件容纳电荷能力的物理量，人们把电容器的两极板间的电势差增加 1V 所需的电荷量，称为电容器的电容，记为 C。C 是一个正实常数，单位为法拉（F），其定义为

$$C = q / u \tag{1-8}$$

电容的常用单位除了 F（法拉），还有微法(μF)、皮法(pF)。它们之间的换算关系为

$$1\text{F}=10^6\mu\text{F} \quad 1\mu\text{F}= 10^6\ \text{pF}$$

电容元件也有线性、非线性、时不变和时变的区分，本书只讨论线性时不变二端电容元件。

任何一个二端元件，如果在任意时刻的电荷量和电压之间的关系总可以由 q–u 平面上一条过原点的直线所决定，那么此二端元件称为线性时不变电容元件，如图 1.1.6 所示。

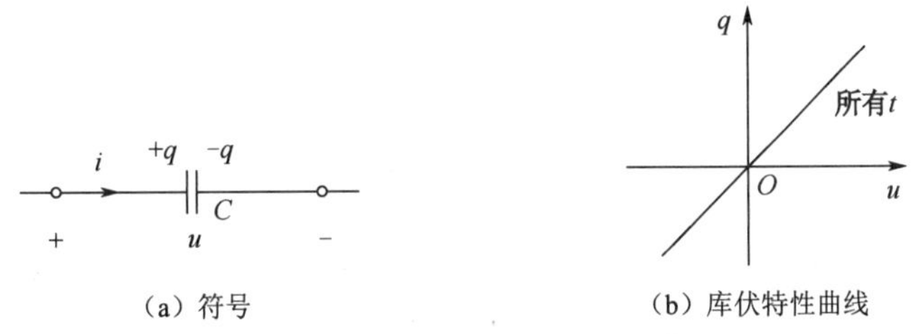

（a）符号　　（b）库伏特性曲线

图 1.1.6　线性时不变电容元件

线性电容 C 不随其上的 q 或 u 情况变化而变化。对于极板电容而言，其大小只取决于极板间介质的介电常数 ε、电容极板的正对面积 S 及极板间距 d，即

$$C = \varepsilon S / d$$

1）电容元件的伏安特性

由于 $i = \dfrac{\mathrm{d}q}{\mathrm{d}t}$，而 $q = Cu$，因此电容的伏安(u–i)关系为微分关系，即

$$i = C\frac{\mathrm{d}u}{\mathrm{d}t} \tag{1-9}$$

由此可知，电路中流过电容的电流大小与其两端的电压变化率成正比，电压变化越快，电流越大，而当电压不变时，电流为零。所以，电容元件有隔断直流的作用。

而其 u-i 关系为积分关系，即

$$q = \int_{q_1}^{q_2} \mathrm{d}q = \int_{t_1}^{t_2} i\mathrm{d}t$$

$$\int_{q_1}^{q_2} \mathrm{d}q = q_2 - q_1 = \int_{t_1}^{t_2} i\mathrm{d}t$$

$$q_2 = q_1 + \int_{t_1}^{t_2} i\mathrm{d}t$$

两边同时除以 C，有

$$\frac{q_2}{C} = \frac{q_1}{C} + \frac{1}{C}\int_{t_1}^{t_2} i(t)\mathrm{d}t$$

$$u(t_2) = u(t_1) + \frac{1}{C}\int_{t_1}^{t_2} i(t)\mathrm{d}t$$

若取初始时刻 $t_1 = 0$，则有

$$u(t) = u(0) + \frac{1}{C}\int_0^t i(t)\mathrm{d}t \tag{1-10}$$

由此可知，电容元件某一时刻的电压不仅与该时刻流过电容的电流有关，还与初始时刻的电压大小有关。可见，电容是一种电压“记忆”元件。

2）电容元件的功率

对于任意线性时不变的正值电容，其功率为

$$p = u(t)i(t) = Cu\frac{\mathrm{d}u}{\mathrm{d}t} \tag{1-11}$$

那么从 t_0 到 t 时间内，电容元件吸收的电能为

$$W = \int_{t_0}^{t} u(\xi)i(\xi)\mathrm{d}\xi = \int_{t_0}^{t} u(\xi)C\frac{\mathrm{d}u(\xi)}{\mathrm{d}\xi}\mathrm{d}\xi = C\int_{u(t_0)}^{u(t)} u(\xi)\mathrm{d}u(\xi)$$
$$= \frac{1}{2}Cu^2(t) - \frac{1}{2}Cu^2(t_0)$$

因此从 t_1 到 t_2 时间内，电容元件吸收的电能为

$$W = \frac{1}{2}C{u_2}^2 - \frac{1}{2}C{u_1}^2 \tag{1-12}$$

式（1-12）表明，当 $u_2 > u_1$ 时，$W > 0$，电容从外部电路吸收能量，为充电过程；反之，当 $u_2 < u_1$ 时，$W < 0$，电容向外部电路释放能量，为放电过程。电容可以储存电能，但并没有消耗掉，所以称为储能元件。而电容释放的电能也是取之于电路，它本身并不产生能量，所以它是一种无源元件。

【例 1-1-2】 图 1.1.7（a）所示电容 C 为 1F，电容电压的波形图如图 1.1.7（b）所示，试求电容电流的表达式，并绘出对应波形图。

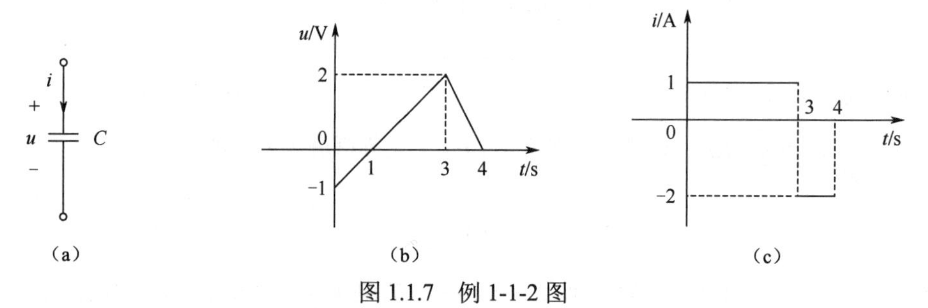

图 1.1.7　例 1-1-2 图

解： 由图 1.1.7（b）先列出对应的电压表达式为

$$u(t) = \begin{cases} t-1 & 0 \leqslant t \leqslant 3\mathrm{s} \\ -2(t-4) & 3\mathrm{s} \leqslant t \leqslant 4\mathrm{s} \end{cases}$$

根据 $i(t) = C\dfrac{\mathrm{d}u(t)}{\mathrm{d}t}$，求 $i(t)$，即

当 $0 \leqslant t \leqslant 3\mathrm{s}$ 时，$u(t) = t-1$，$i(t) = 1 \times \dfrac{\mathrm{d}(t-1)}{\mathrm{d}t} = 1\mathrm{A}$

当 $3\mathrm{s} \leqslant t \leqslant 4\mathrm{s}$ 时，$u(t) = -2(t-4)$，$i(t) = 1 \times \dfrac{\mathrm{d}(-2t+8)}{\mathrm{d}t} = -2\mathrm{A}$

所以，电容电流为

$$u(t) = \begin{cases} 1\mathrm{A} & 0 \leqslant t \leqslant 3\mathrm{s} \\ -2\mathrm{A} & 3\mathrm{s} \leqslant t \leqslant 4\mathrm{s} \end{cases}$$

电容电流对应波形图如图 1.1.7（c）所示。

3. 电感元件

电感元件的原始模型是由绝缘导线（如漆包线、纱包线等）绕制而成的圆柱线圈。当线圈中通以电流 i 时，在线圈中就会产生磁通量Φ，并储存能量。线圈中变化的电流和磁场可使线圈自身产生感应电压。磁通量Φ与线圈的匝数 N 的乘积称为磁通链$\psi = N\Phi$，磁通链的单位为韦伯(Wb)。

表征电感元件（简称电感）产生磁通、存储磁场能力的参数称为电感，用 L 表示。它在数值上等于单位电流产生的磁通链，即

$$L = \psi / i \tag{1-13}$$

电感 L 也称为自感系数，基本单位为亨利(H)。1H = 1Wb/A，电感常用单位除了 H（亨利），还有毫亨（mH）和微亨（μH）。它们之间的换算关系为

$$1\text{H}=10^3\text{mH} \qquad 1\text{mH}=10^3\mu\text{H}$$

任何一个二端元件，如果在任意时刻的磁通链和电流之间的关系总可以由 ψ-i 平面上一条过原点的直线所决定，那么此二端元件称为线性电感元件，如图 1.1.8 所示。

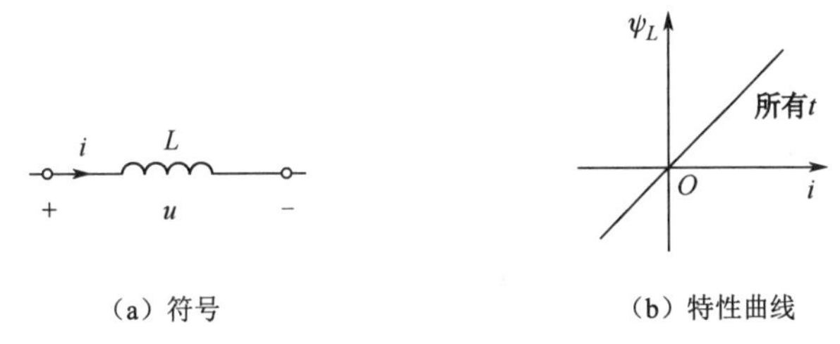

（a）符号　　（b）特性曲线

图 1.1.8　线性电感元件

线性电感 L 不随电路的ψ或 i 变化而变化。对于密绕长线圈而言，其 L 的大小只取决于磁导率 μ、线圈匝数 N、线圈截面积 S 及长度 l。

1）电感元件的伏安特性

由楞次定理可得$u = \dfrac{\mathrm{d}\psi_L}{\mathrm{d}t}$，而$\psi_L = Li$，所以电感的伏安（$u$-$i$）关系为

$$u = L\frac{\mathrm{d}i}{\mathrm{d}t} \tag{1-14}$$

由此可知，电路中电感两端的电压大小与流过它的电流变化率成正比，电流变化越快，电压越高，而当电流不变时，电压为零，电感相当于短路。

而其 u-i 关系即为积分关系，即

$$i(t_2) = i(t_1) + \frac{1}{L}\int_{t_1}^{t_2} u(t)\mathrm{d}t$$

若取初始时刻$t_1 = 0$，则有

$$i(t) = i(0) + \frac{1}{L}\int_0^t u(t)\mathrm{d}t \tag{1-15}$$

由此可知，电感元件某一时刻流过的电流不仅与该时刻电感两端的电压有关，还与初始时刻的电流大小有关。可见，电感是一种电流“记忆”元件。

2）电感元件的功率

对于任意线性时不变的正值电感，其功率为

$$p = u(t)i(t) = Li\frac{\mathrm{d}i}{\mathrm{d}t} \tag{1-16}$$

那么从 t_0 到 t 时间内，电感元件吸收的电能为

$$W=\int_{t_0}^{t}u(\xi)i(\xi)\mathrm{d}\xi=\int_{t_0}^{t}i(\xi)L\frac{\mathrm{d}i(\xi)}{\mathrm{d}\xi}\mathrm{d}\xi=L\int_{i(t_0)}^{i(t)}i(\xi)\mathrm{d}i(\xi)$$

$$=\frac{1}{2}Li^2(t)-\frac{1}{2}Li^2(t_0)$$

因此从t_1到t_2时间内，电感元件吸收的电能为

$$W=\frac{1}{2}Li_2^{\ 2}-\frac{1}{2}Li_1^{\ 2} \tag{1-17}$$

可见，当$i_2>i_1$时，$W>0$，电感从外部电路吸收能量，以磁场的形式储存起来，为充电过程；当$i_2<i_1$时，$W<0$，电感向外部电路释放能量，为放电过程。与电容一样，电感可以储存电能，也是储能元件。电感释放的电能来自电路，它也是一种无源元件。

【例 1-1-3】 图 1.1.9(a)所示电感L为2H，电感电压$u(t)$的波形图如图 1.1.9(b)所示，$i(0)=0\text{V}$，试求电感电流的表达式，并绘出对应波形图。

解： 由电压波形图先列出对应的各时段电压表达式为

$$u(t)=\begin{cases}-2 & 0\leqslant t\leqslant 1\text{s}\\ 0 & 1\text{s}\leqslant t\leqslant 2\text{s}\\ 3 & 2\text{s}\leqslant t\leqslant 4\text{s}\end{cases}$$

电感电压与电流的关系式为

$$i(t)=i(t_0)+\frac{1}{L}\int_{t_0}^{t}u(\xi)\mathrm{d}\xi$$

所以，当$0\leqslant t\leqslant 1\text{s}$时，有$i(t)=i(0)+\frac{1}{2}\int_0^t -2\mathrm{d}\xi=0+\frac{-2}{2}\xi\,|_0^t=-1(t-0)=-t$，$i(1)=-1\text{A}$

当$1\text{s}\leqslant t\leqslant 2\text{s}$时，有$i(t)=i(1)+\frac{1}{2}\int_1^t 0\mathrm{d}\xi=-1+0=-1\text{A}$，$i(2)=-1\text{A}$

当$2\text{s}\leqslant t\leqslant 4\text{s}$时，有$i(t)=i(2)+\frac{1}{2}\int_2^t 3\mathrm{d}\xi=-1+\frac{3}{2}\xi\,|_2^t=-1+\frac{3}{2}(t-2)$，$i(4)=2\text{A}$

所以，电感电流函数为

$$i(t)=\begin{cases}-t & 0\leqslant t\leqslant 1\text{s}\\ -1 & 1\text{s}\leqslant t\leqslant 2\text{s}\\ -1+\frac{3}{2}(t-2) & 2\text{s}\leqslant t\leqslant 4\text{s}\end{cases}$$

电感电流对应波形图如图 1.1.9（c）所示。

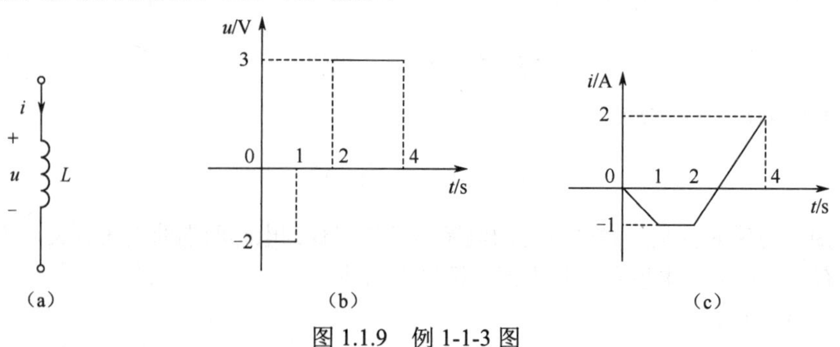

图 1.1.9　例 1-1-3 图

1.1.3　电路和电路的基本状态

1. 电路的组成及作用

电路是指电流所通过的路径，也称为回路或网络，是由电气设备和元器件按一定方式连接起

来的，以实现特定功能的电气装置。

在电力、通信、计算机、信号处理、控制等电气工程技术领域中，都使用大量的电路来完成各种各样的任务。电路的作用大致可分为以下两方面。

（1）电能的传输和转换。例如，电力供电系统、照明设备、电动机等。此类电路主要利用电的能量，其电压、电流、功率相对较大，频率较低，也称为强电系统。

（2）信号的传递和处理。例如，手机、收音机电路用来传送和处理音频信号；万用表用来测量电压、电流和电阻；计算机的总线、寄存器等用来传输和存放数据和控制信息。此类电路主要用于处理电信号，其电压、电流、功率相对较小，频率较高，也称为弱电系统。

一般电路由电源、用电器、开关和导线组成。

（1）电源：供电元件，其作用是提供电能。

（2）用电器：用电元件，其作用是消耗电能，把电能转化为其他形式的能。

（3）开关：控制电路的通断，其作用是控制电能的输送。

（4）导线：电流路径，其作用是输送电能通道。

2. 电路的 3 种状态

电路一般有以下 3 种状态。

（1）通路：处处连通的电路。其特点是：电路中有电流，用电器工作。

（2）断路：某处断开的电路。其特点是：电路中无电流，用电器不工作。

（3）短路：不经用电器直接用导线连通电源两极。其特点是：电路中电流很大，没有用电器。

1.2　电路的基本定律

1.2.1　欧姆定律

前文介绍电阻时已经提到过欧姆定律。欧姆定律阐明了电压、电流和电阻之间的基本关系。它的代数表达式为

$$u = Ri$$

式中，u 为电阻元件两端的电压，单位为 V；i 为流过电阻元件的电流，单位为 A；R 为电阻元件的参数，为正实常数，单位为Ω。

1.2.2　基尔霍夫定律

基尔霍夫定律（Kirchhoff’s law）由德国物理学家基尔霍夫于 1847 年提出，是分析和计算较为复杂电路的基础，它既可以用于直流电路的分析，也可以用于交流电路的分析，还可以用于含有电子元件的非线性电路的分析。运用基尔霍夫定律进行电路分析时，仅与电路的连接方式有关，而与构成该电路的元器件具有的性质无关，即不论元件是线性还是非线性的，是时变还是时不变的都成立。基尔霍夫定律包括基尔霍夫电流定律（KCL）和基尔霍夫电压定律（KVL）。

1. 基本概念

1）支路

电路中只通过同一电流的每个分支（branch）称为支路，由一个或多个二端元件串联组成。流经支路的电流称为支路电流。如图 1.2.1 所示，电路中共有 ac、ab、bc、ad、bd、cd 6 条支路，其中 ad 和 cd 支路是由两个元件串联组成的（注意，有些书中是把每个二端元件看成一条支路）。

2）节点

3 条或 3 条以上支路的连接点称为节点（node）。在图 1.2.1 中，a、b、c、d 均为节点，共 4

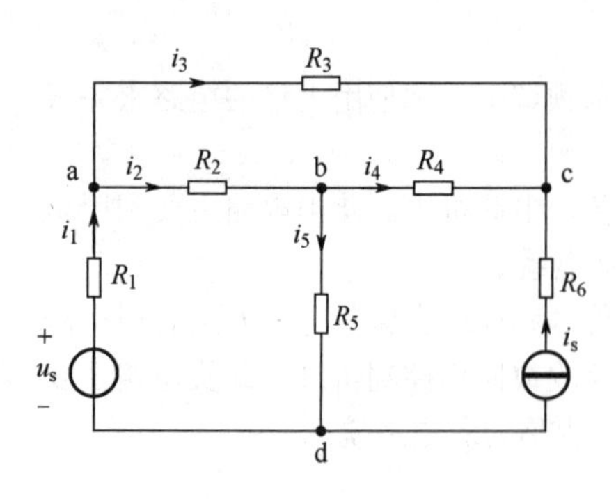

图 1.2.1　支路与节点

个节点。

3）回路

电路中的任一闭合路径称为回路（loop）。在图 1.2.1 所示电路中，abda、bcdb、acba、acda、abcda 等都是回路，共有 7 个回路。

4）网孔

在回路内部不另含有支路的回路称为网孔（mesh）。在图 1.2.1 所示电路中，共有 abda、bcdb、acba3 个网孔。

2. KCL 定律

电荷守恒和电流连续性原理指出，在电路中任一点上，任何时刻都不会产生电荷的堆积或减少现象，由此可得基尔霍夫电流定律（KCL）。

对于任一集总电路中的任一节点，在任一时刻，流进该节点的所有支路电流的和等于流出该节点的所有支路电流的和，即

$$\sum i_{流入} = \sum i_{流出} \tag{1-18}$$

如图 1.2.2 所示电路中的节点 a，对其列出 KCL 方程为

$$i_1 = i_2 + i_3$$

对上式进行适当移项，若规定流入该节点的支路电流取正号，流出节点的支路电流取负号，可改写为

$$i_1 - i_2 - i_3 = 0$$

则 KCL 也可描述为：对于任一集总电路中的任一节点，在任一时刻，流入（或流出）该节点的所有支路电流的代数和为零。KCL 的数学表达式为

$$\sum_{k=1}^{K} i_k(t) = 0 \tag{1-19}$$

式中，$i_k(t)$ 为流出（或流入）节点的第 k 条支路的支路电流；K 为节点处的支路数。

注意，电流“流入”或“流出”节点指的是电流参考方向。若规定流出节点的电流取正号，流入节点的电流取负号，则式（1-19）也成立。

关于基尔霍夫电流定律的说明如下。

（1）基尔霍夫电流定律适用于集总电路，表征电路中各个支路电流的约束关系，与元件特性无关。

（2）使用基尔霍夫电流定律时，必须先设定各支路电流的参考方向，再依据参考方向列写方程。

（3）可将基尔霍夫电流定律推广到电路中的任一闭合面或闭合曲线（广义节点）。

例如，对图 1.2.2 中电路上部虚线所围的包含电阻 R_2、R_3、R_4 和节点 a、b、c 的封闭区域，i_1 和 i_s 流入，i_5 流出，其 KCL 方程为

$$i_1 + i_s - i_5 = 0$$

证明过程如下。

图 1.2.2 中电路上部虚线所围区域内的节点 a、b、c 对应的 KCL 方程分别为

$$i_1 - i_2 - i_3 = 0$$
$$i_2 - i_4 - i_5 = 0$$
$$i_3 + i_4 + i_s = 0$$

将上面 3 个公式相加后，即得到上述结论。

【例 1-2-1】在图 1.2.3 所示的部分电路中，已知 i_a= 2A，i_1= −4A，i_2= 5A，求 i_3 、i_b 和 i_c。

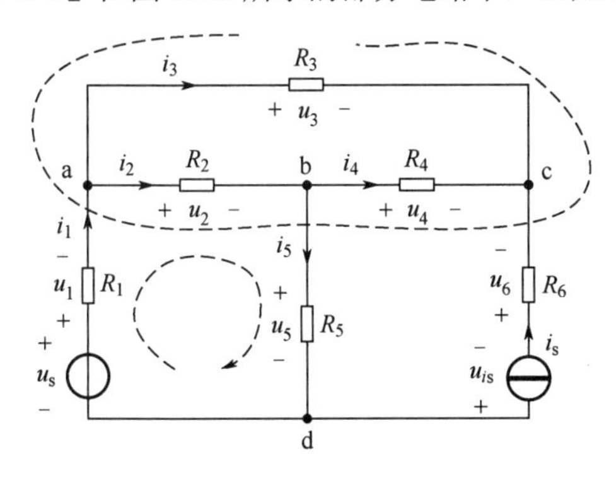

图 1.2.2　KCL 与 KVL 例图

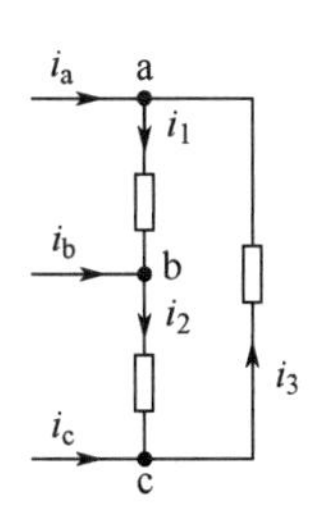

图 1.2.3　例 1-2-1 图

解：应用基尔霍夫电流定律，依据图 1.2.3 中标出的各电流参考方向，分别由节点 a、b、c 的 KCL 方程，求得

$$i_3 = i_1 - i_a = -4 - 2 = -6\text{A}$$
$$i_b = i_2 - i_1 = 5 - (-4) = 9\text{A}$$
$$i_c = i_3 - i_2 = -6 - 5 = -11\text{A}$$

或者在求得 i_b 后，把 3 个电阻看成广义节点，也可求得 i_c，有

$$i_c = -i_a - i_b = -2 - 9 = -11\text{A}$$

3. KVL 定律

由于电路中任意一点的瞬时电位具有单值性，若沿着任一路径回到原来的出发点时，该点的电位是不会变化的，则可得基尔霍夫电压定律（KVL）。

对于任一集总电路，在任一时刻，沿任一回路循环一周，该回路所有支路电压降的和等于所有支路电压升的和，即

$$\sum u_{升} = \sum u_{降} \tag{1-20}$$

如图 1.2.2 中电路左下虚线所示回路 abda，选顺时针为绕行方向，所列出的 KVL 方程为

$$u_s = u_1 + u_2 + u_5$$

对上式进行适当移项，若规定参考方向与绕行方向相同的电压取正号，参考方向与绕行方向相反的电压取负号，可改写为

$$-u_s + u_1 + u_2 + u_5 = 0$$

则 KVL 也可描述为：对于任一集总电路中的任一回路，在任一时刻沿着该回路的所有支路电压的代数和为零。KVL 的数学表达式为

$$\sum_{k=1}^{K} u_k(t) = 0 \tag{1-21}$$

式中，$u_k(t)$ 为回路中第 k 条支路的支路电压；K 为回路中的支路数。

当应用式（1-21）时，首先应选定回路的循环方向（沿回路顺时针或逆时针均可），然后自回路中任一点开始沿所选方向绕行一周，凡经过的支路电压的参考方向与回路绕行方向一致者，在该电压前取正号；反之，取负号。

关于基尔霍夫电压定律的说明如下。

（1）基尔霍夫电压定律适用于集总电路，表征电路中各个支路电压的约束关系，与元件特性无关。

（2）使用基尔霍夫电压定律时，必须先设定各支路电压的参考方向，再依据参考方向和选定的绕行方向列写方程。

（3）由基尔霍夫电压定律可知，任何两点间的电压与这两点间所经路径无关。

例如，对图 1.2.2 中电路左下虚线所示回路 abda，沿顺时针绕行，所列出的 KVL 方程为

$$u_s = u_1 + u_2 + u_5$$

上式表明，u_s 两端电压是唯一的，由其正极出发，即可经电压源本身到负极，也可沿 u_1、u_2、u_5 到负极的路径来求，结果是一样的，与所经路径无关。

（4）基尔霍夫电压定律可推广到电路中的任一假想的闭合回路上。

【例 1-2-2】 图 1.2.4 所示电路中，已知 u_1=4V，u_2=−1V，u_3=2V，u_4=3V，R_1=R_2=20Ω，求电流 i 和电压 u_{cd}。

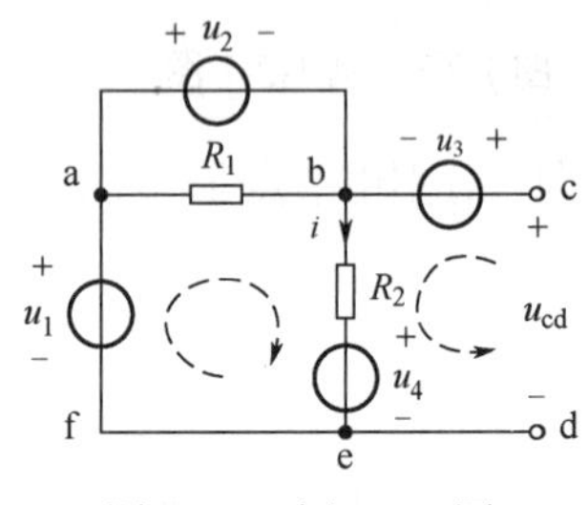

图 1.2.4　例 1-2-2 图

解：沿回路 abefa，由 KVL 定律可列方程为

$$u_1 = u_2 + iR_2 + u_4$$

所以，有

$$i = \frac{u_1 - u_2 - u_4}{R_2} = \frac{4-(-1)-3}{20} = 0.1\text{A}$$

虽然 cd 点并不闭合，但对回路 cbedc，也可以列 KVL 方程为

$$u_{cd} = u_3 + iR_2 + u_4 = 2 + 0.1 \times 20 + 3 = 7\text{V}$$

1.2.3　叠加原理

叠加原理的定义：在线性电路中，任一支路电流（或电压）都是电路中各个独立电源单独作用时，在该支路产生的电流（或电压）的代数和。

当一个电源单独作用时，其余电源不作用，就意味着取零值。也就是说，对电压源看作短路，而对电流源看作开路。

线性电阻电路中任意两点间的电压等于各电源在此两点间产生的电压的代数和。电源既可以是电压源，也可以是电流源。

关于叠加原理的说明如下。

（1）叠加定理只适用于线性电路。

（2）一个电源作用，其余电源为零。电压源为零，看作短路；电流源为零，看作开路。

（3）功率不能叠加（功率为电源的二次函数）。

（4）u、i 叠加时要注意各分量的方向。

（5）含受控源（线性）电路也可用叠加定理，但叠加只适用于独立源，受控源应始终保留。

1.2.4　戴维南定理和诺顿定理

工程实际中，常常碰到只需研究某一支路的情况。这时可以将除需保留的支路之外的其余部分的电路（通常为二端网络或一端口网络）等效变换为较简单的含源支路（电压源与电阻串联或电流源与电阻并联），可大大方便分析和计算。戴维南定理和诺顿定理给出了等效含源支路及其计算方法。

戴维南定理和诺顿定理统称为发电机定理、有源二端网络定理、等效电源定理。

戴维南定理：任何一个线性含独立电源、线性电阻和线性受控源的一端口网络，对外电路来说，可以用一个电压源（U_{oc}）和电阻 R_i 的串联组合来等效置换；此电压源的电压等于外电路断开时端口处的开路电压，而电阻等于一端口中全部独立电源置零后的端口等效电阻。

诺顿定理：任何一个含独立电源、线性电阻和线性受控源的一端口，对外电路来说，可以用一个电流源和电导（电阻）的并联组合来等效置换；电流源的电流等于该一端口的短路电流，而电导（电阻）等于把该一端口的全部独立电源置零后的输入电导（电阻）。

1.3　电阻电路的等效变换

线性电路是由时不变线性无源元件、线性受控源和独立源组成的电路。若无源元件为电阻元件，则称为线性电阻电路，简称电阻电路。从本章开始一直到第 4 章将研究电阻电路的分析。这种电路的电源可以是直流的（不随时间的变化而变化），也可以是交流的（随时间的变化而变化）。若所有的独立源都是直流的，则简称直流电路。本章介绍较简单的电阻电路的分析。

在分析计算电路的过程中，常用到等效的概念，电路的等效变换原理是分析电路的一种重要方法。

结构、元件参数不相同的两部分电路 N_1、N_2，如图 1.3.1 所示，若 N_1、N_2 具有相同的电压、电流关系，即相同的伏安关系，则称它们彼此等效。这就是等效电路的一般定义。

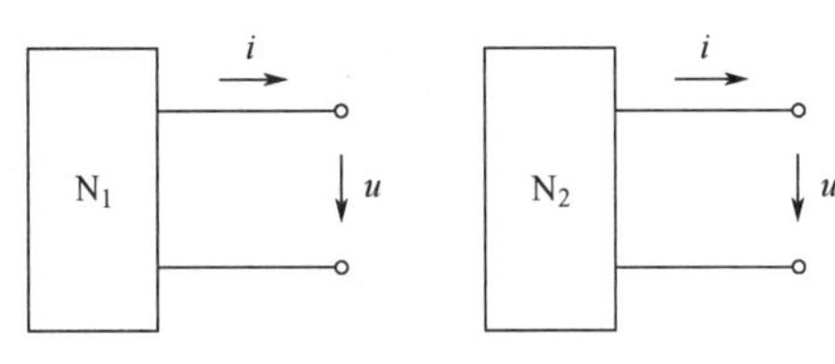

图 1.3.1　电路的等效

相互等效的两部分电路 N_1 与 N_2 在电路中可以相互替换，替换前的电路和替换后的电路对任意外电路 N_3 中的电压、电流和功率是等效的，如图 1.3.2 所示。也就是说，用图 1.3.2（a）求解 N_3 的电流、电压和功率所得到的结果与用图 1.3.2（b）求解 N_3 的电流、电压和功率所得到的结果是相等的。这种计算电路的方法称为电路的等效变换。另外，用简单电路等效代替复杂电路可简化整个电路的计算。

需要明确的是，当用等效电路的方法求解电路时，电压、电流和功率保持不变的部分仅限于等效电路以外的部分（N_3），这就是“对外等效”的概念。等效电路是被代替部分的简化或变形，因此，内部并不等效。例如，在求解 N_1 电路内部的电压、电流或功率时，不能直接用图 1.3.2（b）所示电路来求解；而是由图 1.3.2（b）所示电路得出 N_2 与 N_3 连接处的电压、电流，以此为图 1.3.2（a）所示电路中 N_1 与 N_3 连接处的电压、电流后，必须再回到图 1.3.2（a）所示电路中去求解 N_1 电路中要求的电压、电流或功率。

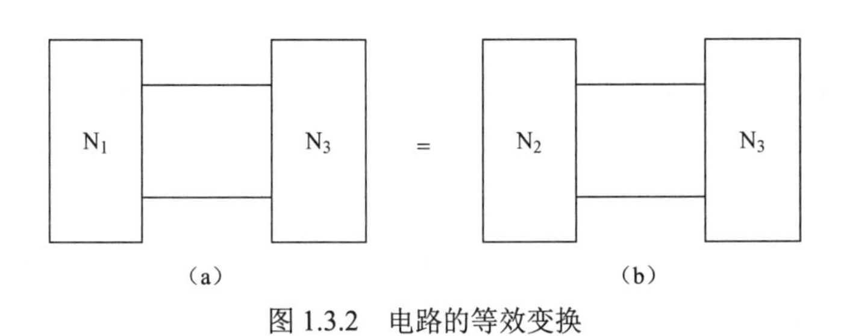

图 1.3.2　电路的等效变换

根据等效电路的定义，等效变换和化简电路的规律和公式在后面章节进行介绍。

1.3.1　电阻的串联和并联

电路中，电阻的连接形式多种多样，其中最简单的形式是串联和并联。通过等效变换的方法，可以将任一电阻连接电路等效为具有某个阻值的电阻。

1. 电阻的串联及分压公式

如果电路中有两个或两个以上的电阻一个接一个地顺序相连，并且流过同一电流，那么称这些电阻为串联。

图 1.3.3（a）所示为 n 个电阻的串联。设电压、电流参考方向关联，根据 KVL，电路的总电压等于各串联电阻的电压之和，即

$$u = u_1 + u_2 + \cdots + u_k + \cdots + u_n \tag{1-22}$$

由于各电阻的电流均为 i，根据欧姆定律有 $u_1 = R_1 i$， $u_2 = R_2 i$，…， $u_k = R_k i$，…， $u_n = R_n i$，代入式(1-22)，得

$$u = R_1 i + R_2 i + \text{L} + R_k i + \text{L} + R_n i = (R_1 + R_2 + \text{L} + R_k + \text{L} + R_n) i = R_{eq} i \tag{1-23}$$

式（1-23）说明图 1.3.3（a）所示多个电阻的串联电路与图 1.3.3（b）所示单个电阻的电路具有相同的 VCR，是互为等效的电路。其中等效电阻为

$$R_{eq} \overset{\text{def}}{=\!=} R_1 + R_2 + \text{L} + R_n = \sum_{k=1}^{n} R_k \tag{1-24}$$

即串联电路的总电阻等于各分电阻之和。

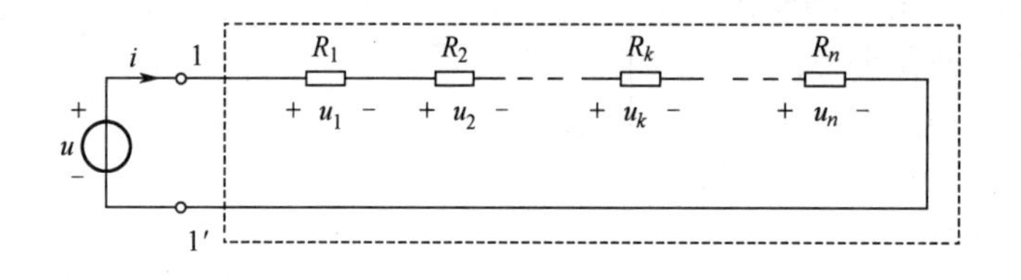

（a）

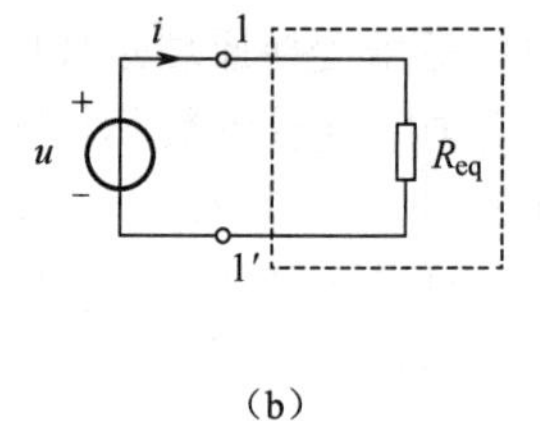

（b）

图 1.3.3　电阻的串联等效

显然，等效电阻 R_{eq} 必大于任何一个串联的分电阻 R_k。

若已知串联电阻两端的总电压，求各分电阻上的电压，称为分压。由图 1.3.3 可知

$$u_k = R_k i = R_k \frac{u}{R_{eq}} = \frac{R_k}{R_{eq}} u < u \tag{1-25}$$

$$u_1 : u_2 : \text{L} : u_k : \text{L} : u_n = R_1 : R_2 : \text{L} : R_k : \text{L} : R_n$$

可见，电阻串联时，各分电阻上的电压与电阻成正比，电阻值大者分得的电压大。因此，串联电阻电路可用作分压电路。式（1-25）称为分压公式。

两个电阻 R_1、R_2 串联时，等效电阻 $R = R_1 + R_2$，则分压公式为

$$U_1 = \frac{R_1}{R_1 + R_2} U，\quad U_2 = \frac{R_2}{R_1 + R_2} U$$

电阻串联是电路中的常见形式。例如，为了限制负载中过大的电流，常将负载与一个限流电阻串联；当负载需要变化的电流时，通常串联一个电位器。

此外，用电流表测量电路中的电流时，需将电流表串联在所要测量的支路中。

【例 1-3-1】有一盏额定电压 $U_1 = 40\text{V}$、额定电流 $I = 5\text{A}$ 的电灯，应该怎样把它接入电压 $U = 220\text{V}$ 的照明电路中？

图 1.3.4　例 1-3-1 图

解：将电灯（设电阻为 R_1）与一个分压电阻 R_2 串联后，接到 $U = 220\text{V}$ 的电源上，如图 1.3.4 所示。

解法一：分压电阻 R_2 上的电压为 $U_2 = U - U_1 = 220 - 40 = 180\text{V}$，且 $U_2 = R_2 I$，则有

$$R_2 = \frac{U_2}{I} = \frac{180}{5} = 36\,\Omega$$

解法二：利用两个电阻串联的分压公式，即 $U_1 = \frac{R_1}{R_1 + R_2} U$，且 $R_1 = \frac{U_1}{I} = \frac{40}{5} = 8\Omega$，可得

$$R_2 = R_1 \frac{U - U_1}{U_1} = 8 \times \frac{220 - 40}{40} = 36\Omega$$

即将电灯与一个 36Ω 分压电阻串联后，接到 $U = 220\text{V}$ 的电源上即可。

【例 1-3-2】 有一只电流表，内阻 $R_g = 1\text{k}\Omega$，满偏电流 $I_g = 100\mu\text{A}$，要把它改成量程 $U_n = 3\text{V}$ 的电压表，应该串联一个多大的分压电阻 R？

解： 如图 1.3.5 所示，该电流表的电压量程为 $U_g = R_g I_g = 0.1\text{V}$，与分压电阻 R 串联后的总电压 $U_n = 3\text{V}$，即将电压量程扩大到 $n = U_n/U_g = 30$ 倍。

图 1.3.5　例 1-3-2 图

利用两个电阻串联的分压公式，可得 $U_g = \dfrac{R_g}{R_g + R} U_n$，则有

$$R = \frac{U_n - U_g}{U_g} R_g = \left(\frac{U_n}{U_g} - 1 \right) R_g = (n-1) R_g = (30-1) \times 1\text{k}\Omega = 29\text{k}\Omega$$

例 1-3-2 表明，将一只量程为 U_g、内阻为 R_g 的表头扩大到量程为 U_n，所需要的分压电阻为 $R = (n-1) R_g$，其中 $n = U_n/U_g$ 称为电压扩大倍数。

2. 电阻的并联及分流公式

如果电路中有两个或两个以上的电阻连接在两个公共节点之间，并且通过同一电压，那么称这些电阻为并联。

图 1.3.6（a）所示为 n 个电阻的并联。设电压、电流参考方向关联，根据 KCL，电路的总电流等于流过各并联电阻的电流之和，即

$$\begin{aligned} i &= i_1 + i_2 + \text{L} + i_k + \text{L} + i_n \\ &= (G_1 + G_2 + \text{L} + G_k + \text{L} + G_n) u = G_{eq} u \end{aligned} \tag{1-26}$$

式中，G_1、G_2、L、G_k、L、G_n 分别为电阻 R_1、R_2、L、R_k、L、R_n 的电导。

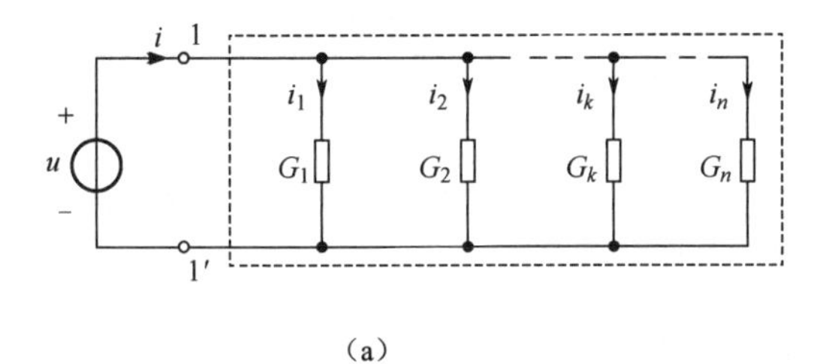

（a）

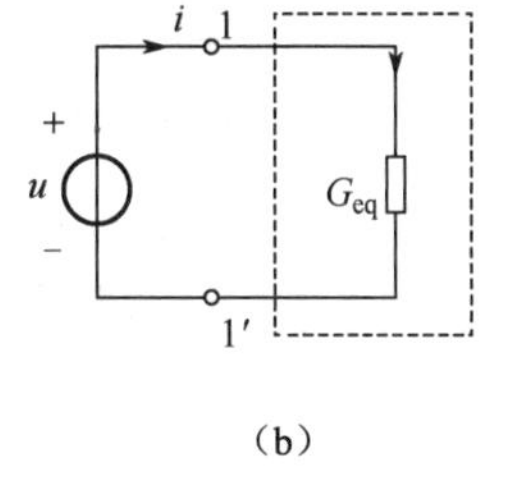

（b）

图 1.3.6　电阻的并联等效

式（1-26）说明图 1.3.6（a）所示多个电阻的并联电路与图 1.3.6（b）所示电阻的电路具有相同的伏安关系，是互为等效的电路。其中等效电导为

$$G_{eq} \stackrel{\text{def}}{=\!=} G_1 + G_2 + \text{L} + G_n = \sum_{k=1}^{n} G_k \geqslant G_k \tag{1-27}$$

可见，电阻并联时，其等效电导等于各电导之和且大于分电导。

或者根据式（1-27）有 $\dfrac{1}{R_{eq}} = G_{eq} = \dfrac{1}{R_1} + \dfrac{1}{R_2} + \text{L} + \dfrac{1}{R_n}$，即 $R_{eq} < R_k$，得等效电阻的倒数等于各分电阻倒数之和，等效电阻小于任意一个并联的分电阻。

若已知并联电阻电路的总电流，求各分电阻上的电流，称为分流。由图 1.3.6 可知，

$$\frac{i_k}{i}=\frac{u/R_k}{u/R_{\rm eq}}=\frac{G_k}{G_{\rm eq}}$$

即
$$i_k=\frac{G_k}{G_{\rm eq}}i \tag{1-28}$$

满足
$$i_1:i_2:\cdots:i_k:\cdots:i_n=G_1:G_2:\cdots:G_k:\cdots:G_n$$

可见，电阻并联时，各分电阻上的电流与电阻成反比，电阻值大者分得的电流小。因此，并联电阻电路可用作分流电路。式（1-28）称为分流公式。

当两个电阻 R_1、R_2 并联时，如图 1.3.7 所示，等效电阻为

$$R=\frac{R_1R_2}{R_1+R_2}$$

则分流公式为

$$I_1=\frac{R_2}{R_1+R_2}I\text{，}\qquad I_2=\frac{R_1}{R_1+R_2}I$$

并联电路也有广泛的应用。例如，工厂里的动力负载、家用电器和照明电器等都以并联的方式连接在电网上，以保证负载在额定电压下正常工作。

此外，当用电压表测量电路中某两点间的电压时，需将电压表并联在要测量的两点间。

【例 1-3-3】如图 1.3.8 所示，电源供电电压 U = 220V，每根输电导线的电阻均为 R_1 = 1Ω，电路中一共并联 100 盏额定电压 220V、功率 40W 的电灯。假设电灯在工作（发光）时电阻值为常数。试求：（1）当只有 10 盏电灯工作时，每盏电灯的电压 $U_{\rm L}$ 和功率 $P_{\rm L}$；（2）当 100 盏电灯全部工作时，每盏电灯的电压 $U_{\rm L}$ 和功率 $P_{\rm L}$。

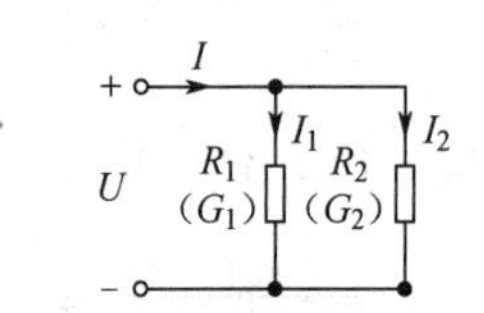

图 1.3.7　电阻的并联电路

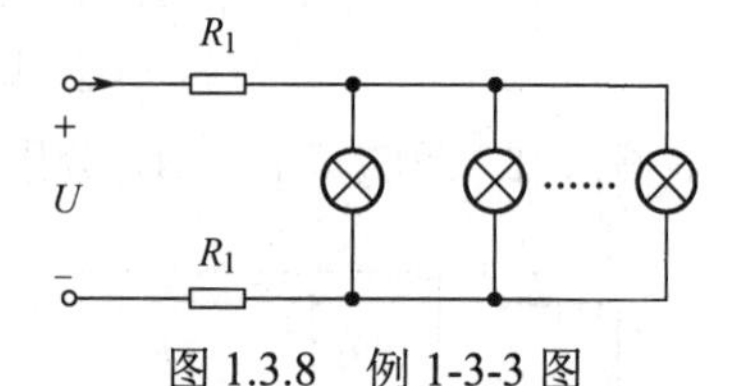

图 1.3.8　例 1-3-3 图

解：每盏电灯的电阻为 $R=U^2/P$ = 1210Ω，n 盏电灯并联后的等效电阻为 $R_n=R/n$。

根据分压公式，可得每盏电灯的电压、功率分别为

$$U_{\rm L}=\frac{R_n}{2R_1+R_n}U$$

$$P_{\rm L}=\frac{U_{\rm L}^2}{R}$$

（1）当只有 10 盏电灯工作时，即 n = 10，则 $R_{10}=R/10$ = 121Ω，因此有

$$U_{\rm L}=\frac{R_{10}}{2R_1+R_{10}}U\approx 216\text{V}\text{，}P_{\rm L}=\frac{U_{\rm L}^2}{R}\approx 39\text{W}$$

（2）当 100 盏电灯全部工作时，即 n = 100，则 $R_{100}=R/100$ = 12.1Ω，因此有

$$U_{\rm L}=\frac{R_{100}}{2R_1+R_{100}}U\approx 189\text{V}\text{，}P_{\rm L}=\frac{U_{\rm L}^2}{R}\approx 29\text{W}$$

【例 1-3-4】有一只微安表，满偏电流 $I_{\rm g}$ = 100μA，内阻 $R_{\rm g}$ =1kΩ，要改装成量程为 $I_{\rm n}$ = 100mA 的电流表，试求所需的分流电阻 R。

解：如图 1.3.9 所示，设 $n=I_{\rm n}/I_{\rm g}$，根据分流公式可得

$$I_g = \frac{R}{R_g + R} I_n$$

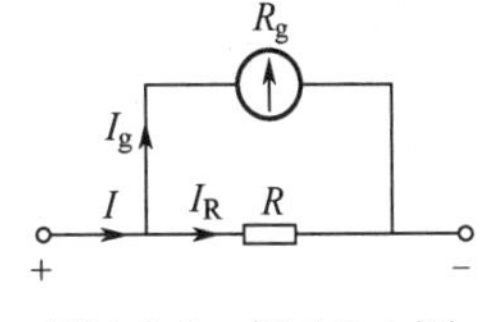

图 1.3.9　例 1-3-4 图

则有

$$R = \frac{R_g}{n-1}$$

本题中 $n = I_n/I_g = 1000$，所以有

$$R = \frac{R_g}{n-1} = \frac{1\times10^3}{1000-1}\Omega \approx 1\,\Omega$$

例 1-3-4 表明，将一只量程为 I_g、内阻为 R_g 的表头扩大到量程为 I_n，所需要的分流电阻为 $R = R_g/(n-1)$，其中 $n = I_n/I_g$ 称为电流扩大倍数。

3.　电阻的串并联

电路中既有电阻串联又有电阻并联的电路称为电阻的串并联电路，简称混联电路，如图 1.3.10 所示。电阻相串联的部分具有电阻串联电路的特点；电阻相并联的部分具有电阻并联电路的特点。混联电路要解决的问题仍然是求电路的等效电阻，以及电路中各部分的电压、电流等问题。解决这类问题的方法之一就是运用线性电阻串联和并联的规律，围绕指定的端口逐步化简原电路。在图 1.3.10 所示电路中，R_3 与 R_4 串联后与 R_5 并联，再与 R_2 串联，最后与 R_1 并联，故 1−1′ 间的等效电阻 $R_{1-1'} = \{[(R_3+R_4)//R_5]+R_2\}//R_1$。

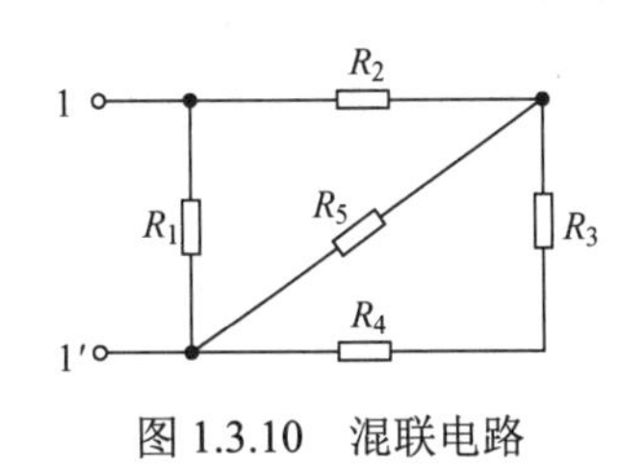

图 1.3.10　混联电路

【例 1-3-5】求图 1.3.11 所示电路的 i_1、i_4 和 u_4。

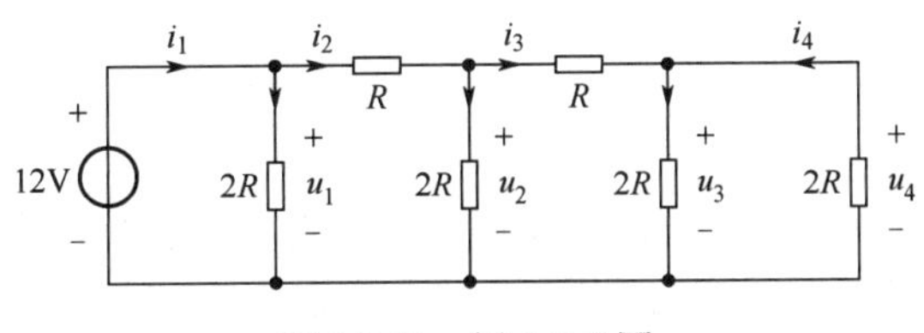

图 1.3.11　例 1-3-5 图

解：（1）利用分流方法有

$$i_4 = -\frac{1}{2}i_3 = -\frac{1}{4}i_2 = -\frac{1}{8}i_1 = -\frac{1}{8}\times\frac{12}{R} = -\frac{3}{2R}$$

$$u_4 = -i_4 \times 2R = 3\text{V}$$

$$i_1 = \frac{12}{R}$$

（2）利用分压方法有

$$u_4 = \frac{u_2}{2} = \frac{u_1}{4} = 3\text{V} \qquad i_4 = -\frac{3}{2R}$$

从以上例题可得求解串并联电路的一般步骤如下。

（1）求出等效电阻或等效电导。

（2）应用欧姆定律求出总电压或总电流。

（3）应用欧姆定律或分压/分流公式求各电阻上的电流和电压。

因此，分析串并联电路的关键问题是判别电路的串并联关系。判别电路的串并联关系一般应掌握下述 4 点。

（1）看电路的结构特点。若电阻是首尾相连，则是串联；若电阻是首首相连和尾尾相连，则是并联。

（2）看电压电流关系。若流经电阻的电流是同一个电流，则是串联；若电阻上承受的是同一个电压，则是并联。

（3）对电路做变形等效。例如，将左边的支路扭到右边，将上面的支路翻到下面，将弯曲的支路拉直，将短线路任意压缩或伸长，将多点接地用短路线相连等。一般情况下，都可以判别出电路的串并联关系。

（4）找出等电位点。对于具有对称特点的电路，若能判断某两点是等电位点，则根据电路等效的概念，一是可以用短接线把等电位点连起来，二是可以把连接等电位点的支路断开(因支路中无电流)，从而得到电阻的串并联关系。

1.3.2 电阻的Y连接和△连接的等效变换

当遇到结构较为复杂的电路时，就难以用简单的串并联来化简。图 1.3.12（a）所示为一桥式电路，电阻之间既非串联，也非并联，而是△-Y 连接结构，其中 R_1、R_3 和 R_5 及 R_2、R_4 和 R_5 都构成如图 1.3.12（b）所示的△结构（也称为三角形连接），而 R_1、R_2 和 R_5 及 R_3、R_4 和 R_5 都构成如图 1.3.12（c）所示的 Y 结构（也称为星形连接）。

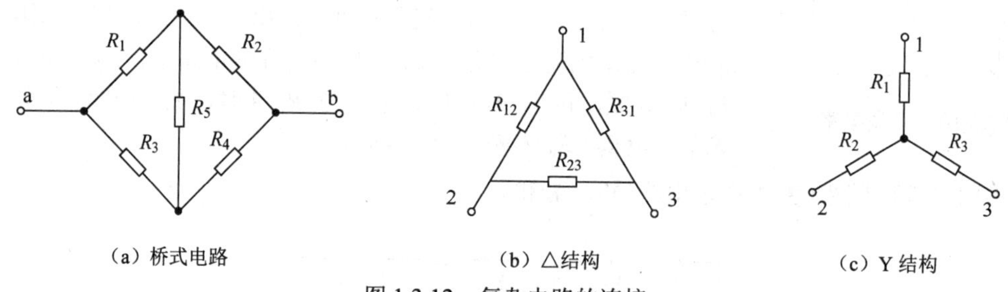

图 1.3.12　复杂电路的连接

图 1.3.12（b）、（c）中的端子与电路的其他部分相连，图中没有画出电路的其他部分。在这两个电路中，当它们的电阻满足一定的关系时，它们在端子 1、2、3 上及端子以外的特性可以相同，即能够相互等效。根据电路的等效条件，当图 1.3.12（b）和图 1.3.12（c）中的端子 1、2、3 之间的电压 $u_{12\triangle}=u_{12\mathrm{Y}}$、$u_{23\triangle}=u_{23\mathrm{Y}}$、$u_{31\triangle}=u_{31\mathrm{Y}}$，端子电流 $i_{1\triangle}=i_{1\mathrm{Y}}$、$i_{2\triangle}=i_{2\mathrm{Y}}$、$i_{3\triangle}=i_{3\mathrm{Y}}$ 时，△电路和 Y 电路可相互等效。

对于△电路，若用电压表示电流，根据 KCL 可得如下关系式。

$$\left.\begin{aligned} i_{1\triangle}&=\frac{u_{12\triangle}}{R_{12}}-\frac{u_{31\triangle}}{R_{31}}\\ i_{2\triangle}&=\frac{u_{23\triangle}}{R_{23}}-\frac{u_{12\triangle}}{R_{12}}\\ i_{3\triangle}&=\frac{u_{31\triangle}}{R_{31}}-\frac{u_{23\triangle}}{R_{23}}\end{aligned}\right\}\tag{1-29}$$

对于 Y 电路，若用电流表示电压，根据 KCL 和 KVL 可得如下关系式。

$$\left.\begin{aligned} u_{12\mathrm{Y}}&=R_1 i_{1\mathrm{Y}}-R_2 i_{2\mathrm{Y}}\\ u_{23\mathrm{Y}}&=R_2 i_{2\mathrm{Y}}-R_3 i_{3\mathrm{Y}}\\ u_{31\mathrm{Y}}&=R_3 i_{3\mathrm{Y}}-R_1 i_{1\mathrm{Y}}\\ i_{1\mathrm{Y}}+i_{2\mathrm{Y}}&+i_{3\mathrm{Y}}=0\end{aligned}\right\}\tag{1-30}$$

由式（1-30）解得

$$\left.\begin{aligned}i_{1Y}&=\frac{u_{12Y}R_3}{R_1R_2+R_2R_3+R_3R_1}-\frac{u_{31Y}R_2}{R_1R_2+R_2R_3+R_3R_1}\\i_{2Y}&=\frac{u_{23Y}R_1}{R_1R_2+R_2R_3+R_3R_1}-\frac{u_{12Y}R_3}{R_1R_2+R_2R_3+R_3R_1}\\i_{3Y}&=\frac{u_{31Y}R_2}{R_1R_2+R_2R_3+R_3R_1}-\frac{u_{23Y}R_1}{R_1R_2+R_2R_3+R_3R_1}\end{aligned}\right\}\tag{1-31}$$

根据等效条件，比较式（1-31）与式（1-29）的系数，得

$$\left.\begin{aligned}R_{12}&=\frac{R_1R_3+R_2R_3+R_1R_2}{R_3}\\R_{23}&=\frac{R_1R_2+R_1R_3+R_2R_3}{R_1}\\R_{31}&=\frac{R_2R_3+R_1R_2+R_3R_1}{R_2}\end{aligned}\right\}\tag{1-32}$$

这就是 Y 电路等效变换为△电路的条件。式（1-32）可概括为

$$\triangle\text{电阻}=\frac{\text{Y电阻两两相乘之和}}{\text{Y不相邻电阻}}$$

类似地，可得到△电路等效变换为 Y 电路的条件，即

$$\left.\begin{aligned}R_1&=\frac{R_{12}R_{31}}{R_{12}+R_{23}+R_{31}}\\R_2&=\frac{R_{23}R_{12}}{R_{12}+R_{23}+R_{31}}\\R_3&=\frac{R_{23}R_{31}}{R_{12}+R_{23}+R_{31}}\end{aligned}\right\}\tag{1-33}$$

式（1-33）可概括为

$$\text{Y电阻}=\frac{\triangle\text{相邻电阻的乘积}}{\triangle\text{电阻之和}}$$

若 Y 电路中 3 个电阻相等，即 $R_1=R_2=R_3=R_Y$，则等效△电路中的 3 个电阻也相等，即 $R_\triangle=R_{12}=R_{23}=R_{31}=3R_Y$。

同样，若△电路中 $R_{12}=R_{23}=R_{31}=R_\triangle$，则等效 Y 电路中 $R_Y=R_1=R_2=R_3=\dfrac{R_\triangle}{3}$。

利用等效变换分析电路时，应注意以下几点。

（1）△-Y 电路的等效变换属于多端子电路的等效，在应用中，除了正确使用电阻变换公式计算各电阻值，还必须正确连接各对应端子。

（2）等效是对外部（端钮以外）电路有效，对内不成立。

（3）等效电路与外部电路无关。

（4）等效变换用于简化电路，因此不要把本是串并联的问题看作△、Y 结构进行等效变换，那样会使问题的计算更复杂。

另外，图 1.3.13 所示的电阻连接也属于电阻的 Y 连接和△连接，又分别称为电阻的 T 连接和Π连接。

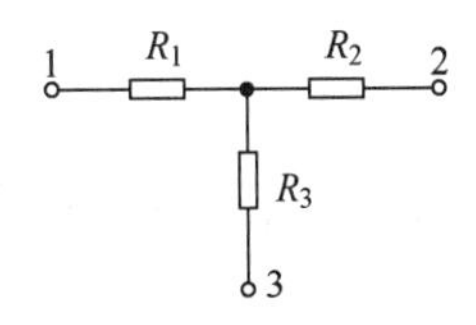

（a）电阻的 T 连接

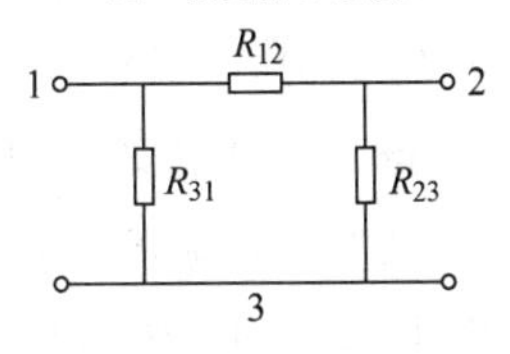

（b）电阻的Π连接

图 1.3.13　电阻的 T 连接和Π连接

【例 1-3-6】电路如图 1.3.14（a）所示，求电路中 a、b 间的等效电阻 R_{eq} 和电流 i。

解：将图 1.3.14（a）所示电路中的 R_1、R_2、R_5 组成的三角形电路等效转换成由 R_a、R_c、R_d 组成的星形电路，如图 1.3.14（b）所示。由式（1-33）可得

$$R_a = \frac{3\times 5}{3+5+2} = 1.5\Omega$$

$$R_c = \frac{2\times 3}{3+5+2} = 0.6\Omega$$

$$R_d = \frac{2\times 5}{3+5+2} = 1\Omega$$

利用电阻的串并联等效变换可得a、b间的等效电阻为

$$R_{eq} = 1.5 + (0.6+1.4)//(1+1) = 2.5\Omega$$

则由图1.3.14（b）可得

$$i = \frac{5}{2.5+2.5}\text{A} = 1\text{A}$$

也可将图 1.3.14（a）所示电路中由 R_2、R_5、R_4 组成的星形电路等效转换成由 R_{ac}、R_{cb}、R_{ba} 组成的三角形电路，如图 1.3.14（c）所示。由式（1-32）可得

$$R_{ac} = \frac{2\times 5+2\times 1+5\times 1}{1}\Omega = 17\Omega$$

$$R_{cb} = \frac{2\times 5+2\times 1+5\times 1}{5}\Omega = \frac{17}{5}\Omega$$

$$R_{ba} = \frac{2\times 5+2\times 1+5\times 1}{2}\Omega = \frac{17}{2}\Omega$$

则也可得到 a、b 间的等效电阻为

$$R_{eq} = \left(3//17 + 1.4//\frac{17}{5}\right)//\frac{17}{2}\Omega = 2.5\Omega$$

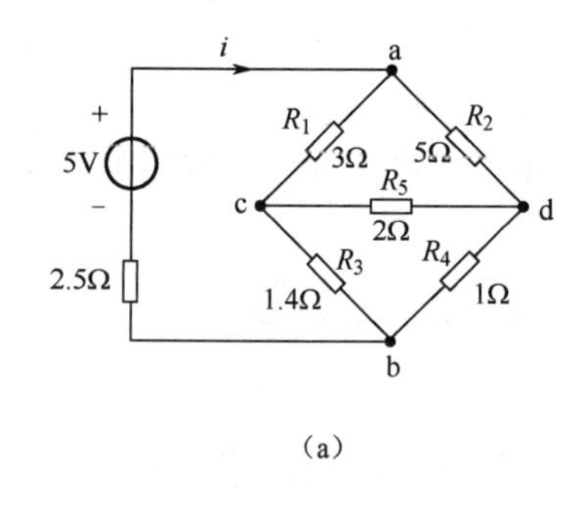

（a）

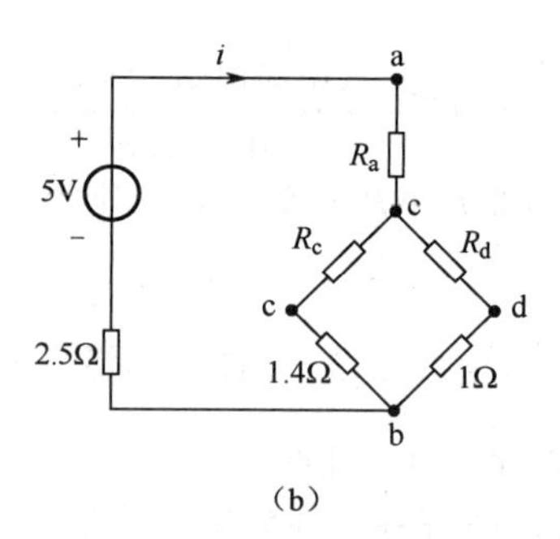

（b）

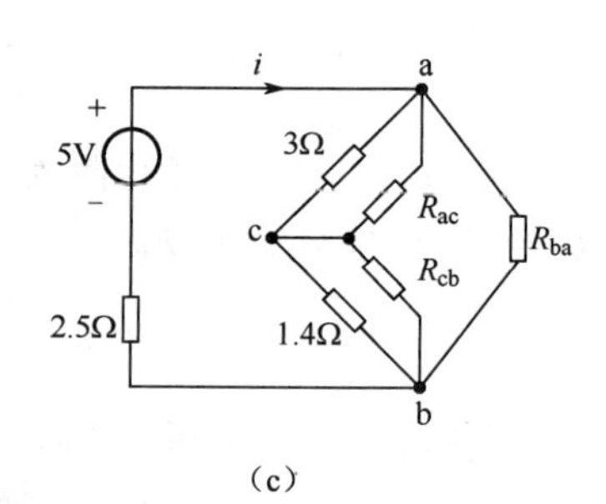

（c）

图 1.3.14　例 1-3-6 图

1.3.3　电源的等效变换

电压源、电流源的串联和并联问题的分析，是以电压源和电流源的定义及外特性为基础，结合电路等效的概念进行的。

1. 理想电压源的串联和并联

1）理想电压源的串联

图 1.3.15（a）所示为 n 个电压源的串联。根据 KVL，可得总电压为

$$u_s = u_{s1} + u_{s2} + \text{L} + u_{sn} = \sum_{k=1}^{n} u_{sk} \tag{1-34}$$

可见，原电路可用一个电压源等效替代，如图 1.3.15（b）所示。等效电压源的电压为串联电压源的代数和。

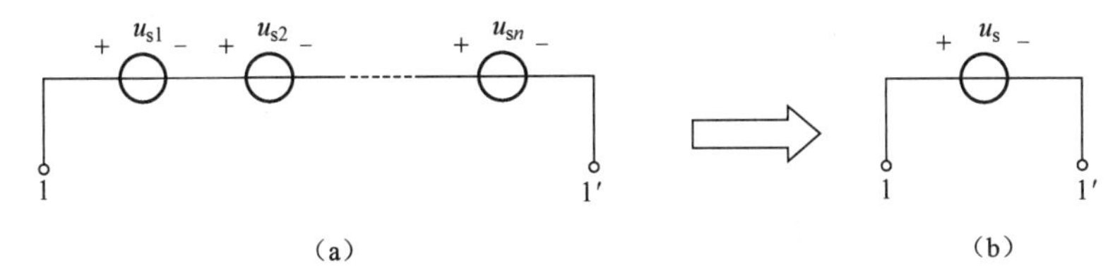

图 1.3.15　理想电压源的串联等效电路

注意，当式（1-34）中 u_{sk} 的参考方向与 u_s 的参考方向一致时，u_{sk} 在公式中取“+”号；当不一致时，取“−”号。

2）理想电压源的并联

只有电压相等且极性一致的电压源才能并联，如图 1.3.16（a）所示；否则就违背了 KVL。此时，等效电压源为并联电压源中的一个，即 $u_s = u_{s1} = u_{s2} = \text{L} = u_{sk}\text{L} = u_{sn}$。理想电压源的并联等效电路如图 1.3.16（b）所示。

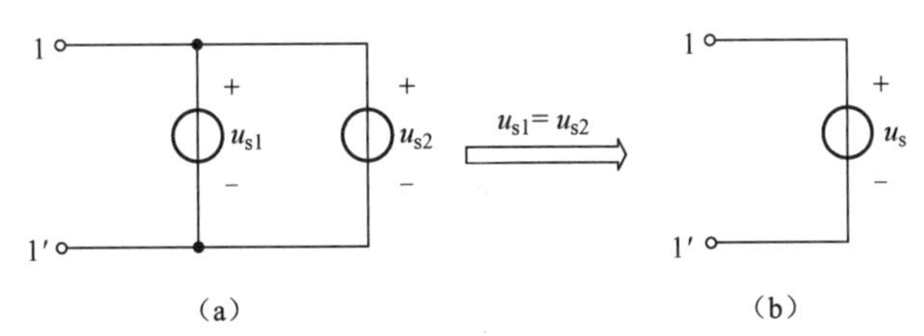

图 1.3.16　理想电压源的并联等效电路

注意，当电压源并联时，每个电压源中的电流是不确定的。

2. 电压源与支路的串、并联等效

1）电压源与支路的串联等效

图 1.3.17（a）所示为 n 个电压源和电阻支路的串联，根据 KVL，可得端口电压、电流关系为

$$
\begin{aligned}
u &= u_{s1} + R_1 i + u_{s2} + R_2 i + \text{L} + u_{sn} + R_n i \\
&= (u_{s1} + u_{s2} + \text{L} + u_{sn}) + (R_1 + R_2 + \text{L} + R_n) i = u_s + Ri
\end{aligned}
$$

根据电路等效的概念，图 1.3.17（a）所示电路可以用图 1.3.17（b）所示电压为 u_s 的单个电压源和电阻为 R 的单个电阻的串联组合等效替代，其中

$$u_s = u_{s1} + u_{s2} + \text{L} + u_{sn}, \quad R = R_1 + R_2 + \text{L} + R_n$$

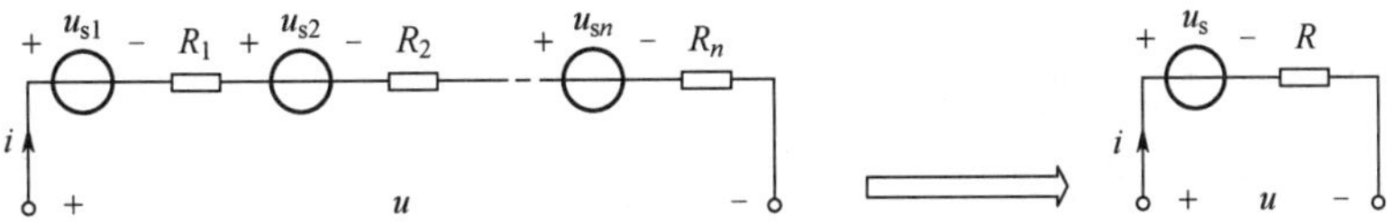

图 1.3.17　电压源与支路的串联等效电路

2）电压源与支路的并联等效

图 1.3.18（a）所示为电压源和任意元件的并联，设外电路连接电阻 R，根据 KVL 和欧姆定律，可得端口电压 $u = u_s$，电流 $i = \dfrac{u}{R}$。

可见，端口电压、电流只由电压源和外电路决定，与并联的元件无关，对外特性与图 1.3.18（b）所示电压为 u_s 的单个电压源一样。因此，电压源和任意元件并联就等效为电压源。

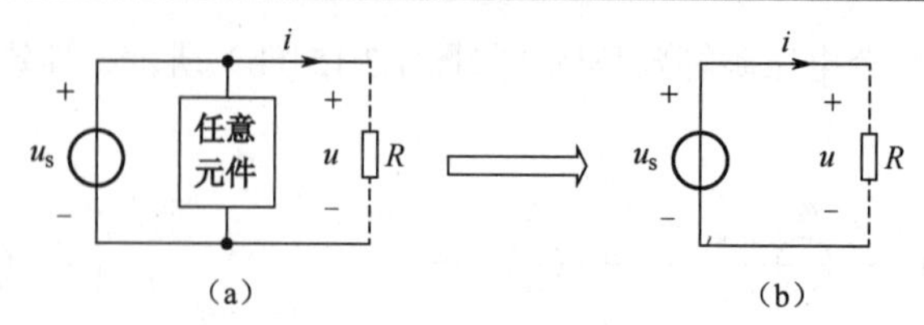

图 1.3.18　电压源与支路的并联等效电路

3. 理想电流源的串联和并联

1）理想电流源的串联

只有电流相等且输出电流方向一致的电流源才能串联，如图 1.3.19（a）所示；否则就违背了 KCL。此时，等效电流源为串联电流源中的一个，即 $i_s = i_{s1} = i_{s2} = \text{L} = i_{sk} = \text{L} = i_{sn}$。理想电流源的串联等效电路如图 1.3.19（b）所示。

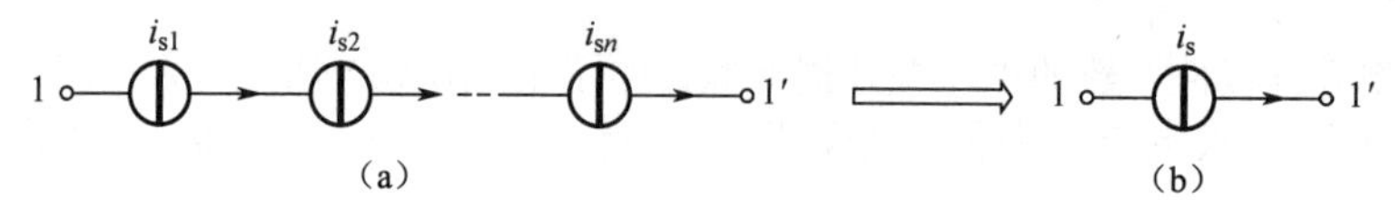

图 1.3.19　理想电流源的串联等效电路

注意，当电流源串联时，每个电流源上的电压是不确定的。

2）理想电流源的并联

图 1.3.20（a）所示为 n 个电流源的并联。根据 KCL，可得总电流为

$$i_s = i_{s1} + i_{s2} + \text{L} + i_{sn} = \sum_{k=1}^{n} i_{sk} \tag{1-35}$$

可见，原电路可用一个电流源等效替代，如图 1.3.19（b）所示。等效电流源的电流为并联电流源的代数和。

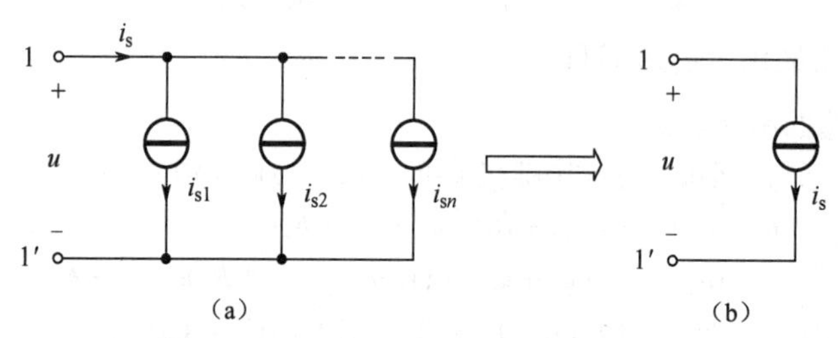

图 1.3.20　理想电流源的并联等效电路

注意，当式（1-35）中 i_{sk} 与 i_s 的参考方向一致时，i_{sk} 在公式中取“+”号，当不一致时，取“−”号。

4. 电流源与支路的串、并联等效

1）电流源与支路的串联等效

图 1.3.21（a）所示为电流源和任意元件的串联。设外电路连接电阻 R，根据 KCL 和欧姆定律，可得流过 R 的电流 $i = i_s$，端口电压 $u = i_s R$。

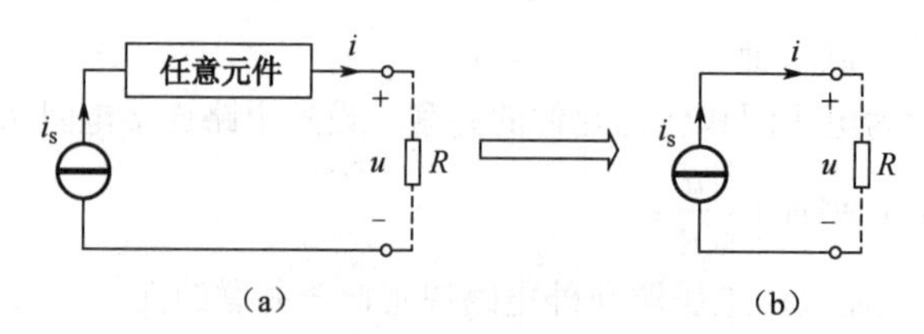

图 1.3.21　电流源与支路的串联等效电路

可见，端口电压、电流只由电流源和外电路决定，与串联的元件无关，对外特性与图 1.3.21（b）所示电流为 i_s 的单个电流源一样。因此，电流源和任意元件串联就等效为电流源。

2）电流源与支路的并联等效

图 1.3.22（a）所示为 n 个电流源和电阻支路的并联。根据 KCL，可得端口电压、电流关系为

$$
\begin{aligned}
i &= i_{s1} + \frac{u}{R_1} + i_{s2} + \frac{u}{R_2} + \mathrm{L} + i_{sn} + \frac{u}{R_n} \\
&= (i_{s1} + i_{s2} + \mathrm{L} + i_{sn}) + \left(\frac{1}{R_1} + \frac{1}{R_2} + \mathrm{L} + \frac{1}{R_n}\right)u = i_s + \frac{u}{R}
\end{aligned}
$$

上式说明，图 1.3.22（a）所示电路的对外特性与图 1.3.22（b）所示电流为 i_s 的单个电流源和电阻为 R 的单个电阻的并联组合一样，因此，图 1.3.22（a）所示电路可以用图 1.3.21（b）所示电路等效替代。其中

$$
i_s = i_{s1} + i_{s2} + \mathrm{L} + i_{sn}, \quad \frac{1}{R} = \frac{1}{R_1} + \frac{1}{R_2} + \mathrm{L} + \frac{1}{R_n}
$$

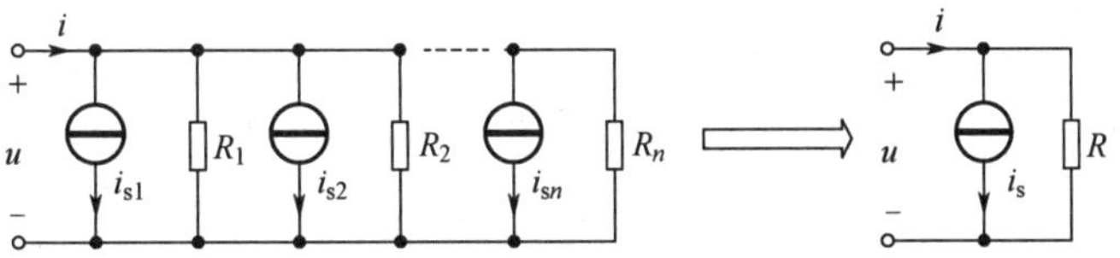

（a）　　　　（b）

图 1.3.22　电流源与支路的并联等效电路

【例 1-3-7】 将图 1.3.23（a）所示电路等效简化为一个电压源或电流源。

解： 在图 1.3.23（a）所示电路中，u_s 和 R_2、i_{s1} 支路并联，故可以等效为电压源 u_s；i_{s2} 和 i_{s3} 并联，故可以简化为电流源 i_{s23} =3A−1A=2A；i_{s4} 和 R_1 串联，故可以等效为 i_{s4}，如图 1.3.23（b）所示。

在图 1.3.23（b）所示电路中，i_{s23} 和 u_s 串联，可以等效为 i_{s23}，如图 1.3.23（c）所示。

在图 1.3.23（c）所示电路中，i_{s23} 和 i_{s4} 并联，可以简化等效为图 1.3.23（d）所示的一个电流源，即 i_{seq}=6A−2A=4A。

（a）　　（b）　　（c）　　（d）

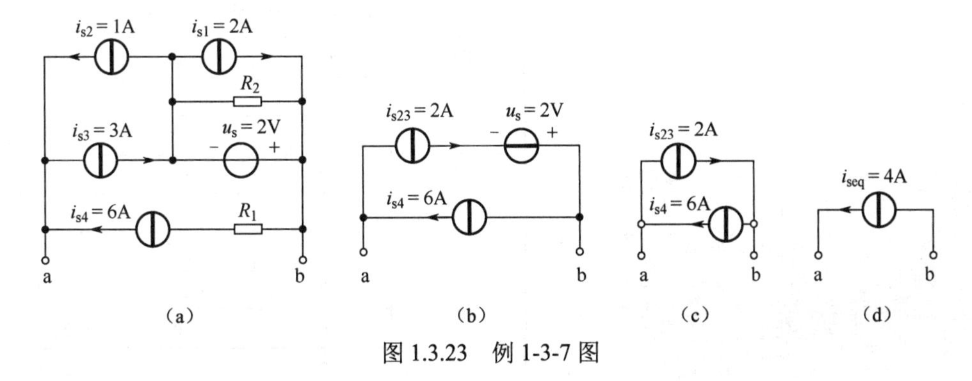

图 1.3.23　例 1-3-7 图

第 2 章　常用电路元器件

2.1　常用电子元器件

2.1.1　电阻器、电容器、电感器

1. 电阻器

导电体对电流的阻碍作用称为电阻，用符号 R 表示，单位为欧姆、千欧姆、兆欧姆，分别用 Ω、kΩ、MΩ 表示。

1）电阻的型号命名方法

国产电阻器的型号由四部分组成（不适合敏感电阻）。

第一部分：主称，用字母表示，表示产品的名字。例如，R 表示电阻，W 表示电位器。

第二部分：材料，用字母表示，表示电阻体用什么材料组成，T—碳膜、H—合成碳膜、S—有机实心、N—无机实心、J—金属膜、Y—氮化膜、C—沉积膜、I—玻璃釉膜、X—线绕。

第三部分：分类，一般用数字表示，个别类型用字母表示，表示产品属于什么类型。1—普通、2—普通、3—超高频、4—高阻、5—高温、6—精密、7—精密、8—高压、9—特殊、G—高功率、T—可调。

第四部分：序号，用数字表示，表示同类产品中不同品种，以区分产品的外形尺寸和性能指标等。

2）电阻的标注方法

（1）色环法。所谓色环法，是用不同颜色的色标来表示电阻参数，如图 2.1.1 所示。色环电阻有 4 个色环的，也有 5 个色环的，各色环所代表的意义如表 2-1-1 所示。

四色环电阻：第一色环是十位数；第二色环是个位数；第三色环是倍率；第四色环是误差。

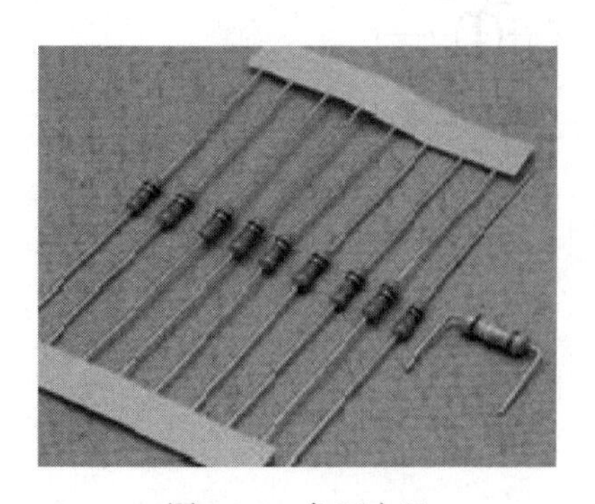

图 2.1.1　色环电阻

表 2-1-1　色环所代表的意义

颜色	数值	倍率	误差
黑	0	× 1	—
棕	1	× 10	±1%
红	2	$\times 10^{2}$	±2%
橙	3	$\times 10^{3}$	—
黄	4	$\times 10^{4}$	—
绿	5	$\times 10^{5}$	±0.5%
蓝	6	$\times 10^{6}$	±0.25%
紫	7	$\times 10^{7}$	±0.10%
灰	8	—	±0.05%
白	9	—	—
金	—	$\times 10^{-1}$	±5%
银	—	$\times 10^{-2}$	±10%

例如，棕 红 红 金，其阻值为 12×10^2=1.2 kΩ，误差为±5%。

误差表示电阻数值，在标准值 1200Ω 上下波动（5%×1200）都表示此电阻是可以接受的。

五色环电阻：第一色环是百位数；第二色环是十位数；第三色环是个位数；第四色环是倍率次，第五色环是误差。

例如，红 红 黑 棕 金，五色环电阻最后一色环为误差，前三色环数值乘以第四色环的颜色所对应的倍率，其电阻为 220×10^1=2.2 kΩ，误差为±5%。

（2）文字符号法。用阿拉伯数字和文字符号有规律地组合起来，表示标称值和允许偏差的方法。例如，Ω33 表示 0.33Ω，3Ω3 表示 3.3Ω，3k3 表示 3.3kΩ，3M3 表示 3.3MΩ 等。

（3）数字法。用三位数字表示元件的标称值。从左至右，前两位表示有效数位，第三位表示 10^n（n=0～8），当 n=9 时为特例，表示 10^{-1}。

塑料电阻器的 103 表示 10×10^3=10 kΩ。片状电阻多用数字法标示，如 512 表示 5.1kΩ。电容上数字标示 479 为 47×10^{-1}=4.7pF。而标示是 0 或 000 的电阻器，表示是跳线，阻值为 0Ω。

3）电阻的分类

（1）按照性能分类，可分为固定电阻、可调电阻、特种电阻（敏感电阻）。

不能调节的电阻，称为定值电阻或固定电阻；而可以调节的电阻，称为可调电阻。常见的可调电阻是滑动变阻器，如收音机音量调节的装置是一个圆形的滑动变阻器，主要应用于电压分配，称为电位器。

（2）按照材料分类，可分为金属膜电阻、线绕电阻、贴片电阻等，如图 2.1.2 所示。

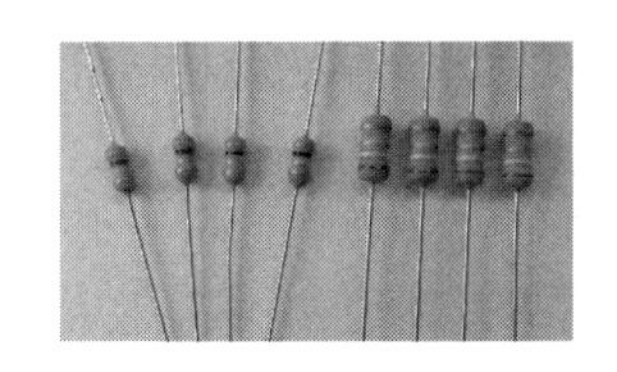

（a）金属膜电阻

（b）线绕电阻

（c）贴片电阻

图 2.1.2　电阻分类

4）主要特性参数

（1）标称阻值：电阻器上面所标示的阻值。

（2）允许误差：标称阻值与实际阻值的差值与标称阻值之比的百分数，它表示电阻器的精度。通常电阻器的允许误差分为 3 个精度等级：Ⅰ级（±5%）、Ⅱ级（±10%）、Ⅲ级（±20%）。精密电阻器允许偏差要求高，如±0.5%、±1%、±2%等。

（3）额定功率：在正常的大气压力 90～106.6kPa 及环境温度为-55℃～+70℃的条件下，电阻器长期工作所允许耗散的最大功率。

线绕电阻器额定功率系列为（W）：1/20、1/8、1/4、1/2、1、2、4、8、10、16、25、40、50、75、100、150、250、500。

非线绕电阻器额定功率系列为（W）：1/20、1/8、1/4、1/2、1、2、5、10、25、50、100。

（4）额定电压：由阻值和额定功率换算出的电压。

（5）最高工作电压：允许的最大连续工作电压。在低气压工作时，最高工作电压较低。

（6）温度系数：温度每变化 1℃所引起的电阻值的相对变化。温度系数越小，电阻的稳定性越好。阻值随温度升高而增大的为正温度系数；反之，为负温度系数。

（7）老化系数：电阻器在额定功率长期负荷下，阻值相对变化的百分数，它是表示电阻器寿命长短的参数。

（8）电压系数：在规定的电压范围内，电压每变化 1V，电阻器的相对变化量。

（9）噪声：产生于电阻器中的一种不规则的电压起伏，包括热噪声和电流噪声两部分。热噪声是由于导体内部不规则的电子自由运动，使导体任意两点的电压产生不规则变化。

5）常用电阻器

（1）电位器。电位器是一种机电元件，它靠电刷在电阻体上的滑动，取得与电刷位移成一定关系的输出电压。

① 合成碳膜电位器。电阻体是用经过研磨的石墨、石英等材料涂覆于基体表面而成的，该工艺简单，是目前应用最广泛的电位器。其优点是分辨力高、耐磨性好，寿命较长；缺点是电流噪声大、非线性大、耐潮性及阻值稳定性差。

② 有机实心电位器。有机实心电位器是一种新型电位器，它是用加热塑压的方法，将有机电阻粉压在绝缘体的凹槽内。有机实心电位器与碳膜电位器相比具有耐热性好、功率大、可靠性高、耐磨性好等优点。但温度系数大、动噪声大、耐潮性能差、制造工艺复杂、阻值精度较差。在小型化、高可靠、高耐磨性的电子设备，以及交、直流电路中用作调节电压、电流。

③ 金属玻璃釉电位器。用丝网印刷法按照一定图形，将金属玻璃釉电阻浆料涂覆在陶瓷基体上，再经高温烧结而成。其特点是阻值范围宽、耐热性好、过载能力强，耐潮、耐磨等，是很有前途的电位器品种；缺点是接触电阻和电流噪声大。

④ 绕线电位器。

绕线电位器是将康铜丝或镍铬合金丝作为电阻体，并把它绕在绝缘骨架上制成。绕线电位器的特点是接触电阻小，精度高，温度系数小；其缺点是分辨力差，阻值偏低，高频特性差。它主要用作分压器、变阻器、仪器中调零和工作点等。

⑤ 金属膜电位器。金属膜电位器的电阻体可由合金膜、金属氧化膜、金属箔等材料组成。其特点是分辨力高、耐高温、温度系数小、动噪声小、平滑性好。

⑥ 导电塑料电位器。用特殊工艺将 DAP（邻苯二甲酸二烯丙酯）电阻浆料涂覆在绝缘机体上，加热聚合成电阻膜，或者将DAP电阻粉热塑压在绝缘基体的凹槽内形成实心体作为电阻体。导电塑料的特点是：平滑性好、分辨力优异、耐磨性好、寿命长、动噪声小、可靠性极高、耐化学腐蚀。它主要用于宇宙装置、导弹、飞机雷达天线的伺服系统等。

⑦ 带开关的电位器。带开关的电位器有旋转式开关电位器、推拉式开关电位器、推推式开关电位器。

⑧ 预调式电位器。预调式电位器在电路中一旦调试好，就用蜡封住调节位置，一般情况下就不再调节。

⑨ 直滑式电位器。采用直滑方式改变电阻值。

⑩ 双连电位器。双连电位器有异轴双连电位器和同轴双连电位器。

⑪ 无触点电位器。无触点电位器消除了机械接触，且寿命长、可靠性高，可分为光电式电位器、磁敏式电位器等。

（2）实心碳质电阻器。使用碳质颗粒状导电物质、填料和黏合剂混合制成一个实体的电阻器。特点是价格低廉，但其阻值误差、噪声电压都大，稳定性差，目前较少用。

（3）绕线电阻器。使用高阻合金线绕在绝缘骨架上制成，外面涂有耐热的釉绝缘层或绝缘漆。

绕线电阻器具有较低的温度系数，阻值精度高，稳定性好，耐热、耐腐蚀等特点，主要用作精密大功率电阻，但缺点是高频性能差，时间常数大。

（4）薄膜电阻器。使用蒸发的方法将一定电阻率材料蒸镀于绝缘材料表面制成。

① 碳膜电阻器。将结晶碳沉积在陶瓷棒骨架上制成。碳膜电阻器具有成本低、性能稳定、阻值范围宽、温度系数和电压系数小等特点，是目前应用最广泛的电阻器。

② 金属膜电阻器。使用真空蒸发的方法将合金材料蒸镀于陶瓷棒骨架表面。

金属膜电阻比碳膜电阻的精度高，稳定性好，温度系数小。在仪器仪表及通信设备中大量采用。

③ 金属氧化膜电阻器。在绝缘棒上沉积一层金属氧化物。由于其本身即是氧化物，因此高温下稳定，耐热冲击，负载能力强。

④ 合成膜电阻。将导电合成物悬浮液涂覆在基体上而得，因此也叫漆膜电阻。

由于其导电层呈现颗粒状结构，因此其噪声大、精度低，主要用于制造高压、高阻、小型电阻器。

（5）金属玻璃铀电阻器。将金属粉和玻璃铀粉混合，采用丝网印刷法印在基板上。其特点是耐潮湿、耐高温、温度系数小，主要应用于厚膜电路。

（6）贴片电阻 SMT。片状电阻是金属玻璃铀电阻的一种形式，它的电阻体是高可靠的钌系列玻璃铀材料经过高温烧结而成的，电极采用银钯合金浆料。其特点是体积小、精度高、稳定性好。由于其为片状元件，因此高频性能好。

（7）敏感电阻。敏感电阻是指器件特性对温度、电压、湿度、光照、气体、磁场、压力等作用敏感的电阻器。敏感电阻的符号是在普通电阻的符号中加一斜线，并在旁标注敏感电阻的类型。

① 压敏电阻。压敏电阻主要有碳化硅和氧化锌压敏电阻，氧化锌具有更多的优良特性。

② 湿敏电阻。湿敏电阻由感湿层、电极、绝缘体组成，主要包括氯化锂湿敏电阻、碳湿敏电阻、氧化物湿敏电阻。氯化锂湿敏电阻随湿度上升而电阻减小，其缺点为测试范围小，其特性重复性不好，受温度影响大。碳湿敏电阻的缺点为低温灵敏度低，阻值受温度影响大，有老化特性较少使用。

氧化物湿敏电阻性能较优越，可长期使用，温度影响小，阻值与湿度变化呈线性关系。它由氧化锡、镍铁酸盐等材料组成。

③ 光敏电阻。光敏电阻是电导率随着光量子的变化而变化的电子元件，当某种物质受到光照时，载流子的浓度增加从而增加了电导率，这就是光电导效应。

④ 气敏电阻。利用某些半导体吸收某种气体后发生氧化还原反应制成，主要成分是金属氧化物，主要品种有金属氧化物气敏电阻、复合氧化物气敏电阻、陶瓷气敏电阻等。

⑤ 力敏电阻。力敏电阻是一种阻值随压力变化而变化的电阻，国外称为压电电阻器。所谓压力电阻效应，是指半导体材料的电阻率随机械应力的变化而变化的效应，可制成各种力矩计、半导体话筒、压力传感器等。力敏电阻主要有硅力敏电阻器、硒碲合金力敏电阻器。相对而言，合金电阻器具有更高的灵敏度。

2. 电容器

电容器（Capacitor）是一种容纳电荷的器件，如图 2.1.3 所示。任何两个彼此绝缘且相隔很近的导体（包括导线）间都构成一个电容器。电容是电子设备中大量使用的电子元件之一，广泛应用于电路中的隔直通交、耦合、旁路、滤波、调谐回路、能量转换和控制等方面，用 C 表示，单位有法拉（F）、微法拉（μF）、皮法拉（pF），它们的转换关系为 $1F=10^6\mu F=10^{12}pF$。

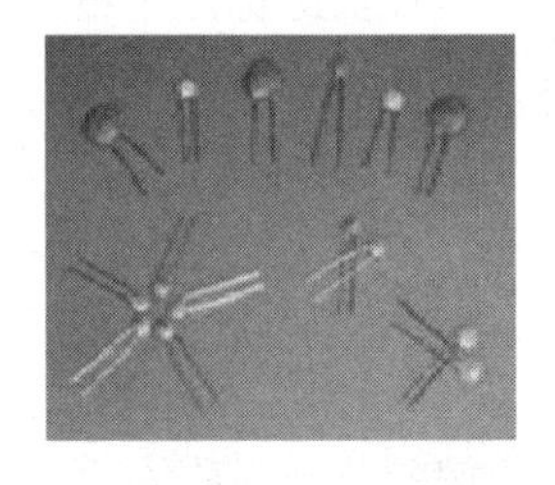
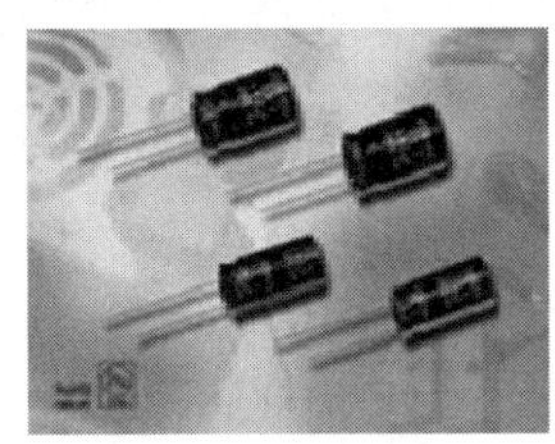
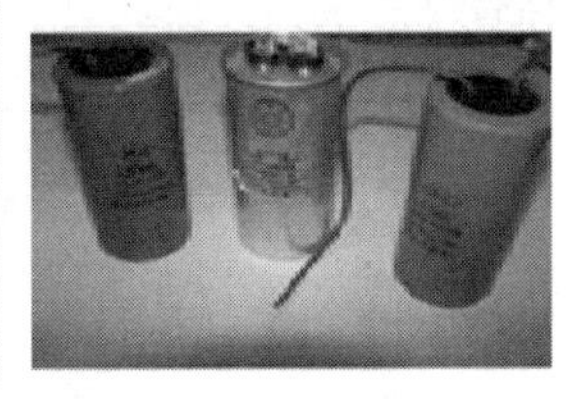

图 2.1.3　电容器

1）电容器的型号命名方法

国产电容器的型号一般由四部分组成（不适用于压敏、可变、真空电容器），依次分别代表名称、材料、分类和序号。

第一部分：名称，用字母表示，电容器用字母 C 表示。

第二部分：材料，用字母表示，A—钽电解、B—聚苯乙烯等非极性薄膜、C—高频陶瓷、D—铝电解、E—其他材料电解、G—合金电解、H—复合介质、I—玻璃釉、J—金属化纸、L—涤纶等极性有机薄膜、N—铌电解、O—玻璃膜、Q—漆膜、T—低频陶瓷、V—云母纸、Y—云母、Z—纸介。

第三部分：分类，一般用数字表示，个别用字母表示。

第四部分：序号，用数字表示。

2）电容器的容量标示

（1）直标法。用数字和单位符号直接标出。例如，1μF 表示 1 微法；而有些电容用“R”表示小数点，如 R56 表示 0.56 微法。

（2）文字符号法。用数字和文字符号有规律的组合来表示容量。例如，p10 表示 0.1pF、1p0 表示 1pF、6p8 表示 6.8pF、2μ2 表示 2.2μF。

（3）色标法。用色环或色点表示电容器的主要参数。电容器的色标法与电阻相同。

（4）数字法。例如，某瓷介电容，标值 272，容量就是 27×100pF=2700pF。如果标值 473，就为 47×1000pF=47000 pF（标值中后面的 2、3，都表示 10 的多少次方）。又如，332 即为 33×100pF=3300pF。

3）电容器的分类

（1）按照结构分，有固定电容器、可变电容器和微调电容器三大类。

（2）按电解质分，有机介质电容器、无机介质电容器、电解电容器和空气介质电容器等。

（3）按用途分，有高频旁路电容器、低频旁路电容器、滤波电容器、调谐电容器、高频耦合电容器、低频耦合电容器、小型电容器。

① 高频旁路电容器：陶瓷电容器、云母电容器、玻璃膜电容器、涤纶电容器、玻璃釉电容器。

② 低频旁路电容器：纸介电容器、陶瓷电容器、铝电解电容器、涤纶电容器。

③ 滤波电容器：铝电解电容器、纸介电容器、复合纸介电容器、液体钽电容器。

④ 调谐电容器：陶瓷电容器、云母电容器、玻璃膜电容器、聚苯乙烯电容器。

⑤ 高频耦合电容器：陶瓷电容器、云母电容器、聚苯乙烯电容器。

⑥ 低频耦合电容器：纸介电容器、陶瓷电容器、铝电解电容器、涤纶电容器、固体钽电容器。

⑦ 小型电容器：金属化纸介电容器、陶瓷电容器、铝电解电容器、聚苯乙烯电容器、固体钽电容器、玻璃釉电容器、金属化涤纶电容器、聚丙烯电容器、云母电容器。

4）电容器主要特性参数

（1）标称电容量和允许偏差。标称电容量是标示在电容器上的电容量。

电容器的基本单位为法拉，简称法（F），但是这个单位太大，在实际标注中很少采用。

其单位换算关系为

1F=1000mF

1mF=1000μF

1μF=1000nF

1nF=1000pF

电容器实际电容量与标称电容量的偏差称为误差，在允许的偏差范围内称为精度。

一般电容器常用Ⅰ（±5%）、Ⅱ（±10%）、Ⅲ（±20%）级，电解电容器用Ⅳ、Ⅴ、Ⅵ级，根据用途选取。

（2）额定电压。额定电压是指在最低环境温度和额定环境温度下可连续加在电容器的最高直流电压有效值，一般直接标注在电容器外壳上。如果工作电压超过电容器的耐压，电容器会被击穿，造成不可修复的永久损坏。

（3）绝缘电阻。直流电压加在电容上，并产生漏电电流，两者之比称为绝缘电阻。

一般地，陶瓷电容器、薄膜电容器的绝缘电阻越大越好，而铝电解电容器的绝缘电阻越小越好。

（4）损耗。电容在电场作用下，在单位时间内因发热所消耗的能量叫作损耗。各类电容都规定了其在某频率范围内的损耗允许值，电容的损耗主要是由介质损耗、电导损耗和电容所有金属部分的电阻所引起的。在直流电场的作用下，电容器的损耗以漏导损耗的形式存在，一般较小，在交变电场的作用下，电容的损耗不仅与漏导有关，而且与周期性的极化建立过程也有关。

（5）频率特性。

随着频率的上升，一般电容器的电容量呈现下降的规律。

5）常用电容器

（1）铝电解电容器。它用浸有糊状电解质的吸水纸夹在两条铝箔中间卷绕而成，是薄的氧化膜作介质的电容器。因为氧化膜有单向导电性质，所以铝电解电容器具有极性容量大、能耐受大的脉动电流、容量误差大、泄漏电流大等特点。普通的铝电解电容器不适用于在高频和低温下应用，且不宜使用在 25kHz 以上频率。

（2）钽电解电容器。它用烧结的钽块做正极，电解质使用固体二氧化锰，其温度特性、频率特性和可靠性均优于普通电解电容器，其特点是漏电流极小，储存性良好，寿命长，容量误差小，且体积小，单位体积下能得到最大的电容电压乘积，对脉动电流的耐受能力差，若损坏易呈短路状态。

（3）薄膜电容器。薄膜电容器的结构与纸质电容器相似，但用聚酯、聚苯乙烯等低损耗塑材作为介质，频率特性好、介电损耗小，不能做成大的容量，并且耐热能力差。

（4）瓷介电容器。瓷介电容器有穿心式和支柱式两种结构，它的一个电极就是安装螺丝。其特点是引线电感极小、频率特性好、介电损耗小，有温度补偿作用，不能做成大的容量，并且受到振动会引起容量变化，特别适用于高频旁路。

（5）独石电容器。（多层陶瓷电容器）在若干片陶瓷薄膜坯上被覆以电极桨材料，叠合后一次绕结成一块不可分割的整体，外面再用树脂包封，变成小体积、大容量、高可靠和耐高温的新型电容器。其高介电常数的低频独石电容器也具有稳定的性能，体积极小，Q 值高容量误差较大。

（6）纸质电容器。一般用两条铝箔作为电极，中间以厚度为 0.008～0.012mm 的电容器纸隔开重叠卷绕而成。制造工艺简单，价格便宜，能得到较大的电容量。一般在低频电路中，不能在高于 3～4MHz 的频率上运用。油浸电容器的耐压比普通纸质电容器高，稳定性也好，适用于高压电路。

（7）微调电容器。电容量可在某一小范围内调整，并可在调整后固定于某个电容值。瓷介微调电容器的 Q 值高、体积小，通常可分为圆管式及圆片式两种。云母和聚苯乙烯介质的通常都采用弹簧式，结构简单，但稳定性较差。线绕瓷介微调电容器是拆铜丝（外电极）来变动电容量的，因此容量只能变小，不适合在需要反复调试的场合使用。

（8）陶瓷电容器。用高介电常数的电容器陶瓷（钛酸钡一氧化钛）挤压成圆管、圆片或圆盘作为介质，并用烧渗法将银镀在陶瓷上作为电极制成。它又分为高频瓷介和低频瓷介两种。将具有小的正电容温度系数的电容器，用于高稳定振荡回路中，作为回路电容器及垫整电容器。低频瓷介电容器限于在工作频率较低的回路中用作旁路或隔直流，或者对稳定性和损耗要求不高的场合（包括高频在内）。这种电容器不宜使用在脉冲电路中，因为它们易于被脉冲电压击穿。高频瓷介电容器适用于高频电路。

（9）玻璃釉电容器。玻璃釉电容器由一种浓度适合喷涂的特殊混合物喷涂成薄膜而成，介质再以银层电极经烧结而成“独石”。它的结构性能可与云母电容器媲美，能耐受各种气候环境，一般可在200℃或更高温度下工作，额定工作电压可达500V。

3. 电感器

当线圈通过电流后，在线圈中形成磁场感应，感应磁场又会产生感应电流来抵制通过线圈中的电流。我们把这种电流与线圈的相互作用关系称为电的感抗，即电感，用L表示，单位有亨利（H）、毫亨利（mH）、微亨利（μH），它们的转换关系为$1H=10^3mH=10^6\mu H$。此外，也可利用此性质用绝缘导线（如漆包线、纱包线等）绕制成电感元件，如图2.1.4所示。电感器的主要作用是对交流信号进行隔离、滤波或与电容器、电阻器等组成谐振电路。

1）电感的分类

（1）按电感形式分类，有固定电感、可变电感。

（2）按导磁体性质分类，有空心线圈、铁氧体线圈、铁芯线圈、铜芯线圈。

（3）按工作性质分类，有天线线圈、振荡线圈、扼流线圈、陷波线圈、偏转线圈。

（4）按绕线结构分类，有单层线圈、多层线圈、蜂房式线圈。

2）电感器的图形符号

电感器的图形符号如图2.1.5所示。

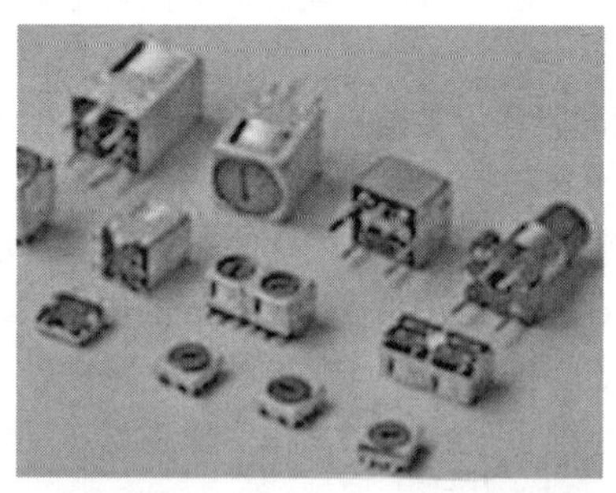

图2.1.4　电感器

图形符号	名称与说明
	电感器、线圈、绕组或扼流圈。 注：符号中半圆数不少于3个
	带磁芯、铁芯的电感器
	带磁芯连续可调的电感器
	双绕组变压器 注：可增加绕组数目
	绕组间有屏蔽的双绕组变压器 注：可增加绕组数目
	在一个绕组上有抽头的变压器

图2.1.5　电感器的图形符号

3）电感线圈的主要特性参数

（1）电感量 L。电感量 L 表示线圈本身固有特性，与电流大小无关。除专门的电感线圈（色码电感）之外，电感量一般不专门标注在线圈上，而以特定的名称标注。

（2）感抗 X_L。电感线圈对交流电流阻碍作用的大小称为感抗 X_L，单位为 Ω。它与电感量 L 和交流电频率 f 的关系为 $X_L=2\pi fL$。

（3）品质因数 Q。品质因素 Q 是表示线圈质量的一个物理量，Q 为感抗 X_L 与其等效的电阻的比值，即 $Q=X_L/R$。线圈的 Q 值越高，回路的损耗越小。线圈的 Q 值与导线的直流电阻、骨架的介质损耗、屏蔽罩或铁芯引起的损耗、高频趋肤效应的影响等因素有关。线圈的 Q 值通常为几十到几百。

（4）分布电容。线圈的匝与匝间、线圈与屏蔽罩间、线圈与底板间存在的电容被称为分布电容。分布电容的存在使线圈的 Q 值减小，稳定性变差，因而线圈的分布电容越小越好。

4）常用线圈

（1）单层线圈。单层线圈是用绝缘导线一圈挨一圈地绕在纸筒或胶木骨架上的，如晶体管收音机中波天线线圈。

（2）蜂房式线圈。如果所绕制的线圈，其平面不与旋转面平行，而是相交成一定的角度，那么这种线圈称为蜂房式线圈。而其旋转一周，导线来回弯折的次数，常称为折点数。蜂房式绕法的优点是体积小，分布电容小，而且电感量大。蜂房式线圈都是利用蜂房绕线机来绕制的，折点越多，分布电容越小。

（3）铁氧体磁芯和铁粉芯线圈。线圈的电感量大小与有无磁芯有关。在空芯线圈中插入铁氧体磁芯，可增加电感量和提高线圈的品质因素。

（4）铜芯线圈。铜芯线圈在超短波范围应用较多，利用旋动铜芯在线圈中的位置来改变电感量，这种调整比较方便、耐用。

（5）色码电感器。色码电感器是具有固定电感量的电感器，其电感量标示的方法同电阻一样以色环来标记。

（6）阻流圈（扼流圈）。限制交流电通过的线圈称为阻流圈，分为高频阻流圈和低频阻流圈。

（7）偏转线圈。偏转线圈是电视机扫描电路输出级的负载，偏转线圈的要求是：偏转灵敏度高、磁场均匀、Q 值高、体积小、价格低。

2.1.2　晶体二极管、三极管、场效应管、晶闸管

1. 晶体二极管

1）二极管的特性

二极管最主要的特性是单向导电性，其伏安特性曲线如图 2.1.6 所示。

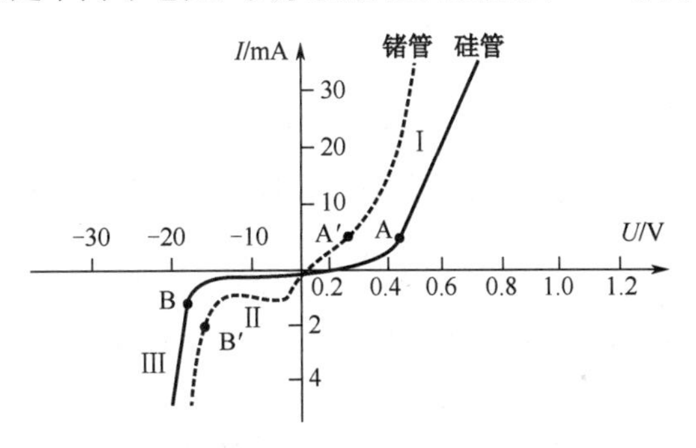

图 2.1.6　二极管的伏安特性曲线

（1）正向特性。当加在二极管两端的正向电压（P 为正、N 为负）很小时（锗管小于 0.1V，

硅管小于 0.5V），二极管不导通，处于“截止”状态，当正向电压超过一定数值后，二极管才导通，电压再稍微增大，电流急剧增加（见图 2.1.6 中曲线 I 段）。不同材料的二极管，起始电压不同，硅管为 0.5～0.7V，锗管为 0.1～0.3V。

（2）反向特性。当二极管两端加上反向电压时，反向电流很小，当反向电压逐渐增加时，反向电流基本保持不变，这时的电流称为反向饱和电流（见图 2.1.6 中曲线Ⅱ段）。不同材料的二极管，反向电流大小不同，硅管为 1μA 到几十微安，锗管则可高达数百微安。另外，反向电流受温度变化的影响很大，锗管的稳定性比硅管差。

（3）击穿特性。当反向电压增加到某一数值时，反向电流急剧增大，这种现象称为反向击穿（见图 2.1.6 中曲线Ⅲ段）。这时的反向电压称为反向击穿电压，不同结构、工艺和材料制成的二极管，其反向击穿电压值差异很大，可由 1V 到几百伏特，甚至高达数千伏特。

（4）频率特性。由于结电容的存在，当频率高到某一程度时，容抗小到使 PN 结短路。因此导致二极管失去单向导电性，不能工作。PN 结面积越大，结电容也越大，越不能在高频情况下工作。

2）二极管的简易测试方法

二极管的极性通常在管壳上注有标记，若无标记，则可使用万用表电阻挡测量其正反向电阻来判断（一般用 R×100 或 R×1k 挡），具体方法如表 2-1-2 所示。

表 2-1-2　二极管的简易测试方法

项　目	正 向 电 阻	反 向 电 阻
测试方法	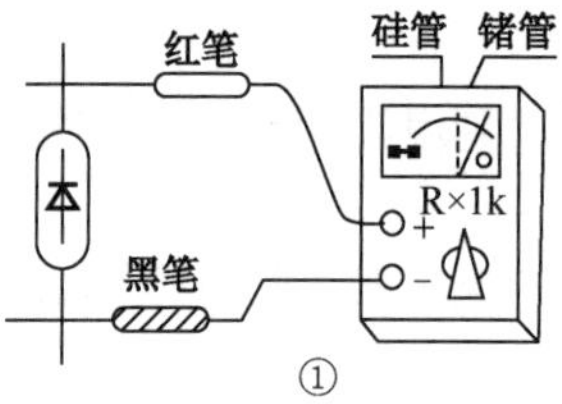 红笔　硅管　锗管　R×1k　黑笔　①	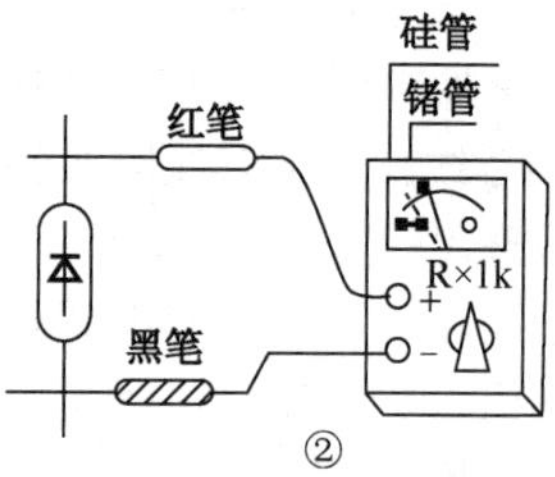 硅管　锗管　红笔　R×1k　黑笔　②
测试情况	硅管：表针指示位置在中间或中间偏右一点； 锗管：表针指示在右端靠近满刻度的地方（如图①所示），表明二极管正向特性是好的。 如果表针在左端不动，那么二极管内部已经断路	硅管：表针在左端基本不动，靠近∞位置； 锗管：表针从左端起动一点，但不应超过满刻度的 1/4（如图②所示），则表明反向特性是好的。 如果表针指在 0 位置，那么二极管内部已短路

3）二极管的主要参数

（1）正向电流 I_F。在额定功率下，允许通过二极管的电流值。

（2）正向电压降 V_F。二极管通过额定正向电流时，在两极间所产生的电压降。

（3）最大整流电流（平均值）I_{OM}。在半波整流连续工作的情况下，允许的最大半波电流的平均值。

（4）反向击穿电压 V_B。二极管反向电流急剧增大到出现击穿现象时的反向电压值。

（5）反向峰值电压 V_{RM}。二极管正常工作时所允许的反向电压峰值，通常 V_{RM} 为 V_B 的 2/3 或略小一些。

（6）反向电流 I_R。在规定的反向电压条件下，流过二极管的反向电流值。

（7）结电容 C。结电容包括势垒电容和扩散电容，在高频场合下使用时，要求结电容小于某一规定数值。

（8）最高工作频率 f_m。二极管具有单向导电性的最高交流信号的频率。

4）常用的晶体二极管

（1）整流二极管。将交流电源整流为直流电流的二极管称为整流二极管。它是面结合型的功率器件，因为结电容大，所以工作频率低。

通常，I_F 在 1A 以上的二极管采用金属壳封装，以利于散热；I_F 在 1A 以下的采用全塑料封装，如图 2.1.7 所示。由于近代工艺技术不断提高，国外出现了不少较大功率的二极管，也采用塑封形式。

（2）检波二极管。检波二极管是用于把叠加在高频载波上的低频信号检测出来的器件，它具有较高的检波效率和良好的频率特性。

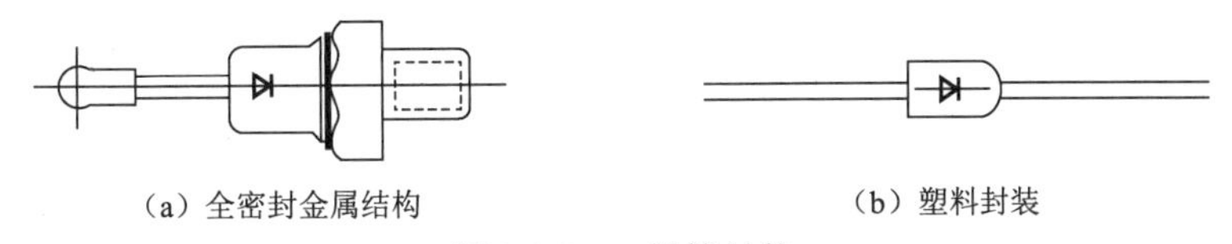

（a）全密封金属结构　　（b）塑料封装

图 2.1.7　二极管封装

（3）开关二极管。在脉冲数字电路中，用于接通和关断电路的二极管叫作开关二极管，它的特点是反向恢复时间短，能满足高频和超高频应用的需要。

开关二极管有接触型、平面型和扩散台面型等，一般 I_F＜500mA 的硅开关二极管，多采用全密封环环氧树脂陶瓷片状封装，如图 2.1.8 所示，引脚较长的一端为正极。

（4）稳压二极管。稳压二极管是由硅材料制成的面结合型晶体二极管，它是利用 PN 结反向击穿时的电压基本上不随电流的变化而变化的特点，来达到稳压的目的。因为它能在电路中起稳压作用，所以称为稳压二极管（简称稳压管）。其图形符号如图 2.1.9 所示。

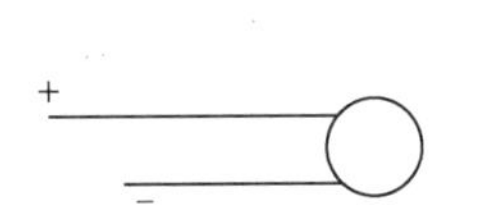

图 2.1.8　硅开关二极管全密封环环氧树脂陶瓷片状封装

图 2.1.9　稳压二极管的图形符号

硅稳压管的伏安特性曲线如图 2.1.10 所示，当反向电压达到 U_Z 时，即使电压有微小的增加，反向电流也会猛增（反向击穿曲线很陡直）。这时，二极管处于击穿状态，如果把击穿电流限制在一定的范围内，二极管就可以长时间在反向击穿状态下稳定工作。

（5）变容二极管。变容二极管是利用 PN 结的电容随外加偏压而变化这一特性制成的非线性电容元件，被广泛地用于参量放大器。在电子调谐及倍频器等微波电路中，变容二极管主要是通过结构设计及工艺等途径来突出电容与电压的非线性关系，并提高 Q 值以适合应用。

变容二极管的结构与普通二极管相似，其图形符号如图 2.1.11 所示。几种常用变容二极管的型号及参数如表 2-1-3 所示。

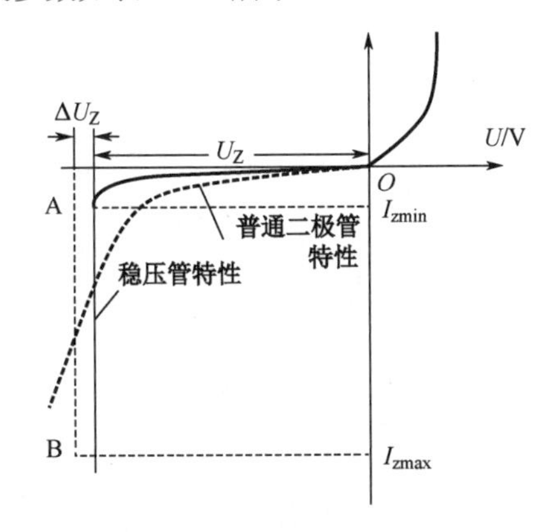

图 2.1.10　硅稳压管的伏安特性曲线

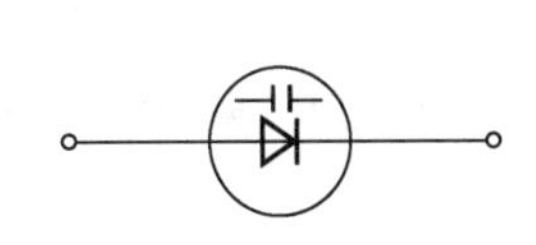

图 2.1.11　变容二极管的图形符号

表 2-1-3　几种常用变容二极管的型号及参数

型号	产地	反向电压/V		电容量/pF		电容比	使用波段
		最小值	最大值	最小值	最大值		
2CB11	中国	3	25	2.5	12	4.8	UHF
2CB14	中国	3	30	3	18	6	VHF
BB125	欧洲	2	28	2	12	6	UHF
BB139	欧洲	1	28	5	45	9	VHF
MA325	日本	3	25	2	10.3	5	UHF
ISV50	日本	3	25	4.9	28	5.7	VHF
ISV97	日本	3	25	2.4	18	7.5	VHF
ISV59.OSV70/IS2208	日本	3	25	2	11	5.5	UHF

变容二极管的变容特性及等效电路如图 2.1.12 所示。

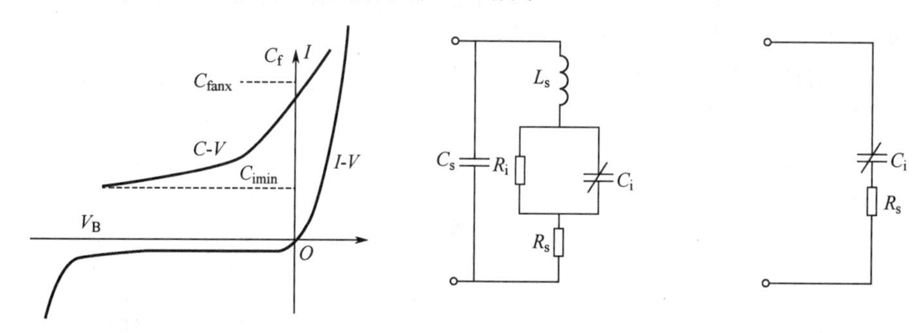

（a）变容特性　　（b）通常频率下的等效电路　　（c）微波频率下的等效电路

图 2.1.12　变容二极管的变容特性及等效电路

图 2.1.13（a）所示为利用变容管的变容特性来调谐本机振荡的频率（在电视接收机调谐器中做本机振荡），图 2.1.13（b）所示为一个调谐信号源，用变容管和单结晶体管与恒流二极管组成的锯齿波振荡器，利用输出信号进行调频，由于变容管大多数在反偏压下工作，所以应加恒流保护，以防止击穿。

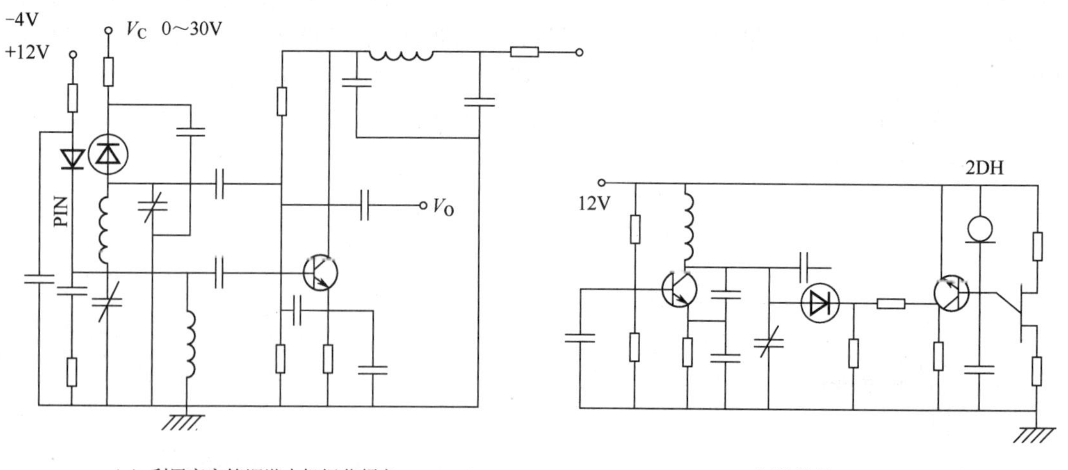

（a）利用变容管调谐本机振荡频率　　（b）调谐信号源

图 2.1.13　变容管应用实例

（6）阶跃恢复二极管。阶跃恢复二极管是一种特殊的变容管，也称为电荷储存二极管，简称阶跃管，它具有高度非线性的电抗，应用于倍频器时代独有的特点，利用其反向恢复电流的快速突变中所包含的丰富谐波，可获得高效率的高次倍频，它是微波领域中优良的倍频元件。

阶跃管的特性是建立在 PN 结杂质的特殊分布上，与变容管相似，阶跃管的图形符号如图 2.1.14 所示，它的直流伏安特性与一般 PN 结结构相同。

阶跃管的特点是：当处于导通状态的二极管突然加上反向电压时，瞬间反向电流立即达到最值 I_R，并维持一定的时间 t_s，接着又立即恢复到零。电流和时间的关系如图 2.1.15 所示。

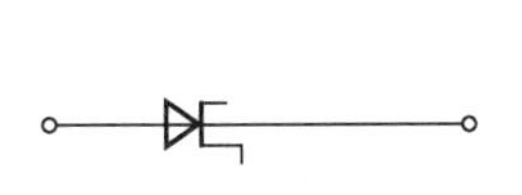

图 2.1.14　阶跃管的图形符号

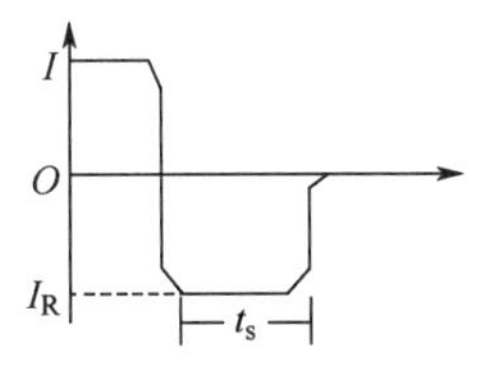

图 2.1.15　阶跃管电流和时间的关系

阶跃管主要用于倍频电路和超高速脉冲整形和发生电路，图 2.1.16（a）所示为一个曲形的高次频器，利用阶跃管很容易做到高达 20 次倍频而仍保持高效率。图 2.1.16（b）所示为利用阶跃管的脉冲整形电路，图 2.1.16（c）所示为整形前后的波形比较。

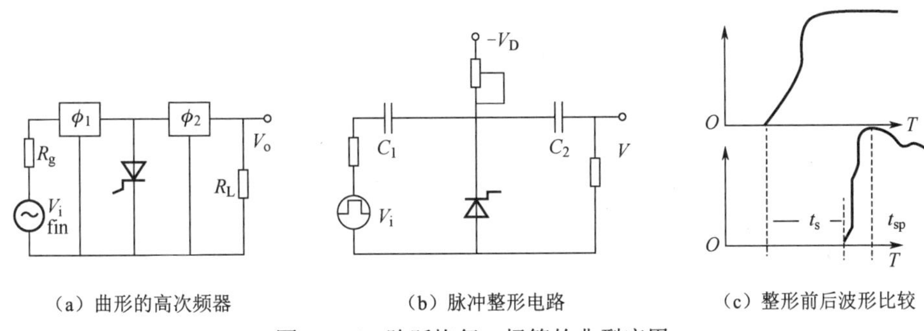

（a）曲形的高次频器　　（b）脉冲整形电路　　（c）整形前后波形比较

图 2.1.16　阶跃恢复二极管的典型应用

2. 晶体三极管

1）三极管的电流放大原理

晶体三极管（以下简称三极管）按材料分，有锗管和硅管两种。而每一种又有 NPN 和 PNP 两种结构形式，但使用最多的是硅 NPN 和 PNP 两种三极管。两者除了电源极性不同，其工作原理都是相同的，下面仅介绍 NPN 硅管的电流放大原理。

图 2.1.17 所示为 NPN 管的结构图，它是由两块 N 型半导体中间夹着一块 P 型半导体组成的。由图可知，发射区与基区之间形成的 PN 结称为发射结，而集电区与基区形成的 PN 结称为集电结，3 条引线分别称为发射极 e、基极 b 和集电极 c。

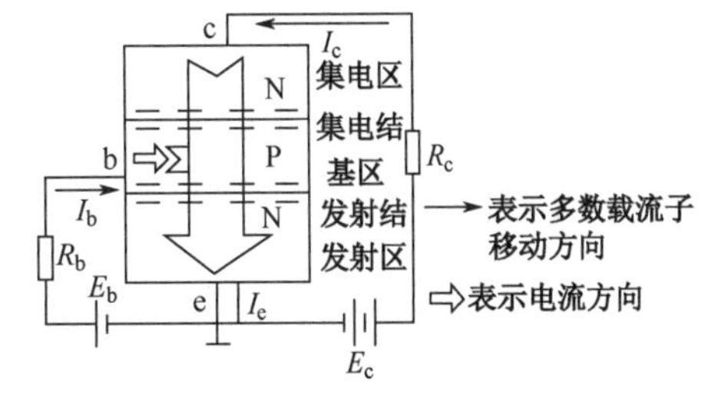

图 2.1.17　NPN 管的结构图

当 b 点电位高于 e 点电位零点几伏时，发射结处于正偏状态，而 c 点电位高于 b 点电位几伏时，集电结处于反偏状态，集电极电源 E_c 要高于基极电源 E_b。

在制造三极管时，有意识地使发射区的多数载流子浓度大于基区的，同时基区做得很薄，而且要严格控制杂质含量。这样，一旦接通电源后，由于发射结正偏，发射区的多数载流子（电子）及基区的多数载流子（空穴）很容易地截越过发射结向反方扩散，但因为前者的浓度大于后者，所以通过发射结的电流基本上是电子流，这股电子流称为发射极电流 I_e。

由于基区很薄，加上集电结的反偏，注入基区的电子大部分越过集电结进入集电区而形成集

电集电流 I_c，只剩下很少（1%～10%）的电子在基区的空穴进行复合，被复合掉的基区空穴由基极电源 E_b 重新补给，从而形成基极电流 I_b。根据电流连续性原理得

$$I_e=I_b+I_c$$

这就是说，在基极补充一个很小的 I_b，就可以在集电极上得到一个较大的 I_c，这就是电流放大作用。I_c 与 I_b 维持一定的比例关系，即

$$\beta_1=I_c/I_b$$

式中，β_1 为直流放大倍数，

集电极电流的变化量ΔI_c与基极电流的变化量ΔI_b之比为

$$\beta= \Delta I_c/\Delta I_b$$

式中，β 为交流电流放大倍数，由于低频时 β_1 和 β 的数值相差不大，因此有时为了方便，对两者不做严格区分，β 值为几十至一百多。

三极管是一种电流放大器件，但在实际使用中，常常利用三极管的电流放大作用，通过电阻转变为电压放大作用。

2）三极管的特性曲线

（1）输入特性。图 2.1.18（b）所示为三极管的输入特性曲线。它表示 I_b 随 U_{be} 的变化关系，其特点有以下 3 个方面。

① 当 U_{ce} 为 0～2V 时，曲线位置和形状与 U_{ce} 有关；但当 U_{ce} 高于 2V 时，曲线形状与 U_{ce} 基本无关。通常输入特性由两条曲线（Ⅰ和Ⅱ）表示。

② 当 $U_{be}<U_{beR}$ 时，$I_b\approx0$ 称 0～U_{beR} 的区段为“死区”；当 $U_{be}>U_{beR}$ 时，I_b 随 U_{be} 增加而增加，放大时，三极管工作在较直线的区段。

③ 三极管输入电阻，定义为

$$R_{be}=(\Delta U_{be}/\Delta I_b)$$

其估算公式为

$$R_{be}=R_b+(\beta+1)(26/I_e)$$

式中，R_b 为三极管的基区电阻，对低频小功率管，R_b 约为 300Ω。

（2）输出特性。输出特性表示 I_c 随 U_{ce} 的变化关系（以 I_b 为参数），如图 2.1.18（c）所示。从图中可以看出，它分为截止区、放大区和饱和区 3 个区域。

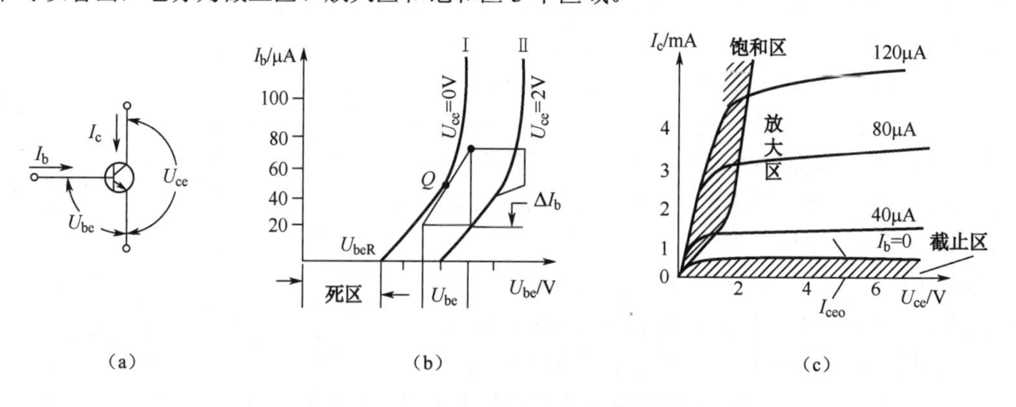

图 2.1.18　三极管的输入特性与输出特性

① 截止区。当 $U_{be}<0$ 时，则 $I_b\approx0$，发射区没有电子注入基区，但由于分子的热运动，集电极仍有小量电流通过，即 $I_c=I_{ceo}$ 称为穿透电流，常温时 I_{ceo} 约为几微安，锗管为几十微安至几百微安。它与集电极反向电流 I_{cbo} 的关系为

$$I_{ceo}=(1+\beta)I_{cbo}$$

常温时硅管的 I_{cbo} 小于 1μm，锗管的 I_{cbo} 约为 10μm。对于锗管，温度每升高 12℃，I_{cbo} 数值增加一倍；而对于硅管，温度每升高 8℃，I_{cbo} 数值增加一倍。虽然硅管的 I_{cbo} 随温度变化更剧烈，但由于锗管的 I_{cbo} 值本身比硅管大，因此锗管仍然是受温度影响较严重的管。

② 放大区。当晶体三极管发射结处于正偏而集电结处于反偏工作时，I_c 随 I_b 近似做线性变化，放大区是三极管工作在放大状态的区域。

③ 饱和区。当发射结和集电结均处于正偏状态时，I_c 基本上不随 I_b 的变化而变化，失去了放大功能。根据三极管发射结和集电结的偏置情况，可判别其工作状态。

截止区和饱和区是三极管工作在开关状态的区域，当三极管导通时，工作点落在饱和区；当三极管截止时，工作点落在截止区。

3）三极管的主要参数

（1）直流参数。

① 集电极-基极反向饱和电流 I_{cbo}。当发射极开路（I_e=0）时，基极和集电极之间加上规定的反向电压 V_{cb} 时的集电极反向电流。它只与温度有关，在一定温度下是个常数，所以称为集电极-基极的反向饱和电流。良好的三极管，I_{cbo} 很小，小功率锗管的 I_{cbo} 为 1～10μA，大功率锗管的 I_{cbo} 可达数毫安，而硅管的 I_{cbo} 则非常小，是毫微安级。

② 集电极-发射极反向电流 I_{ceo}（穿透电流）。当基极开路（I_b=0）时，集电极和发射极之间加上规定反向电压 V_{ce} 时的集电极电流。I_{ceo} 大约是 I_{cbo} 的 β 倍，即 $I_{ceo}=(1+\beta)I_{cbo}$。I_{cbo} 和 I_{ceo} 受温度影响极大，它们是衡量三极管热稳定性的重要参数，其值越小，性能越稳定，小功率锗管的 I_{ceo} 比硅管大。

③ 发射极-基极反向电流 I_{ebo}。当集电极开路时，在发射极和基极之间加上规定的反向电压时的发射极电流，它实际上是发射结的反向饱和电流。

④ 直流电流放大系数 β_1（或 h_{fe}）。这是指共发射接法，没有交流信号输入时，集电极输出的直流电流与基极输入的直流电流的比值，即

$$\beta_1=I_c/I_b$$

（2）交流参数。

① 交流电流放大系数 β（或 h_{fe}）。这是指共发射极接法，集电极输出电流的变化量 ΔI_c 与基极输入电流的变化量 ΔI_b 之比，即

$$\beta=\Delta I_c/\Delta I_b$$

一般晶体管的 β 为 10～200，如果 β 太小，那么电流放大作用差；如果 β 太大，那么电流放大作用虽然大，但性能往往不稳定。

② 共基极交流放大系数 α（或 h_{fb}）。这是指共基接法，集电极输出电流的变化是 ΔI_c 与发射极电流的变化量 ΔI_e 之比，即

$$\alpha=\Delta I_c/\Delta I_e$$

因为 $\Delta I_c<\Delta I_e$，所以 $\alpha<1$。高频三极管的 $\alpha>0.90$ 就可以使用

α 与 β 之间的关系为

$$\alpha=\beta/(1+\beta)$$

$$\beta=\alpha/(1-\alpha)\approx 1/(1-\alpha)$$

③ 截止频率 f_β、f_α。当 β 下降到低频时的 0.707 倍的频率，就是共发射极的截止频率 f_β；当 α 下降到低频时的 0.707 倍的频率，就是共基极的截止频率 f_α。f_β、f_α 都是表明三极管频率特性的重要参数，它们之间的关系为

$$f_\beta \approx (1-\alpha) f_\alpha$$

④ 特征频率 f_T。因为频率 f 上升时，β 就下降，当 β 下降到 1 时，对应的 f_T 是全面地反映晶体管的高频放大性能的重要参数。

（3）极限参数。

① 集电极最大允许电流 I_{CM}。当集电极电流 I_c 增加到某一数值，引起 β 值下降到额定值的 2/3 或 1/2 时，I_c 值称为 I_{CM}。所以当 I_c 超过 I_{CM} 时，虽然未使三极管损坏，但 β 值显著下降，影响放大质量。

② 集电极-基极击穿电压 βV_{CBO}。当发射极开路时，集电结的反向击穿电压称为 βV_{EBO}。

③ 发射极-基极反向击穿电压 βV_{EBO}。当集电极开路时，发射结的反向击穿电压称为 βV_{EBO}。

④ 集电极-发射极击穿电压 βV_{CEO}。当基极开路时，加在集电极和发射极之间的最大允许电压，使用时如果 $U_{ce} > BV_{CEO}$，三极管就会被击穿。

⑤ 集电极最大允许耗散功率 P_{CM}。集电极电流 I_c 流过，温度要升高，三极管因受热而引起参数的变化，不超过允许值时的最大集电极耗散功率称为 P_{CM}。三极管实际的耗散功率等于集电极直流电压和电流的乘积，即 $P_c = U_{ce} \times I_c$。使用时应使 $P_c < P_{CM}$。

P_{CM} 与散热条件有关，增加散热片可提高 P_{CM}。

3. 场效应管

场效应管（FET）是电压控制器件，并且用输入电压来控制输出电流的变化。它具有输入阻抗高、噪声低、动态范围大、温度系数小等优点，因而广泛应用于各种电子线路中。

1）场效应管的结构原理及特性

场效应管有结型和绝缘栅两种结构，每种结构又分为 N 沟道和 P 沟道两种导电沟道。

（1）结型场效应管（JFET）。

① 结构原理。它的结构及符号如图 2.1.19 所示。在 N 型硅棒两端引出漏极 D 和源极 S 两个电极，又在硅棒的两侧各做一个 P 区，形成两个 PN 结。在 P 区引出电极并连接起来，称为栅极 G，这样就构成了 N 型沟道的场效应管。

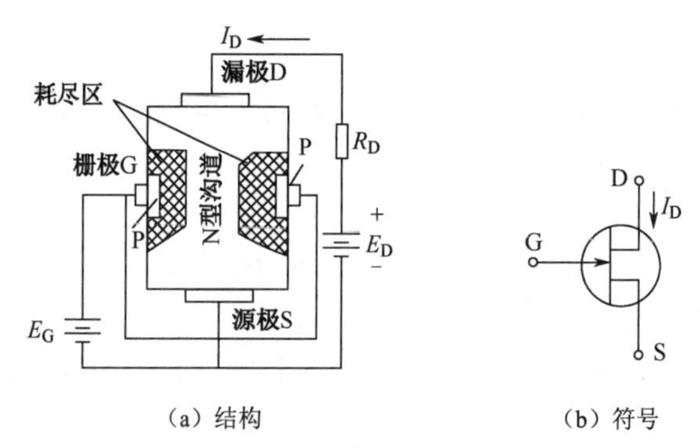

（a）结构　　（b）符号

图 2.1.19　N 沟道结型场效应管的结构及符号

由于 PN 结中的载流子已经耗尽，因此 PN 基本上是不导电的，形成了耗尽区。从图 2.1.19 中可以看出，当漏极电源电压 E_D 一定时，如果栅极反偏电压值越大，PN 结交界面所形成的耗尽区就越厚，且漏、源极之间导电的沟道越窄，漏极电流 I_D 就越小；反之，如果栅极反偏电压值变小，沟道就变宽，I_D 变大，所以用栅极电压 E_G 可以控制漏极电流 I_D 的变化。也就是说，场效应管是电压控制元件。

② 特性曲线。

a. 转移特性。图 2.1.20（a）给出了 N 沟道结型场效应管的栅压-漏流特性曲线，称为转移特性曲线。它和电子管的动态特性曲线非常相似，当栅极电压 $V_{GS}=0$ 时的漏源电流，用 I_{DSS} 表示。

当 V_{GS} 变负时，I_D 逐渐减小。I_D 接近于零的栅极电压称为夹断电压，用 V_P 表示，在 $0 \geqslant V_{GS} \geqslant V_P$ 的区段内，I_D 与 V_{GS} 的关系可近似表示为

$$I_D=I_{DSS}（1-|V_{GS}/V_P|）^2$$

其跨导 g_m 为

$$g_m=（\Delta I_D/\Delta V_{GS}）|V_{DS}=常微（\mu\Omega）|$$

式中，ΔI_D 为漏极电流增量，单位为 μA；ΔV_{GS} 为栅源电压增量，单位为 V。

b. 漏极特性（输出特性）。图 2.1.20（b）给出了场效应管的漏极特性曲线，它与晶体三极管的输出特性曲线很相似。

可变电阻区（图 2.1.20（b）中 I 区）。在 I 区中 V_{DS} 比较小，沟通电阻随栅压 V_{GS} 的变化而改变，故称为可变电阻区。当栅压一定时，沟通电阻为定值，I_D 随 V_{DS} 近似线性增大，当 $V_{GS}<V_P$ 时，漏源极间电阻很大（关断），$I_P=0$；当 $V_{GS}=0$ 时，漏源极间电阻很小（导通），$I_D=I_{DSS}$。这一特性使场效应管具有开关作用。

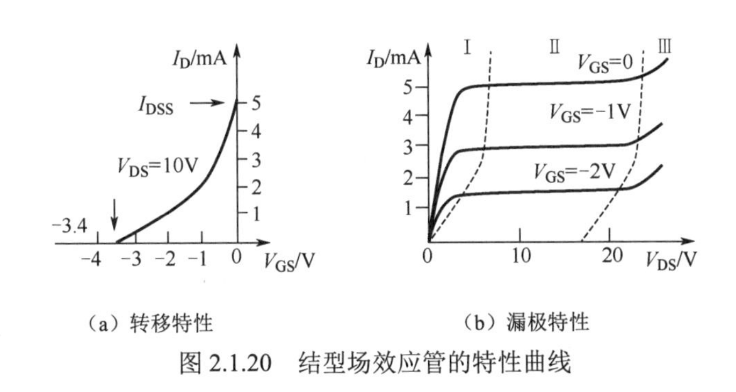

（a）转移特性　　（b）漏极特性

图 2.1.20　结型场效应管的特性曲线

恒流区（图 2.1.20（b）中Ⅱ区）。当漏极电压 V_{DS} 继续增大到 $V_{DS}>|V_P|$时，漏极电流 I_P 达到了饱和值后基本保持不变，这一区称为恒流区或饱和区。在这里，对于不同的 V_{GS} 漏极特性曲线近似平行线，即 I_D 与 V_{GS} 呈线性关系，故又称为线性放大区。

击穿区（图 2.1.20（b）中Ⅲ区）。如果 V_{DS} 继续增加，以至超过了 PN 结所能承受的电压而被击穿，漏极电流 I_D 突然增大，如果不加限制措施，场效应管就会烧坏。

（2）绝缘栅场效应管。它是由金属、氧化物和半导体组成的，所以又称为金属-氧化物-半导体场效应管，简称 MOS 场效应管。

① 结构原理。它的结构、电极及符号如图 2.1.21 所示。以一块 P 型薄硅片作为衬底，在它上面扩散两个高杂质的 N 型区，作为源极 S 和漏极 D。在硅片表面覆盖一层绝缘物，然后再用金属铝引出一个电极 G（栅极）。由于栅极与其他电极绝缘，因此称为绝缘栅场面效应管。

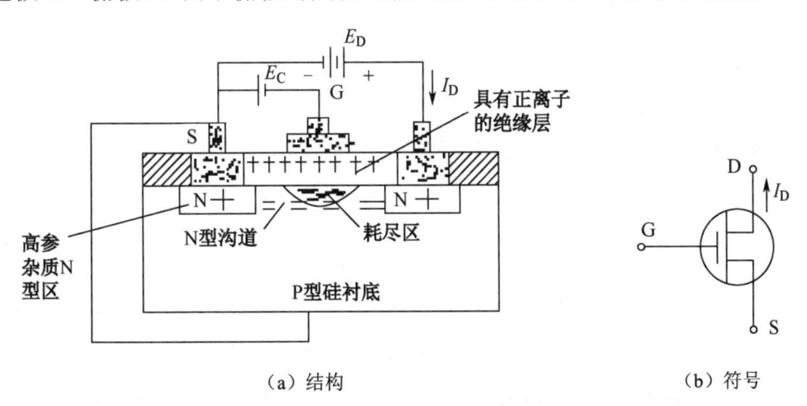

（a）结构　　（b）符号

图 2.1.21　N 沟道（耗尽型）绝缘栅场效应管的结构及符号

在制造场效应管时，通过工艺使绝缘层中出现大量正离子，故在交界面的另一侧能感应出较多的负电荷，这些负电荷把高渗杂质的N区接通，形成导电沟道，即使当V_{GS}=0时，也有较大的漏极电流I_D。当栅极电压改变时，沟道内被感应的电荷量也改变，导电沟道的宽窄也随之而改变，因而漏极电流I_D随着栅极电压的变化而变化。

场效应管的工作方式有两种：当栅压为零时，有较大漏极电流的称为耗散型；当栅压为零，漏极电流也为零时，必须再加一定的栅压后才有漏极电流的称为增强型。

② 特性曲线。

a. 转移特性（栅压-漏流特性）。图2.1.22（a）所示为N沟道耗尽型绝缘栅场效应管的转移行性曲线。图中，Vp为夹断电压（栅源截止电压）；I_{DSS}为饱和漏电流。图2.1.22（b）所示为N沟道增强型绝缘栅场效管的转移特性曲线。图中，V_T为开启电压，当栅极电压超过V_T时，漏极电流才开始显著增加。

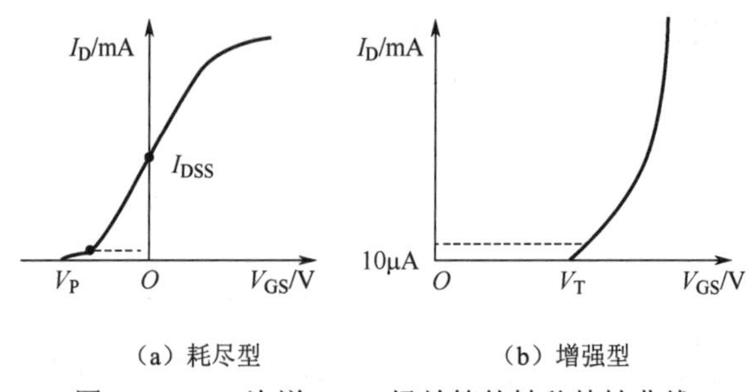

（a）耗尽型　　（b）增强型

图2.1.22　N沟道MOS场效管的转移特性曲线

b. 漏极特性（输出特性）。图2.1.23（a）所示为N沟道耗尽型绝缘栅场效应管的输出特性曲线。图2.1.23（b）所示为N沟道增强型绝缘栅场效应管的输出特性曲线。

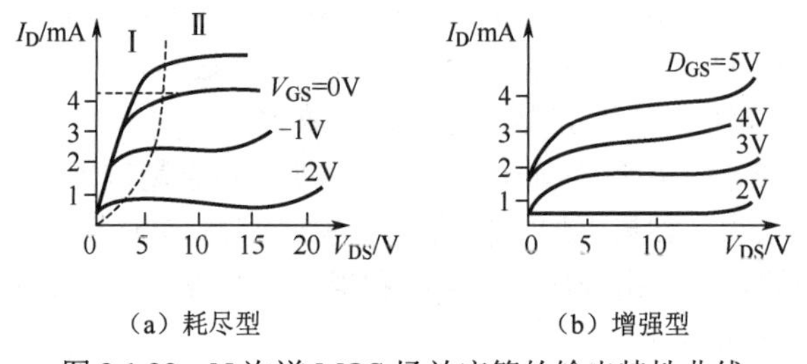

（a）耗尽型　　（b）增强型

图2.1.23　N沟道MOS场效应管的输出特性曲线

2）场效应管的主要参数

（1）夹断电压V_P。当V_{DS}为某一固定数值，使I_{DS}等于某一微小电流时，栅极上所加的偏压V_{GS}就是夹断电压V_P。

（2）饱和漏电流I_{DSS}。在源、栅极短路条件下，漏、源极间所加的电压大于V_P时的漏极电流称为I_{DSS}。

（3）击穿电压βV_{DS}。表示漏、源极间所能承受的最大电压，即漏极饱和电流开始上升进入击穿区时对应的V_{DS}。

（4）直流输入电阻R_{GS}。在一定的栅源电压下，栅、源极间的直流电阻，这一特性用流过栅极的电流来表示。结型场效应管的R_{GS}可达1GΩ，而绝缘栅型场效应管的R_{GS}可超过10000GΩ。

（5）低频跨导g_m。漏极电流的微变量与引起这个变化的栅源电压微变量之比称为跨导，即

$$g_m=\Delta I_D/\Delta V_{GS}$$

它是衡量场效应管栅源电压对漏极电流控制能力的一个参数，也是衡量放大作用的重要参数。

此参数常以栅源电压变化 1V 时，漏极相应变化多少微安（μA/V）或毫安（mA/V）来表示。

4. 晶闸管

1）概述

一种以硅单晶为基本材料的 P1N1P2N2 四层三端器件，创制于 1957 年，由于它的特性类似于真空闸流管，因此国际上通称为硅晶体闸流管，简称晶闸管 T。又由于晶闸管最初应用于可控整流方面，因此又称为硅可控整流元件，简称可控硅 SCR。

在性能上，可控硅不仅具有单向导电性，而且还具有比硅整流元件（俗称“死硅”）更为可贵的可控性。它只有导通和关断两种状态。

可控硅能以毫安级电流控制大功率的机电设备，如果超过此频率，那么元件开关损耗显著增加，允许通过的平均电流相应降低。此时，标称电流应降级使用。

可控硅的优点有：以小功率控制大功率，功率放大倍数高达几十万倍；反应极快，在微秒级内开通、关断；无触点运行，无火花、无噪声；效率高、成本低等。

可控硅的缺点有：静态及动态的过载能力较差；容易受干扰而误导通。

可控硅从外形上分类，主要有螺栓形、平板形和平底形。

2）可控硅元件的结构和型号

（1）结构。不管可控硅的外形如何，它们的管芯都是由 P 型硅和 N 型硅组成的四层 P1N1P2N2 结构，如图 2.1.24 所示。它有 3 个 PN 结（J1、J2、J3），从 J1 结构的 P1 层引出阳极 A，从 N2 层引出阴极 K，从 P2 层引出控制极 G，所以它是一种四层三端的半导体器件。

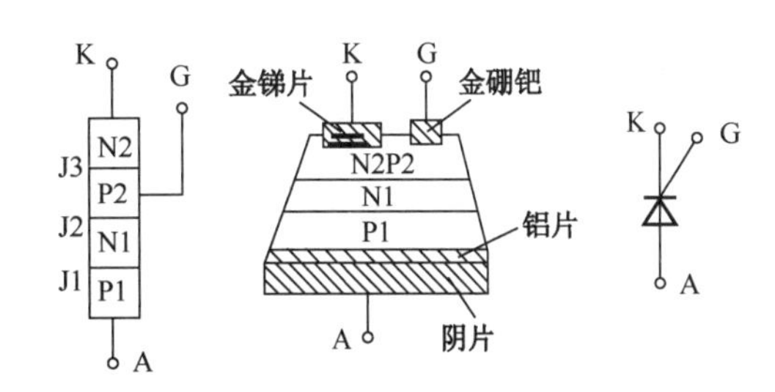

图 2.1.24　可控硅的结构和符号

（2）型号。目前国产可控硅的型号有部颁新、旧标准两种，新型号将逐步取代旧型号，如表 2-1-4 所示。

表 2-1-4　KP 型可控硅新、旧标准主要特性参数对照表

	部颁新标准（JB1144—75）	部颁旧标准（JB1144—71）
序号	KP 型右控硅整流元件	3CT 系列可控硅整流元件
1	额定通态平均电流（$I_{T(AV)}$）	额定正向平均值电流（I_F）
2	断态重复峰值电压（U_{DRM}）	正向阻断峰值电压（U_{PF}）
3	反向重复峰值电压（U_{RRM}）	反向峰值电压（V_{PR}）
4	断态重复平均电流（$I_{DR(AV)}$）	正向平均漏电流（I）
5	反向重复平均电流（$I_{RR(AV)}$）	反向平均漏电电流（I_{RL}）
6	通态平均电压（$U_{T(AV)}$）	最大正向平均电压降（V_F）
7	门极触发电流（I_{GT}）	控制极触发电流（I_g）
8	门极触发电压（U_{GT}）	控制极触发电压（V_g）
9	断态电压临界上升率（du/dt）	极限正向电压上升率(dV/dt)
10	维持电流（I_H）	维持电流（I_H）
11	额定结温（T_{jM}）	额定工作结温（T_j）

KP 型可控硅的电流电压级别如表 2-1-5 所示。

表 2-1-5　KP 型可控硅电流电压级别

额定通态平均电流 $I_{T(AV)}$/A	1、5、10、20、30、50、100、200、300、400、500、600、700、800、100								
正反向重复峰值电压 U_{DRM}、U_{RRM}/×100V	1～10、12、14、16、18、20、22、24、26、28、30								
通态平均电压 $U_{T(AV)}$/V	A	B	C	D	E	F	G	H	I
	≤0.4	0.4～0.5	0.5～0.6	0.6～0.7	0.7～0.8	0.8～0.9	0.9～1.0	1.0～1.1	1.1～1.2

例如，KP5-10 表示通态平均电流 5A，正向重复峰值电压 1000V 的普通反向阻断型可控硅元件；KP500-12D 表示通态平均电流 500A，正、反向重复峰值电压 1200V，通态平均电压 0.7V 的业通反向阻断型可控硅元件；3CT5/600 表示通态平均电流 5A，正、反向重复峰值电压 600V 的旧型号普通可控硅元件。

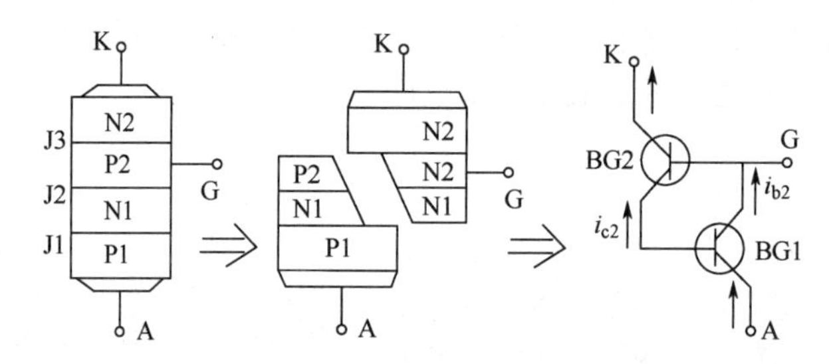

图 2.1.25　可控硅等效图解

3）可控硅元件的工作原理及基本特性

（1）工作原理。可控硅是 P1N1P2N2 四层三端结构元件，共有 3 个 PN 结。当分析原理时，可以把它看作由一个 PNP 管和一个 NPN 管所组成，其等效图解如图 2.1.25 所示。

当阳极 A 加上正向电压时，BG1 和 BG2 管均处于放大状态。此时，如果从控制极 G 输入一个正向触发信号，BG2 便有基流 i_{b2} 流过，经 BG2 放大，其集电极电流 $i_{c2}=\beta_2 i_{b2}$。因为 BG2 的集电极直接与 BG1 的基极相连，所以 $i_{b1}=i_{c2}$。此时，电流 i_{c2} 再经 BG1 放大，于是 BG1 的集电极电流 $i_{c1}=\beta_1 i_{b1}=\beta_1\beta_2 i_{b2}$。这个电流又流回到 BG2 的基极，表示成正反馈，使 i_{b2} 不断增大，如此正反馈循环的结果，两个场效应管的电流剧增，可控硅使饱和导通。

由于 BG1 和 BG2 所构成的正反馈作用，因此一旦可控硅导通后，即使控制极 G 的电流消失了，可控硅仍然能够维持导通状态。由于触发信号只起触发作用，没有关断功能，因此这种可控硅是不可关断的。

由于可控硅只有导通和关断两种工作状态，因此它具有开关特性。这种特性需要一定的条件才能转化，此条件如表 2-1-6 所示。

表 2-1-6　可控硅导通和关断的条件

状　态	条　件	说　明
从关断到导通	（1）阳极电位高于阴极电位； （2）控制极有足够的正向电压和电流	两者缺一不可
维持导通	（1）阳极电位高于阴极电位； （2）阳极电流大于维持电流	两者缺一不可
从导通到关断	（1）阳极电位低于阴极电位； （2）阳极电流小于维持电流	任一条件即可

（2）基本伏安特性。可控硅的基本伏安特性曲线如图 2.1.26 所示。

① 反向特性。当控制极开路，阳极加上反向电压时（见图 2.1.27），J2 结正偏，但 J1、J2 结反偏。此时，只能流过很小的反向饱和电流，当电压进一步提高到 J1 结的雪崩击穿电压后，J3 结也击穿，电流迅速增加，图 2.1.26 所示的特性开始弯曲，如特性 *OR* 段所示，弯曲处的电压 U_{RO} 叫“反向转折电压”。此时，可控硅会发生永久性反向击穿。

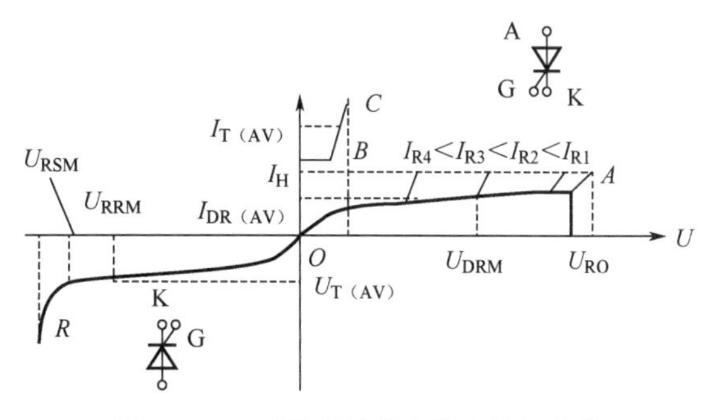

图 2.1.26　可控硅的基本伏安特性曲线

② 正向特性。当控制极开路，阳极上加上正向电压时（见图 2.1.28），J1、J3 结正偏，但 J2 结反偏，这与普通 PN 结的反向特性相似，也只能流过很小的电流，这叫正向阻断状态。当电压增加时，图 2.1.26 的特性发生了弯曲，如特性 *OA* 段所示，弯曲处的电压 U_{BO} 叫正向转折电压。

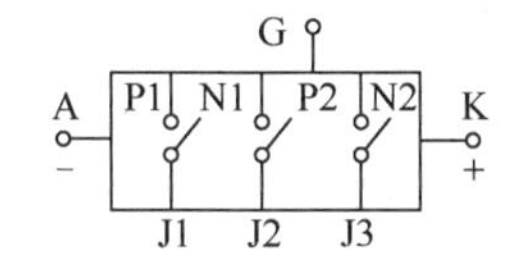

图 2.1.27　阳极加反向电压

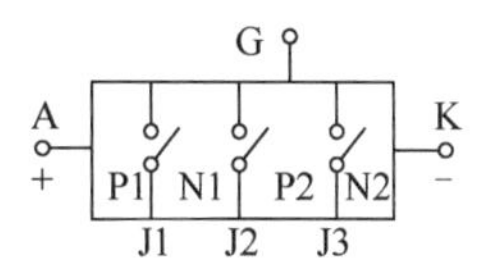

图 2.1.28　阳极加正向电压

由于电压升高到 J2 结的雪崩击穿电压后，J2 结发生雪崩倍增效应，在结区产生大量的电子和空穴，电子进入 N1 区，空穴进入 P2 区。进入 N1 区的电子与由 P1 区通过 J1 结注入 N1 区的空穴复合，同样，进入 P2 区的空穴与由 N2 区通过 J3 结注入 P2 区的电子复合，雪崩击穿，进入 N1 区的电子与进入 P2 区的空穴各自不能全部复合掉。这样，在 N1 区就有电子积累，在 P2 区就有空穴积累，结果使 P2 区的电位升高，N1 区的电位下降，J2 结变成正偏，只要电流稍增加，电压便迅速下降，出现负阻特性，如图 2.1.26 中的虚线 *AB* 段所示。

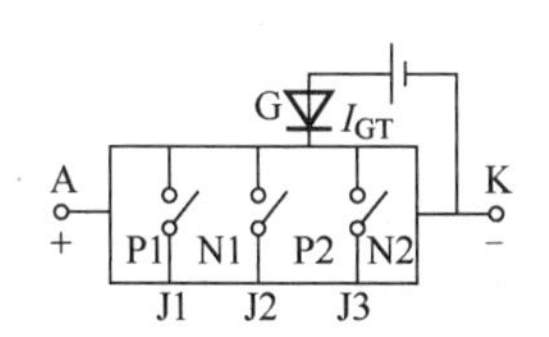

图 2.1.29　阳极和控制极均加正向电压

这时 J1、J2、J3 三个结均处于正偏，可控硅便进入正向导电状态——通态。此时，它的特性与普通的 PN 结正向特性相似，如图 2.1.26 中的 *BC* 段所示。

（3）触发导通。在控制极 G 上加上正向电压时（见图 2.1.29），因 J3 结正偏，P2 区的空穴进入 N2 区，N2 区的电子进入 P2 区，形成触发电流 I_{GT}。在可控硅的内部正反馈作用的基础上，加上 I_{GT} 的作用，使可控硅提前导通，导致图 2.1.26 的伏安特性 *OA* 段左移，I_{GT} 越大，特性左移越快。

2.1.3　发光二极管、光敏电阻、光电耦合器

1. 发光二极管

1）发光二极管简介

发光二极管简称 LED。由镓（Ga）与砷（AS）、磷（P）的化合物制成的二极管，当电子与空穴复合时能辐射出可见光，因而可以用来制成发光二极管，在电路及仪器中作为指示灯，或者组成文字或数字显示。磷砷化镓二极管发红光，磷化镓二极管发绿光，碳化硅二极管发黄光。

发光二极管是半导体二极管的一种，可以把电能转化成光能，常简写为 LED。发光二极管与普通二极管一样是由一个 PN 结组成的，也具有单向导电性。当给发光二极管加上正向电压后，

从 P 区注入 N 区的空穴和由 N 区注入 P 区的电子，在 PN 结附近数微米内分别与 N 区的电子和 P 区的空穴复合，产生自发辐射的荧光。不同半导体材料中的电子和空穴所处的能量状态不同。当电子和空穴复合时释放出的能量不同，释放出的能量越多，则发出的光的波长越短。常用的是发红光、绿光或黄光的二极管。

发光二极管的反向击穿电压约为 5V。它的正向伏安特性曲线很陡，使用时必须串联限流电阻以控制通过二极管的电流。限流电阻 R 可用下式计算：

$$R=(E-U_F)/I_F$$

式中，E 为电源电压；U_F 为 LED 的正向压降；I_F 为 LED 的一般工作电流。发光二极管的两根引线中较长的一根为正极，应接电源正极。有的发光二极管的两根引线一样长，但管壳上有一凸起的小舌，靠近小舌的引线是正极。

与小白炽灯泡和氖灯相比，发光二极管的特点是：工作电压很低（有的仅一点几伏）；工作电流很小（有的仅零点几毫安即可发光）；抗冲击和抗震性能好，可靠性高，寿命长；通过调制通过的电流强弱可以方便地调制发光的强弱。由于有这些特点，发光二极管在一些光电控制设备中用作光源，且在许多电子设备中用作信号显示器。把它的管芯做成条状，用 7 条条状的发光二极管组成七段式半导体数码管，每个数码管可显示 0～9 十个数目字。

2）发光二极管的发光原理

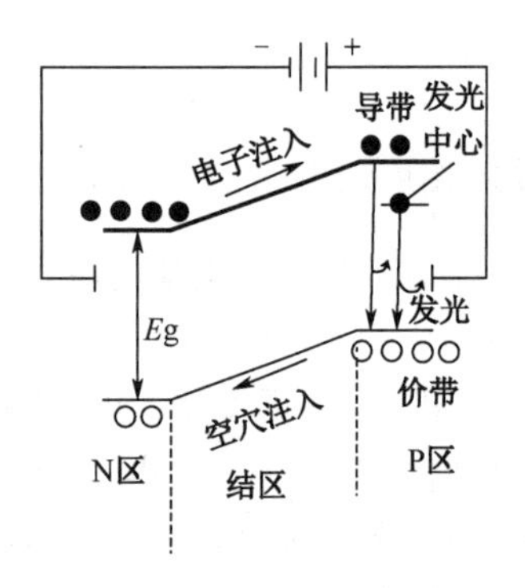

图 2.1.30　发光二极管的发光原理

发光二极管是由Ⅲ-Ⅳ族化合物[如 GaAs（砷化镓）、GaP（磷化镓）、GaAsP（磷砷化镓）等半导体]制成的，其核心是 PN 结。因此它具有一般 P-N 结的 I-N 特性，即正向导通、反向截止、击穿特性。此外，在一定条件下，它还具有发光特性。在正向电压下，电子由 N 区注入 P 区，空穴由 P 区注入 N 区。进入对方区域的少数载流子（少子）一部分与多数载流子（多子）复合而发光，如图 2.1.30 所示。

假设发光是在 P 区中发生的，那么注入的电子与价带空穴直接复合而发光，或者先被发光中心捕获后，再与空穴复合发光。除了这种发光复合，还有些电子被非发光中心（这个中心介于导带、价带中间附近）捕获，而后再与空穴复合，每次释放的能量不大，不能形成可见光。发光的复合量相对于非发光复合量的比例越大，光量子效率越高。由于复合是在少子扩散区内发光的，因此光仅在靠近 PN 结面数微米以内产生。理论和实践证明，光的峰值波长 λ 与发光区域的半导体材料禁带宽度 E_g 有关，即 $\lambda \approx 1240/E_g$（mm），式中 E_g 的单位为 eV（电子伏特）。若能产生可见光（波长为 380nm 紫光～780nm 红光），半导体材料的 Eg 应为 3.26～1.63eV。比红光波长长的光称为红外光。现在已有红外、红、黄、绿及蓝光发光二极管，但蓝光二极管的成本、价格很高，使用不普遍。

3）发光二极管的检测

（1）普通发光二极管的检测。

① 用万用表检测。利用具有×10kΩ 挡的指针式万用表可以大致判断发光二极管的好坏。正常时，二极管正向电阻的阻值为几十至 200kΩ，反向电阻的阻值为∞。如果正向电阻值为 0 或∞，反向电阻值很小或为 0，那么易损坏。这种检测方法不能实地看到发光管的发光情况，因为×10kΩ 挡不能向 LED 提供较大正向电流。

如果有两块指针万用表（最好同型号），就可以较好地检查发光二极管的发光情况。用一根导线将其中一块万用表的“+”接线柱与另一块万用表的“-”接线柱连接。余下的“-”端接被测发光管的正极（P 区），余下的“+”端接被测发光管的负极（N 区）。两块万用表均置于×10Ω 挡。

正常情况下，接通后就能正常发光。若亮度很低，甚至不发光，则可将两块万用表均拨至×1Ω 挡；若仍很暗，甚至不发光，则说明该发光二极管性能不良或损坏。应注意的是，不能一开始测量就将两块万用表置于×1Ω 挡，以免电流过大，损坏发光二极管。

② 外接电源测量。用 3V 稳压源或两节串联的干电池及万用表（指针式或数字式皆可）可以较准确地测量发光二极管的光、电特性。为此，可按图 2.1.31 所示连接电路即可。如果测得 V_F 为 1.4～3V，且发光亮度正常，就说明发光正常。如果测得 V_F=0 或 V_F≈3V，且不发光，就说明发光管已坏。

（2）红外发光二极管的检测。红外发光二极管发射 1～3μm 的红外光，人眼看不到。通常单只红外发光二极管发射功率只有数毫瓦特，不同型号的红外 LED 发光强度角分布也不相同。红外 LED 的正向压降一般为 1.3～2.5V。正是由于其发射的红外光人眼看不见，因此利用上述可见光 LED 的检测法只能判定其 PN 结正、反向电学特性是否正常，而无法判定其发光情况是否正常。为此，最好准备一只光敏器件（如 2CR、2DR 型硅光电池）作为接收器，用万用表检测光电池两端电压的变化情况，来判断红外 LED 加上适当正向电流后是否发射红外光。其测量电路如图 2.1.32 所示。

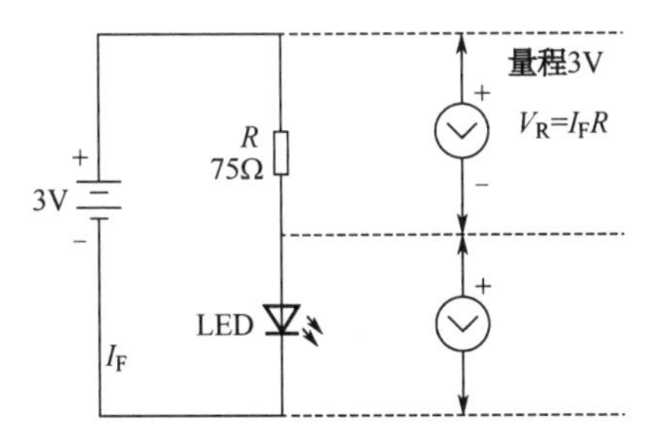

图 2.1.31　外接电源测量普通发光二极管

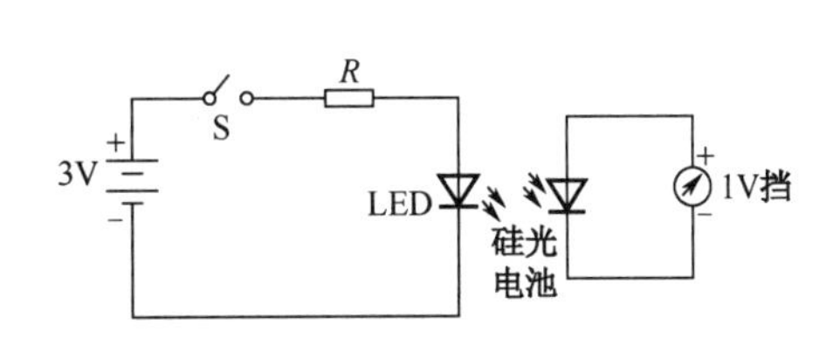

图 2.1.32　红外发光二极管的测量电路

4）发光二极管的应用

由于发光二极管的颜色、尺寸、形状、发光强度及透明情况等不同，因此使用发光二极管时应根据实际需要进行恰当的选择。由于发光二极管具有最大正向电流 I_{Fm}、最大反向电压 V_{Rm} 的限制，使用时，应保证不超过此值。安全起见，实际电流 I_F 应在 $0.6I_{Fm}$ 以下；应让可能出现的反向电压 $V_R<0.6V_{Rm}$。LED 被广泛用于各种电子仪器和电子设备中，可作为电源指示灯、电平指示或微光源等。红外发光二极管常被用于电视机、录像机等的遥控器中。

（1）利用高亮度或超高亮度发光二极管制作微型手电的电路，如图 2.1.33 所示。

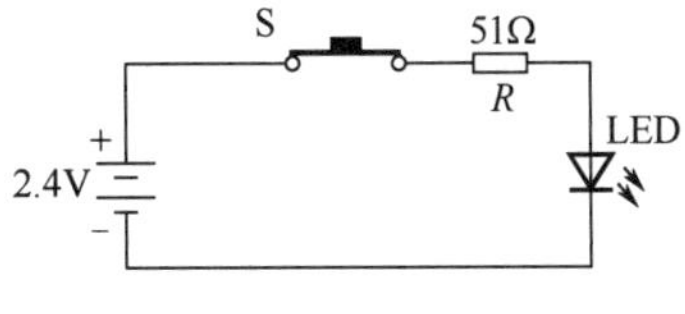

S　51Ω　R　LED　2.4V

图 2.1.33　制作微型手电的电路

在图 2.1.33 中，电阻 R 限流电阻，其值应保证在电源电压最高时使 LED 的电流小于最大允许电流 I_{Fm}。

（2）图 2.1.3 4（a）、（b）、（c）所示分别为直流电源、整流电源及交流电源的指示电路。

图 2.1.34（a）中的电阻 R≈（$E-V_F$）/I_F；图 2.1.34（b）中的 R≈（$1.4V_i-V_F$）/I_F；图 2.1.34（c）中的 $R≈V_i/I_F$，其中 V 为交流电压有效值。

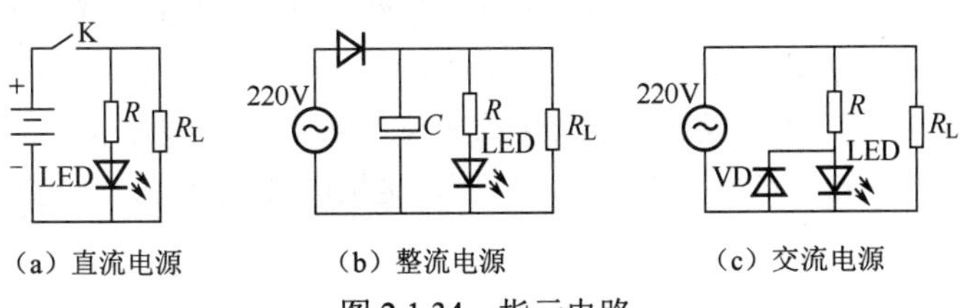

（a）直流电源　（b）整流电源　（c）交流电源

图 2.1.34　指示电路

（3）单 LED 电平指示电路。在放大器、振荡器或脉冲数字电路中的输出端，可用 LED 表示输出信号是否正常，如图 2.1.35 所示。图中 R 为限流电阻。只有当输出电压大于 LED 的阈值电压时，LED 才可能发光。

（4）单 LED 可用作低压稳压管。由于 LED 正向导通后，电流随电压的变化而变化得非常快，具有普通稳压管稳压特性。发光二极管的稳定电压为 1.4～3V，应根据需要进行选择 V_F，如图 2.1.36 所示。

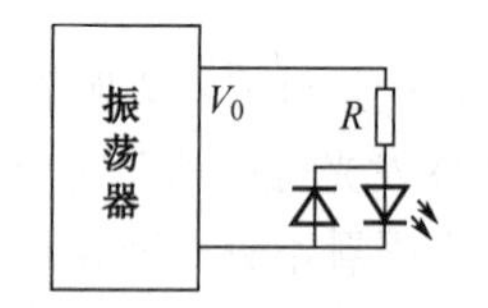

图 2.1.35　单 LED 电平指示电路

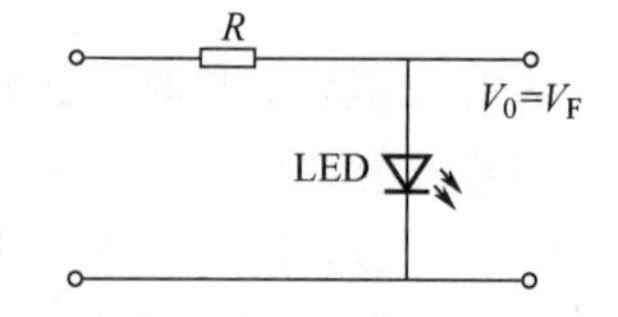

图 2.1.36　单 LED 用作低压稳压管

（5）电平表。目前，在音响设备中，大量使用 LED 电平表。它是利用多只发光二极管指示输出信号电平的，即发光的 LED 数目不同，则表示输出电平的变化。图 2.1.37 所示为由 5 只发光二极管构成的电平表。当输入信号电平很低时，全不发光。当输入信号电平增大时，首先 LED1 亮，输入信号电平再增大，LED2 亮。

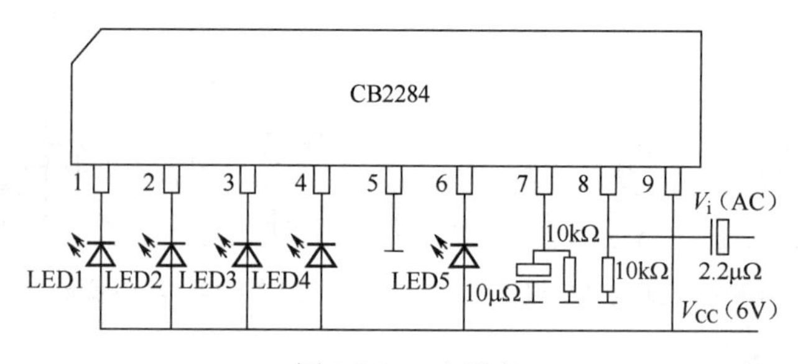

图 2.1.37　电平表

5）发光二极管的特性

（1）极限参数的意义。

① 允许功耗（P_m）：允许加于 LED 两端的正向直流电压与流过它的电流之积的最大值。若超过此值，则 LED 会发热、损坏。

② 最大正向直流电流（I_{Fm}）：允许加的最大的正向直流电流。若超过此值，则可损坏二极管。

③ 最大反向电压（V_{Rm}）：所允许加的最大反向电压。若超过此值，则发光二极管可能被击穿损坏。

④ 工作环境（T_{opm}）：发光二极管可正常工作的环境温度范围。若低于或高于此温度范围，则发光二极管将不能正常工作，效率大大降低。

（2）电参数的意义。

① 光谱分布和峰值波长。某个发光二极管所发的光并非单一波长，其波长大体如图 2.1.38 所示。由图可知，该发光二极管所发的光中某一波长 λ_0 的光强最大，该波长为峰值波长。

② 发光强度。发光二极管的发光强度通常是指法线（对于圆柱形发光二极管是指其轴线）方向上的发光强度。若在该方向上辐射强度为（1/683）W/sr 时，则发光 1 坎德拉（符号为 cd）。由于一般 LED 的发光强度小，因此发光强度常用坎德拉（mcd）作为单位。

③ 光谱半宽度 $\Delta\lambda$。它表示发光管的光谱纯度，是指图 2.1.39 中 1/2 峰值光强所对应两波长的间隔。

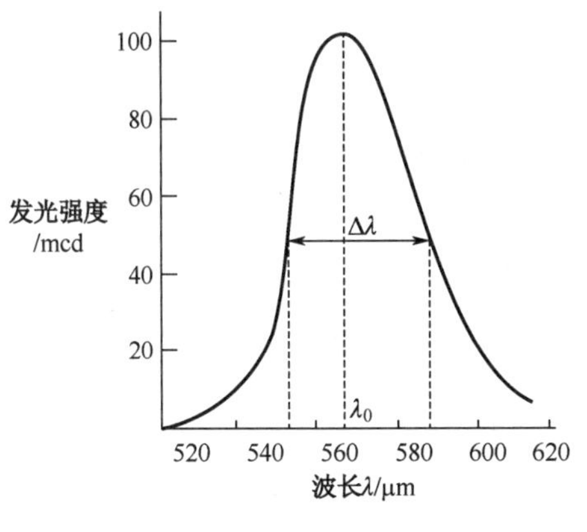

图 2.1.38　光谱分布和峰值波长

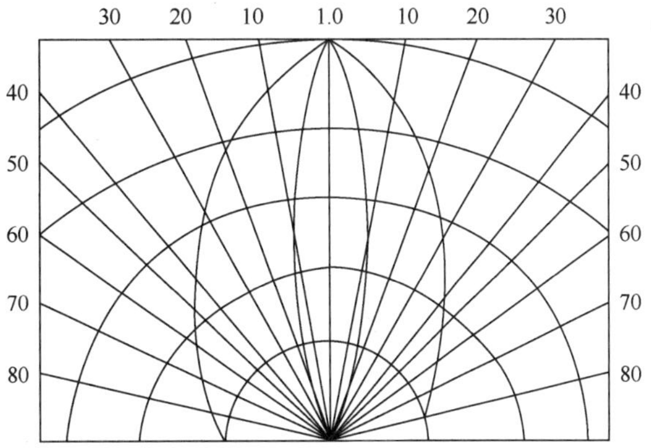

图 2.1.39　光谱半宽度

④ 半值角 $\theta_{1/2}$ 和视角。$\theta_{1/2}$ 是指发光强度值为轴向强度值一半的方向与发光轴向（法向）的夹角。半值角的 2 倍为视角（或称为半功率角）。

⑤ 正向工作电流 I_F。它是指发光二极管正常发光时的正向电流值。在实际使用中，应根据需要选择 I_F 在 $0.6I_{Fm}$ 以下。

⑥ 正向工作电压 V_F。参数表中给出的工作电压是在给定的正向电流下得到的。一般是在 I_F=20mA 时测得的。发光二极管正向工作电压 V_F 为 1.4～3V。当外界温度升高时，V_F 将下降。

⑦ V-I 特性：发光二极管的电压与电流的关系如图 2.1.40 所示。在正向电压正小于某一值（阈值）时，电流极小，不发光。当电压超过某一值后，正向电流随电压迅速增加，发光。由 V-I 曲线可以得出发光二极管的正向电压、反向电流及反向电压等参数。正向的发光二极管反向漏电流 I_R<10μA。

2. 光敏电阻器

光敏电阻器（Photovaristor）又称为光感电阻，是利用半导体的光电效应制成的一种电阻值随入射光的强弱而改变的电阻器。若入射光强，则电阻减小；若入射光弱，则电阻增大。光敏电阻器一般用于光的测量、光的控制和光电转换（将光的变化转换为电的变化）。通常，光敏电阻器都制成薄片结构，以便吸收更多的光能。

光敏电阻器在电路中用字母 R 或 R_L、R_G 表示，图 2.1.41 所示为光敏电阻器的电路图形符号。

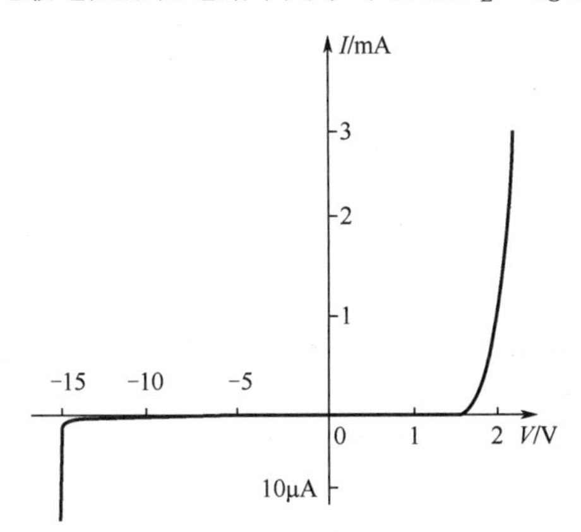

图 2.1.40　发光二极管的电压与电流的关系

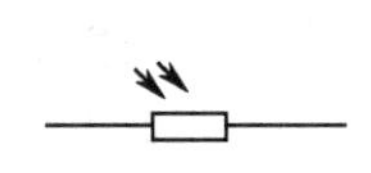

图 2.1.41　光敏电阻器的电路图形符号

1）光敏电阻器的结构、特性及应用

（1）光敏电阻器的结构与特性。光敏电阻器通常由光敏层、玻璃基片（或树脂防潮膜）和电极等组成，其结构和外形如图 2.1.42 所示。

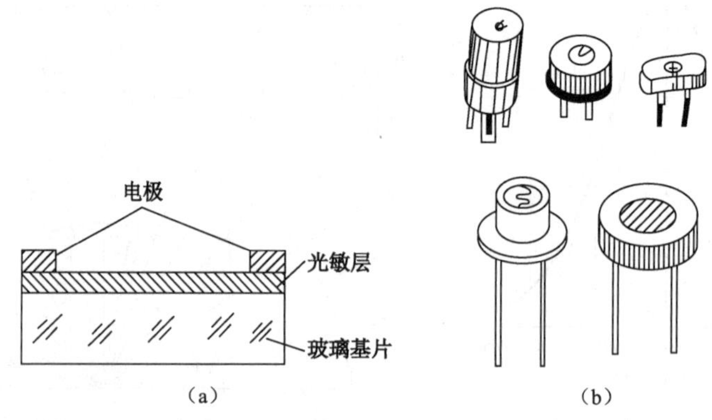

图 2.1.42　光敏电阻器的结构和外形

光敏电阻器是利用半导体光电导效应制成的一种特殊电阻器，对光线十分敏感。当无光照射时，呈高阻状态；当有光照射时，其电阻值迅速减小。

（2）光敏电阻器的应用。光敏电阻器广泛应用于各种自动控制电路（如自动照明灯控制电路、自动报警电路等）、家用电器（如电视机中的亮度自动调节、照相机中的自动曝光控制等）及各种测量仪器中。图 2.1.43 所示为光敏电阻器的应用电路。

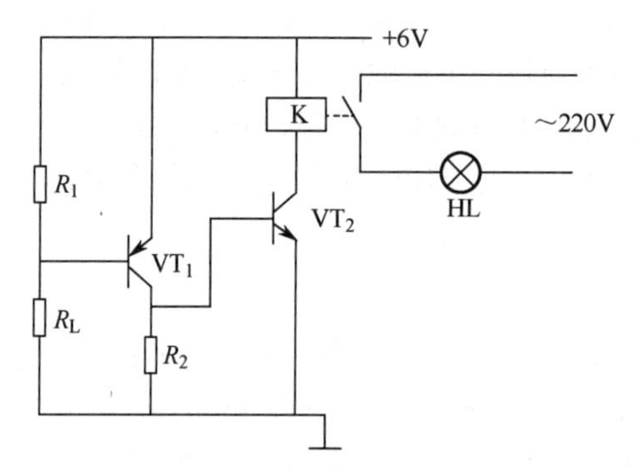

图 2.1.43　光敏电阻器的应用电路

2）光敏电阻器的种类

光敏电阻器可以根据光敏电阻器的制作材料和光谱特性来分类。

（1）按光敏电阻器的制作材料分类，可分为多晶光敏电阻器和单晶光敏电阻器，还可分为硫化镉（CdS）光敏电阻器、硒化镉（CdSe）光敏电阻器、硫化铅（PbS）光敏电阻器、硒化铅（PbSe）光敏电阻器、锑化铟（InSb）光敏电阻器等。

（2）按光敏电阻器的光谱特性分类，可分为可见光光敏电阻器、紫外光光敏电阻器和红外光光敏电阻器。

①可见光光敏电阻器主要应用于各种光电自动控制系统、电子照相机和光报警器等电子产品中。

②紫外光光敏电阻器主要应用于紫外线探测仪器。

③红外光光敏电阻器主要应用于天文、军事等领域的有关自动控制系统中。

3）光敏电阻器的主要参数

光敏电阻器的主要参数有亮电阻（R_L）、暗电阻（R_D）、最高工作电压（V_M）、亮电流（I_L）、暗电流（I_D）、时间常数、温度系数、灵敏度等。

（1）亮电阻。亮电阻是指光敏电阻器受到光照射时的电阻值。

（2）暗电阻。暗电阻是指光敏电阻器在无光照射（黑暗环境）时的电阻值。

（3）最高工作电压。最高工作电压是指光敏电阻器在额定功率下所允许承受的最高电压。

（4）亮电流。亮电流是指在无光照射时，光敏电阻器在规定的外加电压受到光照时所通过的电流。

（5）暗电流。暗电流是指在无光照射时，光敏电阻器在规定的外加电压下通过的电流。

（6）时间常数。时间常数是指光敏电阻器从光照跃变开始到稳定亮电流的 63%时所需的时间。

（7）温度系数。温度系数是指光敏电阻器在环境温度改变 1℃时，其电阻值的相对变化。

（8）灵敏度。灵敏度是指光敏电阻器在有光照射和无光照射时电阻值的相对变化。

3. 光电耦合器

1）光电耦合器介绍

光电耦合器（Optical Coupler，OC）也称为光电隔离器，简称光耦。光电耦合器以光为媒介传输电信号，并且对输入、输出电信号有良好的隔离作用，所以，它在各种电路中得到了广泛的应用。目前它已成为种类最多、用途最广的光电器件之一。输入的电信号驱动发光二极管（LED），使之发出一定波长的光，被光探测器接收而产生光电流，再经过进一步放大后输出。这就完成了电-光-电的转换，从而起到输入、输出、隔离的作用。

光电耦合器是一种把发光器件和光敏器件封装在同一壳体内，中间通过电-光-电的转换来传输电信号的半导体光电子器件。其中，发光器件一般都是发光二极管。而光敏器件的种类较多，除光电二极管之外，还有光敏三极管、光敏电阻、光电晶闸管等。光电耦合器可根据不同要求，由不同种类的发光器件和光敏器件组合成许多系列的光电耦合器。

2）基本原理

在光电耦合器输入端加入电信号使发光源发光，光的强度取决于激励电流的大小，此光照射到封装在一起的受光器上后，因光电效应而产生了光电流，再由受光器输出端引出，这样就实现了电-光-电的转换。

光电耦合器主要由光的发射、光的接收及信号放大三部分组成。光的发射部分主要由发光器件构成，发光器件一般都是发光二极管。当发光二极管加上正向电压时，能将电能转化为光能并发光。发光二极管可以用直流、交流、脉冲等电源驱动，但它在使用时必须加上正向电压。光的接收部分主要由光敏器件构成，光敏器件一般都是光敏晶体管。光敏晶体管是利用 PN 结在施加反向电压时，在光线照射下反向电阻由大变小的原理来工作的。光的信号放大部分主要由电子电路等构成。发光器件的引脚为输入端，而光敏器件的引脚为输出端。工作时把电信号加入输入端，使发光器件的芯体发光，而光敏器件受光照后产生光电流，并经电子电路放大后输出，实现电-光-电的转换，从而实现输入和输出电路的电器隔离。由于光电耦合器输入与输出电路间互相隔离，且电信号在传输时具有单向性等特点，因此光电耦合器具有良好的抗电磁波干扰能力和电绝缘能力。

3）基本工作特性

（1）共模抑制比很高。在光电耦合器内部，由于发光管和受光器之间的耦合电容很小（2pF 以内），因此共模输入电压通过极间耦合电容对输出电流的影响很小，所以共模抑制比很高。

（2）输出特性。光电耦合器的输出特性是指在一定的发光电流 I_F 下，光敏晶体管所加偏置电压 V_{CE} 与输出电流 I_C 之间的关系。当 $I_F=0$ 时，发光二极管不发光，此时光敏晶体管集电极的输出电流称为暗电流，一般很小；当 $I_F>0$ 时，在一定的 I_F 作用下，所对应的 I_C 基本上与 V_{CE} 无关。I_C 与 I_F 之间的变化呈线性关系，用半导体晶体管特性图示仪测出的光电耦合器的输出特性与普通晶体三极管的输出特性相似。

（3）隔离特性。

① 隔离电压（isolation voltage）V_{io}：光耦合器输入端和输出端之间绝缘耐压值。

② 隔离电容（isolation capacitance）C_{io}：光耦合器件输入端和输出端之间的电容值。

③ 隔离电阻（isolation resistance）R_{io}：半导体光耦合器输入端和输出端之间的绝缘电阻值。

（4）传输特性。

① 电流传输比（Current Transfer Radio，CTR）：当输出管的工作电压为规定值时，输出电流和发光二极管正向电流之比称为电流传输比（CTR）。

② 上升时间（rise time）T_r和下降时间（fall time）T_f：光电耦合器在规定的工作条件下，发光二极管输入规定电流 I_{FP} 的脉冲波，输出端则输出相应的脉冲波，从输出脉冲前沿幅度的 10%～90%，所需时间为脉冲上升时间 T_r。从输出脉冲后沿幅度的 90%到 10%，所需时间为脉冲下降时间 T_f。

（5）光电耦合器可用作线性耦合器。

在发光二极管上提供一个偏置电流，再把信号电压通过电阻耦合到发光二极管上，这样光电二极管接收到的是在偏置电流上增、减变化的光信号，其输出电流将随输入的信号电压呈线性变化。光电耦合器也可工作于开关状态，传输脉冲信号。在传输脉冲信号时，输入信号和输出信号之间存在一定的延迟时间，不同结构的光电耦合器的输入、输出延迟时间相差很大。

4）结构特点

光电耦合器的主要结构是把发光器件和光接收器件组装在一个密闭的管壳内，然后利用发光器件的引脚作为输入端，再把光接收器的引脚作为输出端。当在输入端加上电信号时，发光器件发光。这样，光接收器件由于光敏效应而在光照后产生光电流并由输出端输出。从而实现了以“光”为媒介的电信号传输，而器件的输入端和输出端在电气上是绝缘的。这样就构成了一种中间通过光传输信号的新型半导体光电子器件。光电耦合器的封装形式一般有管形、双列直插式和光导纤维连接 3 种。它具有体积小、使用寿命长、工作温度范围宽、抗干扰性能强、无触点，且输入与输出在电气上完全隔离等优点。

光电耦合的主要特点有：①光信号单向传输，输出信号对输入端无反馈，可有效阻断电路或系统之间的电联系，但并不切断它们之间的信号传递；②隔离性能好，输入端与输出端之间完全实现了电隔离；③光信号不受电磁波干扰，工作稳定可靠；④光发射器件与光敏器件的光谱匹配十分理想，响应速度快，传输效率高，光电耦合器件的时间常数通常在微秒甚至毫微秒级；⑤抗共模干扰能力强，能很好地抑制干扰并消除噪声；⑥无触点，使用寿命长，体积小，耐冲击能力强；⑦易与逻辑电路连接；⑧工作温度范围宽，符合工业和军用温度标准。

由于光电耦合器的输入端是发光器件，发光器件是阻抗电流驱动性器件，而噪声是一种高内阻微电流电压信号。因此光电耦合器件的共模抑制比很大，光电耦合器件可以很好地抑制干扰并消除噪声。它在计算机数字通信及实时控制电路中作为信号隔离的接口元件可以大大增加计算机工作的可靠性。在长线信息传输中作为终端隔离元件可以大幅度提高信噪比。所以，它在各种电路中得到了广泛的应用。目前，它已成为种类最多、用途最广的光电器件之一。

输入端和输出端之间绝缘，其绝缘电阻一般都大于 10Ω，耐压一般可超过 1kV，甚至可以达到 10kV 以上。由于“光”传输的单向性，因此信号从光源单向传输到光接收器时不会出现反馈现象，其输出信号也不会影响输入端。由于发光器件（砷化镓红外二极管）是阻抗电流驱动性器件，而噪声是一种高内阻微电流的电压信号。因此光电耦合器件的共模抑制比很大，所以，光电耦合器件可以很好地抑制干扰并消除噪声。它在计算机数字通信及实时控制电路中作为信号隔离的接口元件可以大大增加计算机工作的可靠性。在长线信息传输中作为终端隔离元件可以大幅度提高信噪比。所以，它在各种电路中得到了广泛的应用。目前，它已成为种类最多、用途最广的光电器件之一。

光电耦合器使用时，注意必须加上反向电压并保持光敏晶体管管壳清洁。

2.2　常用低压电器元件

电器是一种能根据外界信号（机械力、电动力和其他物理量）和要求，手动或自动地接通、断开电路，以实现对电路或非电对象的切换、控制、保护、检测、变换和调节的元件或设备。

低压电器元件通常是指工作在交流电压小于 1200V、直流电压小于 1500V 的电路中，且起通、断、保护、控制或调节作用的各种电器元件。常用的低压电器元件主要有刀开关、熔断器、断路器、接触器、继电器、按钮、行程开关等，学习识别与使用这些电器元件是掌握电气控制技术的基础。低压电器元件的分类如表 2-2-1 所示。

表 2-2-1　低压电器元件的分类

分类方式	类　型	说　明
按用途控制对象分类	低压配电电器	主要用于低压配电系统中，实现电能的输送、分配及保护电路和用电设备的作用，包括刀开关、组合开关、熔断器和自动开关等
	低压控制电器	主要用于电气控制系统中，实现发布指令、控制系统状态及执行动作等作用，包括接触器、继电器、主令电器和电磁离合器等
按工作原理分类	电磁式电器	根据电磁感应原理来动作的电器，如交/直流接触器、各种电磁式继电器、电磁铁等
	非电量控制电器	依靠外力或非电量信号（如速度、压力、温度等）的变化而动作的电器，如转换开关、行程开关、速度继电器、压力继电器、温度继电器等
按动作方式分类	自动电器	自动电器是指依靠电器本身参数变化（如电、磁、光等）而自动完成动作切换或状态变化的电器，如接触器、继电器等
	手动电器	手动电器是指依靠人工直接完成动作切换的电器，如按钮、刀开关等

2.2.1　刀开关

1. 刀开关的结构和用途

刀开关又称为闸刀开关，是一种手动配电电器。刀开关主要作为隔离电源开关使用，用在不频繁接通和分断电路的场合。图 2.2.1 所示为胶底瓷盖刀开关。图 2.2.2 所示为胶底瓷盖刀开关结构图。此种刀开关由操作手柄、熔丝、触刀、触刀座和瓷底座等部分组成，具有短路保护功能。

图 2.2.1　胶底瓷盖刀开关

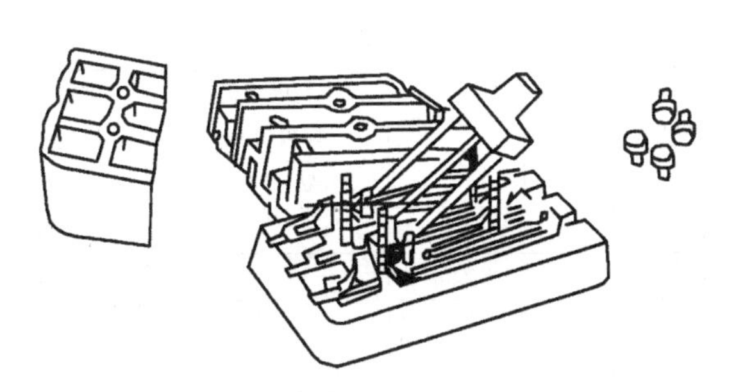

图 2.2.2　胶底瓷盖刀开关结构图

刀开关在安装时，手柄要向上，不得倒装或平装，避免由于重力自动下落，引起误动合闸。接线时，应将电源线接在上端，负载线接在下端。这样断开后，刀开关的触刀与电源隔离，既便于更换熔丝，又可防止可能发生的意外事故。

2. 刀开关的表示方式

刀开关的主要类型有带灭弧装置的大容量刀开关、带熔断器的开启式负荷开关（胶盖开关）、带灭弧装置和熔断器的封闭式负荷开关（铁壳开关）等。常用的产品有：HD11～HD14 和 HS11～HS13 系列刀开关，HK1、HK2 系列胶盖开关，HH3、HH4 系列铁壳开关。

刀开关按刀数的不同分为单极、双极、三极等。

（1）型号。刀开关的型号标志组成及其含义如图 2.2.3 所示。

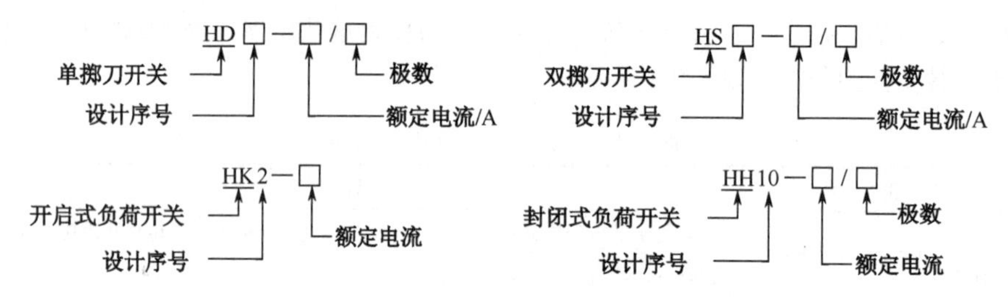

图 2.2.3　刀开关的型号标志组成及其含义

（2）电气符号。刀开关的图形符号及文字符号如图 2.2.4 所示。

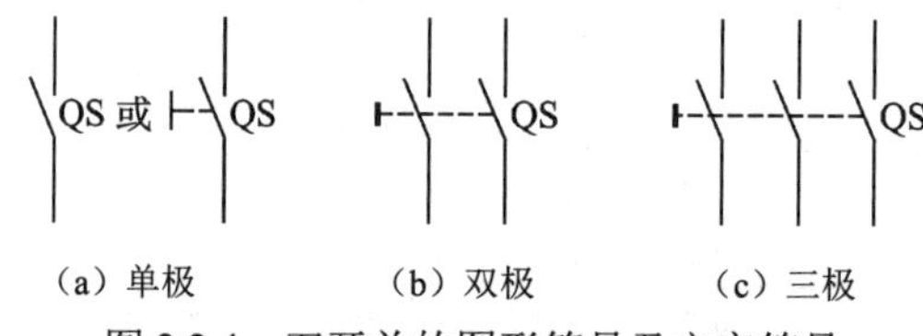

图 2.2.4　刀开关的图形符号及文字符号

3. 刀开关的主要技术参数

刀开关的主要技术参数有额定电压、额定电流、通断能力、动稳定电流、热稳定电流等。

（1）通断能力是指在规定条件下，能在额定电压下接通和分断的电流值。

（2）动稳定电流是指当电路发生短路故障时，刀开关并不因短路电流产生的电动力作用而发生变形、损坏或触刀自动弹出等现象，这一短路电流（峰值）即称为刀开关的动稳定电流。

（3）热稳定电流是指当电路发生短路故障时，刀开关在一定时间内（通常为 1s）通过某一短路电流，并不会因温度急剧升高而发生熔焊现象，这一最大短路电流称为刀开关的热稳定电流。

表 2-2-2 列出了 HK1 系列胶盖开关的技术参数。近年来，中国研制的新产品有 HD18、HD17、HSl7 等系列刀形隔离开关，以及 HG1 系列熔断器式隔离开关等。

表 2-2-2　HK1 系列胶盖开关的技术参数

额定电流值/A	极数	额定电压值/V	可控制电动机最大容量值/kW		触刀极限分断能力(cos ϕ=0.6)/A	熔丝极限分断能力/A	配用熔丝规格			
			220V	380V			熔丝成分/%			熔丝直径/mm
							铅	锡	锑	
15	2	220	—	—	30	500	98	1	1	1.45~1.59
30	2	220	—	—	60	1000				2.30~2.52
60	2	220	—	—	90	1500	98	1	1	3.36~4.00
15	2	380	1.5	2.2	30	500				1.45~1.59
30	2	380	3.0	4.0	60	1000				2.30~2.52
60	2	380	4.4	5.5	90	1500				3.36~4.00

4. 刀开关的选择与常见故障的处理方法

刀开关的选择应注意以下几点。

（1）根据使用场合，选择刀开关的类型、极数及操作方式。

（2）刀开关额定电压应大于或等于线路电压。

（3）刀开关额定电流应等于或大于线路的额定电流。对于电动机负载，开启式刀开关额定电流可取电动机额定电流的 3 倍；封闭式刀开关额定电流可取电动机额定电流的 1.5 倍。

刀开关的常见故障及其处理方法如表 2-2-3 所示。

表 2-2-3　刀开关的常见故障及其处理方法

常 见 故 障	产 生 原 因	处 理 方 法
合闸后一相或两相没电	（1）插座弹性消失或开口过大 （2）熔丝熔断或接触不良 （3）插座、触刀氧化或有污垢 （4）电源进线或出线头氧化	（1）更换插座 （2）更换熔丝 （3）清洁插座或触刀 （4）检查进出线头
触刀和插座过热或烧坏	（1）开关容量太小 （2）分、合闸时动作太慢造成电弧过大，烧坏触点 （3）夹座表面烧毛 （4）触刀与插座压力不足 （5）负载过大	（1）更换较大容量的开关 （2）改进操作方法 （3）使用细锉刀修整 （4）调整插座压力 （5）减轻负载或调换较大容量的开关
封闭式负荷开关的操作手柄带电	（1）外壳接地线接触不良 （2）电源线绝缘损坏碰壳	（1）检查接地线 （2）更换导线

2.2.2　熔断器

1. 熔断器的结构和用途

熔断器是串联连接在被保护电路中的，当电路短路时，电流很大，熔体急剧升温，立即熔断，所以熔断器可用于短路保护。由于熔体在用电设备过载时所通过的过载电流能积累热量，当用电设备连续过载一定时间后熔体积累的热量也能使其熔断，因此熔断器也可作过载保护。熔断器一般分为熔体座和熔体等。图 2.2.5 所示为 RL1 系列螺旋式熔断器外形图。

图 2.2.5　RL1 系列螺旋式熔断器外形图

2. 熔断器的表示方式

（1）型号。熔断器的型号标志组成及其含义如图 2.2.6 所示。

（2）电气符号。熔断器的图形符号和文字符号如图 2.2.7 所示。

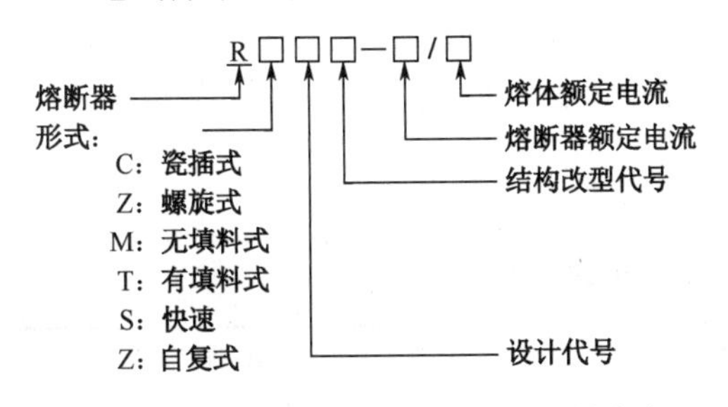

图 2.2.6　熔断器的型号标志组成及其含义

图 2.2.7　熔断器的图形符号和文字符号

3. 熔断器的主要技术参数

熔断器的主要技术参数有额定电压、额定电流和极限分断能力，如表 2-2-4 所示。

表 2-2-4 熔断器的主要技术参数

型　号	额定电压/V	额定电流/A		极限分断能力/kA
		熔 断 器	熔　体	
RL6－25	~500	25	2、4、6、10、20、25	50
RL6－63		63	35、50、63	
RL6－100		100	80、100	
RL6－200		200	125、160、200	
RLS2－30	~500	30	16、20、25、30	50
RLS2－63		63	32、40、50、63	
RLS2－100		100	63、80、100	
RT12－20	~415	20	2、4、6、10、15、20	80
RT12－32		32	20、25、32	
RT12－63		63	32、40、50、63	
RT12－100		100	63、80、100	
RT14－20	~380	20	2、4、6、10、16、20	100
RT14－32		32	2、4、6、10、16、20、25、32	
RT14－63		63	10、16、20、25、32、40、50、63	

4. 熔断器的选择与常见故障的处理方法

熔断器的选择主要由熔断器类型、额定电压、额定电流和熔体额定电流等确定。

熔断器的类型主要由电控系统整体设计确定，熔断器的额定电压应大于或等于实际电路的工作电压；熔断器额定电流应大于或等于所装熔体的额定电流。

确定熔体电流是选择熔断器的关键，具体来说，可以参考以下几种情况。

（1）对于照明线路或电阻炉等电阻性负载，熔体的额定电流应大于或等于电路的工作电流，即

$$I_{fN} \geqslant I$$

式中，I_{fN}为熔体的额定电流；I为电路的工作电流。

（2）当保护一台异步电动机时，应考虑电动机冲击电流的影响，熔体的额定电流可按下式计算。

$$I_{fN} \geqslant (1.5 \sim 2.5) I_N \tag{2-1}$$

式中，I_N为电动机的额定电流。

（3）当保护多台异步电动机时，若各台电动机不同时启动，则应按下式计算。

$$I_{fN} \geqslant (1.5 \sim 2.5) I_{Nmax} + \Sigma I_N \tag{2-2}$$

式中，I_{Nmax}为容量最大的一台电动机的额定电流；ΣI_N为其余电动机额定电流的总和。

（4）为防止发生越级熔断，上、下级（供电干、支线）熔断器间应有良好的协调配合，为此，应使上一级（供电干线）熔断器的熔体额定电流比下一级（供电支线）大 1～2 个级差。

熔断器的常见故障及其处理方法如表 2-2-5 所示。

表 2-2-5 熔断器的常见故障及其处理方法

常 见 故 障	产 生 原 因	处 理 方 法
电动机启动瞬间熔体熔断	（1）熔体规格选择太小 （2）负载侧短路或接地 （3）熔体安装时损伤	（1）调换适当的熔体 （2）检查短路或接地故障 （3）调换熔体
熔丝未熔断但电路不通	（1）熔体两端或接线端接触不良 （2）熔断器的螺帽盖未旋紧	（1）清扫并旋紧接线端 （2）旋紧螺帽盖

2.2.3　断路器

1. 低压断路器的结构和用途

低压断路器又称为自动空气开关，在电气线路中起接通、分断和承载额定工作电流等作用，并能在线路和电动机发生过载、短路、欠电压的情况下进行可靠的保护。它的功能相当于刀开关、过电流继电器、欠电压继电器、热继电器及漏电保护器等电器部分或全部的功能总和，是低压配电网中一种重要的保护电器。常用的低压断路器有 DZ 系列、DW 系列和 DWX 系列。图 2.2.8 所示为 DZ 系列低压断路器外形图。

低压断路器的结构示意图如图 2.2.9 所示。低压断路器主要由触点、灭弧系统、各种脱扣器和操作机构等组成。脱扣器又分为电磁脱扣器、热脱扣器、复式脱扣器、欠压脱扣器和分励脱扣器 5 种。

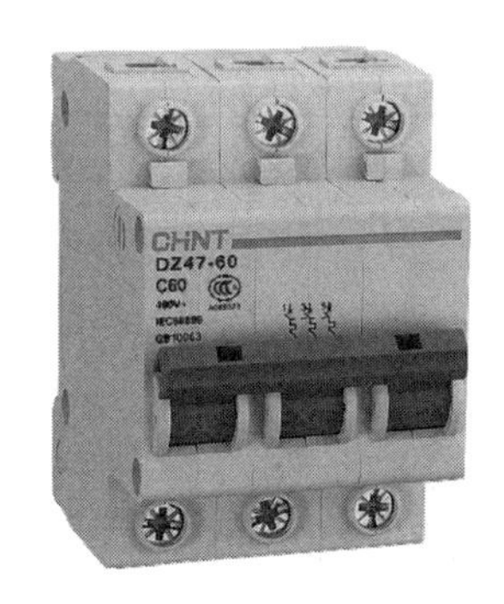

图 2.2.8　DZ 系列低压断路器外形图

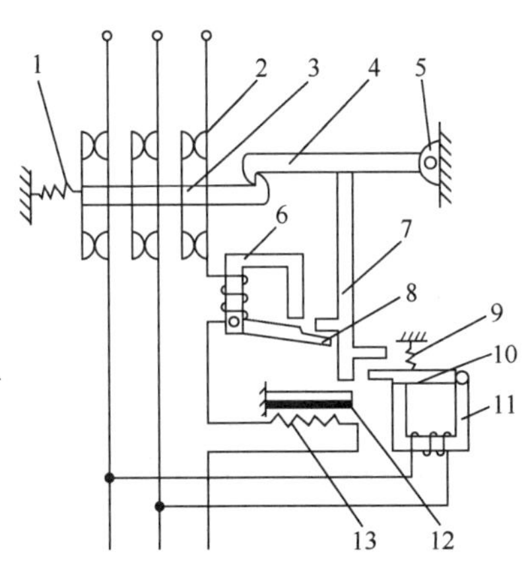

1—弹簧；2—主触点；3—传动杆；4—锁扣；5—轴；
6—电磁脱扣器；7—杠杆；8、10—衔铁；9—弹簧；
11—欠压脱扣器；12—双金属片；13—发热元件

图 2.2.9　低压断路器的结构示意图

2. 低压断路器的表示方式

（1）型号。低压断路器的标志组成及其含义如图 2.2.10 所示。

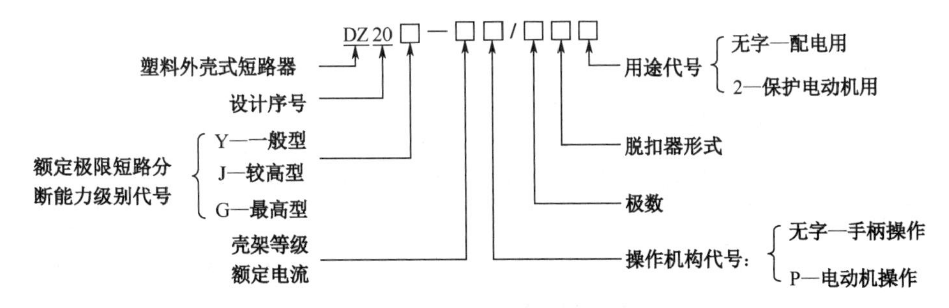

图 2.2.10　低压断路器的标志组成及其含义

（2）电气符号。低压断路器的图形符号及文字符号如图 2.2.11 所示。

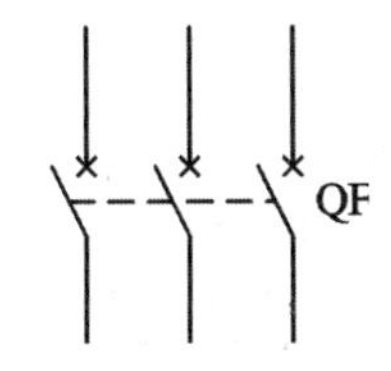

图 2.2.11　低压断路器的图形符号及文字符号

3. 低压断路器的主要技术参数

低压断路器的主要技术参数有额定电压、额定电流、通断能力和分断时间等。

通断能力是指断路器在规定的电压、频率及规定的线路参数（交流电路为功率因素，直流电路为时间常数）下，能够分断的最大短路电流值。

分断时间是指断路器切断故障电流所需的时间。

DZ20 系列低压断路器的主要技术参数如表 2-2-6 所示。

表 2-2-6　DZ20 系列低压断路器的主要技术参数

型　号	额定电流/A	机械寿命/次	电气寿命/次	过电流脱扣器范围/A	短路通断能力			
					交　流		直　流	
					电压/V	电流/kA	电压/V	电流/kA
DZ20Y－100	100	8000	4000	16、20、32、40、50、63、80、100	380	18	220	10
DZ20Y－200	200	8000	2000	100、125、160 、180、200	380	25	220	25
DZ20Y－400	400	5000	1000	200、225、315、350、400	380	30	380	25
DZ20Y－630	630	5000	1000	500、630	380	30	380	25
DZ20Y－800	800	3000	500	500、600、700、800	380	42	380	25
DZ20Y－1250	1250	3000	500	800、1000、1250	380	50	380	30

4. 低压断路器的选择与常见故障的处理方法

低压断路器的选择应注意以下几点。

（1）低压断路器的额定电流和额定电压应大于或等于线路、设备的正常工作电压和工作电流。

（2）低压断路器的极限通断能力应大于或等于电路的最大短路电流。

（3）欠电压脱扣器的额定电压应等于电路的额定电压。

（4）过电流脱扣器的额定电流应大于或等于电路的最大负载电流。

使用低压断路器来实现短路保护比熔断器优越，因为当三相电路短路时，很可能只有一相的熔断器熔断，造成断相运行。对于低压断路器来说，只要造成短路都会使开关跳闸，将三相同时切断。另外，还有其他自动保护作用。但其结构复杂、操作频率低、价格较高，因此适用于要求较高的场合，如电源总配电盘。

低压断路器的常见故障及其处理方法如表 2-2-7 所示。

表 2-2-7　低压断路器的常见故障及其处理方法

常 见 故 障	产 生 原 因	处 理 方 法
手动操作断路器不能闭合	（1）电源电压太低 （2）热脱扣器的双金属片尚未冷却复原 （3）欠电压脱扣器无电压或线圈损坏 （4）储能弹簧变形，导致闭合力减小 （5）反作用弹簧力过大	（1）检查线路并调高电源电压 （2）待双金属片冷却后再合闸 （3）检查线路，施加电压或调换线圈 （4）调换储能弹簧 （5）重新调整弹簧反力
电动操作断路器不能闭合	（1）电源电压不符 （2）电源容量不够 （3）电磁铁拉杆行程不够 （4）电动机操作定位开关变位	（1）调换电源 （2）增大操作电源容量 （3）调整或调换拉杆 （4）调整定位开关

续表

常见故障	产生原因	处理方法
电动机启动时断路器立即分断	（1）过电流脱扣器瞬时整定值太小 （2）脱扣器某些零件损坏 （3）脱扣器反力弹簧断裂或落下	（1）调整瞬间整定值 （2）调换脱扣器或损坏的零部件 （3）调换弹簧或重新装好弹簧
分励脱扣器不能使断路器分断	（1）线圈短路 （2）电源电压太低	（1）调换线圈 （2）检修线路调整电源电压
欠电压脱扣器噪声大	（1）反作用弹簧力太大 （2）铁芯工作面有油污 （3）短路环断裂	（1）调整反作用弹簧 （2）清除铁芯油污 （3）调换铁芯
欠电压脱扣器不能使断路器分断	（1）反力弹簧弹力变小 （2）储能弹簧断裂或弹簧力变小 （3）机构生锈卡死	（1）调整弹簧 （2）调换或调整储能弹簧 （3）清除锈污

2.2.4　接触器

1. 接触器的结构和用途

接触器是用于远距离频繁地接通和切断交直、流主电路及大容量控制电路的一种自动控制电器。其主要控制对象是电动机，也可以用于控制其他电力负载、电热器、电照明、电焊机与电容器组等。接触器具有操作频率高、使用寿命长、工作可靠、性能稳定、维护方便等优点，同时还具有低压释放保护功能。因此，在电力拖动和自动控制系统中，接触器是运用最广泛的控制电器之一。

按控制电流性质不同，接触器分为交流接触器和直流接触器两大类。图 2.2.12 所示为几款接触器外形图。

（a）CZ0 直流接触器

（b）CJX1 系列交流接触器

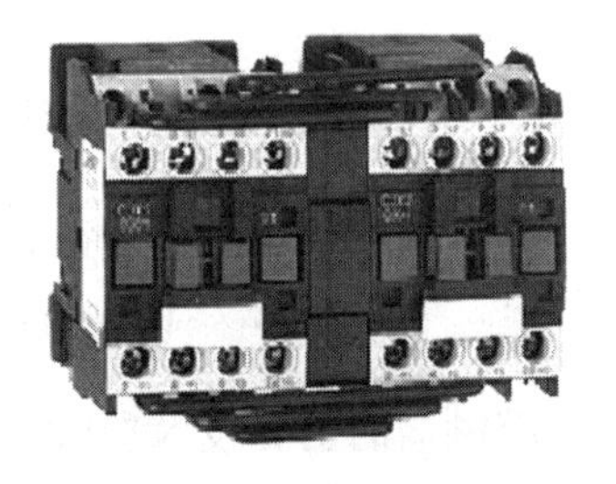

（c）　CJX2－N 系列可逆交流接触器

图 2.2.12　几款接触器外形图

交流接触器常用于远距离、频繁地接通和分断额定电压至 1140V、电流至 630A 的交流电路。图 2.2.13 所示为交流接触器的结构示意图，它由电磁系统、触点系统、灭弧装置和其他部件组成。

当交流接触器工作时，一般当施加在线圈上的交流电压大于线圈额定电压值的 85%时，铁芯中产生的磁通对衔铁产生的电磁吸力克服复位弹簧拉力，使衔铁带动触点动作。当触点动作时，常闭触点先断开，常开触点后闭合，主触点和辅助触点是同时动作的。当线圈中的电压值降到某一数值时，铁芯中的磁通下降，吸力减小到不足以克服复位弹簧的拉力时，衔铁复位，使主触点和辅助触点复位。这个功能就是接触器的失压保护功能。

常用的交流接触器有：CJ10 系列可取代 CJ0、CJ8 等老产品，CJ12、CJ12B 系列可取代 CJ1、CJ2、CJ3 等老产品，其中 CJ10 是统一设计产品。

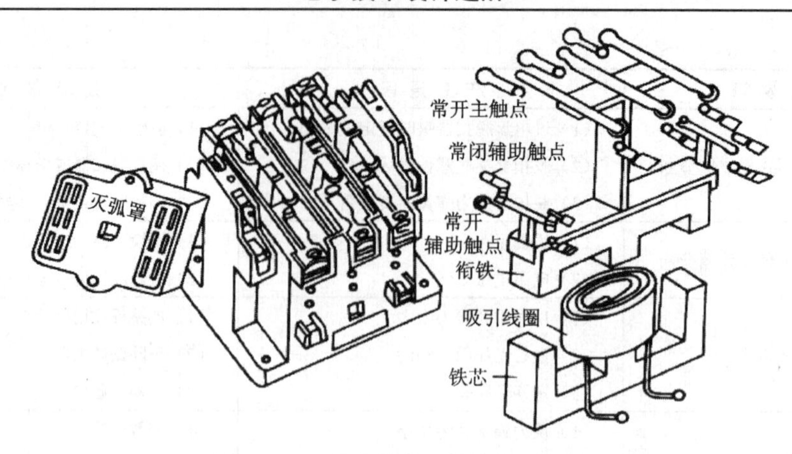

图 2.2.13　交流接触器的结构示意图

2. 接触器的表示方式

（1）型号。接触器的标志组成及其含义如图 2.2.14 所示。

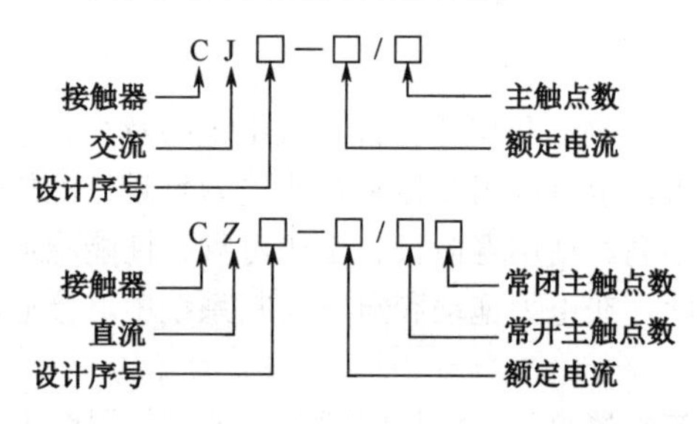

图 2.2.14　接触器的标志组成及其含义

（2）电气符号。交、直流接触器的图形符号及文字符号如图 2.2.15 所示。

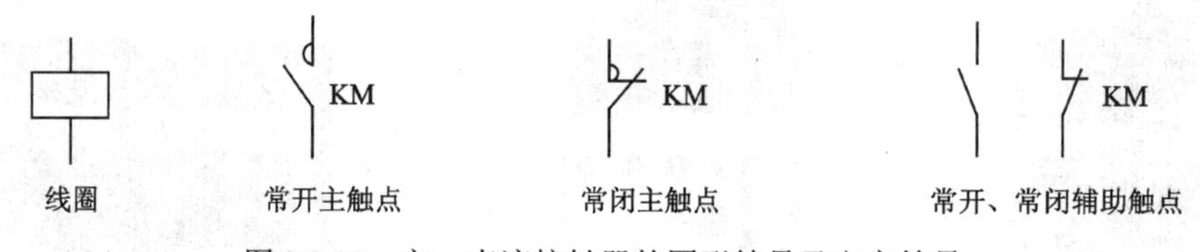

图 2.2.15　交、直流接触器的图形符号及文字符号

3. 接触器的主要技术参数

接触器的主要技术参数有额定电压、额定电流、吸引线圈的额定电压、电气寿命、机械寿命和额定操作频率，如表 2-2-8 所示。

表 2-2-8　CJ10 系列交流接触器的主要技术参数

型　号	额定电压/V	额定电流/A	可控制的三相异步电动机的最大功率/kW			额定操作频率/(次/h)	线圈消耗功率/(V·A)		机械寿命/万次	电气寿命/万次
			220V	380V	550V		启动	吸持		
CJ10－5	380 500	5	1.2	2.2	2.2	600	35	6	300	60
CJ10－10		10	2.2	4	4		65	11		
CJ10－20		20	5.5	10	10		140	22		
CJ10－40		40	11	20	20		230	32		
CJ10－60		60	17	30	30		485	95		
CJ10－100		100	30	50	50		760	105		
CJ10－150		150	43	75	75		950	110		

接触器铭牌上的额定电压是指主触点的额定电压，交流有 127V、220V、380V、500V 等挡；直流有 110V、220V、440V 等挡。

接触器铭牌上的额定电流是指主触点的额定电流，有 5A、10A、20A、40A、60A、100A、150A、250A、400A 和 600A 等挡。

接触器吸引线圈的额定电压交流有 36V、110V、127V、220V、380V 等挡；直流有 24V、48V、220V、440V 等挡。

接触器的电气寿命用其在不同使用条件下无须修理或更换零件的负载操作次数来表示。接触器的机械寿命用其在需要正常维修或更换机械零件前（包括更换触点），所能承受的空载操作循环次数来表示。

额定操作频率是指接触器的每小时操作次数。

4. 接触器的选择与常见故障的处理方法

接触器的选择主要考虑以下几个方面。

（1）接触器的类型。根据接触器所控制的负载性质，选择直流接触器或交流接触器。

（2）额定电压。接触器的额定电压应大于或等于所控制电路的电压。

（3）额定电流。接触器的额定电流应大于或等于所控制电路的额定电流。对于电动机负载可按下列经验公式计算。

$$I_c = \frac{P_N}{KU_N} \tag{2-3}$$

式中，I_c 为接触器主触点电流，单位为 A；P_N 为电动机额定功率，单位为 kW；U_N 为电动机额定电压，单位为 V；K 为经验系数，一般取 1～1.4。

接触器的常见故障及其处理方法如表 2-2-9 所示。

表 2-2-9　接触器的常见故障及其处理方法

常见故障	产生原因	处理方法
接触器不吸合或吸不牢	（1）电源电压过低 （2）线圈断路 （3）线圈技术参数与使用条件不符 （4）铁芯机械卡阻	（1）调高电源电压 （2）调换线圈 （3）调换线圈 （4）排除卡阻物
线圈断电，接触器不释放或释放缓慢	（1）触点熔焊 （2）铁芯表面有油污 （3）触点弹簧压力过小或复位弹簧损坏 （4）机械卡阻	（1）排除熔焊故障，修理或更换触点 （2）清理铁芯表面 （3）调整触点弹簧力或更换复位弹簧 （4）排除卡阻物
触点熔焊	（1）操作频率过高或过负载使用 （2）负载侧短路 （3）触点弹簧压力过小 （4）触点表面有电弧灼伤 （5）机械卡阻	（1）调换合适的接触器或减小负载 （2）排除短路故障更换触点 （3）调整触点弹簧压力 （4）清理触点表面 （5）排除卡阻物
铁芯噪声过大	（1）电源电压过低 （2）短路环断裂 （3）铁芯机械卡阻 （4）铁芯极面有油垢或磨损不平 （5）触点弹簧压力过大	（1）检查线路并提高电源电压 （2）调换铁芯或短路环 （3）排除卡阻物 （4）用汽油清洗极面或更换铁芯 （5）调整触点弹簧压力
线圈过热或烧毁	（1）线圈匝间短路 （2）操作频率过高 （3）线圈参数与实际使用条件不符 （4）铁芯机械卡阻	（1）更换线圈并找出故障原因 （2）调换合适的接触器 （3）调换线圈或接触器 （4）排除卡阻物

2.2.5 电磁式继电器

继电器是根据某种输入信号的变化，接通或断开控制电路，实现自动控制和保护电力装置的自动电器。

无论继电器的输入量是否为电量，继电器工作的最终目的都是控制触点的分断或闭合，而触点又是控制电路通断的，就这一点来说接触器与继电器是相同的。但是它们又有区别，主要表现在以下两个方面。

（1）所控制的电路不同。继电器用于控制电信电路、仪表电路、自控装置等小电流电路及控制电路；接触器用于控制电动机等大功率、大电流电路及主电路。

（2）输入信号不同。继电器的输入信号可以是各种物理量，如电压、电流、时间、压力、速度等；而接触器的输入量只有电压。

1. 电磁式继电器的结构和用途

在低压控制系统中，采用的继电器大部分是电磁式继电器，电磁式继电器的结构及工作原理与接触器基本相同。它们的主要区别在于：继电器是用于切换小电流电路的控制电路和保护电路，而接触器是用来控制大电流电路；继电器没有灭弧装置，也无主触点和辅助触点之分等。图 2.2.16 所示为几种常用电磁式继电器的外形图。

（a）电流继电器

（b）电压继电器

（c） 中间继电器

图 2.2.16 几种常用电磁式继电器的外形图

电磁式继电器的典型结构如图 2.2.17 所示，它由电磁机构和触点系统组成。按吸引线圈电流的类型，可分为直流电磁式继电器和交流电磁式继电器。按其在电路中的连接方式，可分为电流继电器、电压继电器和中间继电器等。

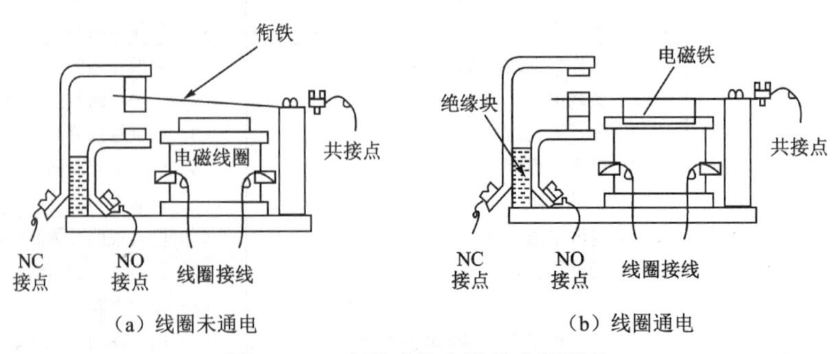

（a）线圈未通电　　（b）线圈通电

图 2.2.17 电磁式继电器的典型结构

（1）电流继电器。电流继电器的线圈与被测电路串联，以反映电路电流的变化。但其线圈匝数少，导线粗，线圈阻抗小。电流继电器除用于电流型保护的场合之外，还经常用于按电流原则控制的场合。电流继电器有欠电流继电器和过电流继电器两种。

（2）电压继电器。电压继电器反映的是电压信号。使用时，电压继电器的线圈并联在被测电路中，线圈的匝数多、导线细、阻抗大。电压继电器根据所接线路电压值的变化，处于吸合或释放状态。根据动作电压值不同，电压继电器可分为欠电压继电器和过电压继电器两种。

（3）中间继电器。中间继电器实质上是电压继电器，只是触点对数多、容量较大（额定电流为 5～10A）。其主要用途为：当其他继电器的触点对数或触点容量不够时，可以借助中间继电器来扩展它们的触点数或触点容量，起到信号中继作用。

中间继电器体积小、动作灵敏度高，并在 10A 以下电路中可代替接触器起控制作用。

2. 电磁式继电器的表示方式

（1）型号。电磁式继电器的标志组成及其含义如图 2.2.18 所示。

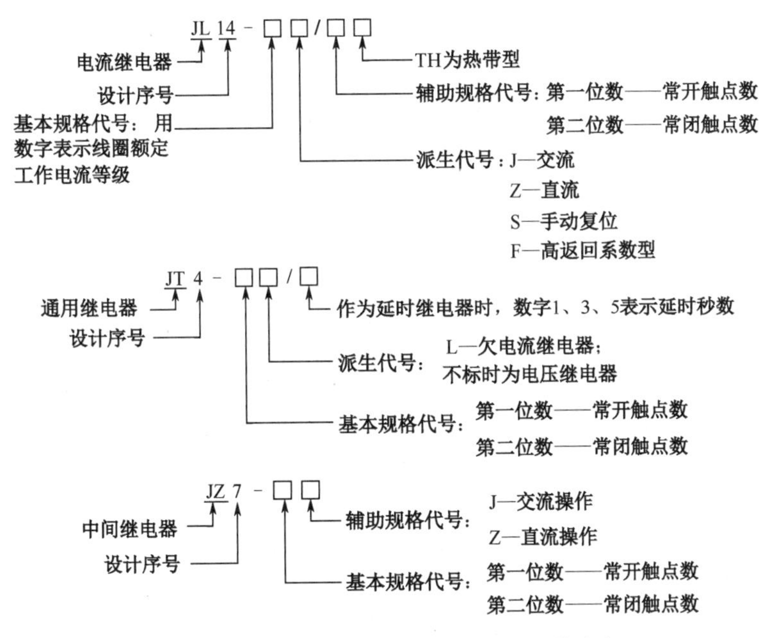

图 2.2.18　电磁式继电器的标志组成及其含义

（2）电气符号。电磁式继电器的图形符号及文字符号如图 2.2.19 所示。电流继电器的文字符号为 KI，电压继电器的文字符号为 KV，中间继电器的文字符号为 KA。

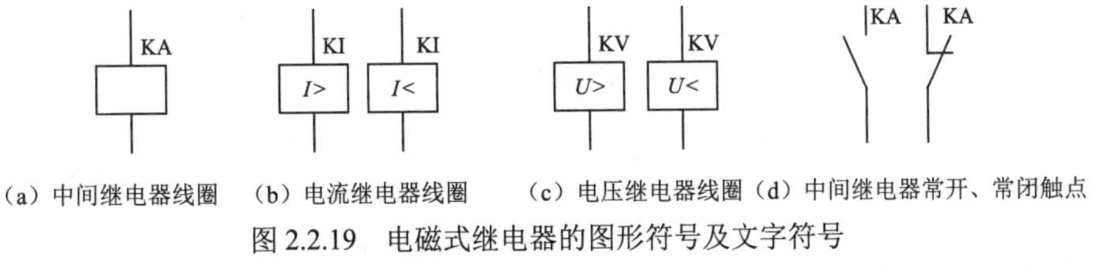

图 2.2.19　电磁式继电器的图形符号及文字符号

3. 继电器的主要技术参数

继电器的主要技术参数有额定工作电压、吸合电流、释放电流、触点切换电压和电流。

额定工作电压是指继电器正常工作时线圈所需要的电压。根据继电器的型号不同，可分为交流电压和直流电压两种。

吸合电流是指继电器能够产生吸合动作的最小电流。在正常使用时，给定的电流必须略大于吸合电流，这样继电器才能稳定地工作。而对于线圈所加的工作电压，一般不要超过额定工作电压的 1.5 倍；否则会产生较大的电流而把线圈烧毁。

释放电流是指继电器产生释放动作的最大电流。当继电器吸合状态的电流减小到一定程度时，就会恢复到未通电的释放状态。这时的电流远远小于吸合电流。

触点切换电压和电流是指继电器允许加载的电压和电流。它决定了继电器能控制电压和电流的大小，使用时不能超过此值；否则很容易损坏继电器的触点。

常用电磁式继电器有 JL14、JL18、JZ15、3TH80、3TH82 及 JZC2 等系列。其中，JL14 系列为交直流电流继电器；JL18 系列为交直流过电流继电器；JZ15 系列为中间继电器；3TH80、3TH82 与 JZC2 类似，为接触器式继电器。表 2-2-10 和表 2-2-11 所示分别为 JL14、JZ7 系列继电器的技术参数。

表 2-2-10　JL14 系列继电器的技术参数

电流种类	型　号	吸引线圈额定电流/A	吸合电流调整范围	触点组合形式	用　途	备　注
直流	JL14－□□Z JL14－□□ZS	1、1.5、2.5、5、10、15、25、40、60、300、600、1200、1500	70%~300%I_N	3 常开，3 常闭 2 常开，1 常闭	在控制电路中用于过电流或欠电流保护	可替代 JT3－1、JT4－J、JT4－S、JL3、JL3－J、JL3－S 等老产品
	JL14－□□ZO		30%~65%I_N或释放电流在 10%~20%I_N 范围	1 常开，2 常闭 1 常开，1 常闭		
交流	JL14－□□J JL14－□□JS		110%~400%I_N	2 常开，2 常闭 1 常开，1 常闭		
	JL14－□□JG			1 常开，1 常闭		

表 2-2-11　JZ7 系列中间继电器的技术参数

型　号	触点额定电压/V	触点额定电流/A	触点对数		吸引线圈电压/V（交流 50Hz）	额定操作频率/(次/h)	线圈消耗功率/(V・A)	
			常开	常闭			启动	吸持
JZ7－44	500	5	4	4	12、36、127、220、380	1200	75	12
JZ7－62	500	5	6	2			75	12
JZ7－80	500	5	8	0			75	12

4. 电磁式继电器的选择与常见故障的处理方法

继电器是组成各种控制系统的基础元件，选用时应综合考虑继电器的适用性、功能特点、使用环境、工作制、额定工作电压及额定工作电流等因素，做到合理选择。具体应从以下几方面考虑。

（1）类型和系列的选用。

（2）使用环境的选用。

（3）使用类别的选用。典型用途是控制交、直流电磁铁，如交、直流接触器线圈。使用类别如 AC－11、DC－11。

（4）额定工作电压、额定工作电流的选用。继电器线圈的电流种类和额定电压，应注意与系统要一致。

（5）工作制的选用。工作制不同对继电器的过载能力要求也不同。

电磁式继电器的常见故障及处理方法与接触器类似。

2.2.6　时间继电器

在自动控制系统中，需要有瞬时动作的继电器，也需要延时动作的继电器。时间继电器就是利用某种原理实现触点延时动作的自动电器，经常用于时间控制原则进行控制的场合。其种类主要有空气阻尼式、电磁阻尼式、电子式和电动式。

时间继电器的延时方式有以下两种。

（1）通电延时。接收输入信号后延迟一定的时间，输出信号才发生变化。当输入信号消失后，输出瞬时复原。

（2）断电延时。接收输入信号时，瞬时产生相应的输出信号。当输入信号消失后，延迟一定的时间，输出才复原。

1. 空气阻尼式时间继电器的结构和用途

空气阻尼式时间继电器是利用空气阻尼原理获得延时的，其结构由电磁系统、延时机构和触点三部分组成。电磁机构为双正直动式，触点系统用 LX5 型微动开关，延时机构采用气囊式阻尼器。图 2.2.20 所示为 JS7 系列空气阻尼式时间继电器的外形图。

图 2.2.20　JS7 系列空气阻尼式时间继电器的外形图

空气阻尼式时间继电器的电磁机构可以是直流的，也可以是交流的；既有通电延时型，也有断电延时型。只要改变电磁机构的安装方向，便可实现不同的延时方式：当衔铁位于铁芯和延时机构之间时为通电延时，如图 2.2.21（a）所示；当铁芯位于衔铁和延时机构之间时为断电延时，如图 2.2.21（b）所示。

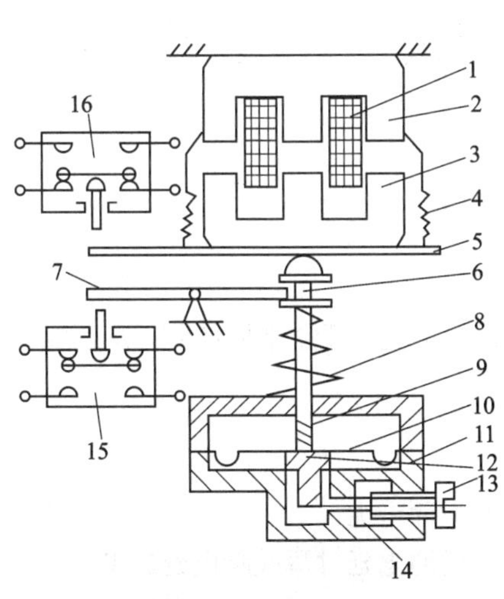

（a）通电延时型　　　　（b）断电延时型

1—线圈；2—铁芯；3—衔铁；4—反力弹簧；5—推板；6—活塞杆；7—杠杆；8—塔形弹簧；9—弱弹簧；10—橡皮膜；11—空气室壁；12—活塞；13—调节螺钉；14—进气孔；15、16—微动开关

图 2.2.21　JS7-A 系列空气阻尼式时间继电器的结构原理图

空气阻尼式时间继电器的特点是：延时范围较大（0.4～180s），结构简单，使用寿命长，价格低。但其延时误差较大，无调节刻度指示，难以确定整定延时值。在对延时精度要求较高的场合，不宜使用这种时间继电器。常用的 JS7-A 系列空气阻尼式时间继电器的基本技术参数如表 2-2-12 所示。

表 2-2-12　JS7－A 系列空气阻尼式时间继电器的基本技术参数

型　　号	吸引线圈电压/V	触点额定电压/V	触点额定电流/A	延时范围/s	延时触点				瞬动触点	
					通电延时		断电延时		常开	常闭
					常开	常闭	常开	常闭		
JS7－1A	24、36、110、127、220、380、420	380	5	0.4~60 及 0.4~180	1	1	—	—	—	—
JS7－2A					1	1	—	—	1	1
JS7－3A					—	—	1	1	—	—
JS7－4A					—	—	1	1	1	1

2. 时间继电器的表示方式

（1）型号。时间继电器的标志组成及其含义如图 2.2.22 所示。

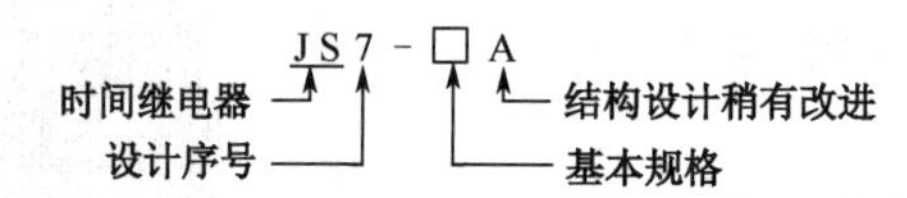

图 2.2.22　时间继电器的标志组成及其含义

（2）电气符号。时间继电器的图形符号及文字符号如图 2.2.23 所示。

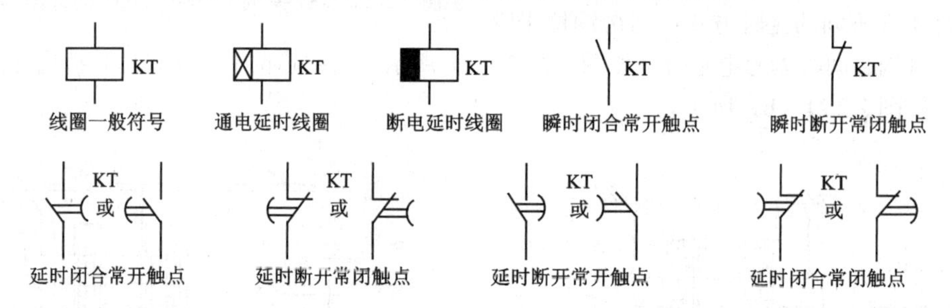

图 2.2.23　时间继电器的图形符号及文字符号

3. 时间继电器的主要技术参数

时间继电器的主要技术参数有额定工作电压、额定发热电流、额定控制容量、吸引线圈电压、延时范围、环境温度、延时误差和操作频率。

4. 时间继电器的选择与常见故障的处理方法

时间继电器形式多样，各具特点，选择时应从以下几方面考虑。

（1）根据控制电路对延时触点的要求选择延时方式，即通电延时型或断电延时型。

（2）根据延时范围和精度的要求选择继电器类型。

（3）根据使用场合、工作环境选择时间继电器的类型。例如，电源电压波动大的场合可选用空气阻尼式或电动式时间继电器，电源频率不稳定的场合不宜选用电动式时间继电器；环境温度变化大的场合不宜选用空气阻尼式和电动式时间继电器。

空气阻尼式时间继电器的常见故障及其处理方法如表 2-2-13 所示。

表 2-2-13　空气阻尼式时间继电器的常见故障及其处理方法

常见故障	产生原因	处理方法
延时触点不动作	（1）电磁铁线圈断线 （2）电源电压低于线圈额定电压很多 （3）电动式时间继电器的同步电动机线圈断线 （4）电动式时间继电器的棘爪无弹性，不能刹住棘齿 （5）电动式时间继电器游丝断裂	（1）更换线圈 （2）更换线圈或调高电源电压 （3）调换同步电动机 （4）调换棘爪 （5）调换游丝
延时时间缩短	（1）空气阻尼式时间继电器的气室装配不严，且漏气 （2）空气阻尼式时间继电器的气室内橡皮薄膜损坏	（1）修理或调换气室 （2）调换橡皮薄膜
延时时间变长	（1）空气阻尼式时间继电器的气室内有灰尘，使气道阻塞 （2）电动式时间继电器的传动机构缺润滑油	（1）清除气室内灰尘，使气道畅通 （2）加入适量的润滑油

2.2.7　热继电器

1. 热继电器的结构和用途

电动机在运行过程中若过载时间长、过载电流大，电动机绕组的温升就会超过允许值，使电动机绕组绝缘老化，缩短电动机的使用寿命，严重时甚至会使电动机绕组烧毁。因此，电动机在长期运行中，需要对其过载提供保护装置。热继电器是利用电流的热效应原理实现电动机的过载保护。图 2.2.24 所示为几种常用的热继电器的外形图。

JR16 系列热继电器

JRS5 系列热继电器

JRS1 系列热继电器

图 2.2.24　几种常用的热继电器的外形图

热继电器具有反时限保护特性，即过载电流大，动作时间短；过载电流小，动作时间长。当电动机的工作电流为额定电流时，热继电器应长期不动作。其保护特性如表 2-2-14 所示。

表 2-2-14　热继电器的保护特性

项　号	整定电流倍数	动作时间	试验条件
1	1.05	>2h	冷态
2	1.2	<2h	热态
3	1.6	<2min	热态
4	6	>5s	冷态

热继电器主要由热元件、双金属片和触点三部分组成。双金属片是热继电器的感测元件，由两种线膨胀系数不同的金属片用机械碾压而成。线膨胀系数大的称为主动层，线膨胀系数小的称为被动层。图 2.2.25 所示为热继电器的结构示意图。热元件串联在电动机定子绕组中，当电动机正常工作时，热元件产生的热量虽然能使双金属片弯曲，但不能使继电器动作。当电动机过载时，流过热元件的电流增大，经过一定时间后，双金属片推动导板使继电器触点动作，切断电动机的控制线路。

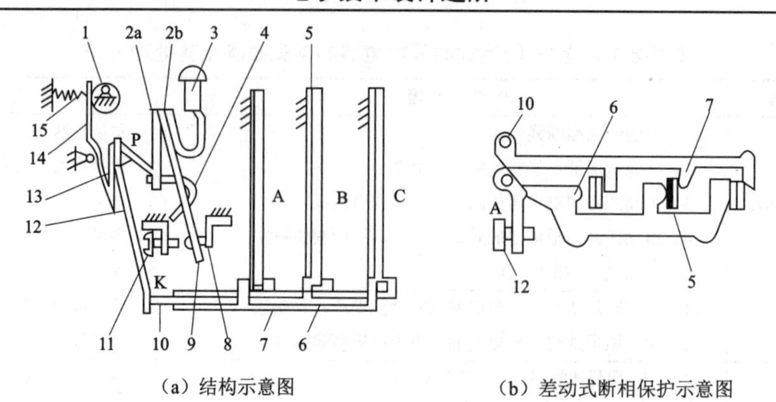

（a）结构示意图　　　（b）差动式断相保护示意图

1—电流调节凸轮；2—2a、2b 簧片；3—手动复位按钮；4—弓簧；5—双金属片；6—外导板；7—内导板；8—常闭静触点；9—动触点；10—杠杆；11—调节螺钉；12—补偿双金属片；13—推杆；14—连杆；15—压簧

图 2.2.25　热继电器的结构示意图

电动机断相运行是电动机烧毁的主要原因之一，因此要求热继电器还应具备断相保护功能，如图 2.2.25（b）所示。热继电器的导板采用差动机构，在断相工作时，其中两相电流增大，一相逐渐冷却，这样可使热继电器的动作时间缩短，从而更有效地保护电动机。

2. 热继电器的表示方式

（1）型号。热继电器的型号标志组成及其含义如图 2.2.26 所示。

（2）电气符号。热继电器的图形符号及文字符号如图 2.2.27 所示。

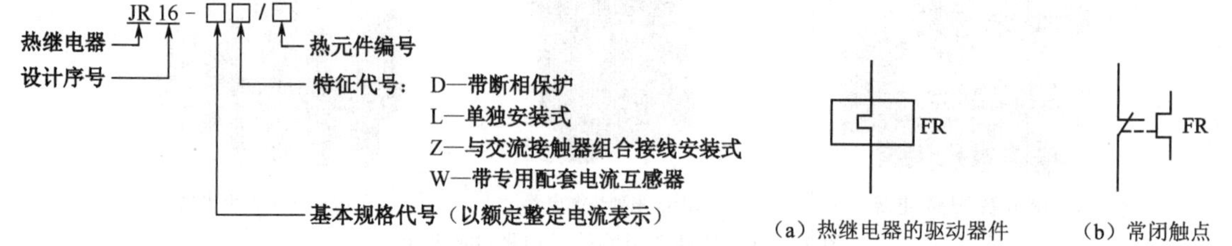

（a）热继电器的驱动器件　　（b）常闭触点

图 2.2.26　热继电器的型号标志组成及其含义　　图 2.2.27　热继电器的图形符号及文字符号

3. 热继电器的主要技术参数

热继电器的主要技术参数包括额定电压、额定电流、相数、热元件编号及整定电流调节范围等。

热继电器的整定电流是指热继电器的热元件允许长期通过又不致引起继电器动作的最大电流值。对于某一热元件，可通过调节其电流调节旋钮，在一定范围内调节其整定电流。

常用的热继电器有 JRS1、JR20、JR16、JR15、JR14 等系列；引进产品有 T、3UP、LR1－D 等系列。

JR20、JRS1 系列具有断相保护、温度补偿、整定电流值可调、手动脱扣、手动复位、动作后的信号指示灯功能。安装方式上除采用分立结构之外，还增设了组合式结构，可通过导电杆与挂钩直接插接，还可以直接将电气连接在 CJ20 接触器上。

表 2-2-15 所示为 JRl6 系列热继电器的主要技术参数。

表 2-2-15　JR16 系列热继电器的主要技术参数

型　　号	额定电流/A	热元件规格	
		额定电流/A	电流调节范围/A
JR16－20/3 JR16－20/3D	20	0.35 0.5 0.72 1.1 1.6 2.4 3.5 5 7.2 11 16 22	0.25~0.35 0.32~0.5 0.45~0.72 0.68~1.1 1.0~1.6 1.5~2.4 2.2~3.5 3.5~5.0 6.8~11 10.0~16 14~22
JR16－60/3 JR16－60/3D	60 100	22 32 45 63	14~22 20~32 28~45 45~63
JR16－150/3 JR16－150/3D	150	63 85 120 160	40~63 53~85 75~120 100~160

4. 热继电器的选择与常见故障的处理方法

热继电器主要用于电动机的过载保护，使用时应考虑电动机的工作环境、启动情况、负载性质等因素，具体应按以下几个方面来选择。

（1）热继电器结构形式的选择：Y 接法的电动机可选用两相或三相结构热继电器；△接法的电动机应选用带断相保护装置的三相结构热继电器。

（2）根据被保护电动机的实际启动时间，选取 6 倍额定电流下具有相应可返回时间的热继电器。一般热继电器的可返回时间为 6 倍额定电流下动作时间的 50%~70%。

（3）热元件额定电流一般可按下式确定：

$$I_{N} = (0.95\sim1.05)I_{MN} \qquad (2\text{-}4)$$

式中，I_N 为热元件额定电流；I_{MN} 为电动机的额定电流。

对于工作环境恶劣、启动频繁的电动机，则按下式确定：

$$I_{N} = (1.15\sim1.5)I_{MN} \qquad (2\text{-}5)$$

热元件选好后，还需用电动机的额定电流来调整它的整定值。

（4）对于重复短时工作的电动机（如起重机电动机），由于电动机不断重复升温，热继电器双金属片的温升跟不上电动机绕组的温升，电动机将得不到可靠的过载保护。因此，不宜选用双金属片热继电器，而应选用过电流继电器或能反映绕组实际温度的温度继电器来进行保护。

热继电器的常见故障及其处理方法如表 2-2-16 所示。

表 2-2-16　热继电器的常见故障及其处理方法

常见故障	产生原因	处理方法
热继电器误动作或动作太快	（1）整定电流偏小 （2）操作频率过高 （3）连接导线太细	（1）调大整定电流 （2）调换热继电器或限定操作频率 （3）选用标准导线
热继电器不动作	（1）整定电流偏大 （2）热元件烧断或脱焊 （3）导板脱出	（1）调小整定电流 （2）更换热元件或热继电器 （3）重新放置导板并试验动作灵活性
热元件烧断	（1）负载侧电流过大 （2）反复 （3）短时工作 （4）操作频率过高	（1）排除故障调换热继电器 （2）限定操作频率或调换合适的热继电器
主电路不通	（1）热元件烧毁 （2）接线螺钉未压紧	（1）更换热元件或热继电器 （2）旋紧接线螺钉
控制电路不通	（1）热继电器常闭触点接触不良或弹性消失 （2）手动复位的热继电器动作后，未手动复位	（1）检修常闭触点 （2）手动复位

2.2.8　速度继电器

1. 速度继电器的结构和用途

速度继电器是用来反映转速与转向变化的继电器。它可以按照被控电动机转速的大小使控制电路接通或断开。速度继电器通常与接触器配合，实现对电动机的反接制动。图 2.2.28 所示为速度继电器的结构示意图。

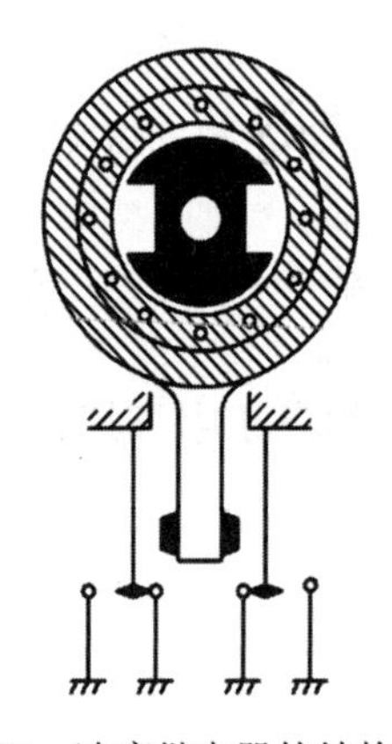

图 2.2.28　速度继电器的结构示意图

速度继电器的转轴和电动机的轴通过联轴器相连，当电动机转动时，速度继电器的转子随之转动，定子内的绕组便切割磁感线，产生感应电动势，而后产生感应电流，此电流与转子磁场作用产生转矩，使定子开始转动。当电动机转速达到某一值时，产生的转矩能使定子转到一定角度使摆杆推动常闭触点动作；当电动机转速低于某一值或停转时，定子产生的转矩会减小或消失，触点在弹簧的作用下复位。

速度继电器有两组触点（每组各有一对常开触点和常闭触点），可分别控制电动机正、反转的反接制动。常用的速度继电器有 JY1 型和 JFZ0 型，一般速度继电器的动作速度为 120r/min，触点的复位速度为 100r/min。在连续工作制中，能可靠地工作在 1000～3600r/min 范围内，允许操作频率每小时不超过 30 次。

2. 速度继电器的表示方式

（1）型号。速度继电器的标志组成及其含义如图 2.2.29 所示。

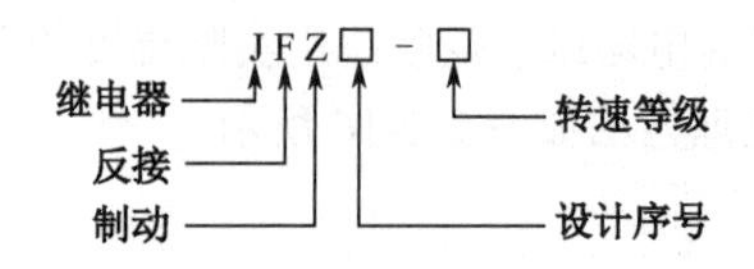

图 2.2.29　速度继电器的标志组成及其含义

（2）电气符号。速度继电器的图形符号及文字符号如图 2.2.30 所示。

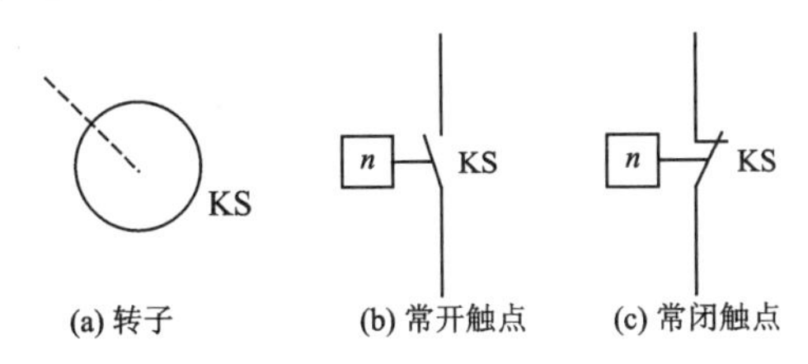

(a) 转子　(b) 常开触点　(c) 常闭触点

图 2.2.30　速度继电器的图形符号及文字符号

3. 速度继电器的主要技术参数

JY1、JFZ0 系列速度继电器的主要技术参数如表 2-2-17 所示。

表 2-2-17　JY1、JFZ0 系列速度继电器的主要技术参数

型　　号	触点额定电压 /V	触点额定电流 /A	触点数量		额定工作转速 /(r/min)	允许操作频率 /次
			正转时动作	反转时动作		
JY1	380	2	1 常开	1 常开	100~3600	<30
JFZ0			0 常闭	0 常闭	300~3600	

4. 速度继电器的选择与常见故障的处理方法

速度继电器主要根据电动机的额定转速来选择。当正常使用时，速度继电器的转轴应与电动机同轴连接。当安装接线时，正反向的触点不能接错；否则不能起到反接制动时接通和断开反向电源的作用。

速度继电器的常见故障及其处理方法如表 2-2-18 所示。

表 2-2-18　速度继电器的常见故障及其处理方法

常见故障	产生原因	处理方法
制动时速度继电器失效，电动机不能制动	（1）速度继电器胶木摆杆断裂 （2）速度继电器常开触点接触不良 （3）弹性动触片断裂或失去弹性	（1）调换胶木摆杆 （2）清洗触点表面油污 （3）调换弹性动触片

2.2.9　按钮

按钮是一种手动且可以自动复位的主令电器，其结构简单，控制方便，在低压控制电路中得到了广泛应用。图 2.2.31 所示为 LA19 系列按钮的外形。

图 2.2.31　LA19 系列按钮的外形

1. 按钮的结构和用途

按钮由按钮帽、复位弹簧、桥式触点和外壳等组成，其结构如图 2.2.32 所示。触点采用桥式触点，触点额定电流在 5A 以下，分常开触点和常闭触点两种。在外力作用下，常闭触点先断开，常开触点再闭合；当复位时，常开触点先断开，常闭触点再闭合。

按用途和结构的不同，按钮分为启动按钮、停止按钮和复合按钮等。

按使用场合、作用不同，通常将按钮帽做成红、绿、黑、黄、蓝、白、灰等颜色。《机械电气安全　机械电气设备　第 1 部分：通用技术条件》（GB5226.1—2019）对按钮帽颜色做了如下规定。

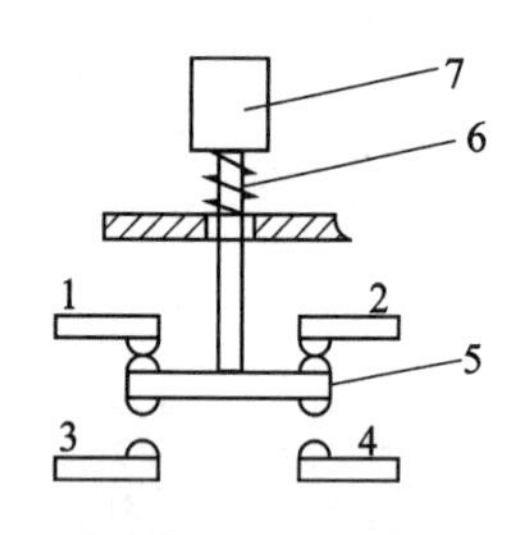

1、2—常闭触点；3、4—常开触点；
5—桥式触点；6—复位弹簧；7—按钮帽
图 2.2.32 按钮的结构

（1）“停止”和“急停”按钮必须是红色。

（2）“启动”按钮的颜色为绿色。

（3）“启动”与“停止”交替动作的按钮必须是黑白、白色或灰色。

（4）“点动”按钮必须是黑色。

（5）“复位”按钮必须是蓝色（如保护继电器的复位按钮）。

在机床电气设备中，常用的按钮有 LA18、LA19、LA20、LA25 和 LAY3 等系列。其中，LA25 系列按钮为通用型按钮的更新换代产品，采用组合式结构，可根据需要任意组合其触点数目，最多可组成 6 个单元。

2. 按钮的表示方式

（1）型号。按钮型号标志组成及其含义如图 2.2.33 所示。

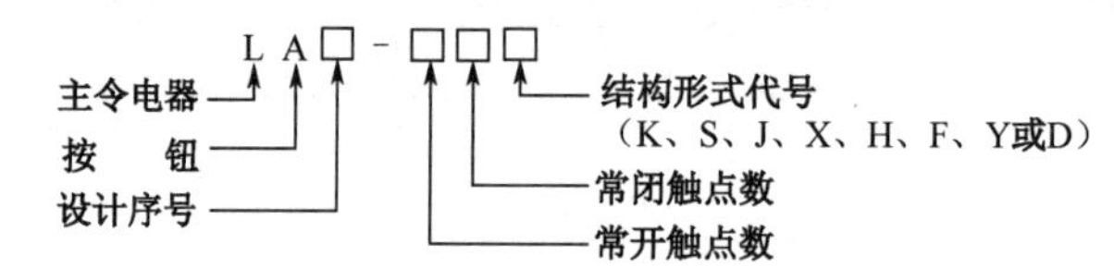

图 2.2.33 按钮型号标志组成及其含义

其中，结构形式代号的含义为：K 为开启式，S 为防水式，J 为紧急式，X 为旋钮式，H 为保护式，F 为防腐式，Y 为钥匙式，D 为带灯按钮。

（2）电气符号。按钮的图形符号及文字符号如图 2.2.34 所示。

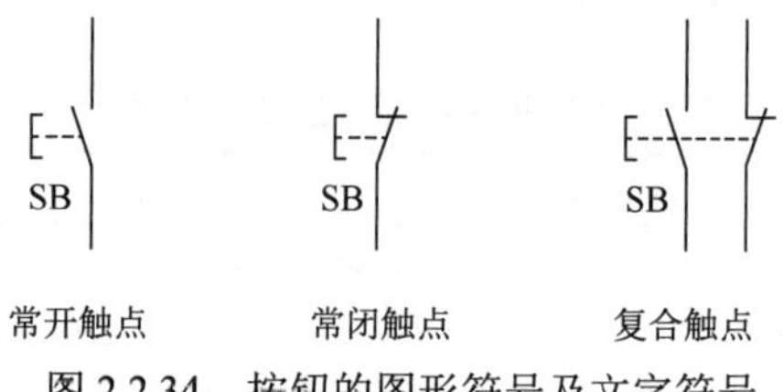

图 2.2.34 按钮的图形符号及文字符号

3. 按钮的主要技术参数

按钮的主要技术参数有额定绝缘电压 U_i、额定工作电压 U_N、额定工作电流 I_N。LA19 系列按钮的技术参数如表 2-2-19 所示。

表 2-2-19 LA19 系列按钮的技术参数

型号规格	额定工作电压/V		约定发热	额定工作电流		信号灯		触点对数		结构形式
	交流	直流	电流/A	交流	直流	电压/V	功率/W	常开	常闭	
LA19－11	380	220	5	380V/0.8A	220V/0.3A			1	1	一般式
LA19－11D	380	220	5			6	1	1	1	带指示灯式
LA19－11J	380	220	5	220V/1.4A	110V/0.6A			1	1	蘑菇式
LA19－11DJ	380	220	5			6	1	1	1	蘑菇带灯式

4. 按钮的选择与常见故障的处理办法

按钮主要根据使用场合、用途、控制的需要及工作状况等进行选择。

（1）根据使用场合，选择控制按钮的种类，如开启式、防水式、防腐式等。

（2）根据用途，选用合适的形式，如钥匙式、紧急式、带灯式等。

（3）根据控制回路的需要，确定不同的按钮数量，如单钮、双钮、三钮、多钮等。

（4）根据工作状态指示和工作情况的要求，选择按钮及指示灯的颜色。

按钮的常见故障及其处理方法如表 2-2-20 所示。

表 2-2-20　按钮的常见故障及其处理方法

常见故障	产生原因	处理方法
按下启动按钮时有触电感觉	（1）按钮的防护金属外壳与连接导线接触 （2）按钮帽的缝隙间充满铁屑，使其与导电部分形成通路	（1）检查按钮内连接导线 （2）清理按钮及触点
按下启动按钮，不能接通电路，控制失灵	（1）接线头脱落 （2）触点磨损松动，接触不良 （3）动触点弹簧失效，使触点接触不良	（1）检查启动按钮连接线 （2）检修触点或调换按钮 （3）重绕弹簧或调换按钮
按下停止按钮，不能断开电路	（1）接线错误 （2）尘埃或机油、乳化液等流入按钮形成短路 （3）绝缘击穿短路	（1）更改接线 （2）清扫按钮并相应采取密封措施 （3）调换按钮

2.2.10　行程开关

1. 行程开关的结构和用途

行程开关是一种利用生产机械的某些运动部件的碰撞来发出控制指令的主令电器，用于控制生产机械的运动方向、行程大小和位置保护等。当行程开关用于位置保护时，又称为限位开关。

行程开关的种类很多，常用的行程开关有按钮式、单轮旋转式、双轮旋转式行程开关，它们的外形如图 2.2.35 所示。

（a）按钮式

（b）单轮旋转式

（c）双轮旋转式

图 2.2.35　行程开关的外形

各种系列的行程开关的基本结构大体相同，都是由操作头、触点系统和外壳组成的，其结构如图 2.2.36 所示。操作头接收机械设备发出的动作指令或信号，并将其传递到触点系统，触点再将操作头传递来的动作指令或信号通过本身的结构功能变成电信号，输出到有关控制回路。

2. 行程开关的表示方式

（1）型号。行程开关的型号标志组成及其含义如图 2.2.37 所示。

（2）电气符号。行程开关的图形符号及文字符号如图 2.2.38 所示。

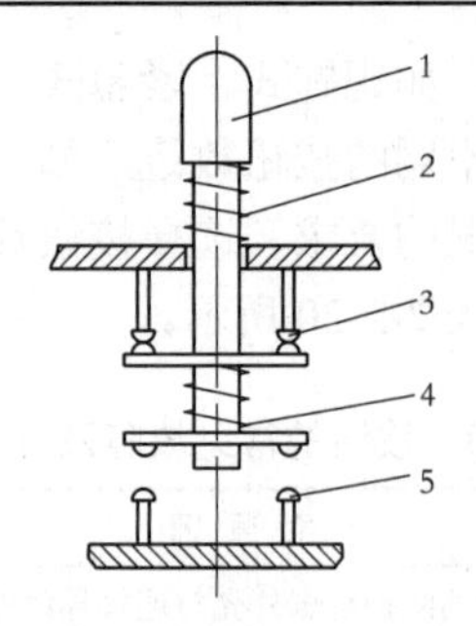

1—顶杆；2—弹簧；3—常闭触点；4—触点弹簧；5—常开触点

图 2.2.36　行程开关的结构

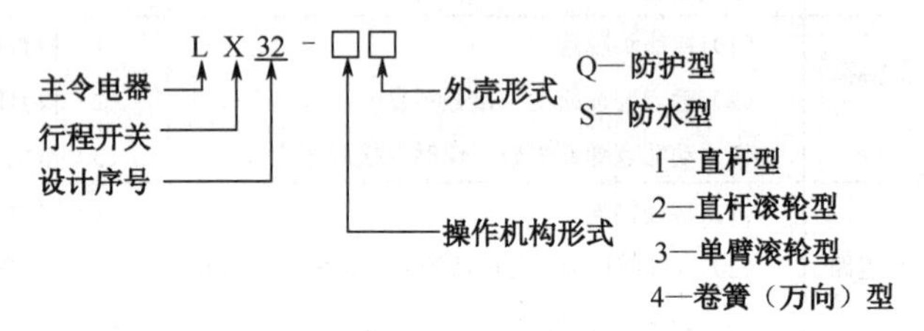

图 2.2.37　行程开关的型号标志组成及其含义

图 2.2.38　行程开关的图形符号及文字符号

3. 行程开关的主要技术参数

行程开关的主要技术参数有额定电压、额定电流、触点数量、动作行程或角度、触点换接时间、动作力等，如表 2-2-21 所示。

表 2-2-21　LX19 系列行程开关的技术参数

型　号	触点数量		额定电压/A		额定电流/A	触点换接时间/s	动作力/N	动作行程或角度
	常开	常闭	交流	直流				
LX19－001	1	1	380	220	5	≤0.4	≤9.8	1.5~3.5mm
LX19－111							≤7	≤30°
LX19－121							≤19.6	
LX19－131								
LX19－212								
LX19－222								≤60°
LX19－232								

4. 行程开关的选择

目前，国内生产的行程开关品种规格很多，较为常用的有 LXW5、LXl9、LXK3、LX32、LX33 等系列。新型 3SES3 系列行程开关的额定工作电压为 500V、额定电流为 10A，其机械、电气寿命比常见行程开关更长。LXW5 系列为微动开关。

行程开关在选用时，应根据不同的使用场合，满足额定电压、额定电流、复位方式和触点数量等方面的要求。

表 2-2-22 所示为常见元件的图形符号、文字符号一览表。

表 2-2-22　常见元件的图形符号、文字符号一览表

类别	名称	图形符号	文字符号	类别	名称	图形符号	文字符号
开关	单极控制开关	或	SA	位置开关	常开触点		SQ
	手动开关一般符号		SA		常闭触点		SQ
	三极控制开关		QS	位置开关	复合触点		SQ
	三极隔离开关		QS	按钮	常开按钮		SB
	三极负荷开关		QS		常闭按钮		SB
	组合旋钮开关		QS		复合按钮		SB
	低压断路器		QF		急停按钮		SB
	控制器或操作开关	后　前 2 1 0 1 2	SA		钥匙操作式按钮		SB
接触器	线圈操作器件		KM	热继电器	热元件		FR
	常开主触点		KM		常闭触点		FR
	常开辅助触点		KM	中间继电器	线圈		KA

续表

类别	名称	图形符号	文字符号	类别	名称	图形符号	文字符号
接触器	常闭辅助触点		KM		常开触点		KA
时间继电器	通电延时（缓吸）线圈		KT		常闭触点		KA
	断电延时（缓放）线圈		KT	电流继电器	过电流线圈	$I>$	KA
	瞬时闭合的常开触点		KT		欠电流线圈	$I<$	KA
	瞬时断开的常闭触点		KT		常开触点		KA
	延时闭合的常开触点	或	KT		常闭触点		KA
	延时断开的常闭触点	或	KT	电压继电器	过电压线圈	$U>$	KV
	延时闭合的常闭触点	或	KT		欠电压线圈	$U<$	KV
	延时断开的常开触点	或	KT		常开触点		KV
电磁操作器	电磁铁的一般符号	或	YA		常闭触点		KV
	电磁吸盘		YH	电动机	三相笼型异步电动机	M 3~	M
	电磁离合器		YC		三相绕线转子异步电动机	M 3~	M

续表

类别	名称	图形符号	文字符号	类别	名称	图形符号	文字符号
电磁操作器	电磁制动器		YB	电动机	他励直流电动机		M
	电磁阀		YV		并励直流电动机		M
非电量控制的继电器	速度继电器常开触点		KS		串励直流电动机		M
	压力继电器常开触点		KP	熔断器			FU
发电机	发电机		G	变压器	单相变压器		TC
	直流测速发电机		TG		三相变压器		TM
灯	信号灯（指示灯）		HL	互感器	电压互感器		TV
	照明灯		EL		电流互感器		TA
接插器	插头和插座	或	X 插头 XP 插座 XS	电抗器			L

第 3 章　常用电子仪器仪表的使用

3.1　常用电工指示仪表

电工指示仪表又称为机电式仪表，其特点是依靠仪表指针的机械运动来实现被测量的测量。它的基本工作原理是把被测电量或非电量变换成仪表可动部分的偏转角，并通过标尺直接读出被测量的数值，偏转角的大小反映被测量的大小。

电工指示仪表的类型很多，常见类型如表 3-1-1 所示。

表 3-1-1　电工指示仪表的常见类型

分类方法	类　型
被测量的特征	电流表、电压表、欧姆表、功率表、相位表、电度表
仪表工作原理	磁电系、电磁系、电动系、感应系、整流系、静电系
被测量性质	直流仪表、交流仪表、交直流两用仪表
仪表准确度等级	0.05、0.1、0.2、0.3、0.5、1.0、1.5、2.0、2.5、3.0、5.0

3.1.1　磁电系仪表

磁电系仪表主要用于直流电流和电压的测量，与整流器配合之后，也可用于交流电流和电压的测量。其优点是：准确度和灵敏度高、功耗小、刻度均匀等；其缺点是：过载能力差。该仪表主要由磁电系测量机构和测量线路组成。

1. 测量机构和工作原理

磁电系仪表测量机构主要由固定部分和可动部分组成，如图 3.1.1 所示。固定部分由马蹄形永久磁铁、极掌和圆柱形铁芯等组成表头的磁路系统。固定于表壳上的圆柱形铁芯处于两极掌之间，并与两极掌形成辐射均匀的环形磁场。可动部分由绕在矩形铝框架上的可动线圈、与铝框相连的两个半轴，以及固定在半轴上的指针、游丝等组成。整个可动部分经两半轴支承在轴承上，线圈则位于环形磁场中。

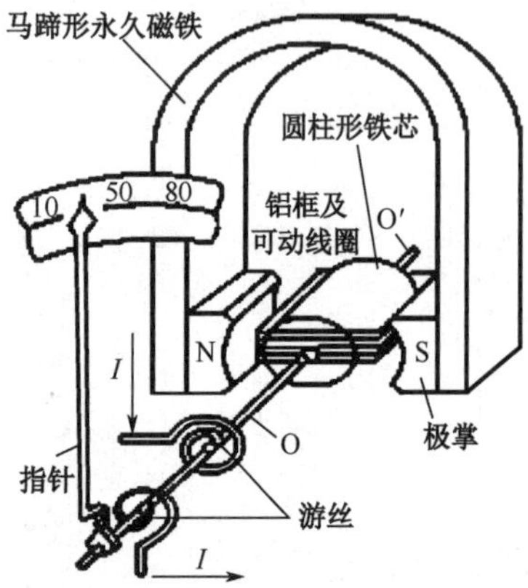

图 3.1.1　磁电系仪表测量机构

当电流 I 经游丝流入可动线圈后，通电线圈在永久磁铁的磁场中受到电磁力，产生电磁转矩 M，使可动线圈发生偏转，转矩 $M \propto I$。同时与可动线圈固定在一起的游丝因动圈的偏转而发生变形，从而产生反作用力矩 M_F，M_F 与指针的偏转角成正比，即 $M_F \propto \alpha$。

当 $M = M_F$ 时，可动部分将不再转动而停留在平衡位置，此时偏转角与输入电流的关系为 $\alpha \propto I$。

如果在仪表盘上直接按电流值刻度，那么仪表标尺上的刻度是均匀等分的，而且指针偏转方向与电流方向有关。当电流反向时，可动线圈的偏转也随之反向。

如果可动线圈通入交流电，那么在电流方向变化时转矩 M 的方向也随之变化。若电流变化的频率小于可动部分的固有振动频率，指针将会随电流方向的变化而左右摆动；若电流变化的频率高于可动部分的固有振动频率，指针偏转角将与一个周期内转矩的平均值有关。由于一个周期内的平均驱动转矩为零，因此指针将停留在零位不动。可见，磁电系仪表只能直接测量直流电，而不能测量交流电。若要测量交流电，则必须配上整流装置构成整流系仪表。

2. 电流的测量

磁电系仪表可直接作为电流表使用。但由于被测电流要流过截面积极细、允许流过很小电流（<1mA）的游丝和可动线圈，因此最大量程只能是微安或毫安级。为了扩大量程，可在测量机构上并联低值电阻，即分流器，如图 3.1.2 所示。此时，流过表头的电流 I_0 只是被测电流 I_X 的一部分，两者的关系为 $I_0 = I_X \times \frac{R_{A4}}{R_{A4} + R_0}$。多量程电流表由几个不同阻值的分流器构成，并通过量程转换开关分别与表头并联。需要扩大的量程越大，分流器的电阻越小。在图 3.1.2 中，仪表的量程分别为 $I_1 < I_2 < I_3 < I_4$。

测量时，电流表应串联在被测电路中，否则将烧坏电流表。接线时，电流应从表的“+”端流入，“-”端流出。使用时，应根据被测电流的大小选择合适的量程，一般应取被测量的 1.2～2 倍。

3. 电压的测量

磁电系表头串联高值电阻即分压器后可制成直流电压表，如图 3.1.3 所示。由图可知，$I_0 = \frac{U_X}{R_0 + R_{V1}}$，由于 I_0 与被测电压 U_X 成正比，因此表头指针偏转角可直接指示被测电压大小，并按扩大量程后的电压值做出表盘刻度。需要扩大的量程越大，分压器的电阻应越大。多量程电压表由不同阻值的分压器构成，并通过量程转换开关分别与表头串联。在图 3.1.3 中，仪表量程为 $U_1 < U_2 < U_3 < U_4$。

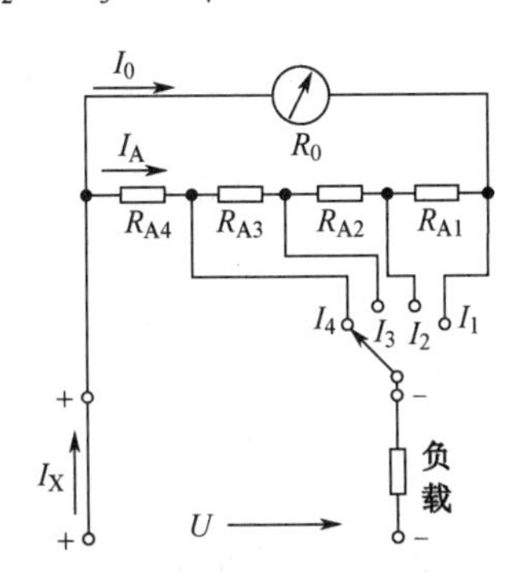

图 3.1.2　多量程电流表接线图

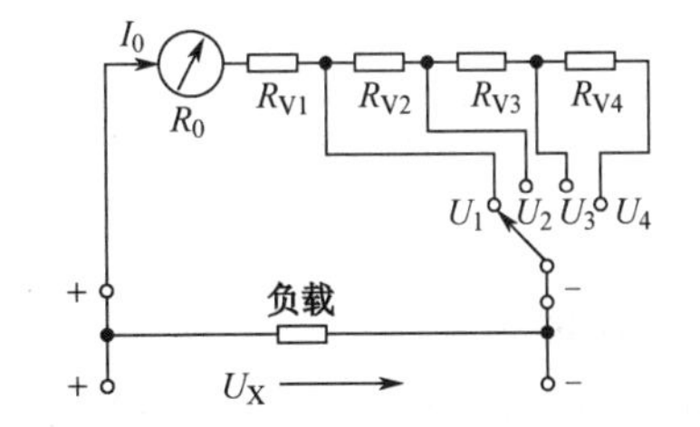

图 3.1.3　多量程电压表接线图

电压表的内阻越大，对被测电路的影响越小。电压表各量程内阻与相应量程的比值称为内阻常数。它是电压表的一个重要参数，常被标注在表盘上。若表盘标注内阻为 500Ω/V，则对应 250V 量程，其实际内阻为 125kΩ。

当测量时，电压表必须并联在被测电路两端，且表的“+”端接高电位，“-”端接低电位。

3.1.2　电磁系仪表

电磁系仪表主要用于交流（工频）电路电流、电压的测量。其测量机构主要有排斥型和吸入型。两者的工作原理都是利用磁化后的铁片被排斥或吸入而产生转矩的。现以排斥型为例介绍磁电系仪表的结构和工作原理。

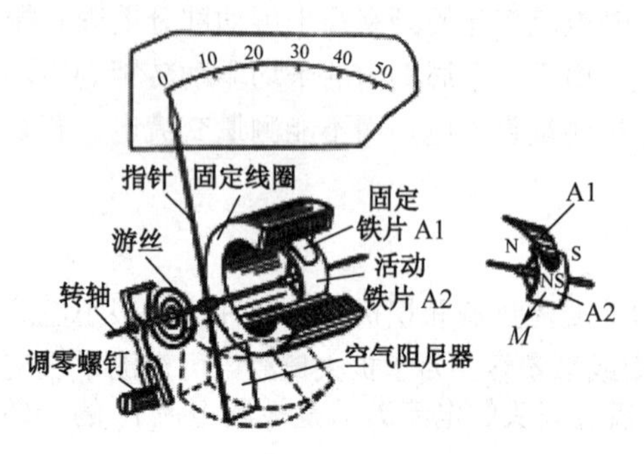

图 3.1.4 电磁系仪表测量机构

1. 测量机构和工作原理

电磁系仪表测量机构如图 3.1.4 所示。当被测电流 I 流过固定线圈时，处于该线圈中的固定铁片 A1 和活动铁片 A2 同时被磁化，在两铁片之间产生切线方向的排斥力而形成转矩 M，使活动铁片 A2 带动指针偏转，偏转角的大小与被测电流成正比。驱动转矩 M 则与被测电流 I 的平方成正比，即 $M = K_1 I^2$。

当活动铁片 A2 带动指针旋转时，游丝被拉紧，产生反作用力矩 M_F，M_F 与偏转角 α 成正比，即

$$M_F = K_2 \alpha$$

当驱动转矩与反作用力矩相等时，指针停止转动，处于平衡状态。此时，有

$$K_1 I^2 = K_2 \alpha \qquad \alpha = \frac{K_1}{K_2} I^2$$

由上式可知，指针的偏转角与被测电流的平方成正比，所以仪表标尺的刻度是不均匀的。

虽然交流电是随时间的变化而变化的，但由于固定、活动铁片的磁化极性也同时变化，因此两铁片之间的斥力方向始终保持不变。所以，该测量机构可直接测量交、直流电流和电压，但主要用于交流电路的测量。

2. 电流的测量

电磁系测量机构可直接作为电流表使用。为了改变量程，固定线圈常被分成几段，如图 3.1.5（a）所示。当 4 段线圈连接成图 3.1.5（b）时，电流量程可增大一倍。当 4 段线圈连接成图 3.5.5（c）时，电流量程可增大 4 倍。

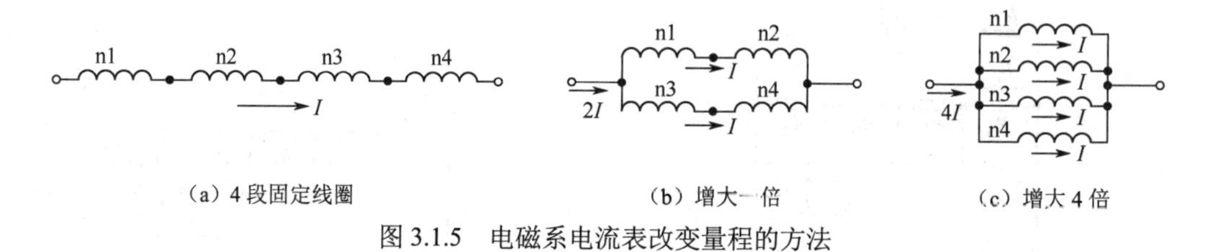

图 3.1.5 电磁系电流表改变量程的方法

3. 电压的测量

电磁系电压表可以用串联附加电阻的方法把被测电压转换成电流，再把电流通入固定线圈来完成电压测量和扩大量程的任务，如图 3.1.6 所示。量程的改变可通过转换开关来改变线圈和附加电阻的连接方式，以获得不同的电压量程。

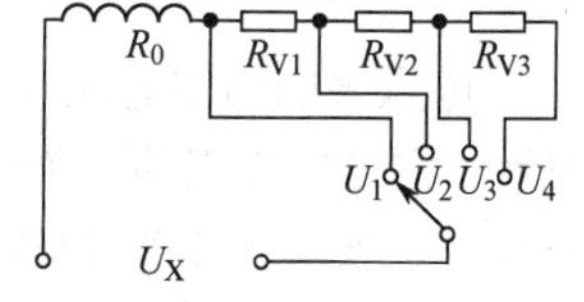

图 3.1.6 多量程电压表电路

3.1.3 电动系仪表

电动系仪表主要用于电路的功率、功率因素、相位等与两个电量有关的物理量的测量。

与磁电系仪表测量机构相比，电动系仪表测量机构使用通电的固定线圈代替了永久磁铁建立磁场；与电磁系仪表测量机构相比，电动系仪表测量机构使用可动线圈代替了可动铁片。如图 3.1.7 所示。固定线圈为两段圆形的空心线圈，平行排列，可串联或并联来改变电流大小，线圈通电后产生均匀的磁场分布。可动线圈固定于转轴上并放置于两个固定线圈之间，转轴上装有指针、游

丝、阻尼片等。

当两个固定线圈通过电流 I_1 后，在线圈间产生磁场。如果可动线圈经游丝流入电流 I_2，那么可动线圈中的电流与固定线圈电流产生的磁场相互作用而形成驱动转矩，使可动线圈转动。

如果线圈中通入的是直流电，那么转矩与两电流的乘积成正比，即 $M = KI_1I_2$。

如果线圈中通入的是同频率的交流电，那么 $i_1 = I_{1m}\sin\omega t$、$i_2 = I_{2m}\sin(\omega t+\phi)$，那么平均转矩为 $M = KI_1I_2\cos\phi$（其中，I_1、I_2 均为交流电的有效值；ϕ 为两电流之间的相位差角）。

在驱动转矩的作用下，可动部分偏转，使游丝扭紧，产生反作用力矩 M_F，M_F 与偏转角 α 成正比，即 $M_F = D\alpha$。

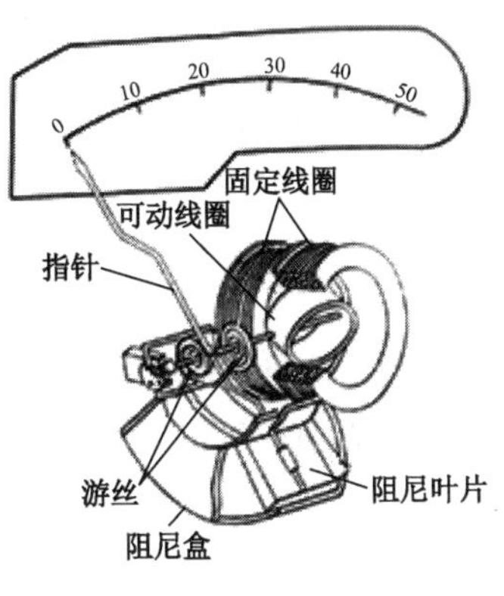

图 3.1.7　电动系仪表测量机构

当驱动转矩与反作用力矩相等时，指针停止转动，此时，有

$$KI_1I_2 = D\alpha\,,\quad \alpha = \frac{K}{D}I_1I_2 = KI_1I_2 \text{（直流）}$$

$$KI_1I_2\cos\phi = D\alpha\,,\quad \alpha = \frac{K}{D}I_1I_2\cos\phi = KI_1I_2\cos\phi \text{（交流）}$$

由上式可知，当测量直流电时，指针的偏转角与通过固定线圈和可动线圈的电流成正比；当测量交流电时，指针的偏转角不仅与通过固定线圈和可动线圈的电流成正比，而且与两电流间相位差的余弦成正比。

3.1.4　电动系功率表

电动系功率表可用来测量交、直流功率，它能反映负载电压和电流的乘积。

1. 电动系功率表的原理

电动系功率表由电动系测量机构和附加电阻 R_V 构成，如图 3.1.8（a）所示。它的固定线圈与被测负载 R_L 串联，负载电流全部流过固定线圈，因此称固定线圈为电流线圈；可动线圈和附加电阻 R_V 串联后与负载 R_L 并联，反映了负载两端的电压，因此称可动线圈为电压线圈。电路图中功率表的标准图形符号如图 3.1.8（b）所示，用一个圆圈代表功率表，圆圈内的粗线表示电流线圈，与粗线垂直相交的细线表示电压线圈，电流、电压线圈一端标有“※”的为功率表的电源端。

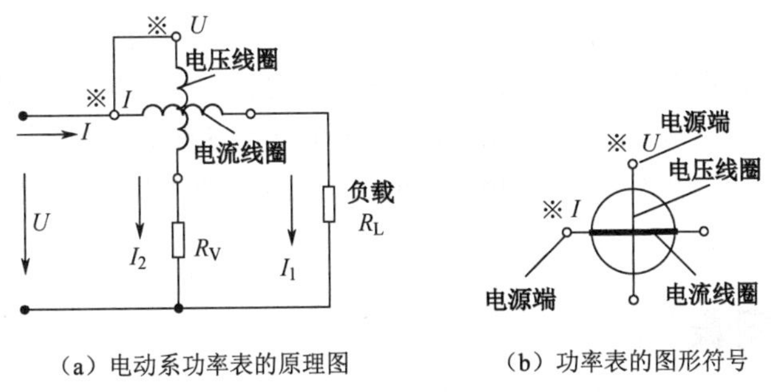

（a）电动系功率表的原理图　（b）功率表的图形符号

图 3.1.8　电动系功率表

（1）当测量直流电路中的负载功率时，固定线圈中的电流 I_1 就是负载电流 I。可动线圈中的电流 I_2 为 $I_2 = \dfrac{U}{R_2}$（R_2 为电压线圈支路中的总电阻）。

仪表偏转角 α 为

$$\alpha = KI_1I_2 = KI\frac{U}{R_2} = \frac{K}{R_2}UI = KUI = KP$$

由上式可知，仪表偏转角α与负载吸收的功率P成正比。

（2）当测量交流电路中的负载功率时，固定线圈中的电流I_1就是负载中的电流有效值I。可动线圈中的电流I_2与负载电压U成正比，即$I_2 = \frac{U}{|Z_2|}$（$|Z_2|$为可动线圈支路复阻抗模）。由于可动线圈的感抗与附加电阻相比很小，可忽略，因此I_2与U同相。

仪表偏转角α为

$$\alpha = KI_1I_2\cos\phi = KI\frac{U}{|Z_2|}\cos\phi = \frac{K}{|Z_2|}UI\cos\phi = \frac{K}{|Z_2|}P = KP$$

由上式可知，仪表偏转角α与负载吸收的有功功率P成正比。

2. 功率表的正确使用

（1）正确选择量程。选择功率表的量程实际上就是选择电流、电压量程。只要电流线圈、电压线圈不过载，功率量程就自然满足了。因此，测量时，要求功率表的电流、电压量程都要大于被测电路的电流、电压值。

（2）正确连接功率表。根据负载的大小，功率表的接线方式可分为电压线圈前接法和电压线圈后接法两种，如图 3.1.9 所示。

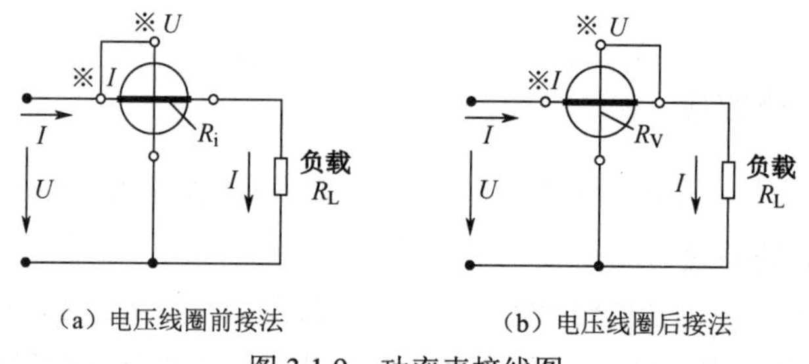

图 3.1.9　功率表接线图

① 电压线圈前接法：因为电压线圈支路中包含电流线圈上的电压降，所以功率表的读数反映的是负载电阻R_L和电流线圈电阻R_i共同消耗的功率，会产生一定的误差。当负载电阻R_L远大于电流线圈电阻R_i时，测量误差会较小，所以电压线圈前接法适用于$R_L \gg R_i$的场合。

② 电压线圈后接法：因为电流线圈支路中包含电压线圈上的电流，所以功率表的读数反映的是负载电阻R_L和电压线圈支路电阻R_V共同消耗的功率，也会产生一定的误差。当负载电阻R_L远小于电压线圈支路电阻R_V时，测量误差会相应减小，所以电压线圈后接法适用于$R_L \ll R_V$的场合。

注意，数字式功率表由于其电流支路电阻很小，电压支路电阻很大，因此两种接法测量误差都很小。

3.2 数字式万用表

3.2.1 数字式万用表的结构和工作原理

数字式万用表主要由液晶显示器、模拟（A）/数字（D）转换器、电子计数器、转换开关等组成，其测量过程如图 3.2.1 所示。被测模拟量先由 A/D 转换器转换成数字量，然后通过电子计数器计数，最后把测量结果用数字直接显示在显示屏上。可见，数字式万用表的核心是 A/D 转换器。目前，教学、科研领域使用的数字式万用表大都以 ICL7106、7107 大规模集成电路为主芯片。该芯片内部包含双斜积分 A/D 转换器、显示锁存器、七段译码器、显示驱动器等。双斜积分 A/D 转换器是在一个测量周期内用同一个积分器进行两次积分，将被测电压 U_X 转换成与其成正比的时间间隔，在此间隔内填充标准频率的时钟脉冲，用仪器记录的脉冲个数来反映 U_X 的值。

模拟量 → A/D转换器 → 数字量 → 电子计数器 → 数字显示器

图 3.2.1　数字式万用表的测量过程

双斜积分 A/D 转换器由积分器、过零比较器、逻辑控制电路、闸门、计数器、电子开关等组成，如图 3.2.2（a）所示，工作波形如图 3.2.2（b）所示。其工作过程如下。

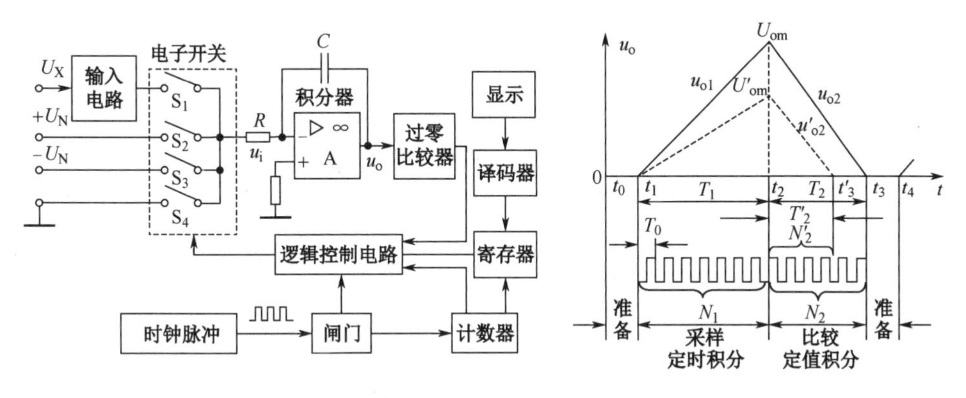

（a）双斜积分 A/D 转换器工作原理　　（b）工作波形

图 3.2.2　双斜积分 A/D 转换器的工作原理

（1）准备阶段（t_0～t_1）。逻辑控制电路仅接通电子开关 S_4，此时积分器输入电压 $u_i=0$，作为初始状态，电路进入测量前的准备阶段。

（2）采样阶段（t_1～t_2）。在 t_1 时刻，逻辑控制电路接通电子开关 S_1，同时断开 S_4，接入被测电压 U_X（设为负值），积分器对 U_X 进行正向积分，输出电压 u_{o1} 线性增加，同时逻辑控制电路令闸门打开，释放时钟脉冲进入计数器。若计数器的容量为 599，当释放的脉冲个数 $N_1=600$ 时，即在 t_2 时刻计数器产生一个进位脉冲，通过逻辑控制电路将开关 S_1 断开，获得时间间隔 T_1。设时钟脉冲的周期 T_0=100μs，则 $T_1=N_1T_0=600\times100\times10^{-6}=60$（ms）。显然，$T_1$ 是预先设定的，t_1～t_2 区间是定时积分。其值为

$$u_{o1}=-\frac{1}{RC}\int_{t_1}^{t_2}(-U_X)\mathrm{d}t=-\frac{T_1}{RC}\cdot\frac{1}{T_1}\int_{t_1}^{t_2}(-U_X)\,\mathrm{d}t$$

在 t_2 时刻，$u_{o1}=U_{om}=\frac{T_1}{RC}\cdot\overline{U_X}$（当 U_X 为直流时）。

可见，积分器输出电压最大值 U_{om} 与被测电压 U_X 平均值成正比；u_{o1} 的斜率由 $|U_X|$ 决定，$|U_X|$ 大，充电电流大，斜率陡，U_{om} 的值大。当 $|U_X'|$ 减小时，其顶点为 U_{om}'，如图 3.2.2（b）中虚线所示。由于是定时积分，因此 U_{om}' 与 U_{om} 在同一直线上。

（3）比较阶段（t_2～t_3）。在 t_2 时刻，断开 S_1，闭合 S_2，接入正基准电压 U_N（定值），则积分器从 t_2 开始对 U_N 进行反向积分；同时，在 t_2 时刻，计数器清零，闸门仍开启释放时钟脉冲进入计数器，计数器重新计数并送入寄存器。到 t_3 时刻，积分器输出电压 $u_{o2}=0$，获得时间间隔 T_2，在此期间有

$$u_{o2}=U_{om}+\left[-\frac{1}{RC}\int_{t_2}^{t_3}(+U_N)\mathrm{d}t\right]$$

在 t_3 时刻，
$$u_{o2}=U_{om}-\frac{T_2}{RC}U_N=0$$

将 $U_{om}=\frac{T_1}{RC}\cdot U_X$ 代入上式，得

$$\frac{T_1}{RC}\cdot U_X=\frac{T_2}{RC}\cdot U_N，则 U_X=\frac{U_N}{T_1}\cdot T_2$$

因为 U_N、T_1 均为固定值，所以被测电压 U_X 与时间间隔 T_2 成正比。若在 T_2 期间释放的时钟脉冲个数为 N_2，则 $T_2=N_2\cdot T_0$，代入上式得

$$U_X=\frac{U_N}{T_1}\cdot N_2\cdot T_0=\frac{U_N}{N_1T_0}\cdot N_2\cdot T_0=\frac{U_N}{N_1}\cdot N_2$$

若在数值上取 $U_N=N_1$（mV），则 $U_X=N_2$。

显然，只要参数选择合适，被测电压 U_X（mV 级）就等于在 T_2 时间内填充的脉冲个数。

在 t_3 时刻，u_{o3}=0，过零比较器发出信号，通过逻辑控制电路关闭闸门，停止计数，并令寄存器释放脉冲数至译码显示电路，显示出 U_X 的数值。同时，断开 S_2，合上 S_4，电容 C 放电，进入休止阶段（t_3～t_4），做下一个测量周期的准备，并自动转入第二个测量周期。

由上述可知，双斜积分数字式万用表的工作原理是：在一个测量周期内，首先对被测直流电压 U_X 在限定时间 T_1 内进行定时积分；然后切换积分器的输入电压 U_N（$-U_X$ 时选 $+U_N$；$+U_X$ 时选 $-U_N$），对 U_N 进行与上述方向相反的定值积分，直到积分器输出电压等于 0 为止。从而把被测电压 U_X 变换成反向积分的时间间隔 T_2，再利用脉冲计数法对此间隔进行数字编码，得出被测电压的数值。整个过程是两次积分，将被测电压模拟量 U_X 变换成与之成正比的计数脉冲个数 U_N，从而完成 A/D 转换。

3.2.2 VC98 系列数字式万用表的操作面板

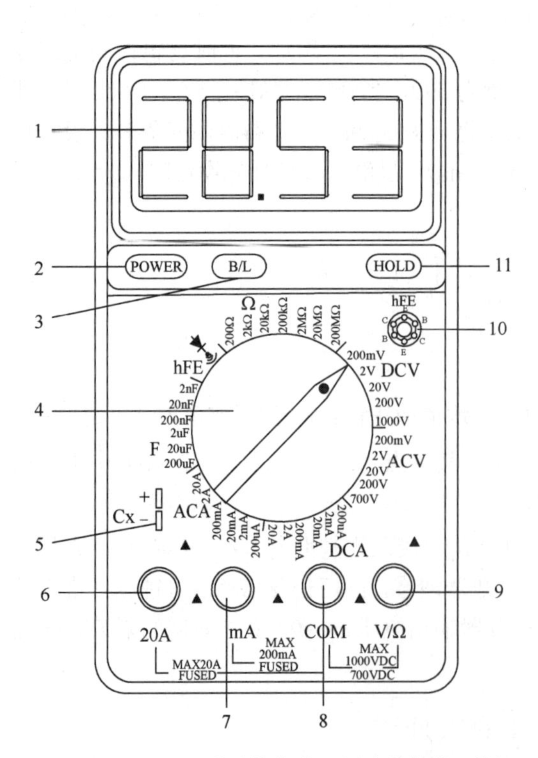

图 3.2.3　VC98 系列数字式万用表的操作面板

VC98 系列数字式万用表具有 $3\frac{1}{2}$（1999）位自动极性显示功能。该表以双斜积分 A/D 转换器为核心，采用 26mm 字高液晶（LCD）显示屏，可用来测量交直流电压、电流、电阻、电容、二极管、三极管、通断测试、温度及频率等参数。图 3.2.3 所示为其操作面板。

（1）LCD 液晶显示屏：显示仪表测量的数值及单位。

（2）POWER（电源）开关：用于开启、关闭万用表电源。

（3）B/L（背光）开关：开启及关闭背光灯。按下“B/L”开关，背光灯亮，再按一下，背光取消。

（4）旋钮开关：用于选择测量功能及量程。

（5）Cx（电容）测量插孔：用于放置被测电容。

（6）20A 电流测量插孔：当被测电流大于 200mA 而小于 20A 时，可将红表笔插入此孔。

（7）小于 200mA 电流测量插孔：当被测电流小于 200mA 时，可将红表笔插入此孔。

（8）COM（公共地）：测量时，插入黑表笔。

（9）V（电压）/Ω（电阻）测量插孔：测量电压/电阻时，插入红表笔。

（10）hFE 测试插孔：用于测量三极管的 h_{FE} 数值大小。

（11）HOLD（保持）开关：按下“HOLD”开关，当前所测量数据会被保持在液晶显示屏上并出现符号[H]，再按下“HOLD”开关，退出保持功能状态，符号[H]消失。

3.2.3　VC98 系列数字式万用表的使用方法

1. 直流电压的测量

（1）将黑表笔插入“COM”插孔，红表笔插入“V/Ω”插孔。

（2）将旋钮开关转至相应的 DCV（直流电压）量程上，然后将测试表笔跨接在被测电路上，被测电压值及红表笔所接点的电压极性将显示在显示屏上。

2. 交流电压的测量

（1）将黑表笔插入“COM”插孔，红表笔插入“V/Ω”插孔。

（2）将旋钮开关转至相应的 ACV（交流电压）量程上，然后将测试表笔跨接在被测电路上，被测电压值将显示在显示屏上。

3. 直流电流的测量

（1）将黑表笔插入“COM”插孔，红表笔插入“200mA”或“20A”插孔。

（2）将旋钮开关转至相应的 DCA（直流电流）量程上，然后将仪表串入被测电路中，被测电流值及红表笔点的电流极性将显示在显示屏上。

4. 交流电流的测量

（1）将黑表笔插入“COM”插孔，红表笔插入“200mA”或“20A”插孔。

（2）将旋钮开关转至相应的 ACA（交流电流）量程上，然后将仪表串接在被测电路中，被测电流值将显示在显示屏上。

5. 电阻的测量

（1）将黑表笔插入“COM”插孔，红表笔插入“V/Ω”插孔。

（2）将旋钮开关转至相应的电阻量程上，然后将测试表笔跨接在被测电阻上，被测电阻值将显示在显示屏上。

6. 电容的测量

将旋钮开关转至相应的电容量程上，被测电容插入 Cx（电容）插孔；其值将显示在屏幕上。

7. 三极管 h_{FE} 的测量

（1）将旋钮开关置于 hFE 挡。

（2）先判断所测量三极管为 NPN 型或 PNP 型，然后将发射极 e、基极 b、集电极 c 分别插入相应的插孔。被测三极管的 h_{FE} 值将显示在显示屏上。

8. 二极管及通断测试

（1）将黑表笔插入“COM”插孔，红表笔插入“V/Ω”插孔（注意，红表笔是其表内电池的正极）。

（2）将旋钮开关置于⊳|·))（二极管/蜂鸣）挡位，并将表笔连接到待测二极管，红表笔接二极管正极，读数为二极管正向压降的近视值（显示值为 0.55～0.70V 的是硅管；显示值为 0.15～0.30V

的是锗管）。

（3）测量二极管极性时显示为 1V 以下，红表笔所接为二极管正极，黑表笔所接为二极管负极。若最高位显示“1”（超量限），则黑表笔所接为二极管正极，红表笔所接为二极管负极。

（4）当测量二极管正反向压降时，若最高位均显示“1”（超量限），则二极管开路；若正反向压降均显示“0”，则二极管击穿或短路。

（5）将表笔连接到被测电路两点，如果内置蜂鸣器发声，则两点之间电阻值低于 70Ω，电路通；否则电路为断。

3.2.4 VC9801A+数字式万用表的使用注意事项

（1）测量电压时，输入直流电压切勿超过 1000V，交流电压有效值切勿超过 700V。

（2）测量电流时，切勿输入超过 20A 的电流。

（3）被测直流电压高于 36V 或交流电压有效值高于 25V 时，应仔细检查表笔是否可靠接触、连接是否正确、绝缘是否良好等，以防电击。

（4）当测量时，应选择正确的功能和量程，谨防误操作；当切换功能和量程时，表笔应离开测试点。

（5）若测量前不知道被测量的范围，应先将量程开关置到最高挡，再根据显示值调到合适的挡位。

（6）测量时，若最高位显示“1”或“-1”，则表示被测量值超过了量程范围，应将量程开关转至较高的挡位。

（7）当在线测量电阻时，应确认被测电路所有电源已关断且所有电容都已完全放完电时，方可进行测量。

（8）当用“200Ω”量程时，应先将表笔短路测引线电阻，然后在实测值中减去所测的引线电阻；当用“200MΩ”量程时，将表笔短路仪表将显示 1.0MΩ，属正常现象，不影响测量精度，实测时应减去该值。

（9）测量电容前，应对被测电容进行充分放电；当用大电容挡测漏电或击穿电容时，读数将不稳定；当测电解电容时，应注意正、负极，切勿插错。

（10）显示屏显示□符号时，应及时更换 9V 碱性电池，以减小测量误差。

3.3 交流毫伏表

交流毫伏表是电工、电子实验中用来测量交流电压有效值的常用电子测量仪器。其优点是：测量电压范围广、频率宽、输入阻抗高、灵敏度高等。交流毫伏表种类很多，本书以 AS2294D 型交流毫伏表为例，介绍其结构特点、测量方法及使用注意事项等。

3.3.1 AS2294D 型交流毫伏表的结构特点及面板介绍

AS2294D 型双通道交流毫伏表由两组性能相同的集成电路及晶体管放大电路和表头指示电路组成，如图 3.3.1 所示。其表头采用同轴双指针式电表，可进行双路交流电压的同时测量和比较，“同步/异步”操作，给立体声双通道测量带来方便。该表测量电压范围为 30μV～300V，共 13 挡；测量电压频率范围为 5Hz～2MHz；测量电平范围为-70～+50dBV 和-70～+50dBm。

AS2294D 型双通道交流毫伏表前后面板如图 3.3.2 所示。

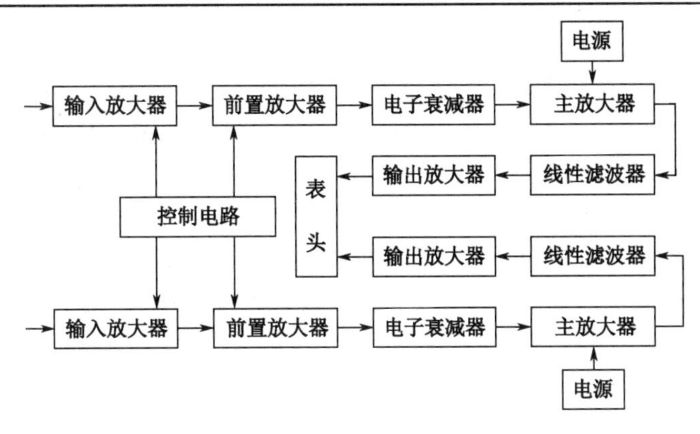

图 3.3.1　AS2294D 型双通道交流毫伏表的组成

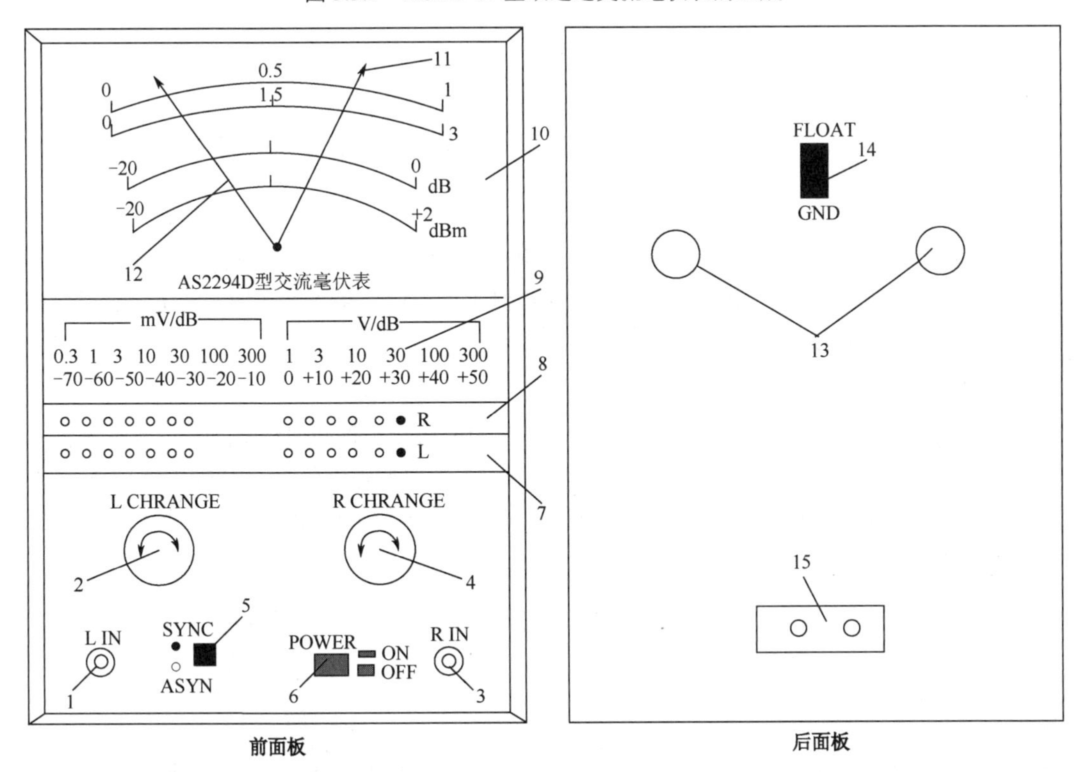

图 3.3.2　AS2294D 型双通道交流毫伏表前后面板

（1）左通道（L IN）输入插座：输入被测交流电压。

（2）左通道（L CHRANGE）量程调节旋钮（灰色）。

（3）右通道（R IN）输入插座：输入被测交流电压。

（4）右通道（R CHRANGE）量程调节旋钮（橘红色）。

（5）“同步/异步”按键：“SYNC”即橘红色灯亮，左右量程调节旋钮进入同步调整状态，旋转两个量程调节旋钮中的任意一个，另一个的量程也跟随同步改变；“ASYN”即绿灯亮，量程调节旋钮进入异步状态，转动量程调节旋钮，只改变相应通道的量程。

（6）电源开关：按下，仪器电源接通（ON）；弹起，仪器电源被切断（OFF）。

（7）左通道（L）量程指示灯（绿色）：绿色指示灯所亮位置对应的量程为该通道当前所选量程。

（8）右通道（R）量程指示灯（橘红色）：橘红色指示灯所亮位置对应的量程为该通道当前所

选量程。

（9）电压/电平量程挡：共 13 挡，分别是：0.3mV/−70dB、1mV/−60dB、3mV/−50dB、10mV/−40dB、30MV/−30dB、100MV/−20dB、300MV/−10dB、1V/0dB、3V/+10dB、10V/+20dB、30V/+30dB、100V/+40dB、300V/+50dB。

（10）表刻度盘：共 4 条刻度线，由上到下分别是 0～1、0～3、−20～0dB、−20～+2dBm。当测量电压时，若所选量程是 10 的倍数，读数看 0～1 即最上边一条刻线；若所选量程是 3 的倍数，读数看 0～3 即第二条刻线。当前所选量程均指指针从 0 达到满刻度时的电压值，具体每一大格及每一小格所代表的电压值应根据所选量程确定。

（11）红色指针：指示右通道（R IN）输入交流电压值。

（12）黑色指针：指示左通道（L IN）输入交流电压值。

（13）信号输出插座。

（14）浮置“FLOAT”/接地“GND”开关。

（15）220V 交流电源输入插座。

3.3.2 AS2294D 型交流毫伏表的测量方法和浮置功能的应用

1. 交流电压的测量

AS2294D 型交流毫伏表实际上是两个独立的电压表，因此它可作为两个单独的电压表使用，其测量方法如图 3.3.3 所示。具体步骤是：首先将被测电压正确地接入所选输入通道；然后根据所选通道的量程开关及表针指示位置读取被测电压值。

2. 异步状态测量

当被测的两个电压值相差较大，如测量放大电路的电压放大倍数或增益时，可将仪器置于异步状态进行测量，测量方法如图 3.3.4 所示。将被测放大电路的输入信号 u_i 和输出信号 u_o 分别接到两个通道的输入端，从两个不同的量程开关和表针指示的电压值或 dB 值，就可算出（或直接读出）放大电路的电压放大倍数（或增益）。

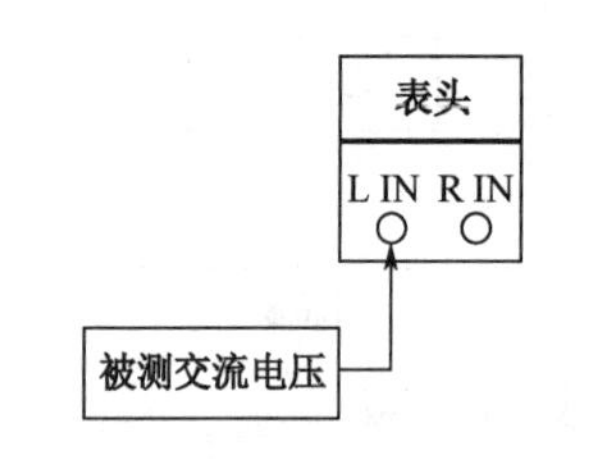

图 3.3.3 交流电压的测量方法

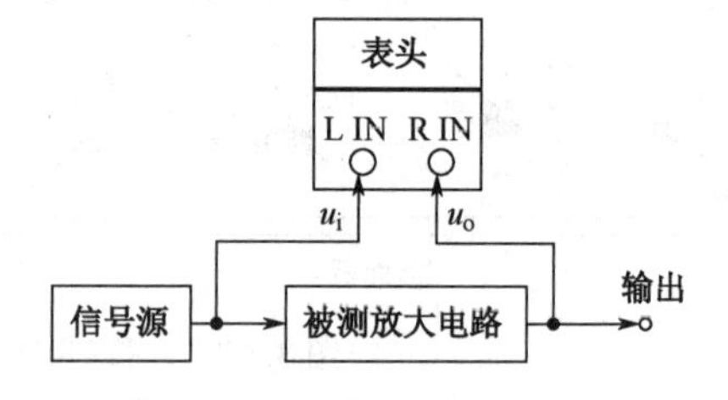

图 3.3.4 异步状态测量方法

如输入 L IN 的指示值 u_i=10mV(−40dB)，输出 R IN 的指示值 u_o=0.5V(−6dB)，则电压放大倍数 $\beta=u_o(0.5\times10^3\text{mV})/u_i(10\text{mV})=50$ 倍；直接读取的电压增益 dB 值为−6dB−(−40dB)=34dB。

3. 同步状态测量

同步状态测量适用于测量立体声录放磁头的灵敏度、录放前置均衡电路及功率放大电路等。由于两组电压表的性能、量程相同，因此可直接读出两个被测声道的不平衡度。测量方法如图 3.3.5 所示。L、R 分别为立体声的左右放大器，如性能相同（平衡），红黑表针应重合。若不重合，则可读出不平衡度的 dB 值。

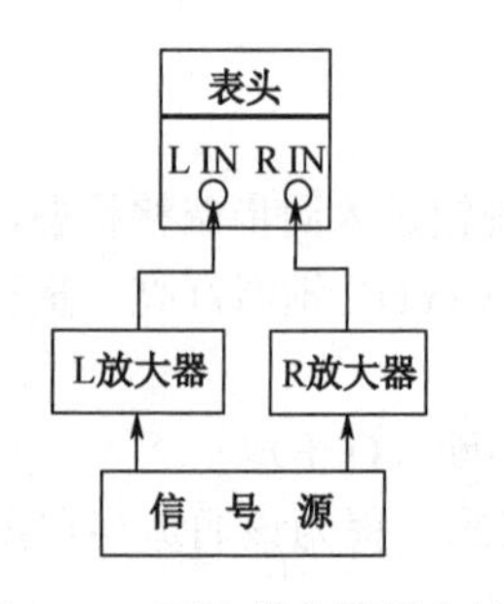

图 3.3.5 同步状态测量方法

4. 浮置功能的应用

（1）在测量差动放大电路时，电路的两个输出端都不能接地；否则会引起测量结果不准。此时，可将后面板浮置/接地开关上扳，采用浮置方式测量。

（2）某些需要防止地线干扰的放大器或带有直流电压输出的端子及元器件两端电压的在线测量等均可采用浮置方式测量，以免公共接地带来的干扰或短路。

（3）在音频信号传输中，有时需要平衡传输，此时测量其电平时，应采用浮置方式测量。

3.3.3　AS2294D 型交流毫伏表的使用注意事项

（1）测量时仪器应垂直放置，即仪器表面应垂直于桌面。

（2）所测交流电压中的直流分量不得大于 100V。

（3）当测量 30V 以上电压时，应注意安全。

（4）当接通电源及转换量程开关时，由于电容放电过程指针有晃动现象，待指针稳定后方可读数。

（5）仪器应避免剧烈振动，周围不应有高热及强磁场干扰。

（6）仪器面板上的开关不应剧烈、频繁扳动，以免造成人为损坏。

（7）仪器使用 50Hz、200V 的交流电，电压不应过高或过低。

3.4　函数信号发生器/计数器

函数信号发生器是用来产生不同形状、不同频率波形的仪器。实验中常用作信号源，信号的波形、频率和幅度等可通过开关和旋钮加以调节。函数信号发生器有模拟式和数字式两种。

3.4.1　SP1641B 型函数信号发生器/计数器

1. SP1641B 型函数信号发生器/计数器的组成和工作原理

SP1641B 型函数信号发生器/计数器属于模拟式，它不仅能输出正弦波、三角波、方波等基本波形，还能输出锯齿波、脉冲波等多种非对称波形，同时对各种波形均可实现扫描功能。此外，还具有点频正弦信号、TTL 电平信号及 CMOS 电平信号输出和外测频功能等。SP1641B 型函数信号发生器/计数器的组成及原理电路框图如图 3.4.1 所示。

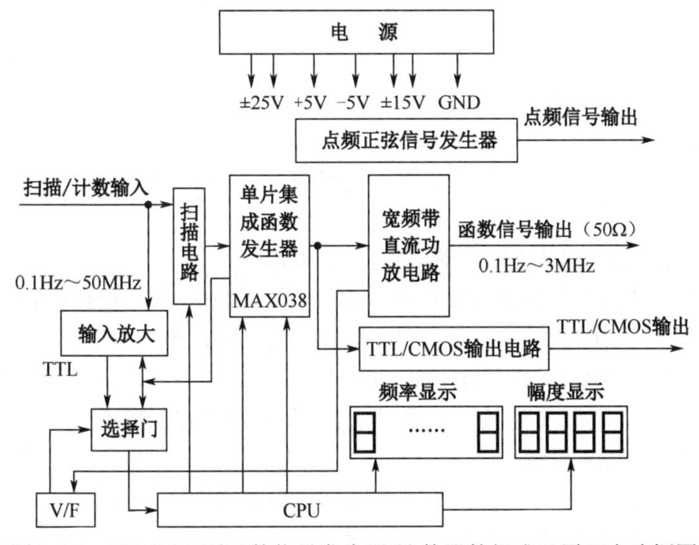

图 3.4.1　SP1641B 型函数信号发生器/计数器的组成及原理电路框图

整机电路由一片单片机CPU进行管理，其主要任务是：控制函数信号发生器产生的频率；控制输出信号的波形；测量输出信号或外部输入信号的频率并显示；测量输出信号的幅度并显示。单片专用集成电路MAX038的使用，确保了能够产生多种函数信号。扫描电路由多片运算放大器组成，以满足扫描宽度、扫描速率的需要。宽频带直流功放电路确保了函数信号发生器的带负载能力。

2. SP1641B型函数信号发生器/计数器的操作面板

SP1641B型函数信号发生器/计数器前面板如图3.4.2所示。

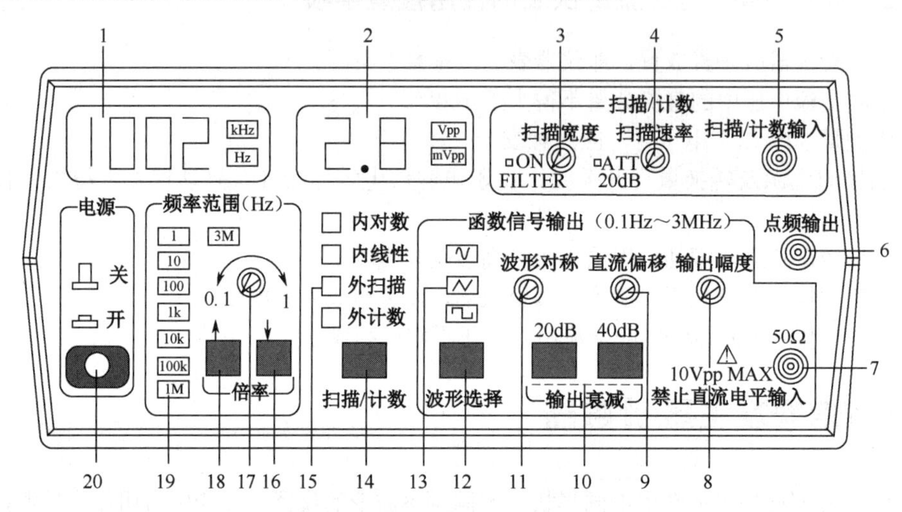

图3.4.2　SP1641B型函数信号发生器/计数器前面板

（1）频率显示窗口：显示输出信号或外测频信号的频率，单位由窗口右侧所亮的指示灯确定，“kHz”或“Hz”。

（2）幅度显示窗口：显示输出信号的幅度，单位由窗口右侧所亮的指示灯确定，“Vpp”或“mVpp”。

（3）扫描宽度调节旋钮：调节扫频输出的频率范围。在外测频时，逆时针旋到底（绿灯亮），为外输入测量信号经过低通开关进入测量系统。

（4）扫描速率调节旋钮：调节内扫描的时间长短。在外测频时，逆时针旋到底（绿灯亮），为外输入测量信号经过“20dB”衰减进入测量系统。

（5）扫描 / 计数输入插座：当“扫描 / 计数”键功能选择在外扫描或外计数功能时，外扫描控制信号或外测频信号将由此输入。

（6）点频输出端：输出100Hz、2 Vpp的标准正弦波信号。

（7）函数信号输出端：输出多种波形受控的函数信号，输出幅度为20Vpp（1MΩ负载）、10Vpp（50Ω负载）。

（8）函数信号输出幅度调节旋钮：调节范围为20dB。

（9）函数输出信号直流电平偏移调节旋钮：调节范围为-5～+5V（50Ω负载）、-10～+10V（1MΩ负载）。当电位器处在关闭位置（逆时针旋到底即绿灯亮）时，则为0电平。

（10）函数信号输出衰减按键：“20dB”“40dB”按键均未按下，信号不经衰减直接输出到插座“7”。“20dB”“40dB”按键分别按下，则可选择20dB或40dB衰减。当“20dB”和“40dB”按键同时按下时，则为60dB衰减。

（11）输出波形对称性调节旋钮：调节此旋钮可改变输出信号的对称性。当电位器处在关闭位置（逆时针旋到底即绿灯亮）时，则输出对称信号。

（12）函数信号输出波形选择按钮：可选择正弦波、三角波、方波 3 种波形。

（13）波形指示灯：可分别指示正弦波、三角波、方波。按下压波形选择按钮“12”，指示灯亮，说明该波形被选定。

（14）“扫描 / 计数”按钮：可选择多种扫描方式和外测频方式。

（15）扫描 / 计数方式指示灯：显示所选择的扫描方式和外测频方式。

（16）倍率选择按钮：每按一次此按钮可递减输出频率的一个频段。

（17）频率微调旋钮：调节此旋钮可微调输出信号频率，调节基数为 0.1～1。

（18）倍率选择按钮：每按一次此按钮可递增输出频率的一个频段。

（19）频段指示灯：共 8 个。

（20）整机电源开关：按下按键，机内电源接通，整机工作。按键释放为关掉整机电源。

此外，在后面板上还有：电源插座（交流市电 220V 输入插座，内置容量为 0.5A 保险丝）；TTL / CMOS 电平调节旋钮（调节旋钮，“关”为 TTL 电平，打开为 CMOS 电平，输出幅度可从 5V 调节到 15V）；TTL / CMOS 输出插座。

3. SP1641B 型函数信号发生器/计数器的使用方法

1）SP1641B 型函数信号发生器/计数器的自校检查方法

使用函数信号发生器之前，应对其进行自校检查以判断其工作是否正常。自校检查流程如图 3.4.3 所示。

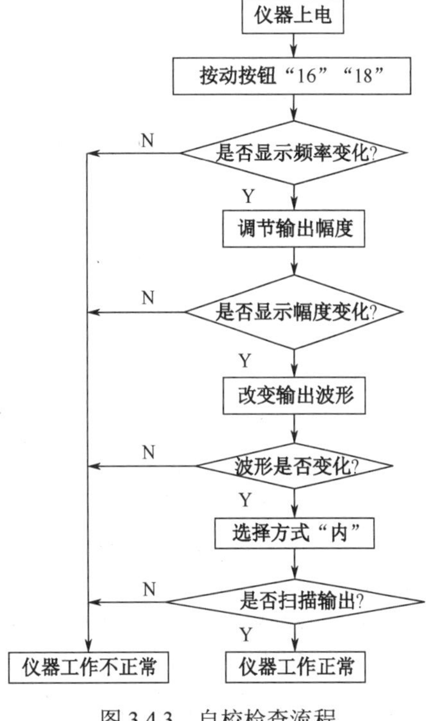

图 3.4.3　自校检查流程

2）50Ω 主函数信号的输出方法

（1）将信号输出线连接到函数信号输出插座“7”。

（2）按倍率选择按钮“16”或“18”选定输出函数信号的频段，转动频率微调旋钮“17”调整输出信号的频率，直到所需的频率值。

（3）按波形选择按钮“12”选取输出函数信号的波形，可分别获得正弦波、三角波、方波。

（4）由输出幅度衰减按钮“10”和输出幅度调节旋钮“8”选定和调节输出信号的幅度到所需值。

（5）当需要输出信号携带直流电平时，可转动直流偏移旋钮“9”进行调节。此旋钮若处于关闭状态，则输出信号的直流电平为 0，即输出纯交流信号。

（6）输出波形对称调节器“11”关闭时，输出信号为正弦波、三角波或占空比为 50%的方波。转动此旋钮，可改变输出方波信号的占空比或将三角波调变为锯齿波，正弦波调变为正、负半周分别为不同角频率的正弦波形，且可移相 180°。

3）点频正弦信号的输出方法

（1）将终端不加 50Ω 匹配器的信号输出线连接到点频输出插座“6”。

（2）输出标准的正弦波信号，频率为 100Hz，幅度为 2Vpp（中心电平为 0）。

4）内扫描信号的输出方法

（1）“扫描/计数”按钮“14”选定为“内扫描”方式。

（2）分别调节扫描宽度调节旋钮“3”和扫描速率调节旋钮“4”以获得所需的扫描信号输出。

（3）50Ω 主函数信号输出插座“7”和 TTL / CMOS 输出插座（位于后面板）均可输出相应的内扫描的扫频信号。

5）外扫描信号的输入方法

（1）“扫描 / 计数”按钮“14”选定为“外扫描”方式。

（2）由“扫描 / 计数”输入插座“5”输入相应的控制信号，即可得到相应的受控扫描信号。

6）TTL / CMOS 电平的输出方法

（1）转动后面板上的 TTL / CMOS 电平调节旋钮使其处于所需位置，以获得所需的电平。

（2）将终端不加 50Ω 匹配器的信号输出线连接到后面板 TTL / CMOS 输出插座即可输出所需的电平。

7）外测频功能的检查方法

（1）“扫描 / 计数”按钮“14”选定为“外计数”方式。

（2）用该机提供的测试电缆将函数信号引入“扫描 / 计数”输入插座“5”，观察显示频率应与“内”测量时相同。

3.4.2 DDS 函数信号发生器

DDS 函数信号发生器采用现代数字合成技术，它完全没有振荡器元件，而是利用直接数字合成技术，由函数计算值产生一连串数据流，再经数/模转换器输出一个预先设定的模拟信号。其优点是：输出波形精度高、失真小；信号相位和幅度连续无畸变；在输出频率范围内不需设置频段，频率扫描可无间隙地连续覆盖全部频率范围等。现以 TFG2003 型 DDS 函数信号发生器为例，介绍数字函数信号发生器的使用方法。

1. 技术指标

TFG2003 型 DDS 函数信号发生器具有双路输出、调幅输出、门控输出、猝发计数输出，以及频率扫描和幅度扫描等功能。其主要技术指标如下。

1）A 路输出技术指标

（1）波形种类：正弦波、方波。

（2）频率范围：30mHz～3MHz；分辨率为 30mHz。

（3）幅度范围：100mVpp～20Vpp（高阻）；分辨率为 80mVpp；输出阻抗为 50Ω。手动衰减：衰减范围为 0～70dB（10dB、20dB、40dB 三挡）；步进为 10 dB。

（4）调制特性。

① 调制信号。内部 B 路 4 种波形（正弦波、方波、三角波、锯齿波），频率为 100Hz～3kHz。

② 幅度、频率调制。ASK：载波幅度和跳变幅度任意设定；FSK：载波频率和跳变频率任意设定；交替速率为 0.1～6553.4ms。脉冲串调制（猝发）：猝发计数为 1～65534 个周期；猝发信号间隔时间为 0.1～6553.4ms；猝发方式为连续猝发、单次猝发、门控输出。

（5）扫描特性。频率或幅度线性扫描，扫描过程可随时停止并保持，可手动逐点扫描。扫描范围为扫描起始点和终止点任意设定。扫描速率为 10～6553.4ms/步进。扫描方式为正向扫描、反向扫描、单次扫描、往返扫描。

2）B 路输出技术指标

（1）波形种类：正弦波、方波、三角波、锯齿波。

（2）频率范围：100Hz～3kHz。

（3）幅度范围：300mVpp～8Vpp（高阻）。

3）TTL 输出技术指标

（1）波形特性：方波，上升下降时间＜20ns。

（2）频率特性：与 A 路输出特性相同。

（3）幅度特性：TTL 兼容，低电平＜0.3V；高电平＞4V。

2. 面板键盘功能

TFG2003 型 DDS 函数信号发生器前面板共 20 个按键、3 个幅度衰减开关、1 个调节旋钮和电源开关，如图 3.4.4 所示。按键都是按下释放后才有效，各按键功能如下。

（1）【频率】键：频率选择键。

（2）【幅度】键：幅度选择键。

（3）【0】、【1】、【2】、【3】、【4】、【5】、【6】、【7】、【8】、【9】键：数字输入键。

（4）【MHz】/【存储】、【kHz】/【重现】、【Hz】/【项目】/【V/s】、【mHz】/【选通】/【mV/ms】键：双功能键，在数字输入之后执行单位键的功能，同时作为数字输入的结束键（确认键），其他时候执行【项目】、【选通】、【存储】【重现】等功能。

（5）【·/-】/【快键】键：双功能键，输入数字时为小数点输入键，其他时候执行【快键】功能。

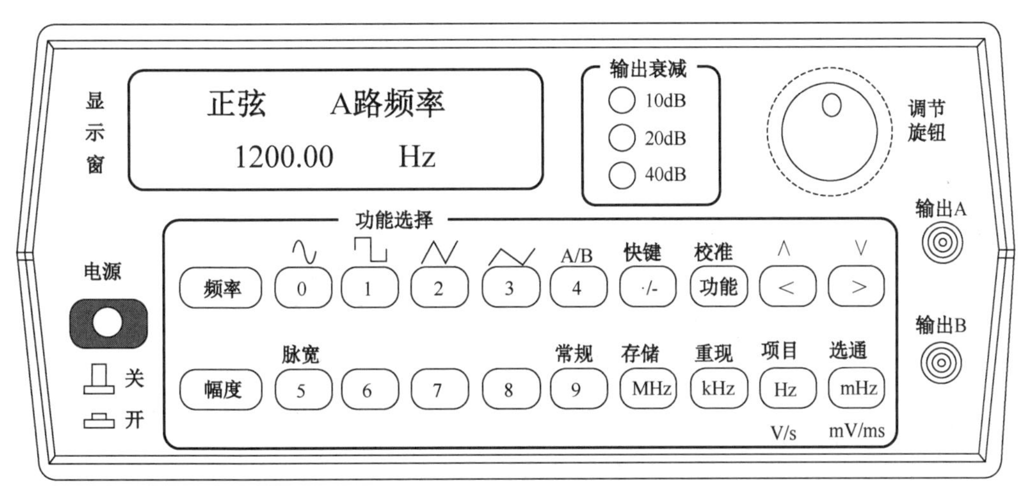

图 3.4.4　DDS 函数信号发生器前面板

（6）【<】/【∧】、【>】/【∨】键：双功能键，一般情况下作为光标左右移动键，只有在“扫描”功能时作为加、减步进键和手动扫描键。

（7）【功能】键：主菜单控制键，循环选择 5 种功能，如表 3-4-1 所示。

（8）【项目】键：子菜单控制键，在每种功能下选择不同的项目，如表 3-4-1 所示。

表 3-4-1　【功能】、【项目】菜单显示表

【功能】（主菜单）键	常规	扫描	调幅	猝发	键控
【项目】（子菜单）键	A 路频率	A 路频率	A 路频率	A 路频率	A 路频率
	B 路频率	始点频率	B 路频率	计数	始点频率
		终点频率		间隔	终点频率
		步长频率		单次	间隔
		间隔			
		方式			

（9）【选通】键：双功能键，在“常规”功能时可以切换频率和周期，幅度峰峰值和有效值，在“扫描”“猝发”“键控”功能时作为启动键。

（10）【快键】：按【快键】后(显示 Q 标志)，再按【0】/【1】/【2】/【3】键，可以直接选择对应的 4 种不同波形输出；按【快键】后再按【4】键，可以直接进行 A 路和 B 路的转换。按【快

键】后按【5】键，可以调整方波的占空比。

（11）调节旋钮：调节输入的数据。

3. 使用方法

按下电源按钮，电源接通。显示屏上先显示“欢迎使用”及一串数字；然后进入默认的“常规”功能输出状态，显示出当前A路状态波形为“正弦”，当前A路频率值为1000.00Hz。

1）数据输入方式

该仪器的数据输入方式有以下3种。

（1）数字键输入。用0～9十个数字键及小数点键向显示区写入数据。数据写入后应按相应的单位键【MHz】、【kHz】、【Hz】、【mHz】予以确认，此时数据开始生效，信号发生器按照新写入的参数输出信号。例如，设置A路正弦波频率为2.7kHz，其按键顺序为【2】→【·/-】→【7】→【kHz】。

数字键输入法可使输入数据一次到位，因而适用于输入已知的数据。

（2）步进键输入。在实际使用中，有时需要得到一组几个或几十个等间隔的频率值或幅度值，如果用数字键输入法，就必须反复使用数字键和单位键。为了简化操作，可以使用步进键输入方法，将【功能】键选择为“扫描”，把频率间隔设定为步长频率值，此后每按一次【∧】键，频率增加一个步长值，每按一次【∨】键，频率减小一个步长值，且数据改变后即可生效，不需再按单位键。

如设置间隔为12.84kHz的一系列频率值，其按键顺序为：先按【功能】键选“扫描”，再按【项目】键选择“步长频率”，依次按【1】、【2】、【·/-】、【8】、【4】、【kHz】，此后连续按【∧】或【∨】键，就可得到一系列间隔为12.84kHz的递增或递减频率值。

注意，步进键输入只能在项目选择为“频率”或“幅度”时使用。

步进键输入法适用于一系列等间隔数据的输入。

（3）调节旋钮输入。按位移键【<】或【>】，使三角形光标左移或右移并指向显示屏上的某一数字，向右或左转动调节旋钮，光标指示位数字连续加1或减1，并能向高位进位或借位。当调节旋钮输入时，数字改变后即刻生效。当不需要使用调节旋钮输入时，按位移键【<】或【>】使光标消失，转动旋钮就不再生效。

调节旋钮输入法适用于对已输入数据进行局部修改或需要输入连续变化的数据进行搜索观测。

2）“常规”功能的使用

仪器开机后为“常规”功能，显示A路波形（正弦或方波），否则可按【功能】键选择“常规”，仪器便进入“常规”状态。

（1）频率/周期的设定。按【频率】键可以进行频率设定。在“A路频率”时用数字键或调节旋钮输入频率值，此时在“输出A”端口即有该频率的信号输出。例如，设定频率值为3.5kHz，按键顺序为：【频率】→【3】→【·/-】→【5】→【kHz】。

频率也可用周期值进行显示和输入。若当前显示为频率，按【选通】键，即可显示出当前周期值，用数字键或调节旋钮输入周期值。例如，设定周期值25ms，按键顺序为：【频率】→【选通】→【2】→【5】→【ms】。

（2）幅度的设定。按【幅度】键可以进行幅度设定。在“A路幅度”时用数字键或调节旋钮输入幅度值，此时在“输出A”端口即有该幅度的信号输出。例如，设定幅度为3.2V，按键顺序为：【幅度】→【3】→【·/-】→【2】→【V】。

幅度的输入和显示可以使用有效值（VRMS）或峰峰值（V_{PP}），当项目选择为幅度时，按【选通】键可对两种格式进行循环转换。

（3）输出波形选择。如果当前选择为 A 路，按【快键】【0】键，输出为正弦波；按【快键】【1】键，输出为方波。

方波占空比设定：若当前显示为 A 路，按【快键】【1】键，选择当前输出为方波，再按【快键】【5】键，显示出方波占空比的百分数值，用数字键或调节旋钮输入占空比值，“输出 A”端口即有该占空比的方波信号输出。

3）“扫描”功能的使用

（1）“频率”扫描。按【功能】键选择“扫描”，如果当前显示为频率，那么进入“频率”扫描状态。

① 设定扫描始点/终点频率：按【项目】键，选择“始点频率”，用数字键或调节旋钮设定始点频率值；按【项目】键，选择“终点频率”， 用数字键或调节旋钮设定终点频率值。

注意，终点频率值必须大于始点频率值。

② 设定扫描步长：按【项目】键，选择“步长频率”，用数字键或调节旋钮设定步长频率值。扫描步长小，扫描点多，测量精细；反之，则测量粗糙。

③ 设定扫描间隔时间：按【项目】键，选择“间隔”，用数字键或调节旋钮设定间隔时间值。

④ 设定扫描方式：按【项目】键，选择“方式”，有以下 4 种扫描方式可以选择。

按【0】键，选择“正扫描方式”（扫描从始点频率开始，每步增加一个步长值，到达终点频率后，再返回始点频率重复扫描过程）。

按【1】键，选择“逆扫描方式”（扫描从终点频率开始，每步减小一个步长值，到达始点频率后，再返回终点频率重复扫描过程）。

按【2】键，选择“单次正扫描方式”（扫描从始点频率开始，每步增加一个步长值，到达终点频率后，扫描停止。每按一次【选通】键，扫描过程进行一次）。

按【3】键，选择“往返扫描方式”（扫描从始点频率开始，每步增加一个步长值，到达终点频率后，改为每步减小一个步长值扫描至始点频率，如此往返重复扫描过程）。

⑤ 扫描启动和停止：扫描参数设定后，按【选通】键，显示出“F SWEEP”表示扫描已启动，按任意键可使扫描停止。扫描停止后，输出信号便保持在停止时的状态不再改变。无论扫描过程是否正在进行，按【选通】键都可使扫描过程重新启动。

⑥ 手动扫描：扫描过程停止后，可用步进键进行手动扫描，每按一次【∧】键，频率增加一个步长值；每按一次【∨】键，频率减小一个步长值，这样可逐点观察扫描过程的细节变化。

（2）“幅度”扫描。在“扫描”功能下按【幅度】键，显示出当前幅度值。设定扫描参数（如始点幅度、终点幅度、步长幅度、间隔时间、扫描方式等），其方法与频率扫描类同。按【选通】键，显示出“A SWEEP”表示幅度扫描过程已启动。按任意键可使扫描过程停止。

4）“调幅”功能的使用

按【功能】键，选择“幅度”，“输出 A”端口即有幅度调制信号输出。A 路为载波信号，B 路为调制信号。

（1）设定调制信号的频率。按【项目】键，选择“B 路频率”，显示出 B 路调制信号的频率，用数字键或调节旋钮可设定调制信号的频率。调制信号的频率应与载波信号频率相适应，一般地，调制信号的频率应是载波信号频率的十分之一。

（2）设定调制信号的幅度。按【项目】键，选择“B 路幅度”，显示出 B 路调制信号的幅度，用数字键或调节旋钮可设定调制信号的幅度。调制信号的幅度越大，幅度调制深度就越大。（注意，调制深度还与载波信号的幅度有关，载波信号的幅度越大，调制深度就越小，因此可通过改变载波信号的幅度来调整调制深度）。

（3）外部调制信号的输入。从仪器后面板“调制输入”端口可引入外部调制信号。外部调制信号的幅度应根据调制深度的要求来调整。当使用外部调制信号时，应将“B 路频率”设定为 0，以关闭内部调制信号。

5）“猝发”功能的使用

按【功能】键，选择“猝发”，仪器即进入猝发输出状态，可输出一定周期数的脉冲串或对输出信号进行门控。

（1）设定波形周期数：按【项目】键，选择“计数”，显示出当前输出波形的周期数，用数字键或调节旋钮可设定每组输出的波形周期数。

（2）设定间隔时间：按【项目】键，选择“间隔”，显示猝发信号的间隔时间值，用数字键或调节旋钮可设定各组输出之间的间隔时间。

（3）猝发信号启动和停止。设定好猝发信号的频率、幅度、计数和间隔时间后，按【选通】键，显示出“BURST”，猝发信号开始输出，达到设定的周期数后输出暂停，经设定的时间间隔后又开始输出。如此循环，输出一系列脉冲串波形。按任意键可停止猝发输出。

（4）门控输出。若“计数”值设定为 0，则为无限多个周期输出。猝发输出启动后，信号便连续输出，直到按任意键输出停止。这样可通过按键对输出信号进行闸门控制。

（5）单次猝发输出。按【项目】键，选择“单次”，可以输出单次猝发信号，每按一次【选通】键，输出一次设定数目的脉冲串波形。

6）键控功能的使用

在数字通信或遥控遥测系统中，对数字信号的传输通常采用频移键控（FSK）或幅移键控（ASK）的方式，对载波信号的频率或幅度进行编码调制，在接收端经过解调器再还原成原来的数字信号。

（1）频移键控（FSK）输出。按【功能】键，选择“键控”，若当前显示为频率值，仪器则进入 FSK 输出方式；否则可按【频率】键。先设定 FSK 输出参数，按【项目】键，选择“始点频率”，设定载波频率值；按【项目】键，选择“终点频率”，设定跳变频率值；按【项目】键，选择“间隔”，设定两个频率的交替时间间隔。然后按【频率】【选通】键，显示出“FSK”，即可输出频移键控信号。按任意键可使输出停止。

（2）幅移键控（ASK）输出。在【功能】选择“键控”方式下，按【幅度】键，显示出当前幅度值，仪器则进入 ASK 输出方式。各项参数设定方法与 FSK 类似，不再复述。

7）B 路输出的使用

B 路输出 4 种波形（正弦波、方波、三角波、锯齿波），频率和幅度连续可调，但精度不高，也不能显示准确的数值，主要用作幅度调制信号及定性的观测实验。

（1）频率设定。按【项目】键，选择“B 路频率”，显示出一个频率调整数字（不是实际频率值），用数字键或调节旋钮改变此数字即可改变“输出 B”信号的频率。

（2）幅度设定。按【项目】键，选择“B 路幅度”，显示出一个幅度调整数字（不是实际幅度值），用数字键或调节旋钮改变此数字即可改变“输出 B”信号的幅度。

（3）波形选择。若当前输出为 B 路，按【快键】【0】键，B 路输出正弦波；按【快键】【1】键，B 路输出方波；按【快键】【2】键，B 路输出三角波；；按【快键】【3】键，B 路输出锯齿波。

8）出错显示功能

由于各种原因使得仪器不能正常运行时，将会有出错显示 EOP*或 EOU*。EOP*为操作方法错误显示。例如，显示 EOP1，提示您只有在频率和幅度时才能使用【∧】【∨】键；显示 EOP3，提示您在正弦波时不能输入脉宽；显示 EOP5，提示您“扫描”“键控”方式只能在频率和幅度时才能触发启动等。EOU*为超限出错显示，即输入的数据超过了仪器所允许的范围。例如，显示 EOU1，提示您扫描始点值不能大于终点值；显示 EOU2，提示您频率或周期为 0 不能互换；显示 EOU3，输入数据中含有非数字字符或输入数据超过允许值范围。

3.5　模拟示波器

示波器是一种综合性电信号显示和测量仪器，它不但可以直接显示出电信号随时间变化的波形及其变化过程，测量出信号的幅度、频率、脉宽、相位差等，还能观察信号的非线形失真，测量调制信号的参数等。配合各种传感器的使用，示波器还可以进行各种非电量参数的测量。

3.5.1　模拟示波器的组成和工作原理

模拟示波器的基本结构框图如图 3.5.1 所示。它由垂直系统（*Y* 轴信号通道）、水平系统（*X* 轴信号通道）、示波管电路、电源等组成。

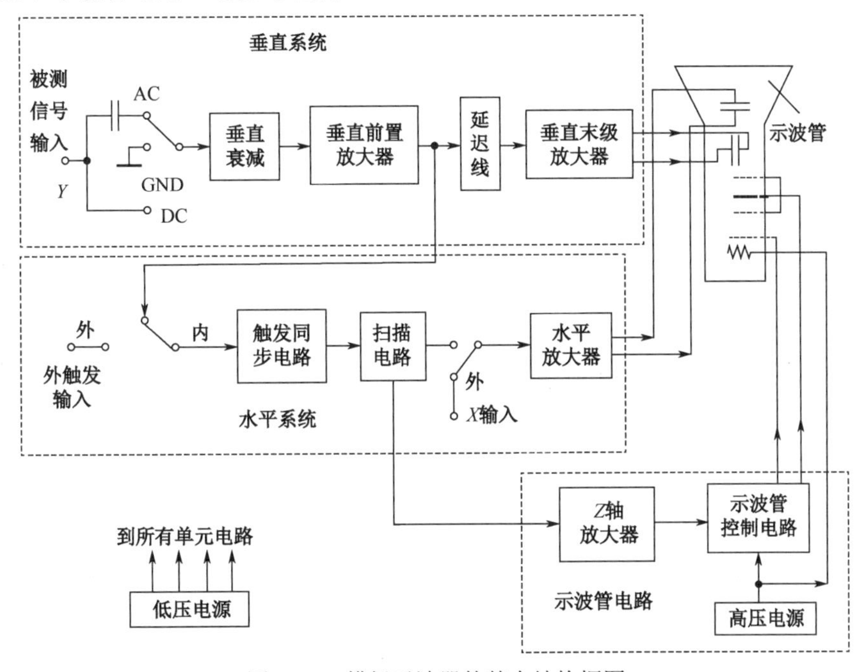

图 3.5.1　模拟示波器的基本结构框图

1. 示波管的结构和工作原理

1）示波管的结构

示波管是用以将被测电信号转变为光信号而显示出来的一个光电转换器件，它主要由电子枪、偏转系统和荧光屏三部分组成，如图 3.5.2 所示。

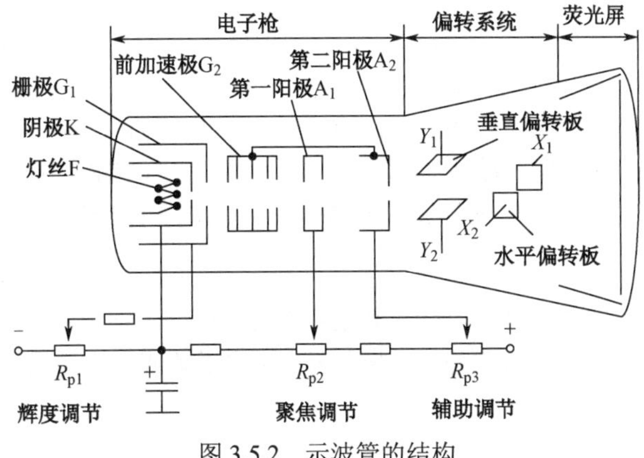

图 3.5.2　示波管的结构

（1）电子枪。电子枪由灯丝 F、阴极 K、栅极 G_1、前加速极 G_2、第一阳极 A_1 和第二阳极 A_2 组成。阴极 K 是一个表面涂有氧化物的金属圆筒，灯丝 F 就装在圆筒内部，灯丝通电后加热阴极，使其发热并发射电子，经栅极顶端的小孔、前加速极 G_2 圆筒内的金属限制膜片、第一阳极 A_1、第二阳极 A_2 汇聚成可控的电子束冲击荧光屏使之发光。栅极套在阴极外面，其电位比阴极低，对阴极发射出的电子起控制作用。调节栅极电位可以控制射向荧光屏的电子流密度。栅极电位较高时，绝大多数初速度较大的电子通过栅极顶端的小孔奔向荧光屏，只有少量初速度较小的电子返回阴极，电子流密度大，荧光屏上显示的波形较亮；反之，电子流密度小，荧光屏上显示的波形较暗。当栅极电位足够低时，电子会全部返回阴极，荧光屏上不显示光点。调节电阻 R_{p1} 即“辉度”调节旋钮，就可改变栅极电位，也即改变显示波形的亮度。

第一阳极 A_1 的电位远高于阴极，第二阳极 A_2 的电位高于 A_1，前加速极 G_2 位于栅极 G_1 与第一阳极 A_1 之间，且与第二阳极 A_2 相连。G_1、G_2、A_1、A_2 构成电子束控制系统。调节 R_{p2}（“聚焦”调节旋钮），即第一阳极 A_1 的电位及 R_{p3}（“辅助聚焦”调节旋钮），即第二阳极 A_2 的电位，可使发射出来的电子形成一条高速且聚集成细束的射线，冲击到荧光屏上会聚成细小的亮点，以保证显示波形的清晰度。

（2）偏转系统。偏转系统由水平（X 轴）偏转板和垂直（Y 轴）偏转板组成，两对偏转板相互垂直。每对偏转板相互平行，其上加有偏转电压，形成各自的电场。电子束从电子枪射出之后，依次从两对偏转板之间穿过，受电场力作用，电子束产生偏移。其中，垂直偏转板控制电子束沿垂直（Y 轴）方向上下运动，水平偏转板控制电子束沿水平（X 轴）方向运动，形成信号轨迹并通过荧光屏显示出来。例如，只在垂直偏转板上加一直流电压，如果上板接正，下板接负，电子束在荧光屏上的光点就会向上偏移；反之，光点就会向下偏移。可见，光点偏移的方向取决于偏转板上所加电压的极性，而偏移的距离则与偏转板上所加的电压成正比。示波器上的“X 位移”和“Y 位移”旋钮就是用来调节偏转板上所加的电压值，以改变荧光屏上光点（波形）的位置。

（3）荧光屏。荧光屏内壁涂有荧光物质，形成荧光膜。荧光膜在受到电子冲击后能将电子的动能转化为光能形成光点。当电子束随信号电压偏转时，光点的移动轨迹就形成了信号波形。

由于电子打在荧光屏上，仅有少部分能量转化为光能，大部分则变成热能。因此，在使用示波器时，不能将光点长时间停留在某处，以免烧坏该处的荧光物质，在荧光屏上留下不能发光的暗点。

2）波形显示原理

电子束的偏转量与加在偏转板上的电压成正比，将被测正弦电压加到垂直（Y 轴）偏转板上，通过测量偏转量的大小就可以测出被测电压值。但由于水平（X 轴）偏转板上没有加偏转电压，电子束只会沿 Y 轴方向上下垂直移动，光点重合成一条竖线，无法观察到波形的变化过程。为了观察被测电压的变化过程，就要同时在水平（X 轴）偏转板上加一个与时间成线性关系的周期性的锯齿波。电子束在锯齿波电压作用下沿 X 轴方向匀速移动即“扫描”。在垂直（Y 轴）和水平（X 轴）两个偏转板的共同作用下，电子束在荧光屏上显示出波形的变化过程，如图 3.5.3 所示。

水平偏转板上所加的锯齿波电压称为扫描电压。当被测信号的周期与扫描电压的周期相等时，荧光屏上只显示出一个正弦波。当扫描电压的周期是被测电压周期的整数倍时，荧光屏上将显示多个正弦波。示波器上的“扫描时间”旋钮就是用来调节扫描电压周期的。

2. 水平系统

水平系统的结构框图如图 3.5.4 所示。其主要作用是：产生锯齿波扫描电压并保持与 Y 通道输入被测信号同步，放大扫描电压或外接触发信号，产生增辉或消隐作用以控制示波器 Z 轴电路。

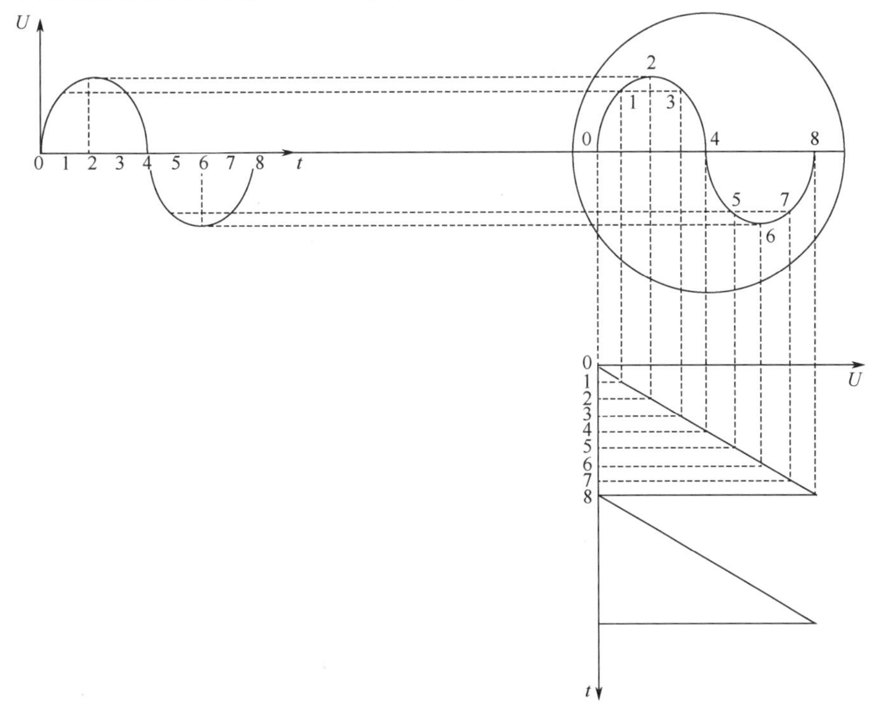

图 3.5.3　模拟示波器波形的显示原理

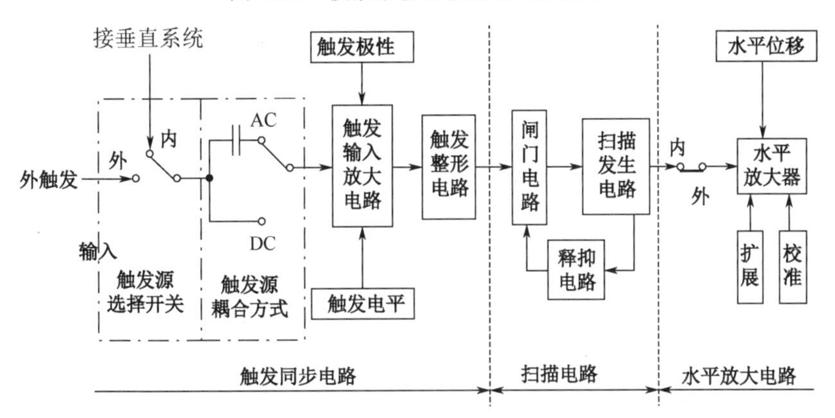

图 3.5.4　水平系统的结构框图

1）触发同步电路

触发同步电路的主要作用是：将触发信号（内部 Y 通道信号或外触发输入信号）经触发放大电路放大后，送到触发整形电路以产生前沿陡峭的触发脉冲，驱动扫描电路中的闸门电路。

（1）“触发源”选择开关：用来选择触发信号的来源，使触发信号与被测信号相关。“内触发”：触发信号来自垂直系统的被测信号；“外触发”：触发信号来自示波器“外触发输入（EXT TRIG）”端的输入信号。一般选择“内触发”方式。

（2）“触发源耦合”方式开关：用于选择触发信号通过哪种耦合方式送到触发输入放大器。“AC”为交流耦合，用于观察低频到较高频率的信号；“DC”为直流耦合，用于观察直流或缓慢变化的信号。

（3）触发极性选择开关：用于选择触发时刻是在触发信号的上升沿还是在下降沿。用上升沿触发的称为正极性触发；用下降沿触发的称为负极性触发。

（4）触发电平旋钮：触发电平是指触发点位于触发信号源的什么电平上。触发电平旋钮用于调节触发电平的高低。

示波器上的触发极性选择开关和触发电平旋钮，用来控制波形的起始点并使显示的波形稳定。

2）扫描电路

扫描电路主要由扫描发生器、闸门电路和释抑电路等组成。扫描发生器用来产生线性锯齿波。闸门电路的主要作用是在触发脉冲作用下，产生急升或急降的闸门信号，以控制锯齿波的始点和终点。释抑电路的作用是控制锯齿波的幅度，达到等幅扫描，保证扫描的稳定性。

3）水平放大器

水平放大器的作用是进行锯齿波信号的放大或在 *X-Y* 方式下对 *X* 轴输入信号进行放大，使电子束产生水平偏转。

（1）工作方式选择开关：选择“内”，*X* 轴信号为内部扫描锯齿波电压时，荧光屏上显示的波形是时间 *T* 的函数，称为“*X-T*”工作方式；选择“外”，*X* 轴信号为外输入信号，荧光屏上显示水平、垂直方向的合成图形，称为“*X-Y*”工作方式。

（2）“水平位移”旋钮：“水平位移”旋钮用来调节水平放大器输出的直流电平，以使荧光屏上显示的波形水平移动。

（3）“扫描扩展”开关：“扫描扩展”开关可改变水平放大电路的增益，使荧光屏水平方向单位长度（格）所代表的时间缩小为原值的 1/*k*。

3. 垂直系统

垂直系统主要由输入耦合选择器、衰减器、延迟电路和垂直放大器等组成，如图 3.5.1 所示。其作用是将被测信号送到垂直偏转板，以再现被测信号的真实波形。

（1）输入耦合选择器。选择被测信号进入示波器垂直通道的偶合方式。“AC”（交流耦合）：只允许输入信号的交流成分通过，用于观察交流和不含直流成分的信号；“DC”（直流耦合）：输入信号的交、直流成分都允许通过，适用于观察包含直流成分的信号或频率较低的交流信号及脉冲信号；“GND”（接地）：输入信号通道被断开，示波器荧光屏上显示的扫描基线为零电平线。

（2）衰减器。衰减器用来衰减大输入信号的幅度，以保证垂直放大器输出不失真。示波器上的“垂直灵敏度”开关即为该衰减器的调节旋钮。

（3）垂直放大器。垂直放大器为波形幅度的微调部分，其作用是与衰减器配合，将显示的波形调到适宜人观察的幅度。

（4）延迟电路。延迟电路的作用是使作用于垂直偏转板上的被测信号延迟到扫描电压出现后到达，以保证输入信号无失真地显示出来。

3.5.2 模拟示波器的正确调整

模拟示波器的调整与使用方法基本相同，现以 MOS-620CH/640CH 双踪示波器为例，具体介绍如下。

1. MOS-620CH/640CH 双踪示波器前面板

MOS-620CH/640CH 双踪示波器的调节旋钮、开关、按键及连接器等都位于前面板上，如图 3.5.5 所示，其作用如下。

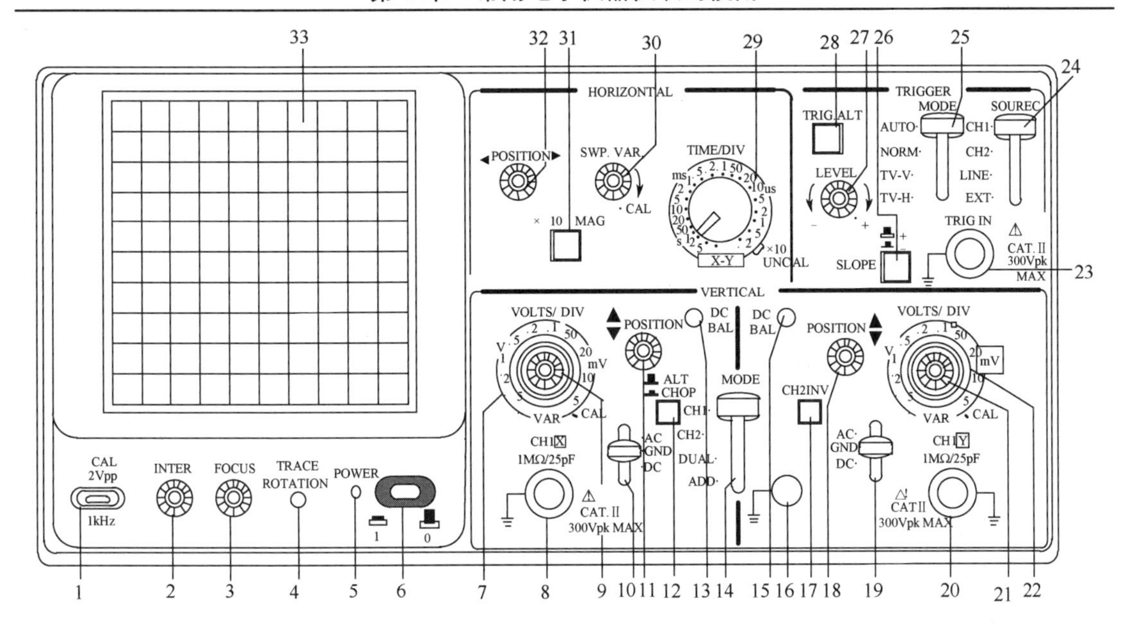

图 3.5.5　MOS-620CH/640CH 双踪示波器前面板

1）示波管操作部分

5、6—“POWER”：主电源开关及指示灯。按下此开关，其左侧的发光二极管指示灯 5 亮，表明电源已接通。

2—“INTER”：亮度调节钮。调节轨迹或亮点的亮度。

3—“FOCUS”：聚焦调节钮。调节轨迹或亮点的聚焦。

4—“TRACE ROTATION”：轨迹旋转。调整水平轨迹与刻度线相平行。

33—显示屏。显示信号的波形。

2）垂直轴操作部分

7、22—“VOLTS/DIV”：垂直衰减钮。调节垂直偏转灵敏度，从 5mV/div 到 5V/div，共 10 个挡位。

8—“CH1[X]”：通道 1 被测信号输入连接器。在 *X-Y* 模式下，作为 *X* 轴输入端。

20—“CH1[Y]”：通道 2 被测信号输入连接器。在 *X-Y* 模式下，作为 *Y* 轴输入端。

9、21—“VAR”垂直灵敏度旋钮：微调灵敏度大于或等于 1/2.5 标示值。在校正（CAL）位置时，灵敏度校正为标示值。

10、19—“AC-GND-DC”：垂直系统输入耦合开关。选择被测信号进入垂直通道的耦合方式。“AC”：交流耦合；“DC”：直流耦合；“GND”：接地。

11、18—“POSITION”：垂直位置调节旋钮。调节显示波形在荧光屏上的垂直位置。

12—“ALT”/“CHOP”：交替/断续选择按键，双踪显示时，放开此键（ALT），通道 1 与通道 2 的信号交替显示，适用于观测频率较高的信号波形；按下“CHOP”键，通道 1 与通道 2 的信号同时断续显示，适用于观测频率较低的信号波形。

13、15—“DC BAL”：CH1、CH2 通道直流平衡调节旋钮。垂直系统输入耦合开关在 GND 时，在 5mV 与 10mV 之间反复转动垂直衰减开关，调整“DC BAL”使光迹保持在零水平线上不移动。

14—“VERTICAL MODE”：垂直系统工作模式开关。CH1：通道 1 单独显示；CH2：通道 2 单独显示；DUAL：两个通道同时显示；ADD：显示通道 1 与通道 2 信号的代数或代数差（按下通道 2 的信号反向键“CH2 INV”时）。

17—“CH2 INV”：通道 2 信号反向按键。按下此键，通道 2 及其触发信号同时反向。

3）触发操作部分

23—“TRIG IN”：外触发输入端子，用于输入外部触发信号。当使用该功能时，“SOURCE”开关应设置在 EXT 位置。

24—“SOUREC”：触发源选择开关。“CH1”：当垂直系统工作模式开关 14 设定在 DUAL 或 ADD 时，选择通道 1 作为内部触发信号源；“CH2”：当垂直系统工作模式开关 14 设定在 DUAL 或 ADD 时，选择通道 2 作为内部触发信号源；“LINE”：选择交流电源作为触发信号源；“EXT”：选择“TRIG IN”端子输入的外部信号作为触发信号源。

25—“TRIGGER MODE”：触发方式选择开关。“AUTO”：自动，当没有触发信号输入时，扫描处在自由模式下；“NORM”：常态，当没有触发信号输入时，踪迹处在待命状态并不显示；“TV-V”：电视场，当想要观察一场的电视信号时；“TV-H”：电视行，当想要观察一行的电视信号时。

26—“SLOPE”：触发极性选择按键。释放为“+”，上升沿触发；按下为“-”，下降沿触发。

27—“LEVEL”：触发电平调节旋钮。显示一个同步的稳定波形，并设定一个波形的起始点。向“+”旋转触发电平向上移，向“-”旋转触发电平向下移。

28—“TRIG.ALT”：当垂直系统工作模式开关 14 设定在 DUAL 或 ADD，且触发源选择开关“24”选择 CH1 或 CH2 时，按下此键，示波器会交替选择 CH1 和 CH2 作为内部触发信号源。

4）水平轴操作部分

29—“TIME/DIV”：水平扫描速度旋钮。扫描速度从 0.2μs/div 到 0.5s/div，共 20 挡。当设置到 X-Y 位置时，示波器可工作在 *X-Y* 方式。

30—“SWP、VAR”：水平扫描微调旋钮。微调水平扫描时间，使扫描时间被校正到与面板上“TIME/DIV”指示值一致。顺时针转到底为校正位置 CAL。

31—“×10 MAG”：扫描扩展开关。按下时扫描速度扩展 10 倍。

32—“POSITION”：水平位置调节钮。调节显示波形在荧光屏上的水平位置。

5）其他操作部分

1—“CAL”：示波器校正信号。提供幅度为 2Vpp、频率为 1kHz 的方波信号，用于校正 10∶1 探头的补偿电容器和检测示波器垂直与水平偏转因数。

16—“GND”：示波器机箱的接地端子。

2. 双踪示波器的正确调整与操作

示波器的正确调整与操作对于提高测量精度和延长仪器的使用寿命十分重要。

（1）聚焦和辉度的调整。调整聚焦旋钮使扫描线尽可能细，以提高测量精度。扫描线亮度（辉度）应适当，过亮不仅会降低示波器的使用寿命，而且也会影响聚焦特性。

（2）正确选择触发源和触发方式。

触发源的选择：如果观测的是单通道信号，就应选择该通道信号作为触发源；如果同时观测两个时间相关的信号，就应选择信号周期长的通道作为触发源。

触发方式的选择：首次观测被测信号时，触发方式应设置于“AUTO”，待观测到稳定信号后，调好其他设置，最后将触发方式开关置于“NORM”，以提高触发的灵敏度。当观测直流信号或小信号时，必须采用“AUTO”触发方式。

（3）正确选择输入耦合方式。根据被观测信号的性质来选择正确的输入耦合方式。一般情况下，当被观测的信号为直流或脉冲信号时，应选择“DC”耦合方式；当信号被观测的信号为交流信号时，应选择“AC”耦合方式。

（4）合理调整扫描速度。调节扫描速度旋钮，可以改变荧光屏上显示波形的个数。提高扫描速度，显示的波形少；降低扫描速度，显示的波形多。显示的波形不应过多，以保证时间测量的精度。

（5）波形位置和几何尺寸的调整。观测信号时，波形应尽可能处于荧光屏的中心位置，以获得较好的测量线性。正确调整垂直衰减旋钮，尽可能使波形幅度占一半以上，以提高电压测量的精度。

（6）合理操作双通道。将垂直工作方式开关设置到“DUAL”，两个通道的波形可以同时显示。为了观察到稳定的波形，可以通过“ALT/CHOP”（交替/断续）开关控制波形的显示。按下“ALT/CHOP”开关（置于 CHOP 键），两个通道的信号断续的显示在荧光屏上，此设定适用于观测频率较高的信号；释放“ALT/CHOP”开关（置于 ALT 键），两个通道的信号交替地显示在荧光屏上，此设定适用于观测频率较低的信号。在双通道显示时，还必须正确选择触发源。当 CH1、CH2 信号同步时，选择任意通道作为触发源，两个波形都能稳定显示，当 CH1、CH2 信号在时间上不相关时，应按下“TRIG.ALT”（触发交替）开关，此时每一个扫描周期，触发信号交替一次，因而两个通道的波形都会稳定显示。

值得注意的是，双通道显示时，不能同时按下“CHOP”和“TRIG ALT”开关，因为“CHOP”信号成为触发信号而不能同步显示。当利用双通道进行相位和时间对比测量时，两个通道必须采用同一同步信号触发。

（7）触发电平调整。调整触发电平旋钮可以改变扫描电路预置的阀门电平。当向“+”方向旋转时，阀门电平向正方向移动；当向“-”方向旋转时，阀门电平向负方向移动；当处在中间位置时，阀门电平设定在信号的平均值上。触发电平过正或过负，均不会产生扫描信号。因此，触发电平旋钮通常应保持在中间位置。

3.5.3　模拟示波器的测量实例

1. 直流电压的测量

（1）将示波器垂直灵敏度旋钮置于校正位置，触发方式开关置于“AUTO”。

（2）将垂直系统输入耦合开关置于“GND”，此时扫描线的垂直位置即为零电压基准线，即时间基线。调节垂直位移旋钮使扫描线落于某一合适的水平刻度线。

（3）将被测信号接到示波器的输入端，并将垂直输入耦合开关置于“DC”。调节垂直衰减旋钮使扫描线有合适的偏移量。

（4）确定被测电压值。扫描线在 Y 轴的偏移量与垂直衰减旋钮对应挡位电压的乘积即为被测电压值。

（5）根据扫描线的偏移方向确定直流电压的极性。当扫描线向零电压基准线上方移动时，直流电压为正极性；反之，为负极性。

2. 交流电压的测量

（1）将示波器垂直灵敏度旋钮置于校正位置，触发方式开关置于“AUTO”。

（2）将垂直系统输入耦合开关置于“GND”，调节垂直位移旋钮使扫描线准确地落在水平中心线上。

（3）输入被测信号，并将输入耦合开关置于“AC”。调节垂直衰减旋钮和水平扫描速度旋钮，使显示波形的幅度和个数合适。选择合适的触发源、触发方式和触发电平等，使波形稳定显示。

（4）确定被测电压的峰-峰值。波形在 Y 轴方向最高与最低点之间的垂直距离（偏移量）与垂直衰减旋钮对应挡位电压的乘积即为被测电压的峰-峰值。

3. 周期的测量

（1）将水平扫描微调旋钮置于校正位置，并使时间基线落在水平中心刻度线上。

（2）输入被测信号。调节垂直衰减旋钮和水平扫描速度旋钮等，使荧光屏上稳定显示 1～2 条波形。

（3）选择被测波形一个周期的始点和终点，并将始点移动到某一垂直刻度线上以便读数。

（4）确定被测信号的周期。信号波形一个周期在 X 轴方向始点与终点之间的水平距离与水平扫描速度旋钮对应挡位的时间之积即为被测信号的周期。

当用示波器测量信号周期时，可以测量信号一个周期的时间，也可以测量 n 个周期的时间，再除以周期个数 n。后一种方法产生的误差会小一些。

4．频率的测量

由于信号的频率与周期为倒数关系，即 $f=1/T$。因此，可以先测信号的周期，再求倒数即可得到信号的频率。

5．相位差的测量

（1）将水平扫描微调旋钮、垂直灵敏度旋钮置于校正位置。

（2）将垂直系统工作模式开关置于“DUAL”，并使两个通道的时间基线均落在水平中心刻度线上。

（3）输入两路频率相同而相位不同的交流信号至 CH1 和 CH2，将垂直输入耦合开关置于“AC”。

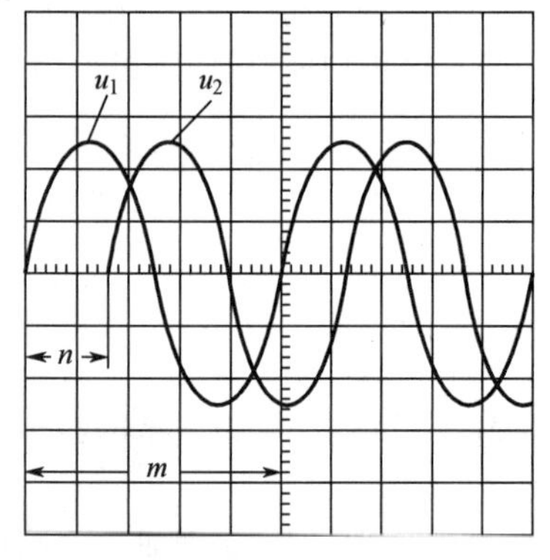

图 3.5.6　测量两个正弦交流电的相位差

（4）调节相关旋钮，使荧光屏上稳定显示出两个大小适中的波形。

（5）确定两个被测信号的相位差。如图 3.5.6 所示，测出信号波形一个周期在 X 轴方向所占的格数 m（5 格），再测出两波形上对应点（如过零点）之间的水平格数 n（1.6 格），则 u_1 超前 u_2 的相位差角 $\Delta\phi = n/m \times 360^\circ = 1.6/5 \times 360^\circ = 115.2^\circ$。

相位差角 $\Delta\phi$ 符号的确定。当 u_2 滞后 u_1 时，$\Delta\phi$ 为负；当 u_2 超前 u_1 时，$\Delta\phi$ 为正。

频率和相位差角的测量还可以用 Lissajous 图形法，此处不再赘述。

3.6　数字示波器

数字示波器不仅具有多重波形显示、分析和数学运算功能；波形、设置、CSV 和位图文件存储功能；自动光标跟踪测量功能；波形录制和回放功能等，还支持即插即用 USB 存储设备和打印机，并可通过 USB 存储设备进行软件升级等。现以 DS1000 型示波器为例，介绍数字示波器的使用方法。

3.6.1　数字示波器的快速入门

数字示波器前面板各通道标志、旋钮及按键的位置和操作方法与传统示波器类似。现以 DS1000 系列数字示波器为例予以说明。

1. DS1000 系列数字示波器前操作面板

DS1000 系列数字示波器前操作面板如图 3.6.1 所示。前面板按功能分类，可分为液晶显示区、功能菜单操作区、常用菜单区、执行按键区、垂直控制区、水平控制区、触发控制区、信号输入/

输出区 8 个区域。

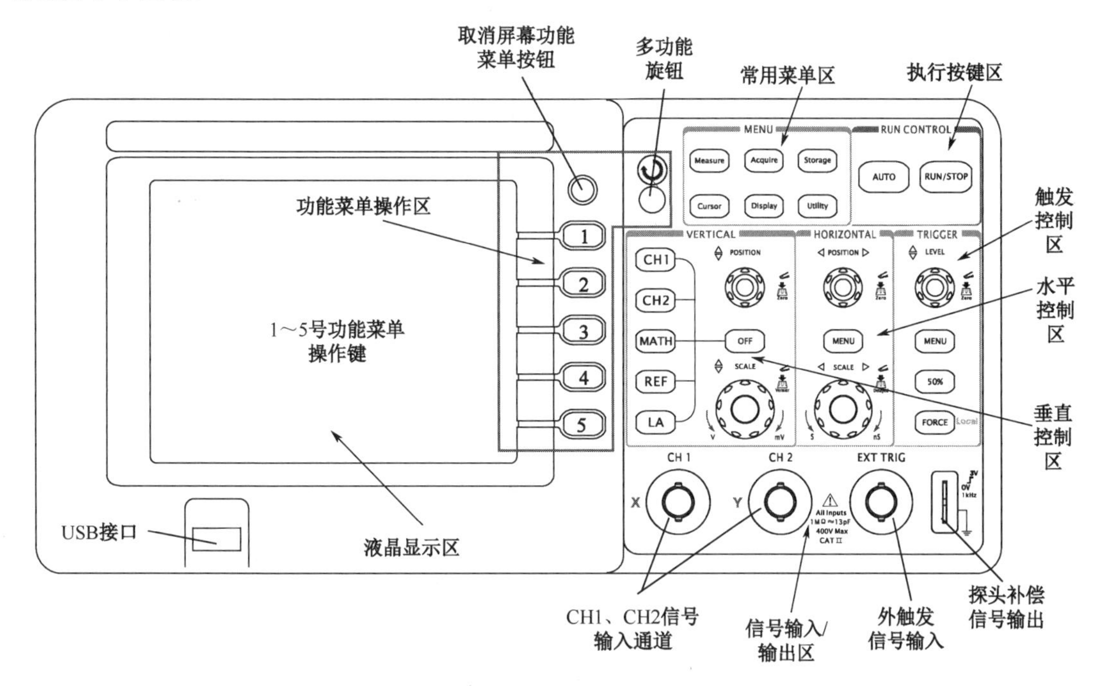

图 3.6.1　DS1000 系列数字示波器前操作面板

功能菜单操作区有 5 个按键、1 个多功能旋钮和 1 个按钮。5 个按键用于操作屏幕右侧的功能菜单及子菜单；多功能旋钮用于选择和确认功能菜单的下拉菜单选项；按钮用于取消屏幕上显示的功能菜单。

常用菜单区如图 3.6.2 所示。按下任一菜单按键，屏幕右侧会出现相应的功能菜单。通过功能菜单操作区的 5 个按键可选定功能菜单的选项。功能菜单选项中有“＜”符号的，表明该选项有下拉菜单。下拉菜单打开后，可转动多功能旋钮（↻）选择相应的项目并按下予以确定。功能菜单上、下有“▲”“▼”符号，表明功能菜单一屏未显示完，可操作按键上、下翻页。功能菜单上有↻，表明该项参数可转动多功能旋钮进行设置调整。按下取消功能菜单按钮，显示屏上的功能菜单立即消失。

执行按键区有 AUTO（自动设置）和 RUN/STOP（运行/停止）两个按键。按下 AUTO 键，示波器将根据输入的信号自动设置和调整垂直、水平及触发方式等各项控制值，使波形显示达到最佳适宜观察状态。若需要，还可进行手动调整。按下 AUTO 键后，菜单显示及功能如图 3.6.3 所示，RUN/STOP（运行/停止）键为运行/停止波形采样按键。当运行波形采样状态时，按键为黄色；按一下按键，停止波形采样按键变为红色，有利于绘制波形并可在一定范围内调整波形的垂直衰减和水平时基，再按一下，恢复运行（波形采样）状态。注意，应用自动设置功能时，要求被测信号的频率大于或等于 50Hz，占空比大于 1%。

垂直控制区如图 3.6.4 所示。垂直位置旋钮POSITION 可设置所选通道波形的垂直显示位置。转动该旋钮不但显示的波形会上下移动，而且所选通道地（GROUND）的标识也会随波形上下移动并显示于屏幕左侧；按下垂直旋钮POSITION，垂直显示位置可快速恢复到零点（显示屏水平中心位置）处。垂直衰减旋钮SCALE 调整所选通道波形的显示幅度。转动该旋钮改变“Volt/div（伏/格）”垂直挡位，同时下状态栏对应通道显示的幅值也会发生变化。CH1、CH2、MATH、REF 为通道或方式按键，按下某按键屏幕将显示其功能菜单、标志、波形和挡位状态等信息。OFF 键用于关闭当前选择的通道。

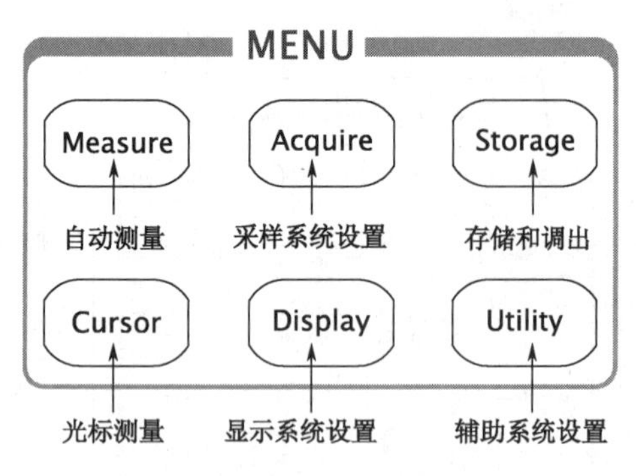

图 3.6.2 常用菜单区

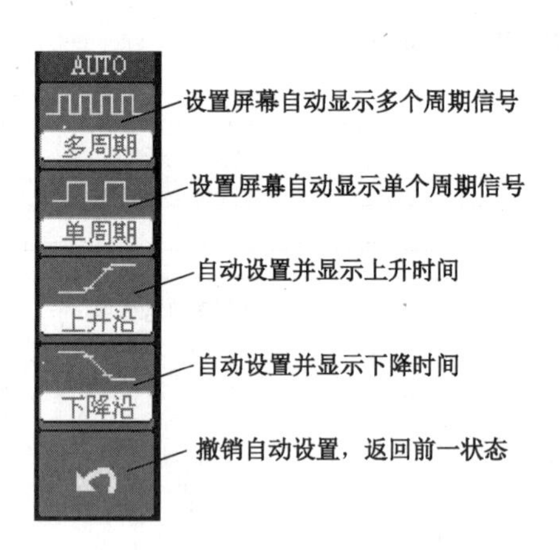

图 3.6.3 AUTO 按键的功能菜单及作用

水平控制区如图 3.6.5 所示，主要用于设置水平时基。水平位置旋钮POSITION 调整信号波形在显示屏上的水平位置，转动该旋钮不但波形随旋钮而水平移动，且触发位移标志“T”也在显示屏上部随之移动，移动值则显示在屏幕左下角；按下此旋钮触发位移恢复到水平零点（显示屏垂直中心位置）处。水平衰减旋钮SCALE 改变水平时基挡位设置，转动该旋钮改变“s/div（秒/格）”水平挡位，下状态栏 Time 后显示的主时基值也会发生相应的变化。水平扫描速度为 20ns～50s，以 1－2－5 的形式步进，按动水平衰减旋钮SCALE 可快速打开或关闭延迟扫描功能。按水平功能菜单键MENU，显示 **TIME** 功能菜单。在此菜单下，可开启/关闭延迟扫描，切换 *Y*（电压）-*T*（时间）、*X*（电压）-*Y*（电压）和 ROLL（滚动）模式，设置水平触发位移复位等。

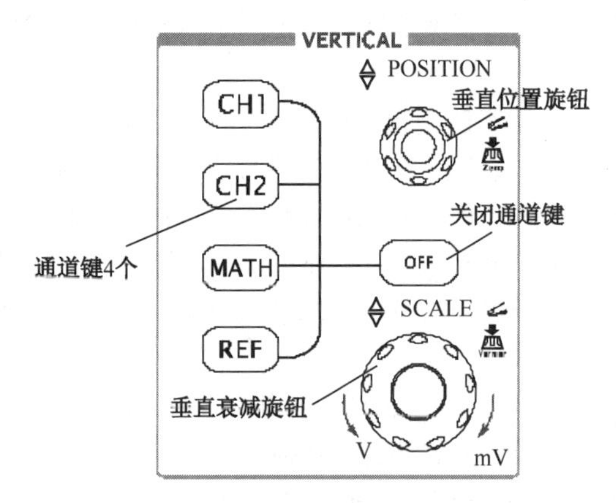

图 3.6.4 垂直控制区

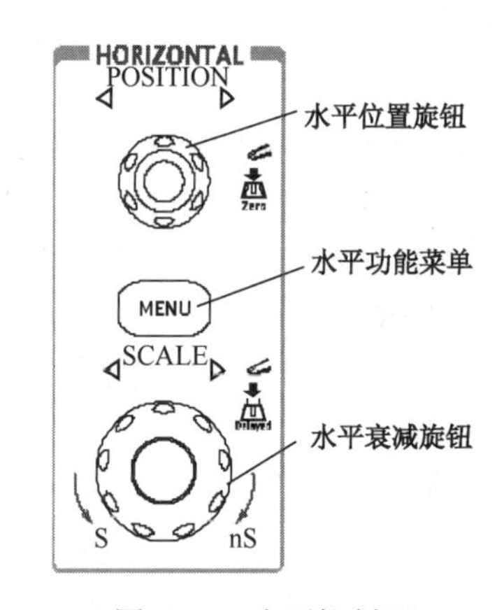

图 3.6.5 水平控制区

触发控制区如图 3.6.6 所示，主要用于触发系统的设置。转动触发电平调节旋钮LEVEL，屏幕上会出现一条上下移动的水平黑色触发线及触发标志，且左下角和上状态栏最右端触发电平的数值也随之发生变化。停止转动触发电平调节旋钮LEVEL，触发线、触发标志及左下角触发电平的数值会约在 5 秒后消失。按下旋钮LEVEL 触发电平快速恢复到零点。按 MENU 键可调出触发功能菜单，改变触发的设置。50%按键，设定触发电平在触发信号幅值的垂直中点。按 FORCE 键，强制产生一触发信号，主要用于触发方式中的“普通”和“单次”模式。

信号输入/输出区如图 3.6.7 所示，包括两个信号输入通道（“CH1”和“CH2”）、一个外触发信号输入端（EXT TREIG）、一个探头补偿信号输出端（输出频率 1kHz、3V 的方波信号）。

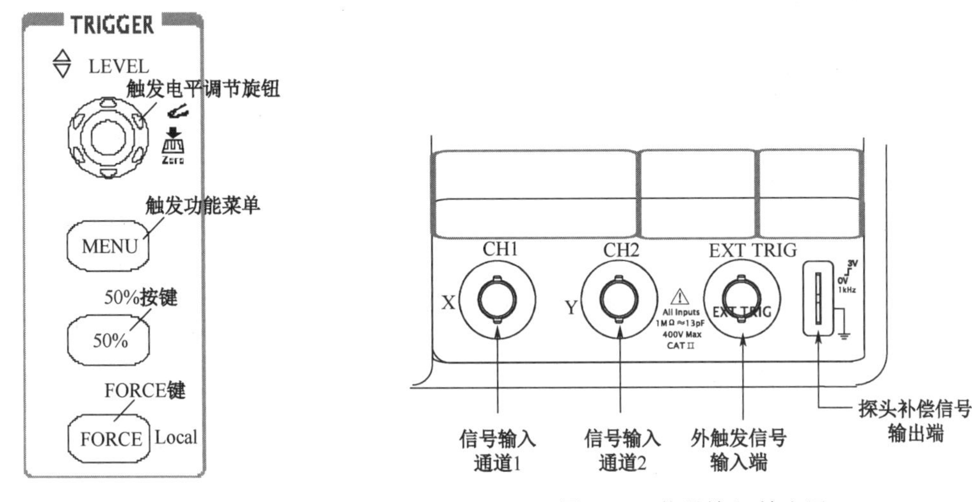

图 3.6.6　触发控制区　　　　图 3.6.7　信号输入/输出区

2. DS1000 系列数字示波器显示界面

DS1000 系列数字示波器显示界面如图 3.6.8 所示。它主要包括波形显示区和状态显示区。液晶屏边框线以内为波形显示区，用于显示信号波形、测量数据、水平位移、垂直位移和触发电平值等。位移值和触发电平值在转动旋钮时显示，停止转动 5s 后则消失。显示屏边框线以外为上、下、左 3 个状态显示区（栏）。下状态栏通道标志为黑底的是当前选定通道，操作示波器面板上的按键或旋钮只对当前选定通道有效，按下通道按键则可选定被按通道。状态显示区显示的标志位置及数值随面板相应按键或旋钮的操作而变化。

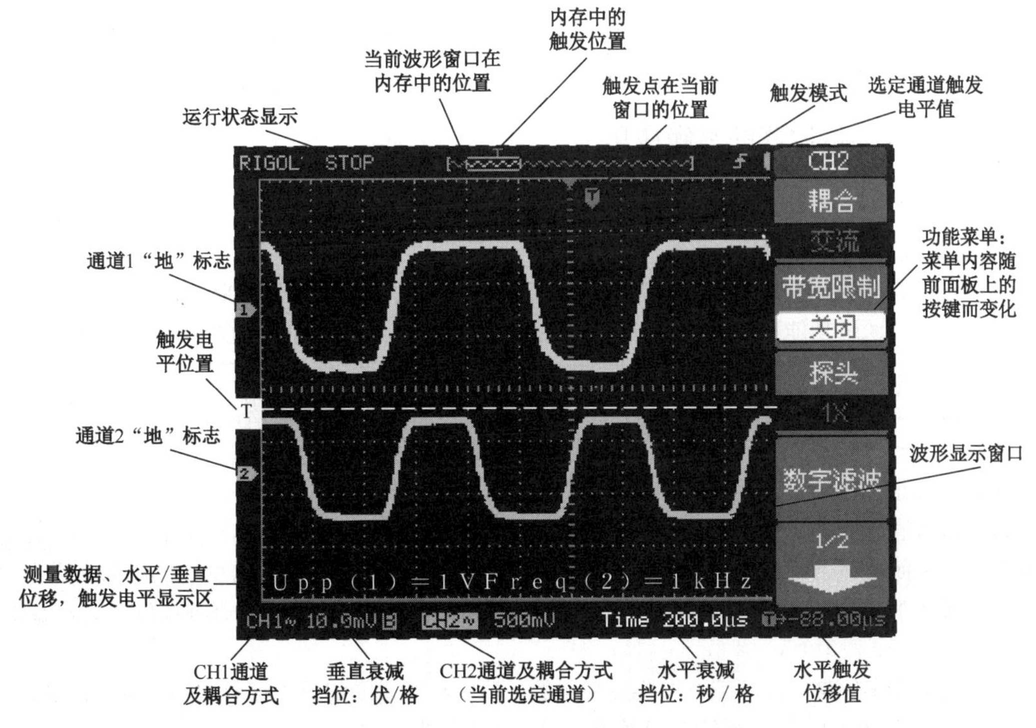

图 3.6.8　DS1000 系列数字示波器显示界面

3. 使用要领和注意事项

1）信号接入方法

以 CH1 通道为例介绍信号接入方法。

（1）将探头上的开关设定为 10X，并将探头连接器上的插槽对准 CH1 同轴电缆插接件上的插口并插入，然后向右旋转拧紧。

（2）设定示波器探头衰减系数。探头衰减系数改变仪器的垂直挡位比例，因而直接关系测量结果的正确与否。默认的探头衰减系数为 1X，设定时必须使探头上的黄色开关的设定值与输入通道“探头”菜单的衰减系数一致。衰减系数设置方法是：按 CH1 键，显示通道 1 的功能菜单，如图 3.6.9 所示。按下与探头项目平行的 3 号功能菜单操作键，用↻选择与探头同比例的衰减系数并按下↻予以确认。此时应选择并设定为 10X。

（3）把探头端部和接地夹接到函数信号发生器或探头补偿信号输出端。按 AUTO（自动设置）按钮，几秒钟后，在波形显示区即可见到输入信号或探头补偿信号（方波：1kHz，约为 3Vpp）的波形。

2）向 CH2 通道接入信号

（1）为了加速调整，且便于测量，当被测信号接入通道时，可直接按 AUTO 键以便立即获得合适的波形显示和挡位设置等。

（2）示波器的所有操作只对当前选定（打开）通道有效。通道选定（打开）方法是：按 CH1 或 CH2 按钮即可选定（打开）相应通道，并且下状态栏的通道标志变为黑底。关闭通道的方法是：按 OFF 按钮或再次按下通道按钮当前选定的通道则被关闭。

（3）数字示波器的操作方法类似于操作计算机，其操作分为 3 个层次。第一层：按下前面板上的功能键即进入不同的功能菜单或直接获得特定的功能应用；第二层：通过 5 个功能菜单操作键选定屏幕右侧对应的功能项目或打开子菜单或转动多功能旋钮↻调整项目参数；第三层：转动多功能旋钮↻选择下拉菜单项目并按下多功能旋钮↻对所选项目予以确定。

（4）使用时应熟悉并通过观察上、下、左侧的状态栏来确定示波器设置的变化。

3.6.2 数字示波器的高级应用

1. 垂直系统的高级应用

1）通道设置

该示波器两个通道（CH1、CH2）的垂直菜单是独立的，每个项目都要按不同的通道进行单独设置，但两个通道功能菜单的项目及操作方法则完全相同。现以 CH1 通道为例予以说明。

按 CH1 键，屏幕右侧显示 CH1 通道的功能菜单，其说明如图 3.6.9 所示。

（1）设置通道耦合方式。假设被测信号是一个含有直流偏移的正弦信号，其设置方法是：按 CH1→耦合→交流/直流/接地键，分别设置为交流/直流/接地耦合方式。注意，观察波形显示及下状态栏通道耦合方式符号的变化。

（2）设置通道带宽限制。假设被测信号是一含有高频振荡的脉冲信号，其设置方法是：按 CH1→带宽限制→关闭/打开键，设置带宽限制关闭/打开状态。前者允许被测信号含有的高频分量通过，后者则阻隔大于 20MHz 的高频分量。注意，观察波形显示及下状态栏垂直衰减挡位之后带宽限制符号的变化。

（3）调节探头比例。为了配合探头衰减系数，需要在通道功能菜单调整探头衰减比例。例如，探头衰减系数为 10∶1，示波器输入通道的比例也应设置为 10X，以免显示的挡位信息和测量的数据发生错误。探头衰减系数与通道“探头”菜单设置的要求如表 3-6-1 所示。

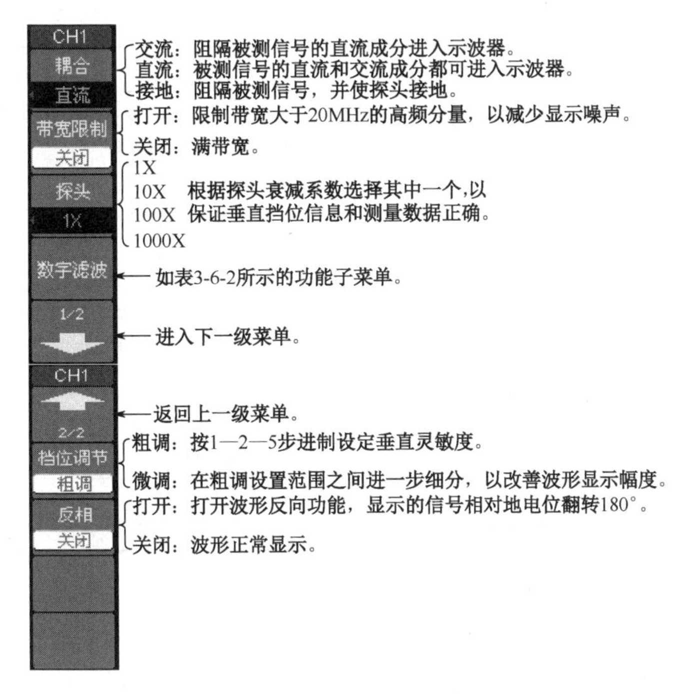

图 3.6.9　CH1 通道的功能菜单及说明

表 3-6-1　探头衰减系数与通道“探头”菜单设置的要求

探头衰减系数	通道“探头”菜单设置
1 : 1	1X
10 : 1	10X
100 : 1	100X
1000 : 1	1000X

（4）垂直挡位调节设置。垂直灵敏度调节范围为 2mV/div～5V/div。挡位调节分为粗调和微调两种模式。粗调以 2mV/div、5mV/div、10mV/div、20mV/div、…、5V/div 的步进方式调节垂直挡位灵敏度。微调指在当前垂直挡位下进一步细调。如果输入的波形幅度在当前挡位略大于满刻度，而应用下一挡位波形显示幅度稍低，可用微调改善波形显示幅度，以利于观察信号的细节。

（5）波形反相设置。波形反相关闭，显示正常被测信号波形；波形反相打开，显示的被测信号波形相对于地电位翻转 180°。

（6）数字滤波设置。按数字滤波对应的 4 号功能菜单操作键，系统显示 Filter（数字滤波）功能子菜单，如图 3.6.10 所示。转动多功能旋钮可调节频率的上限和下限、设置滤波器的带宽范围、选择滤波类型等。数字滤波功能子菜单及其说明如表 3-6-2 所示。

表 3-6-2　数字滤波功能子菜单及其说明

功能子菜单	设定	说明
数字滤波	关闭	关闭数字滤波器
	打开	打开数字滤波器

续表

功 能 子 菜 单	设　定	说　明
滤波类型		设置为低通滤波 设置为高通滤波 设置为带通滤波 设置为带阻滤波
频率上限	<上限频率>	转动多功能旋钮设置频率上限
频率下限	<下限频率>	转动多功能旋钮设置频率下限
	—	返回上一级菜单

2）数学运算（MATH）按键的功能

数学运算（MATH）的功能菜单及说明如图 3.6.11 和表 3-6-3 所示。它可显示 CH1、CH2 通道波形相加、相减、相乘及 FFT（傅里叶变换）运算的结果。数学运算结果同样可以通过栅格或光标进行测量。

3）参考（REF）按键功能

在有电路工作点参考波形的条件下，通过 REF 键的菜单，可以把被测波形和参考波形样板进行比较，以判断故障的原因。

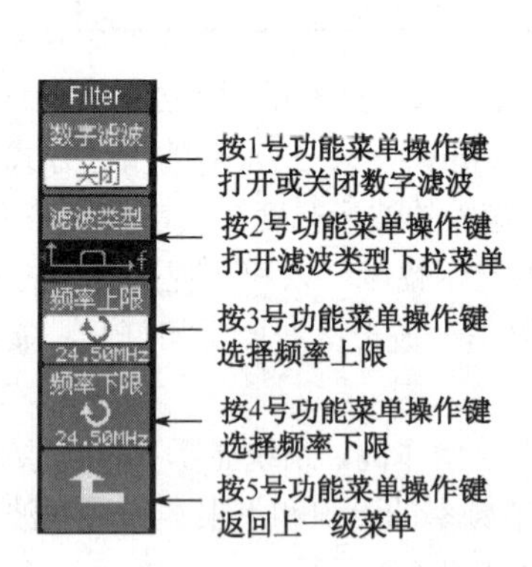

图 3.6.10　数字滤波功能子菜单

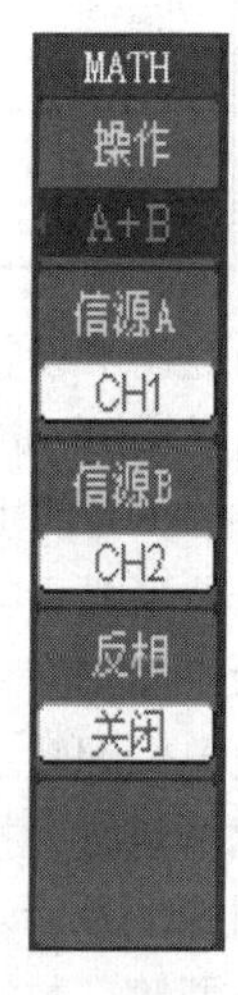

图 3.6.11　数字运算的功能菜单

表 3-6-3　数字运算的功能菜单及其说明

功 能 菜 单	设　定	说　明
操作	A＋B	信源 A 波形与信源 B 波形相加
	A－B	信源 A 波形减去信源 B 波形
	A×B	信源 A 波形与信源 B 波形相乘
	FFT	FFT 数学运算

续表

功能菜单	设　定	说　明
信源 A	CH1	设定信源 A 波形为 CH1 通道波形
	CH2	设定信源 A 波形为 CH2 通道波形
信源 B	CH1	设定信源 B 波形为 CH1 通道波形
	CH2	设定信源 B 波形为 CH2 通道波形
反相	打开	打开数学运算波形反相功能
	关闭	关闭反相功能

4）POSITION 和SCALE 旋钮的使用

（1）垂直位置旋钮POSITION 调整所有通道（含 MATH 和 REF）波形的垂直位置。该旋钮的解析度根据垂直挡位而变化，按下此旋钮选定通道的位移立即回零即显示屏的水平中心线。

（2）垂直衰减旋钮SCALE 调整所有通道（含 MATH 和 REF）波形的垂直显示幅度。粗调以 1－2－5 步进方式确定垂直挡位灵敏度。顺时针增大显示幅度，逆时针减小显示幅度。细调是在当前挡位进一步调节波形的显示幅度。粗调、微调可通过按垂直衰减旋钮SCALE 切换。

调整通道波形的垂直位置时，屏幕左下角会显示垂直位置信息。

2. 水平系统的高级应用

1）POSITION 和SCALE 旋钮的使用

（1）转动水平位置旋钮POSITION，可调节通道波形的水平位置。按下此旋钮触发位置立即回到屏幕中心位置。

（2）转动水平衰减旋钮SCALE 可调节主时基或延迟扫描时基，即 s/div（秒/格）。当延迟扫描打开时，通过改变水平衰减旋钮SCALE 可改变延迟扫描时基而改变窗口宽度。

2）水平 MENU 键

按下水平 MENU 键，显示水平功能菜单，如图 3.6.12 所示。在 *X-Y* 工作方式下，自动测量模式、光标测量模式、REF 和 MATH、延迟扫描、矢量显示类型、水平位置旋钮POSITION、触发控制等均不起作用。

延迟扫描用来放大某一段波形，以便观测波形的细节。在延迟扫描状态下，波形被分成上、下两个显示区，如图 3.6.13 所示。上半部分显示的是原波形，中间黑色覆盖区域是被水平扩展的波形部分。此区域可通过转动水平位置旋钮POSITION 左右移动，或者转动水平衰减旋钮SCALE 扩大和缩小。下半部分是对上半部分选定区域波形的水平扩展即放大。由于整个下半部分显示的波形对应于上半部分选定的区域，因此转动水平衰减旋钮SCALE 减小选择区域可以提高延迟时基，即提高波形的水平扩展倍数。可见，延迟时基相对于主时基提高了分辨率。

图 3.6.12　水平“MENU”键菜单及说明

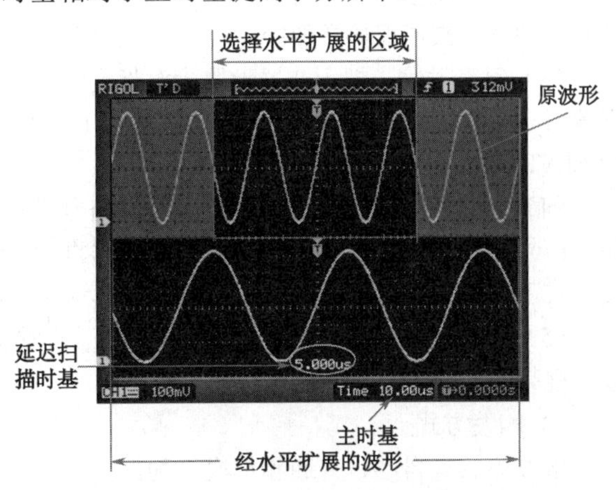

图 3.6.13　延迟扫描波形图

按下水平衰减旋钮SCALE可快速退出延迟扫描状态。

3. 触发系统的高级应用

触发控制区包括触发电平调节旋钮LEVEL、触发功能菜单MENU、50%按键、FORCE键。

触发电平调节旋钮LEVEL：设定触发点对应的信号电压，按下此旋钮可使触发电平立即回零。

50%键：按下触发电平设定在触发信号幅值的垂直中点。

FORCE键：按下强制产生一触发信号，主要用于触发方式中的“普通”和“单次”模式。

MENU：触发系统菜单设置键。其功能菜单、下拉菜单及子菜单如图 3.6.14 所示。下面对主要触发菜单进行说明。

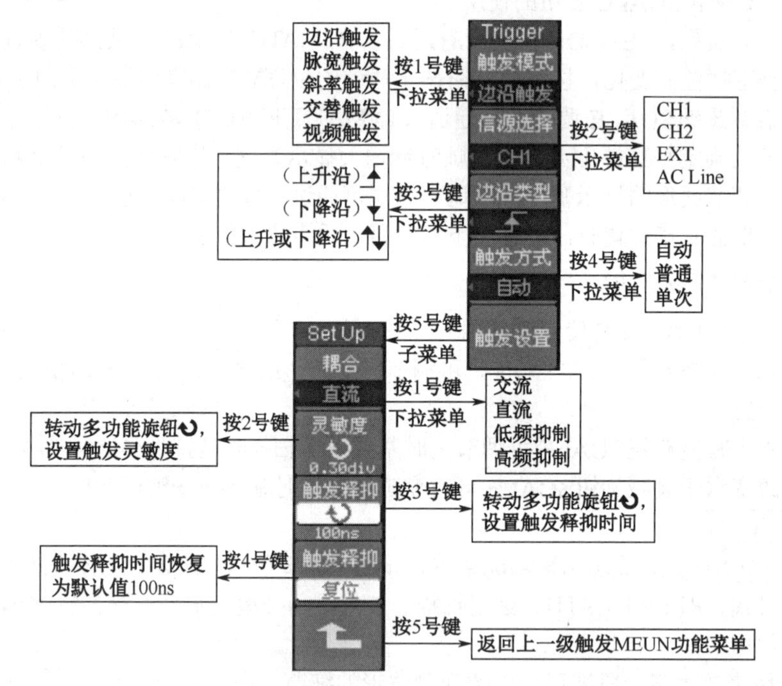

图 3.6.14　触发系统的菜单

1）触发模式

（1）边沿触发：指在输入信号边沿的触发阈值上触发。在选取“边沿触发”后，还应选取是在输入信号的上升沿、下降沿还是上升和下降沿触发。

（2）脉宽触发：根据脉冲的宽度来确定触发时刻。当选择脉宽触发时，可以通过设定脉宽条件和脉冲宽度来捕捉异常脉冲。

（3）斜率触发：把示波器设置为对指定时间的正斜率或负斜率触发。选择斜率触发时，还应设置斜率条件、斜率时间等，还可选择旋钮 LEVEL 调节 LEVEL A、LEVEL B 或同时调节 LEVEL A 和 LEVEL B。

（4）交替触发：在交替触发时，触发信号来自两个垂直通道，此方式适用于同时观察两路不相关信号。在交替触发菜单中，可为两个垂直通道选择不同的触发方式、触发类型等。在交替触发方式下，两个通道的触发电平等信息会显示在显示屏右上角的状态栏。

（5）视频触发：选择视频触发后，可在 NTSC、PAL 或 SECAM 标准视频信号的场或行上触发。视频触发时触发耦合应预设为直流。

2）触发方式

触发方式有自动、普通和单次 3 种。

（1）自动：在自动触发方式下，示波器即使没有检测到触发条件也能采样波形。示波器在一定等待时间（该时间由时基设置决定）内没有触发条件发生时，将进行强制触发。当强制触发无效时，示波器虽显示波形，但不能使波形同步，即显示的波形不稳定。当有效触发发生时，显示的波形将稳定。

（2）普通：在普通触发方式下，示波器只有当触发条件满足时才能采样到波形。在没有触发时，示波器将显示原有波形而等待触发。

（3）单次：在单次触发方式下，按一次“运行”按钮，示波器等待触发，当示波器检测到一次触发时，采样并显示一个波形，然后采样停止。

3）触发设置

在 MEUN 功能菜单下，按 5 号键进入触发设置子菜单，可对与触发相关的选项进行设置。触发模式、触发方式、触发类型不同，可设置的触发选项也有所不同，此处不再赘述。

4. 采样系统的高级应用

在常用 MENU 控制区按 ACQUIRE 键，弹出采样系统功能菜单。其选项和设置方法如图 3.6.15 所示。

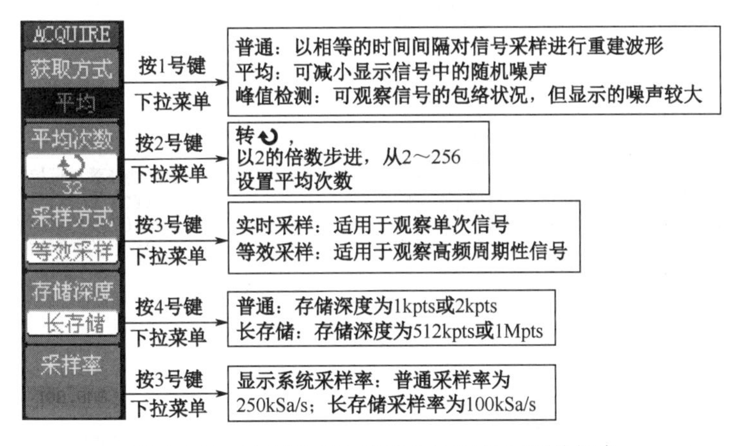

图 3.6.15 采样系统功能菜单的选项和设置方法

5. 存储和调出功能的高级应用

在常用 MENU 控制区按 STORAGE 键，弹出存储和调出功能菜单。通过该菜单及相应的下拉菜单和子菜单可对示波器内部存储区和 USB 存储设备上的波形和设置文件等进行保存、调出、删除操作，操作的文件名称支持中、英文输入。

当存储类型选择“波形存储”时，其文件格式为 WFM，只能在示波器中打开；当存储类型选择“位图存储”和“CSV 存储”时，还可以选择是否以同一文件名保存示波器参数文件（文本文件），“位图存储”文件格式是 BMP，可用图片软件在计算机中打开，“CSV 存储”文件为表格，Excel 可打开，并可用其“图表导向”工具转换成需要的图形。

“外部存储”只有在 USB 存储设备插入时，才能被激活进行存储文件的各种操作。

6. 辅助系统功能的高级应用

常用 MENU 控制区的 UTILITY 为辅助系统功能按键。在 UTILITY 键弹出的功能菜单中，可以进行接口设置、打印设置、屏幕保护设置等，可以打开或关闭示波器按键声、频率计等，可以选择显示的语言文字、波特率值等，还可以进行波形的录制与回放等。

7. 显示系统的高级应用

在常用 MENU 控制区按 DISPLAY 键，弹出显示系统功能菜单。通过功能菜单控制区的 5 个按键及多功能旋钮可设置调整显示系统，如图 3.6.16 所示。

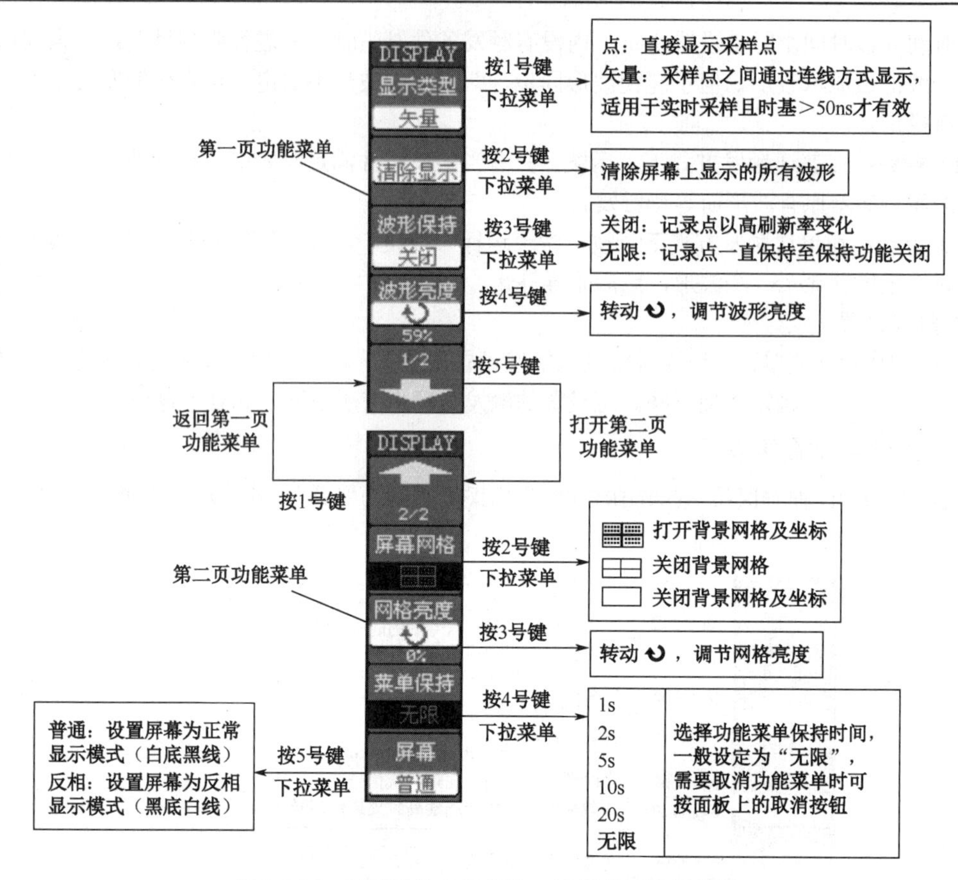

图 3.6.16　显示系统功能菜单、子菜单及设置选择

8. 自动测量功能的高级应用

在常用 MENU 控制区按 MEASURE 自动测量功能键，弹出自动测量功能菜单，如图 3.6.17 所示。其中电压测量参数有峰-峰值（波形最高点至最低点的电压值）、最大值（波形最高点至 GND 的电压值）、最小值（波形最低点至GND的电压值）、幅值（波形顶端至底端的电压值）、顶端值（波形平顶至 GND 的电压值）、底端值（波形平底至 GND 的电压值）、过冲（波形最高点与顶端值之差与幅值的比值）、预冲（波形最低点与底端值之差与幅值的比值）、平均值（一个周期内信号的平均幅值）、均方根值（有效值）共 10 种；时间测量有频率、周期、上升时间（波形幅度从 10%上升至 90%所经历的时间）、下降时间（波形幅度从 90%下降至 10%所经历的时间）、正脉宽（正脉冲在 50%幅度时的脉冲宽度）、负脉宽（负脉冲在 50%幅度时的脉冲宽度）、延迟 1→2↑（通道 1、2 相对于上升沿的延时）、延迟 1→2↓（通道 1、2 相对于下降沿的延时）、正占空比（正脉宽与周期的比值）、负占空比（负脉宽与周期的比值）共 10 种。

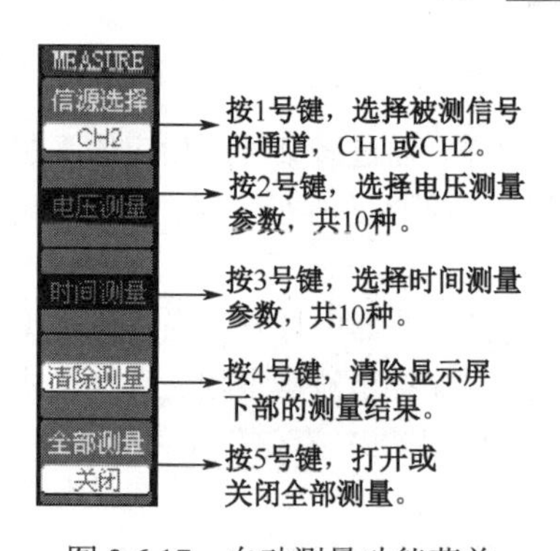

图 3.6.17　自动测量功能菜单

自动测量操作方法如下。

（1）选择被测信号通道。根据信号输入通道不同，选择 CH1 或 CH2。按键操作顺序为：MEASURE→信源选择→CH1 或 CH2。

（2）获得全部测量数值。按键操作顺序为：MEASURE→信源选择→CH1 或 CH2→“5”号菜单操作键，设置“全部测量”为打开状态。18种测量参数值显示于显示屏下方。

（3）选择参数测量。按键操作顺序为：MEASURE→信源选择→CH1或CH2→“2”号或“3”号菜单操作键选择则测量类型，转旋钮查找下拉菜单中感兴趣的参数并按下旋钮予以确认，所选参数的测量结果将显示在屏幕下方。

（4）清除测量数值。在MEASURE菜单下，按4号功能菜单操作键选择清除测量。此时，所有屏幕下端的测量值消失。

9. 光标测量功能的高级应用

按下常用MENU控制区的CURSOR按键，弹出光标测量功能菜单，如图3.6.18所示。光标测量分为手动、追踪和自动测量3种模式。

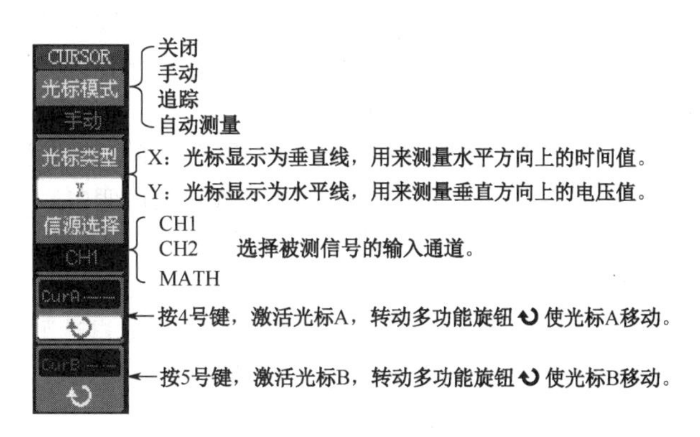

图3.6.18　光标测量功能菜单

（1）手动模式。光标X或Y成对出现，并可手动调整两个光标间的距离，显示的读数即为测量的电压值或时间值，如图3.6.19所示。

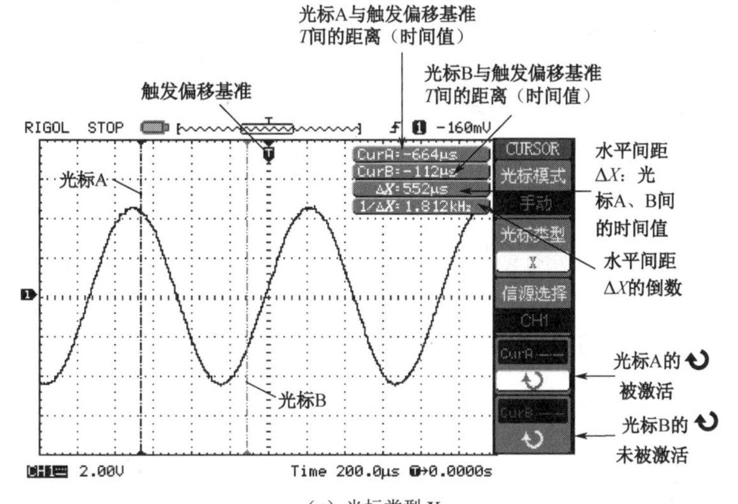

（a）光标类型X

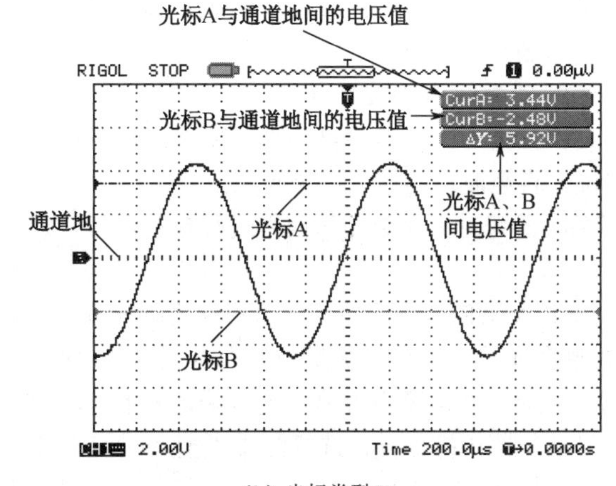

（b）光标类型Y

图3.6.19　手动模式测量显示图

（2）追踪模式。水平与垂直光标交叉构成十字光标，十字光标自动定位在波形上，转动多功能旋钮↻，光标自动在波形上定位，并在屏幕右上角显示当前定位点的水平、垂直坐标，以及两个光标间的水平、垂直增量。其中，水平坐标以时间值显示，垂直坐标以电压值显示，如图 3.6.20 所示。光标 A、B 可分别设定给 CH1 或 CH2 两个不同通道的信号，也可设定给同一通道的信号，此外光标 A、B 也可选择无光标显示。

在手动和追踪光标模式下，要转动多功能旋钮↻ 移动光标，必须在功能菜单下激活多功能旋钮（按下对应的菜单操作键，使↻ 底色变白），才能左右或上下移动激活的光标。

（3）自动测量模式。在自动测量模式下，屏幕上会自动显示对应的电压或时间光标，以揭示测量的物理意义，同时系统还会根据信号的变化，自动调整光标位置，并计算相应的参数值。如图 3.6.21 所示，光标自动测量模式显示当前自动测量参数所应用的光标。若没有在 MEASURE 菜单下选择任何自动测量参数，将没有光标显示。

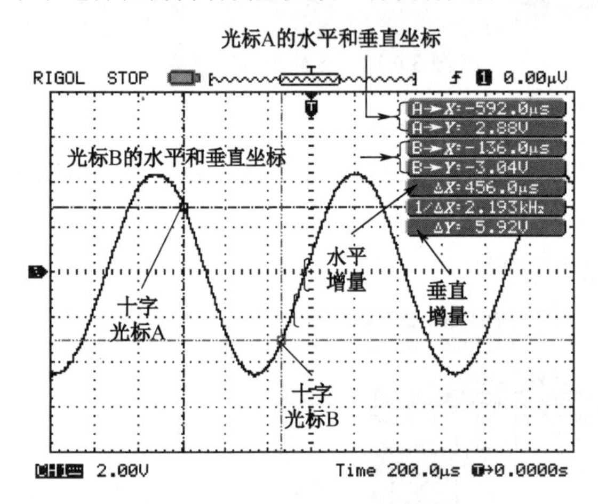

图 3.6.20 光标追踪模式测量显示图

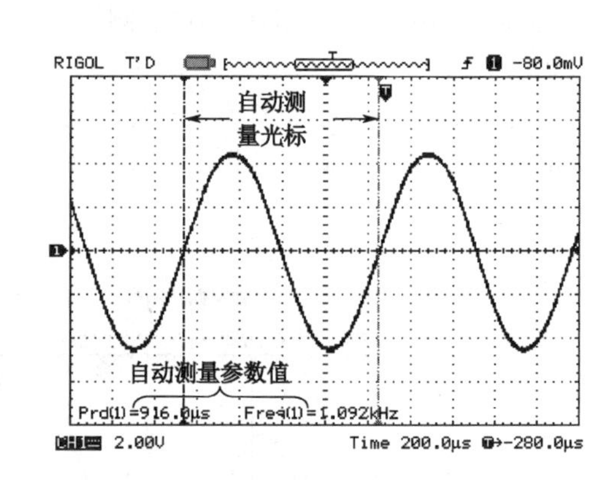

图 3.6.21 自动测量模式光标显示图

3.6.3 数字示波器的测量实例

用示波器进行任何测量前，都先要将 CH1、CH2 探头菜单衰减系数和探头上的开关衰减系数设定一致。

1. 测量简单信号

例如，观测电路中一未知信号，显示并测量信号的频率和峰峰值。其方法和步骤如下。

（1）正确捕捉并显示信号波形。

① 将 CH1 或 CH2 的探头连接到电路被测点。

② 按 AUTO（自动设置）键，示波器将自动设置使波形显示达到最佳。在此基础上，可以进一步调节垂直、水平挡位，直至波形的显示符合要求。

（2）进行自动测量。示波器可对大多数显示信号进行自动测量。现以测量信号的频率和峰峰值为例。

① 测量峰峰值。按下 MEASURE 键以显示自动测量菜单→按 1 号功能菜单操作键以选择信源 CH1 或 CH2→按 2 号功能菜单操作键选择测量类型为电压测量，并转动多功能旋钮↻在下拉菜单中选择峰峰值，按下↻。此时，在屏幕下方显示出被测信号的峰峰值。

② 测量频率。按 3 号功能菜单操作键，选择测量类型为时间测量，转动多功能旋钮↻在时间测量下拉菜单中选择频率，按下↻。此时，屏幕下方峰峰值后会显示出被测信号的频率。

在测量过程中，当被测信号变化时，测量结果也会跟随改变。当信号变化大，波形不能正常显示时，可再次按下AUTO键，搜索波形至最佳显示状态。测量参数等于“※※※※”表示被测通道关闭或信号过大未采集到示波器，应打开关闭的通道或按下AUTO键采集信号到示波器。

2. 观测正弦信号通过电路产生的延迟和畸变

1）显示 CH1 通道和 CH2 通道的信号

（1）将电路的信号输入端接于 CH1，输出端接于 CH2。

（2）按下AUTO（自动设置）键。

（3）调整水平、垂直衰减旋钮直至波形显示符合测试要求，如图 3.6.22 所示。

2）测量并观察正弦信号通过电路后产生的延时和波形畸变

按下MEASURE键以显示自动测量菜单→按 1 号菜单操作键以选择信源 CH1→按 3 号菜单操作键选择时间测量→在时间测量下拉菜单中选择延迟 1→2↑。此时，在屏幕下方显示出通道 1、2 在上升沿的延时数值，波形的畸变如图 3.6.22 所示。

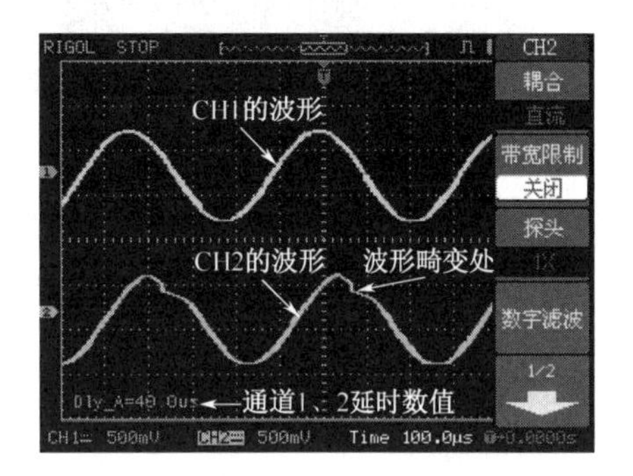

图 3.6.22　正弦信号通过电路产生的延迟和畸变

3. 捕捉单次信号

用数字示波器可以快速方便地捕捉脉冲、突发性毛刺等非周期性的信号。要捕捉一个单次信号，先要对信号有一定的了解，以正确设置触发电平和触发沿。例如，若脉冲是 TTL 电平的逻辑信号，触发电平应设置为 2V，触发沿应设置成上升沿。若对信号的情况不确定，则可以通过自动或普通触发方式先对信号进行观察，以确定触发电平和触发沿。捕捉单次信号的具体操作步骤和方法如下。

（1）按下触发（TRIGGER）控制区MENU键，在触发系统菜单下分别按 1～5 号菜单操作键设置触发类型为边沿触发、边沿类型为上升沿、信源选择为 CH1 或 CH2、触发方式为单次、触发设置→耦合为直流。

（2）调整水平时基和垂直衰减挡位至适合的范围。

（3）旋转触发（TRIGGER）控制区LEVEL 旋钮，调整适合的触发电平。

（4）按 RUN/STOP 执行按钮，等待符合触发条件的信号出现。如果有某一信号达到设定的触发电平，即采样一次，显示在显示屏上。

（5）旋转水平控制区（HORIZONTAL）POSITION旋钮，改变水平触发位置，以获得不同的负延迟触发，观察毛刺发生之前的波形。

4. 应用光标测量 Sinc 波形

示波器自动测量的 20 种参数都可以通过光标进行测量。现以 Sinc 波形测量为例，说明光标测量的方法。

（1）测量 Sinc 信号第一个波峰的频率。

① 按下CURSOR 键以显示光标测量菜单。

② 按 1 号菜单操作键设置光标模式为手动。

③ 按 2 号菜单操作键设置光标类型为 X。

④ 如图 3.6.23 所示，按 4 号菜单操作键，激活光标 CurA 的多功能旋钮↻，转动↻ 将光标 A 移动到 Sinc 的第一个峰值处。

⑤ 按 5 号菜单操作键，激活光标 CurB 的多功能旋钮↻，转动↻ 将光标 B 移动到 Sinc 第二个峰值处。此时，屏幕右上角显示出光标 A、B 处的时间值、时间增量和 Sinc 的频率。

（2）测量 Sinc 信号第一个波峰的峰峰值。

① 如图 3.6.24 所示，按下 CURSOR 键以显示光标测量菜单。

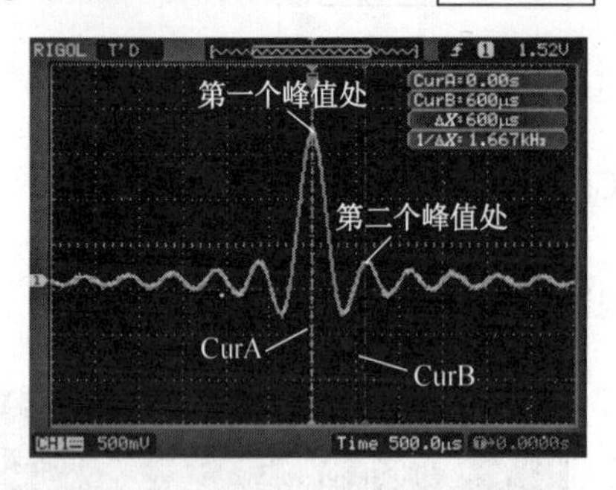

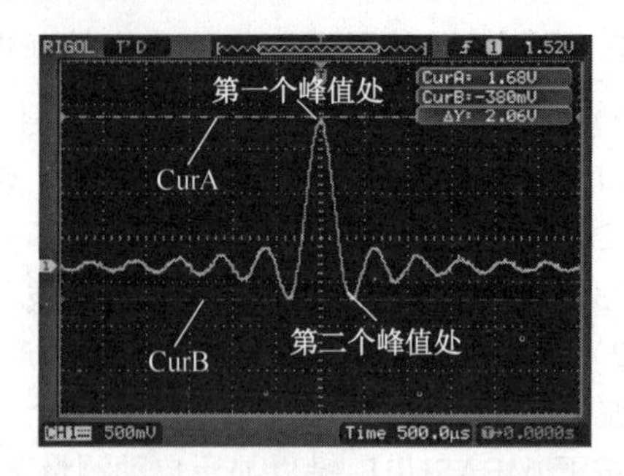

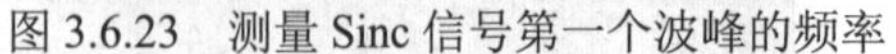

图 3.6.23　测量 Sinc 信号第一个波峰的频率　　图 3.6.24　测量 Sinc 信号第一个波峰的峰峰值

② 按 1 号菜单操作键设置光标模式为手动。

③ 按 2 号菜单操作键设置光标类型为 Y。

④ 分别按动 4、5 号菜单操作键，激活光标 CurA、CurB 的多功能旋钮，转动将光标 A、B 移动到 Sinc 的第一、二个峰值处。屏幕右上角显示出光标 A、B 处的电压值和电压增量即 Sinc 的峰峰值。

5. 使用光标测量 FFT 波形参数

使用光标可测量 FFT 波形的幅值（以 Vrms 或 dBVrms 为单位）和频率（以 Hz 为单位），如图 3.6.25 所示，具体方法如下。

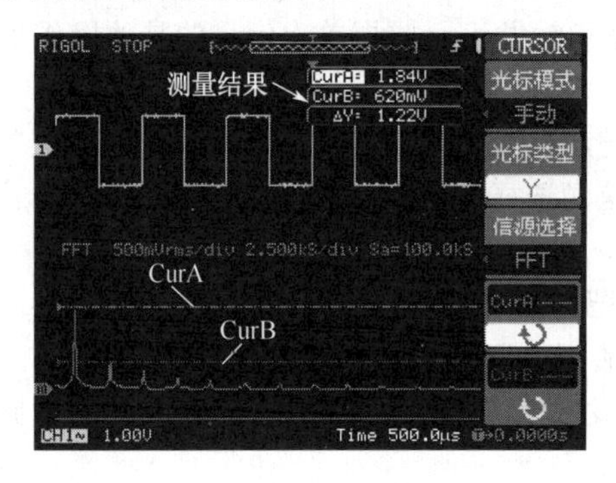

（a）测量 FFT 幅值

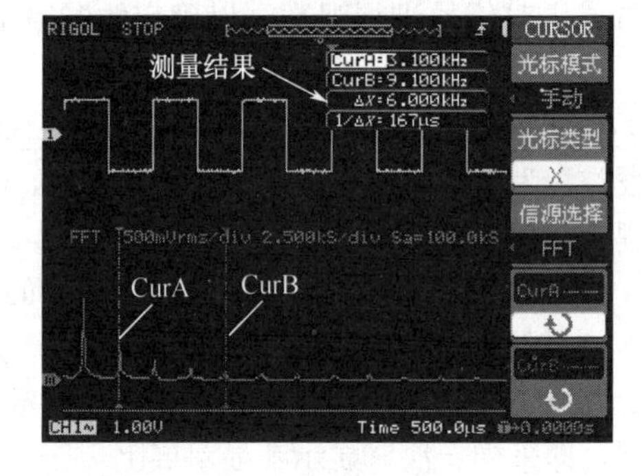

（b）测量 FFT 频率

图 3.6.25　光标测量 FFT 波形的幅值和频率

（1）按 MATH 键弹出 MATH 功能菜单。按 1 号键打开“操作”下拉菜单，转动选择 FFT 并按下确认。此时，FFT 波形便出现在显示屏上。

（2）按 CURSOR 键显示光标测量菜单。按 1 号键打开“光标模式”下拉菜单并选择“手动”类型。

（3）按 2 号菜单操作键，选择光标类型为 X 或 Y。

（4）按 3 号菜单操作键，选择信源为 FFT，菜单将转移到 FFT 窗口。

（5）转动多功能旋钮，移动光标至感兴趣的波形位置，测量结果显示于屏幕右上角。

6. 减少信号随机噪声的方法

如果被测信号上叠加了随机噪声，可以通过调整示波器的设置滤除或减小噪声，避免其在测量中对本体信号的干扰。其方法如下。

（1）设置触发耦合改善触发。按下触发（TRIGGER）控制区 MENU 键，在弹出的触发设置菜单中将触发耦合选择为低频抑制或高频抑制。低频抑制可滤除 8kHz 以下的低频信号分量，允许高频信号分量通过；高频抑制可滤除 150kHz 以上的高频信号分量，允许低频信号分量通过。通过设置低频抑制或高频抑制可以分别抑制低频或高频噪声，以得到稳定的触发。

（2）设置采样方式和调整波形亮度减少显示噪声。按常用 MENU 区 ACQUIRE 键，显示采样设置菜单。按 1 号菜单操作键设置获取方式为平均，然后按 2 号菜单操作键调整平均次数，依次由 2～256 以 2 倍数步进，直至波形的显示满足观察和测试要求。转动旋钮降低波形亮度以减少显示噪声。

3.7　直流稳定电源

直流稳定电源包括恒压源和恒流源。恒压源的作用是提供可调直流电压，其伏安特性十分接近理想电压源；恒流源的作用是提供可调直流电流，其伏安特性十分接近理想电流源。直流稳定电源的种类和型号很多，有独立制作的恒压源和恒流源，也有将两者制成一体的直流稳定电源，但它们的一般功能和使用方法大致相同。现以 HH 系列双路带 5V3A 可调直流稳定电源为例，介绍直流稳定电源的工作原理和使用方法。

3.7.1　直流稳定电源的基本组成和工作原理

HH 系列双路带 5V3A 可调直流稳定电源采用开关型和线性串联双重调节，具有输出电压和电流连续可调、稳压和稳流自动转换、自动限流、短路保护和自动恢复供电等功能。双路电源可通过前面板开关实现两路电源独立供电、串联跟踪供电、并联供电 3 种工作方式。其结构和工作原理框图如图 3.7.1 所示。它主要由变压器、交流电压转换电路、整流滤波电路、调整电路、输出滤波器、取样电路、CV 比较电路、CC 比较电路、基准电压电路、数码显示电路和供电电源等组成。

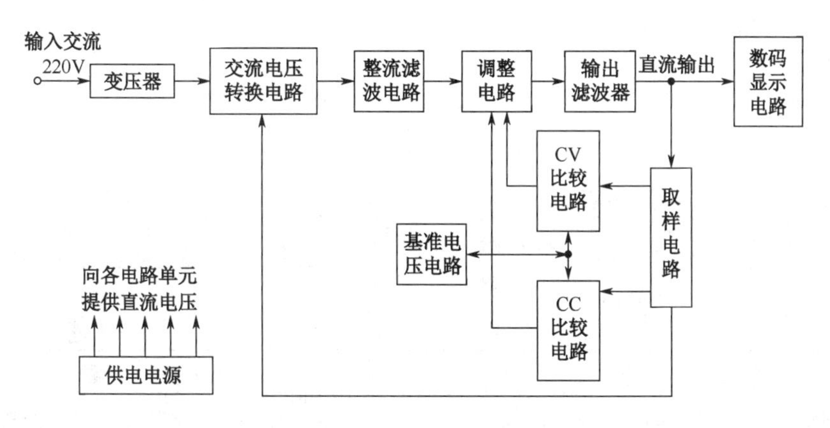

图 3.7.1　Hl 系列直流稳定电源的结构和工作原理框图

（1）变压器。变压器的作用是将 220V 的交流市电转变为多规格交流低电压。

（2）交流电压转换电路。交流电压转换电路主要由运算放大器组成模/数转换器控制电路。其作用是将电源输出电压转换成不同数码，通过驱动电路控制继电器动作，达到自动换挡的目的。随着输出电压的变化，模/数转换器输出不同的数码，控制继电器动作，及时调整送入整流滤波电路的输入电压，以保证电源输出电压大范围变化时，调整管两端电压值始终保持在最合理的范围内。

（3）整流滤波电路。将交流低电压进行整流和滤波转变成脉动很小的直流电。

（4）调整电路。该电路为串联线性调整器。其作用是通过比较放大器控制调整管，使输出电压/电流稳定。

（5）输出滤波器。其作用是将输出电路中的交流分量进行滤波。

（6）取样电路。对电源输出的电压或电流进行取样，并反馈给交流电压转换电路、CV 比较电路、CC 比较电路等。

（7）CV 比较电路。该电路可以预置输出电流，当输出电流小于预置电流时，电路处于稳压状态，CV 比较电路处于控制优先状态。当输入电压或负载变化时，输出电压发生相应变化，此变化经取样电阻输入到比较放大器、基准电压比较放大器等电路，并控制调整管，使输出电压回到原来的数值，达到输出电压恒定的效果。

（8）CC 比较电路。当负载变化输出电流大于预置电流时，CC 比较电路处于控制优先状态，对调整管起控制作用。当负载增加使输出电流增大时，比较电阻上的电压降增大，CC 比较电路输出低电平，使调整管电流趋于原来值，恒定在预置的电流上，达到输出电流恒定的效果，以保护电源和负载。

（9）基准电压电路。提供基准电压。

（10）数码显示电路。将输出电压或电流进行模/数转换并显示出来。

（11）供电电源。为仪器的各部分电路提供直流电压。

3.7.2 直流稳定电源的使用方法

1. HH 系列双路带 5V3A 直流稳定电源操作面板

HH 系列双路带 5V3A 直流稳定电源输出电压为 0～30V 或 0～50V，输出电流为 0～2A 或 0～3A，输出电压/电流从零到额定值均连续可调；固定输出端的输出电压为 5V，输出电流为 3A。电压/电流值采用 $3\frac{1}{2}$ 位 LED 数字显示，并通过开关切换电压/电流显示。HH 系列双路带 5V3A 直流稳定电源操作面板的开关、旋钮位置如图 3.7.2 所示。从动（左）路与主动（右）路电源的开关和旋钮基本对称布置，其功能如下。

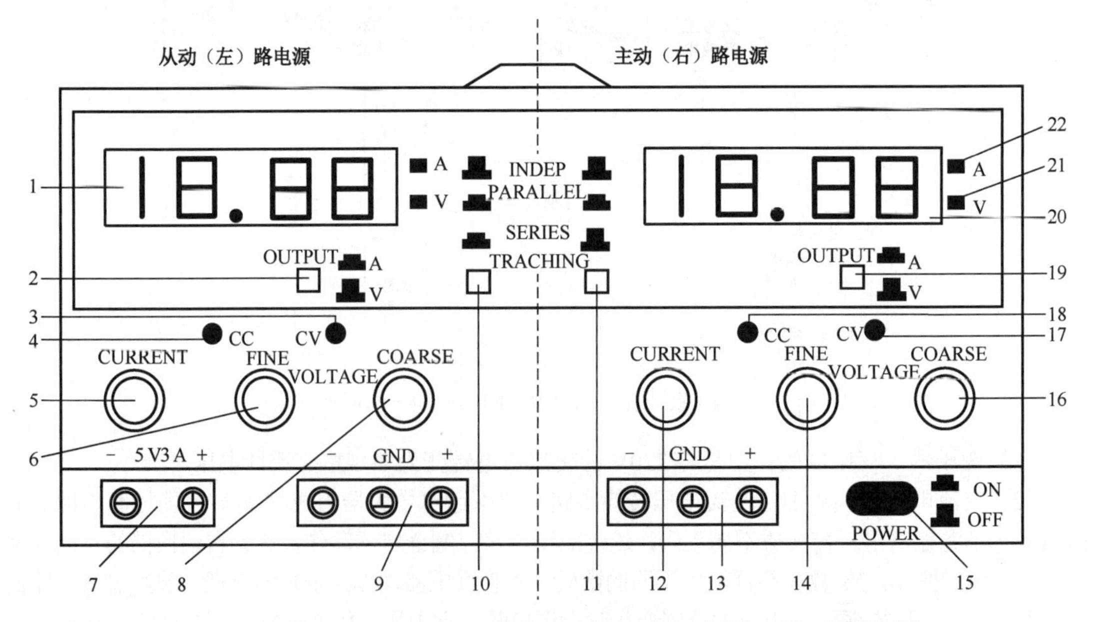

图 3.7.2 HH 系列双路带 5V3A 直流稳定电源操作面板的开关、旋钮位置

（1）从动（左）路 LED 电压/电流显示窗。

（2）从动（左）路电压/电流显示切换开关（OUTPUT）：按下此开关显示从动（左）路电流值；弹出则显示电压值。

（3）从动（左）路恒压输出指示灯（CV）：此灯亮，从动（左）路为恒压输出。

（4）从动（左）路恒流输出指示灯（CC）：此灯亮时，从动（左）路为恒流输出。

（5）从动（左）路输出电流调节旋钮（CURRENT）：可调节从动（左）路输出电流大小。

（6）从动（左）路输出电压细调旋钮（FINE）。

（7）5V3A 固定输出端。

（8）从动（左）路输出电压粗调旋钮（COARSE）。

（9）从动（左）路电源输出端：有电源输出正（+）、电源输出负（-）和接地端（GND）3 个接线端。接地端与机壳、电源输入地线连接。

（10）从动（左）路电源工作状态控制开关。

（11）主动（右）路电源工作状态控制开关。

（12）主动（右）路输出电流调节旋钮（CURRENT）：可调节主动（右）路输出电流大小。

（13）主动（右）路电源输出端。接线端与从动（左）路相同。

（14）主动（右）路输出电压细调旋钮（FINE）。

（15）电源开关：按下为开机（ON）；弹出为关机（OFF）。

（16）主动（右）路输出电压粗调旋钮（COARSE）。

（17）主动（右）路恒压输出指示灯（CV）：此灯亮时，主动（右）路为恒压输出。

（18）主动（右）路恒流输出指示灯（CC）：此灯亮时，主动（右）路为恒流输出。

（19）主动（右）路电压/电流显示切换开关（OUTPUT）：按下此开关显示主动（右）路电流值；弹出则显示电压值。

（20）主动（右）路 LED 电压/电流显示窗。

（21）显示状态及数值的单位指示灯：此灯亮时，显示数值为电压值，单位为 V。

（22）显示状态及数值的单位指示灯：此灯亮时，显示数值为电流值，单位为 A。

2. HH 系列双路带 5V3A 直流稳定电源的使用方法

1）双路电源独立的使用方法

（1）将主（右）、从（左）动路电源工作状态控制开关 10、11 分别置于弹起位置（▲），使主、从动输出电路均处于独立工作状态。

（2）恒压输出调节。将电流调节旋钮顺时针方向调至最大，电压/电流显示开关置于电压显示状态（弹起▲），通过电压粗调旋钮和细调旋钮的配合将输出电压调至所需电压值，CV 灯常亮，此时直流稳定电源工作于恒压状态。如果负载电流超过电源最大输出电流，CC 灯亮，那么电源自动进入恒流（限流）状态，随着负载电流的增大，输出电压会下降。

（3）恒流输出调节。按下电压/电流显示开关，将其置于电流显示状态（▬）。逆时针转动电压调节旋钮至最小。调节输出电流调节旋钮至所需电流值，再将电压调节旋钮调至最大，接上负载，CC 灯亮。此时直流稳定电源工作于恒流状态，恒流输出电流为调节值。

如果负载电流未达到调节值时，CV 灯亮，此时直流稳定电源还是工作于恒压状态。

2）双路电源串联（两路电压跟踪）的使用方法

按下从动（左）路电源工作状态控制开关，即▬位，弹起主动（右）路电源工作状态控制开关，即▲位。顺时针方向转动两路电流调节旋钮至最大。调节主动（右）路电压调节旋钮，从动（左）路输出电压将完全跟踪主动路输出电压变化，其输出电压为两路输出电压之和，即主动路输出正端（+）与从动路输出负端（-）之间电压值。最高输出电压为两路额定输出电压之和。

当两路电源串联使用时，两路的电流调节仍然是独立的，如从动路电流调节不在最大，而在某限流值上，当负载电流大于该限流值时，则从动路工作于限流状态，不再跟踪主动路的调节。

3）两路电源并联使用方法

主动（右）、从动（左）路电源工作状态控制开关均按下，即▬位，从动（左）路电源工作状态指示灯（CC灯）亮。此时，两路输出处于并联状态，调节主动路电压调节旋钮即可调节输出电压。

当两路电源并联使用时，电流由主动路电流调节旋钮调节，其输出最大电流为两路额定电流之和。

3. HH系列双路带5V3A直流稳定电源的使用注意事项

（1）两路输出负端（-）与接地端（GND）不应有连接片，否则会引起电源短路。

（2）连接负载前，应调节电流调节旋钮使输出电流大于负载电流值，以有效保护负载。

第二篇　电路分析与故障诊断

第 4 章　电源电路的功能和组成

每个电子设备都有一个供给能量的电源电路。电源电路有整流电源、逆变电源和变频器 3 种。常见的家用电器中多数都要用到直流电源。直流电源的最简单的供电方法是用电池。但电池有成本高、体积大、需要不时更换（蓄电池则要经常充电）等缺点，因此既经济可靠又方便的方案是使用整流电源。

电子电路中的电源一般是低压直流电，所以要想从 220V 市电转换成直流电，应该先把 220V 交流转换成低压交流电，再用整流电路转换成脉动的直流电，最后用滤波电路滤除脉动直流电中的交流成分后才能得到直流电。有的电子设备对电源的质量要求很高，所以有时还需要再增加一个稳压电路。因此整流电源的组成一般有四大部分，如图 4.1.1 所示。其中，变压电路其实就是一个铁芯变压器，需要介绍的只是后面 3 种单元电路。

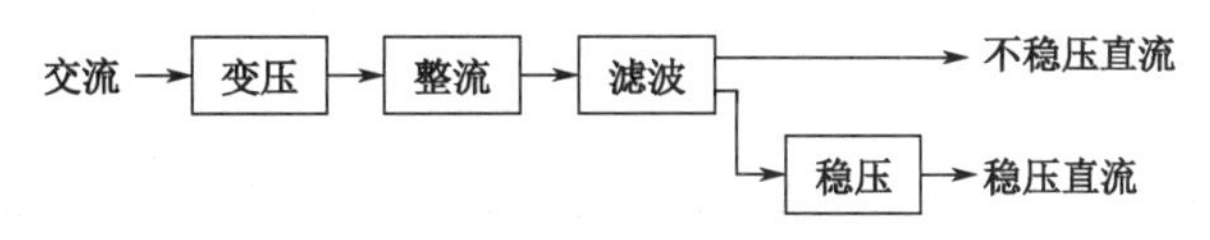

图 4.1.1　整流电源的组成

4.1　整流电路

整流电路是利用半导体二极管的单向导电性能把交流电转换成单向脉动直流电的电路。

（1）半波整流电路。半波整流电路只需一只二极管，如图 4.1.2（a）所示。在交流电正半周时 VD 导通，负半周时 VD 截止，负载 R_L 上得到的是脉动直流电。

（2）全波整流电路。全波整流电路要用两只二极管，而且要求变压器有带中心抽头的两个圈数相同的次级线圈，如图 4.1.2（b）所示。负载 R_L 上得到的是脉动全波整流电流，输出电压比半波整流电路的电压高。

（3）全波桥式整流电路。用 4 只二极管组成的桥式整流电路可以使用只有单个次级线圈的变压器，如图 4.1.2（c）所示。负载上的电流波形和输出电压与全波整流电路相同。

（4）倍压整流电路。用多只二极管和电容器可以获得较高的直流电压。图 4.1.2（d）所示为一个二倍压整流电路。当 U_2 为负半周时 VD_1 导通，C_1 被充电，C_1 上最高电压可接近 $1.4U_2$；当 U_2 正半周时 VD_2 导通，C_1 上的电压和 U_2 叠加在一起对 C_2 充电，使 C_2 上电压接近 $2.8U_2$，是 C_1 上电压的 2 倍，所以称为倍压整流电路。

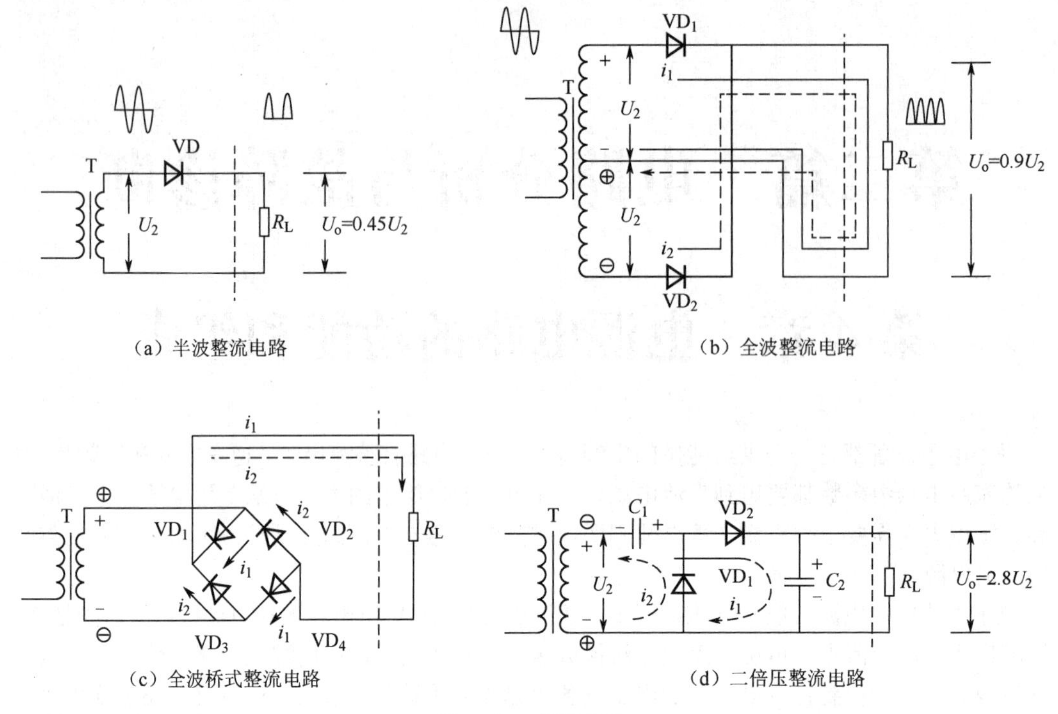

（a）半波整流电路　　（b）全波整流电路

（c）全波桥式整流电路　　（d）二倍压整流电路

图 4.1.2　整流电路

4.2　滤波电路

整流后得到的是脉动直流电，如果加上滤波电路滤除脉动直流电中的交流成分，就可得到平滑的直流电。

（1）电容滤波电路。把电容器和负载并联，如图 4.2.1（a）所示。正半周时电容被充电；负半周时电容放电，就可使负载上得到平滑的直流电。

（2）电感滤波电路。把电感和负载串联起来，如图 4.2.1（b）所示，也能滤除脉动直流电中的交流成分。

（3）LC 滤波电路。用一个电感和一个电容组成的滤波电路因为像一个倒写的字母“L”，被称为 L 型，如图 4.2.1（c）所示。用一个电感和两个电容组成的滤波电路因为像字母“π”，被称为π型，如图 4.2.1（d）所示，这是滤波效果较好的电路。

（4）RC 滤波电路。电感器的成本高、体积大，所以在电流不太大的电子电路中常用电阻器取代电感器而组成 RC 滤波电路。同样，它也有 L 型，如图 4.2.1（e）所示；还有π型，如图 4.2.1（f）所示。

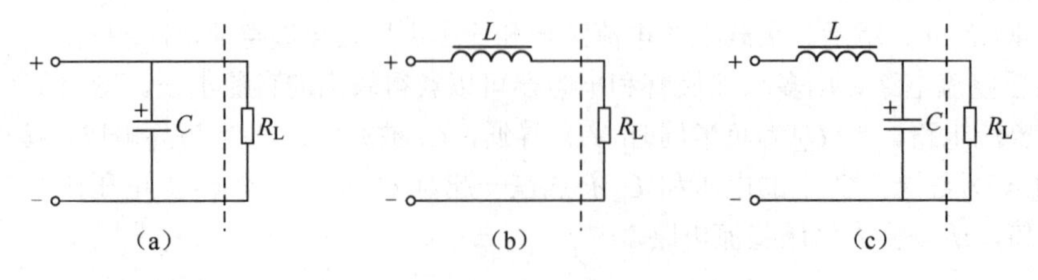

（a）　（b）　（c）

图 4.2.1　滤波电路

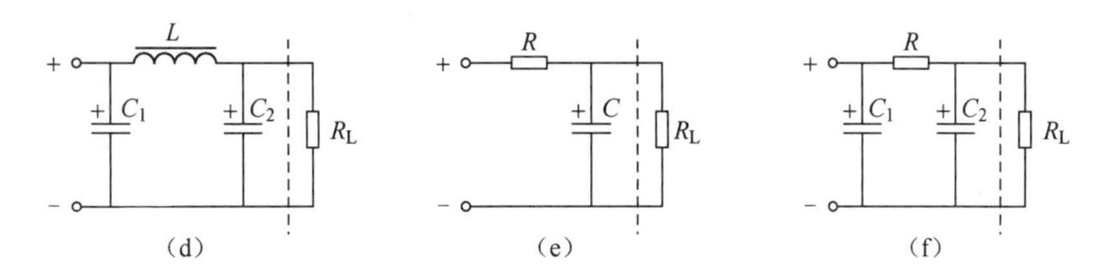

图 4.2.1　滤波电路（续）

4.3　稳压电路

交流电网电压的波动和负载电流的变化都会使整流电源的输出电压和电流随之变动，因此要求较高的电子电路必须使用稳压电源。

（1）稳压管并联稳压电路。一个稳压管和负载并联的电路是最简单的稳压电路，如图 4.3.1（a）所示。图中，R 为限流电阻。这个电路的输出电流很小，它的输出电压等于稳压管的稳定电压值 V_Z。

（2）串联型稳压电路。有放大和负反馈作用的串联型稳压电路是最常用的稳压电路。它的电路和原理框图如图 4.3.1（b）、图 4.3.1（c）所示。它从取样电路（R_3、R_4）中检测出输出电压的变动，与基准电压（V_Z）比较并经放大器（VT_2）放大后加到调整管（VT_1）上，使调整管两端的电压随着变化。如果输出电压下降，就使调整管压降也降低，于是输出电压被提升；如果输出电压上升，就使调整管压降也上升。于是，输出电压被压低，结果就使输出电压基本不变。在这个电路的基础上发展成很多变型电路或增加一些辅助电路，如用复合管作为调整管、输出电压可调的电路、用运算放大器作为比较放大的电路，以及增加辅助电源和过流保护电路等。

（3）开关型稳压电路。近年来广泛应用的新型稳压电源是开关型稳压电源。它的调整管工作在开关状态，本身功耗很小，所以有效率高、体积小等优点，但电路比较复杂。

开关型稳压电路从原理上分有很多种。它的基本原理框图如图 4.3.1（d）所示。图中，电感 L 和电容 C 是储能和滤波元件，二极管 VD 是调整管在关断状态时为 LC 滤波器提供电流通路的续流二极管。开关稳压电源的开关频率都很高，一般为几赫兹至几十千赫兹，所以电感器的体积不是很大，输出电压中的高次谐波也不多。

它的基本工作原理是：从取样电路（R_1、R_2）中检测出取样电压经比较放大后去控制一个矩形波发生器。矩形波发生器的输出脉冲用来控制调整管（VT）的导通和截止时间。如果输出电压 U_o 因为电网电压或负载电流的变动而降低，就会使矩形波发生器的输出脉冲变宽。于是，调整管导通时间增大，使 LC 储能电路得到更多的能量，结果是使输出电压 U_o 被提升，达到了稳定输出电压的目的。

（4）集成化稳压电路。近年来已有大量集成稳压器产品问世，品种很多，结构也各不相同。目前用得较多的有三端集成稳压器、输出正电压的 CW7800 系列和输出负电压的 CW7900 系列等产品。输出电流为 0.1～3A，输出电压有 5V、6V、9V、12V、15V、18V、24V 等。

这种集成稳压器只有 3 个端子，稳压电路的所有部分包括大功率调整管及保护电路等都已集成在芯片内。使用时，只要加上散热片后接到整流滤波电路后面就行了。其优点是：外围元件少、稳压精度高、工作可靠，一般不需要调试。

如图 4.3.1（e）所示为一个三端稳压器电路。图中，C 是主滤波电容，C_1、C_2 均是消除寄生振荡的电容，VD 是为防止输入短路烧坏集成块而使用的保护二极管。

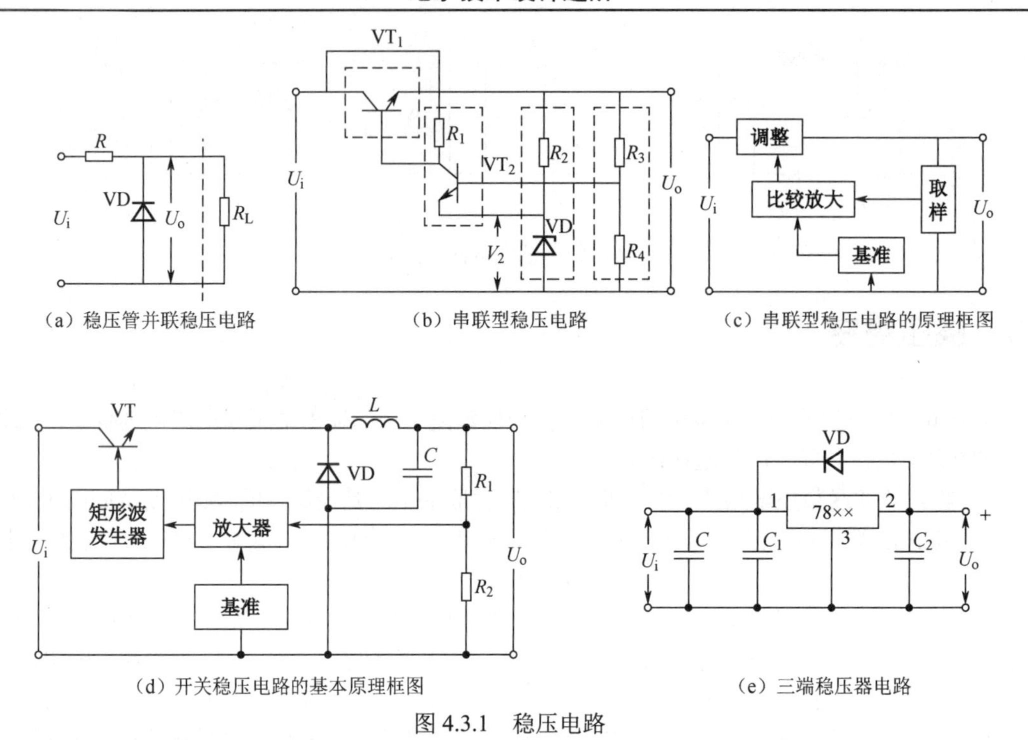

（a）稳压管并联稳压电路 （b）串联型稳压电路 （c）串联型稳压电路的原理框图

（d）开关稳压电路的基本原理框图 （e）三端稳压器电路

图 4.3.1 稳压电路

4.4 电源电路读图要点和举例

电源电路是电子电路中比较简单且应用最广的电路。当拿到一张电源电路图时，应该按照以下步骤进行工作。①先按“整流—滤波—稳压”的次序把整个电源电路分解开，再逐级细细分析。②逐级分析时，要分清主电路和辅助电路、主要元件和次要元件，弄清它们的作用和参数要求等。例如，在开关稳压电源中，电感电容和续流二极管就是它的关键元件。③因为晶体管有 NPN 型和 PNP 型两类，某些集成电路要求双电源供电，所以一个电源电路往往包括有不同极性、不同电压值和好几组输出。当读图时，必须分清各组输出电压的数值和极性。在组装和维修时，也要仔细分清晶体管和电解电容的极性，防止出错。④熟悉某些习惯画法和简化画法。⑤把整个电源电路从前到后全面综合贯通起来。这张电源电路图也就读懂了。

1. 电热毯控温电路

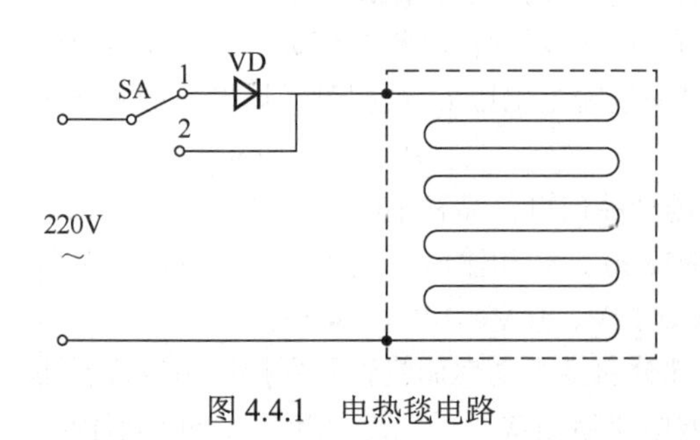

图 4.4.1 电热毯电路

图 4.4.1 所示为一个电热毯电路。开关在“1”的位置是低温挡。220V 市电经二极管后接到电热毯，因为是半波整流，电热毯两端所加的是约 100V 的脉动直流电，发热不高，所以是保温或低温状态。开关扳到“2”的位置，220V 市电直接接到电热毯上，所以是高温挡。

2. 高压电子灭蚊蝇器

图 4.4.2 所示为利用倍压整流原理得到小电流直流高压电的灭蚊蝇器电路。220V 交流电经过 4 倍压整流后输出电压可达 1100V，把这个直流高压加到平行的金属丝网上。网下放诱饵，当苍蝇停在网上时造成短路，电容器上的高压通过苍蝇身体放电把苍蝇击毙。苍蝇尸体落下后，电容器又被充电，电网又恢复高压。这个高压电网电流很小，因此对人无害。

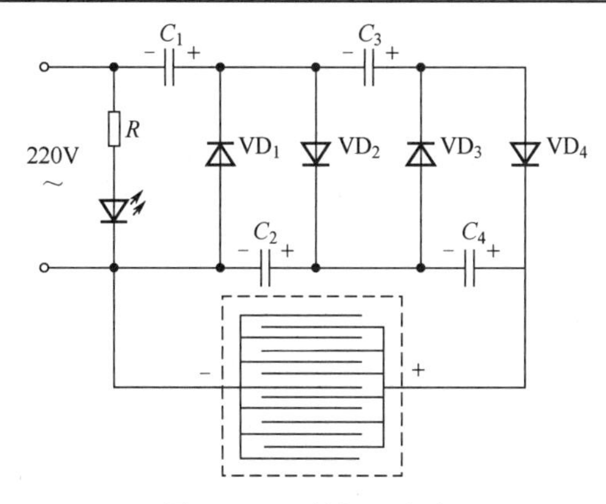

图 4.4.2　灭蚊蝇器电路

由于昆虫夜间有趋光性，因此在这电网后面放一个 3W 荧光灯或小型黑光灯，就可以诱杀蚊虫和有害昆虫。

3. 实用稳压电源

图 4.4.3 所示为一个实用稳压电源。输出电压 3～9V 可调，输出电流最大 100mA。这个电路就是串联型稳压电源电路。需要注意的是：①整流桥的画法与图 4.1.2（c）不同，实际上它就是桥式整流电路。②这个电路使用 PNP 型锗管，所以输出的是负电压，正极接地。③用两只普通二极管代替稳压管。任何二极管的正向压降都是基本不变的，因此可用二极管代替稳压管。2AP 型二极管的正向压降约为 0.3V，2CP 型约为 0.7V，2CZ 型约为 1V。图中用了两只 2CZ 二极管作为基准电压。④取样电阻是一个电位器，所以输出电压是可调的。

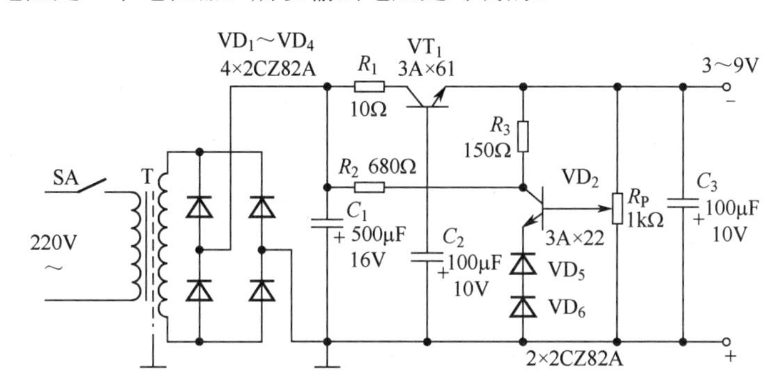

图 4.4.3　实用稳压电源

能够把微弱的信号放大的电路称为放大电路或放大器。例如，助听器中的关键部件就是一个放大器。

第 5 章　放大电路的用途和组成

放大器（又称为放大电路）有交流放大器和直流放大器。交流放大器可按频率分为低频、中频和高频；接输出信号强弱分为电压放大、功率放大等。此外，还有用集成运算放大器和特殊晶体管作为器件的放大器。它是电子电路中最复杂多变的电路。

读放大电路图时也是按照“逐级分解、抓住关键、细致分析、全面综合”的原则和步骤进行的。首先把整个放大电路按输入、输出逐级分开，然后逐级抓住关键进行分析弄通原理。放大电路的特点：一是有静态和动态两种工作状态，所以有时要画出它的直流通路和交流通路才能进行分析；二是电路加有负反馈，这种反馈有时在本级内，有时是从后级反馈到前级，所以在分析这一级时还要能瞻前顾后。在掌握每一级的原理后，就可以把整个电路串通起来进行全面综合。

下面介绍几种常见的放大电路。

5.1　低频电压放大器

低频电压放大器是指工作频率为 20Hz～20kHz、输出要求有一定电压值而不要求很强的电流的放大器。

1. 共发射极放大电路

图 5.1.1（a）所示为共发射极放大电路。C_1 为输入电容，C_2 为输出电容，三极管 VT 就是起放大作用的器件，R_B 为基极偏置电阻，R_C 为集电极负载电阻；1、3 端是输入，2、3 端是输出。3 端是公共点，通常是接地的，也称为“地”端。静态时的直流通路如图 5.1.1（b）所示，动态时的交流通路如图 5.1.1（c）所示。电路的特点是电压放大倍数从十几到一百多，输出电压的相位和输入电压是相反的，性能不够稳定，可用于一般场合。

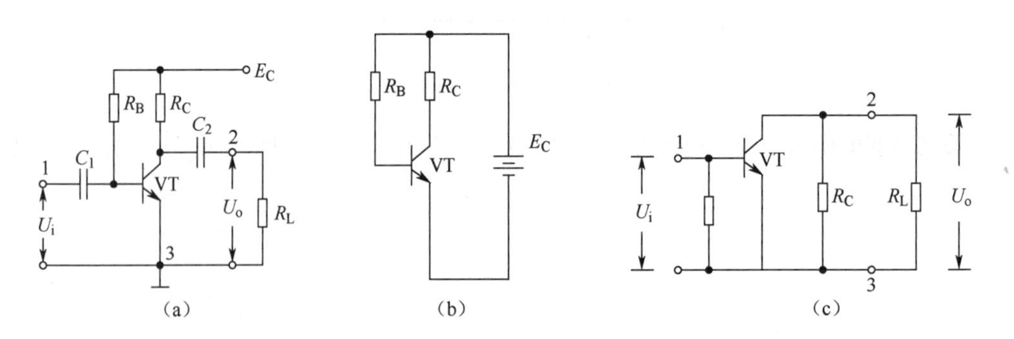

图 5.1.1　共发射极放大电路

2. 分压式偏置共发射极放大电路

图 5.1.2 比图 5.1.1 多用 3 个元件。基极电压是由 R_{B1} 和 R_{B2} 分压取得的，所以称为分压偏置。发射极中增加电阻 R_E 和电容 C_E，C_E 为交流旁路电容，对交流是短路的；R_E 则有直流负反馈作用。所谓反馈，是指把输出的变化通过某种方式送到输入端，作为输入的一部分。如果送回部分和原

来的输入部分是相减的，就是负反馈。图 5.1.2（b）中，基极真正的输入电压是 R_{B2} 上电压和 R_E 上电压的差值，所以是负反馈。由于采取了上面两个措施，使电路工作稳定性能提高，因此是应用最广的放大电路。

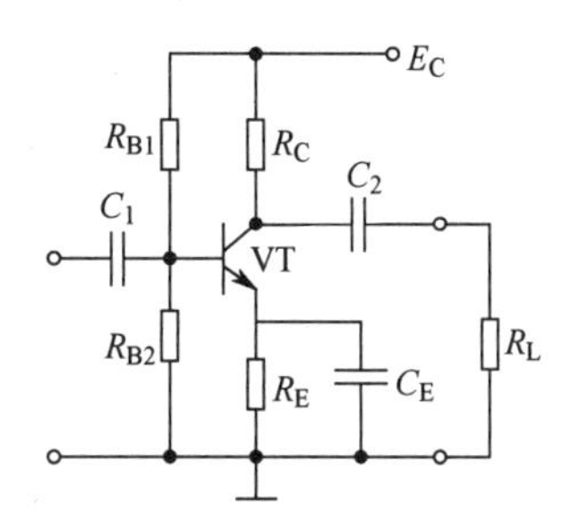

图 5.1.2　分压式偏置共发射极放大电路

3. 射极输出器

图 5.1.3（a）所示为一个射极输出器。它的输出电压是从射极输出的。图 5.1.3（b）所示为它的交流通路图，可以看到它是共集电极放大电路。

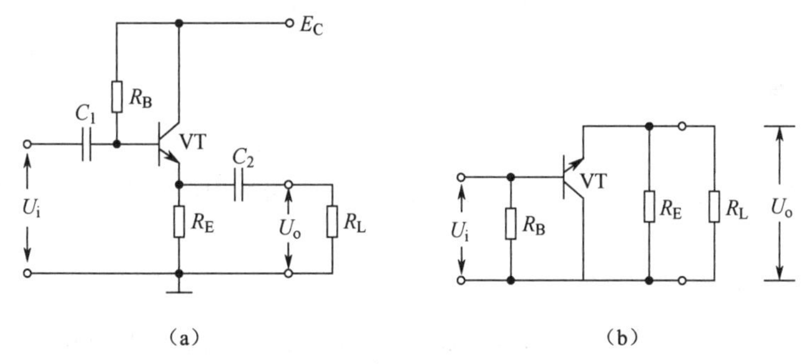

图 5.1.3　射极输出器及其交流通路图

在图 5.1.3 中，晶体管真正的输入是 U_i 和 U_o 的差值，所以这是一个交流负反馈很深的电路。由于很深的负反馈，这个电路的特点是：电压放大倍数小于 1 而接近 1，输出电压和输入电压同相，输入阻抗高、输出阻抗低、失真小、频带宽、工作稳定。它经常被用作放大器的输入级、输出级或作为阻抗匹配。

4. 低频放大器的耦合

一个放大器通常有好几级，级与级之间的联系就称为耦合。放大器的级间耦合方式有以下 3 种。

（1）RC 耦合，如图 5.1.4（a）所示。其优点是简单、成本低，但性能不是最佳。

（2）变压器耦合，如图 5.1.4（b）所示。其优点是阻抗匹配好、输出功率和效率高，但变压器制作比较麻烦。

（3）直接耦合，如图 5.1.4（c）所示。其优点是频带宽，可用作直流放大器，但前后级工作有牵制，稳定性差，设计制作较麻烦。

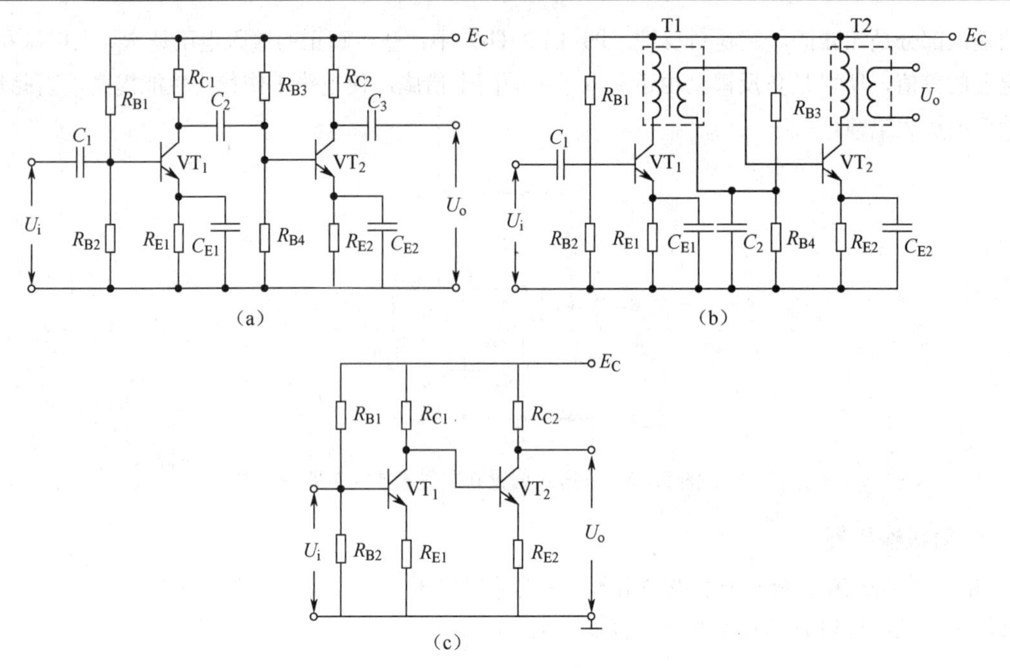

图 5.1.4　低频放大器的耦合

5.2　功率放大器

能把输入信号放大并向负载提供足够大的功率的放大器称为功率放大器。例如，收音机的末级放大器就是功率放大器。

1．甲类单管功率放大器

图 5.2.1 所示为单管功率放大器。在图 5.2.1 中，C_1 为输入电容，T 为输出变压器。它的集电极负载电阻 R_C' 是将负载电阻 R_L 通过变压器匝数比折算过来的。

$$R_C' = (\frac{N_1}{N_2})^2 R_L$$

负载电阻是低阻抗的扬声器，用变压器可以起阻抗变换作用，使负载得到较大的功率。这个电路不管有没有输入信号，晶体管始终处于导通状态，静态电流比较大，因此集电极损耗较大，效率不高，大约只有 35%。这种工作状态被称为甲类工作状态。这种电路一般用在功率不大的场合，它的输入方式可以是变压器耦合，也可以是 RC 耦合。

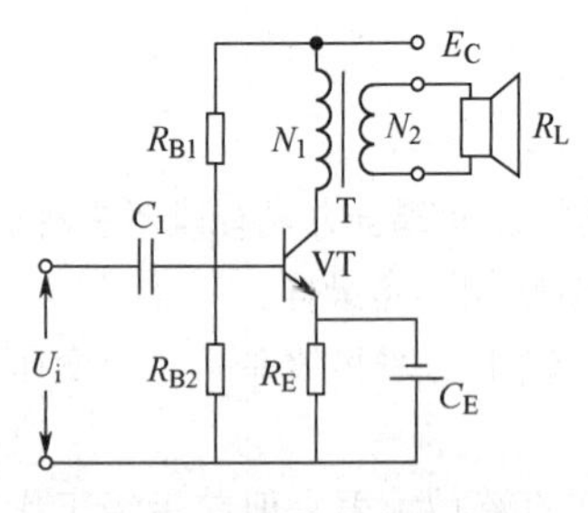

图 5.2.1　单管功率放大器

2．乙类推挽功率放大器

图 5.2.2 所示为常用的乙类推挽功率放大器。它由两只特性相同的晶体管组成对称电路，在没有输入信号时，每只三极管都处于截止状态，静态电流几乎为零，只有在有信号输入时三极管才导通，这种状态称为乙类工作状态。当输入信号是正弦波时，正半周时 VT_1 导通、VT_2 截止，负半周时 VT_2 导通、VT_1 截止。两只三极管交替出现的电流在输出变压器中合成，使负载上得到纯正的正弦波。这种两管交替工作的形式称为推挽电路。

乙类推挽功率放大器的输出功率较大，失真也小，效率也较高，一般可达 60%。

3. OTL 功率放大器

目前广泛应用的无变压器乙类推挽功率放大器，简称 OTL 功率放大器，其是一种性能很好的功率放大器。为了易于说明，先介绍一个有输入变压器没有输出变压器的 OTL 功率放大器，如图 5.2.3 所示。

这个电路使用两只特性相同的晶体管，两组偏置电阻和发射极电阻的阻值也相同。在静态时，VT_1、VT_2 流过的电流很小，电容 C 上充有对地为 1/2 E_C 的直流电压。在有输入信号时，正半周时 VT_1 导通、VT_2 截止，集电极电流 i_{c1} 方向如图所示，负载 R_L 上得到放大了的正半周输出信号。负半周时 VT_1 截止、VT_2 导通，集电极电流 i_{c2} 的方向如图所示，R_L 上得到放大了的负半周输出信号。这个电路的关键元件是电容器 C，它上面的电压就相当于 VT_2 的供电电压。

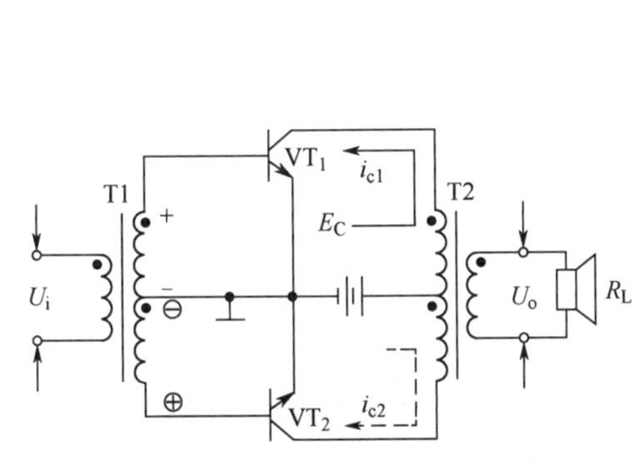

图 5.2.2　常用的乙类推挽功率放大器

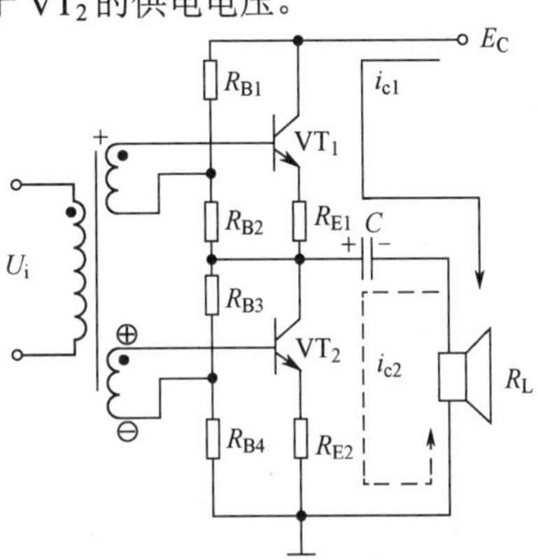

图 5.2.3　OTL 功率放大器

以 OTL 电路为基础，还有用三极管倒相的不用输入变压器的真正 OTL 电路，用 PNP 管和 NPN 管组成的互补对称式 OTL 电路，以及最新的桥接推挽功率放大器，简称 BTL 电路等。

5.3　直流放大器

能够放大直流信号或变化很缓慢的信号的电路称为直流放大器或直流放大电路。测量和控制方面常用到这种放大器。

1. 双管直耦放大器

直流放大器不能用 RC 耦合或变压器耦合，只能用直接耦合（简称直耦）方式。图 5.3.1 所示为一个两级直耦放大器。直耦方式会带来前后级工作点的相互牵制，电路中在 VT_2 的发射极加电阻 R_E 以提高后级发射极电位来解决前后级的牵制。直流放大器的另一个更重要的问题是零点漂移。所谓零点漂移，是指放大器在没有输入信号时，由于工作点不稳定引起静态电位缓慢变化，这种变化被逐级放大，使输出端产生虚假信号。放大器级数越多，零点漂移越严重。所以这种双管直耦放大器只能用于要求不高的场合。

2. 差分放大器

解决零点漂移的办法是采用差分放大器，应用较广的射极耦合差分放大器如图 5.3.2 所示。它使用双电源，其中 VT_1 和 VT_2 的特性相同，两组电阻数值也相同，R_E 有负反馈作用。实际上这是一个桥形电路，由两个电阻和两只三极管组成的 4 个桥臂，输出电压 U_o 从电桥的对角线上取出。没有输入信号时，因为 R_{C1}=R_{C2} 和两管特性相同，所以电桥是平衡的，输出电压为零。由于是接成桥形，零点漂移也很小。

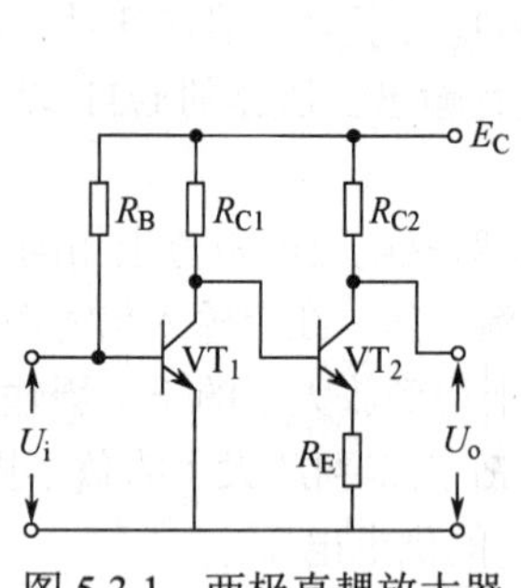

图 5.3.1　两极直耦放大器

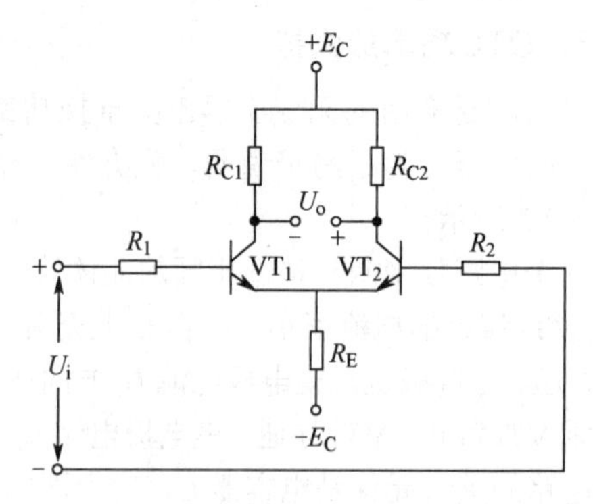

图 5.3.2　射极耦合差分放大器

差分放大器有良好的稳定性，因此得到广泛的应用。

5.4　集成运算放大器

集成运算放大器是一种把多级直流放大器制作在一个集成片上，只要在外部接少量元件就能完成各种功能的器件。因为它早期在模拟计算机中用作加法器、乘法器，所以称为运算放大器。它有十多个引脚，一般都用有 3 个端子的三角形符号表示，如图 5.4.1 所示。它有两个输入端、一个输出端，上面那个输入端称为反相输入端，用“−”标记；下面的输入端称为同相输入端，用“+”标记。

集成运算放大器可以完成加、减、乘、除、微分、积分等多种模拟运算，也可以接成交流或直流放大器应用。当用作放大器时，有以下几种。

1. 带调零的同相输出放大电路。

图 5.4.2 所示为带调零端的同相输出运放电路。引脚 1、11、12 都是调零端，调整 R_P 可使输出端 8 在静态时输出电压为零。引脚 9、6 分别接正、负电源。输入信号接到同相输入端 5，因此输出信号和输入信号同相。放大器负反馈经反馈电阻 R_2 接到反相输入端 4。同相输入接法的电压放大倍数总是大于 1 的。

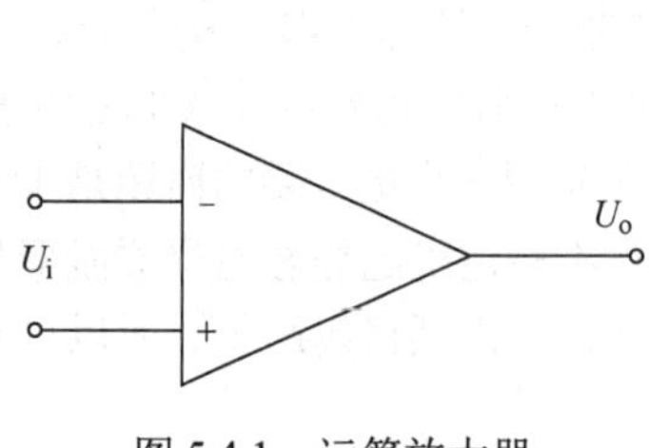

图 5.4.1　运算放大器

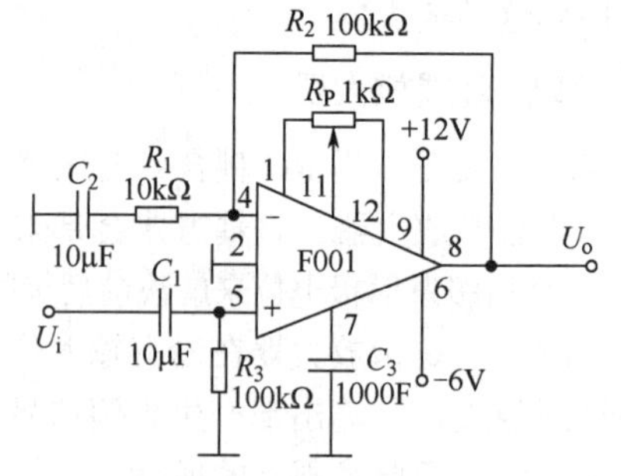

图 5.4.2　带调零端的同相输出运放电路

2. 反相输出运放电路

也可以使输入信号从反相输入端接入，如图 5.4.3 所示。若对电路要求不高，则可以不用调零，这时可以把 3 个调零端短路。

输入信号从耦合电容 C_1 经 R_1 接入反相输入端，而同相输入端通过电阻 R_3 接地。反相输入接法的电压放大倍数可以大于 1、等于 1 或小于 1。

3. 同相输出高输入阻抗运放电路

图 5.4.4 中没有接入 R_1，相当于 R_1 阻值无穷大，这时电路的电压放大倍数等于 1，输入阻抗可达几百千欧。

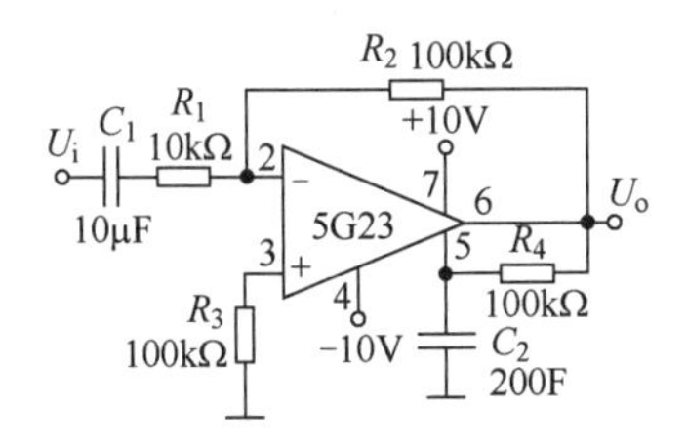

图 5.4.3　反相输出运放电路

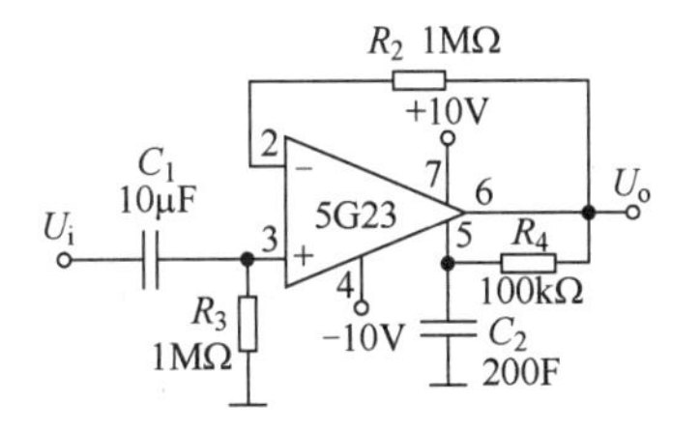

图 5.4.4　同相输出高输入阻抗运放电路

5.5　放大电路读图要点和举例

放大电路是电子电路中变化较多和较复杂的电路。在拿到一张放大电路图时，首先要把它逐级分解开；然后一级一级分析并掌握它的原理；最后再全面综合。读图时要注意以下几点。

（1）在逐级分析时要区分开主要元器件和辅助元器件。放大器中使用的辅助元器件很多，如偏置电路中的温度补偿元件，稳压稳流元器件，防止自激振荡的防振元件、去耦元件，保护电路中的保护元件等。

（2）在分析中最主要和困难的是反馈的分析，要能找出反馈通路，判断反馈的极性和类型，特别是多级放大器，往往以后级将负反馈加到前级，因此更要细致分析。

（3）一般低频放大器常用 RC 耦合方式；高频放大器则常常是和 LC 调谐电路有关的，或者是用单调谐或用双调谐电路，而且电路里使用的电容器容量一般也比较小。

（4）注意晶体管和电源的极性，在放大器中常使用双电源，这是放大电路的特殊性。

1. 助听器电路

图 5.5.1 所示为一个助听器电路。实际上是一个 4 级低频放大器。VT_1、VT_2 之间和 VT_3、VT_4 之间采用直接耦合方式，VT_2 和 VT_3 之间则用 RC 耦合。为了改善音质，VT_1 和 VT_3 的本级有并联电压负反馈（R_2 和 R_7）。由于使用高阻抗的耳机，因此可以把耳机直接接在 VT_4 的集电极回路内。R_6、C_2 是去耦电路，C_6 是电源滤波电容。

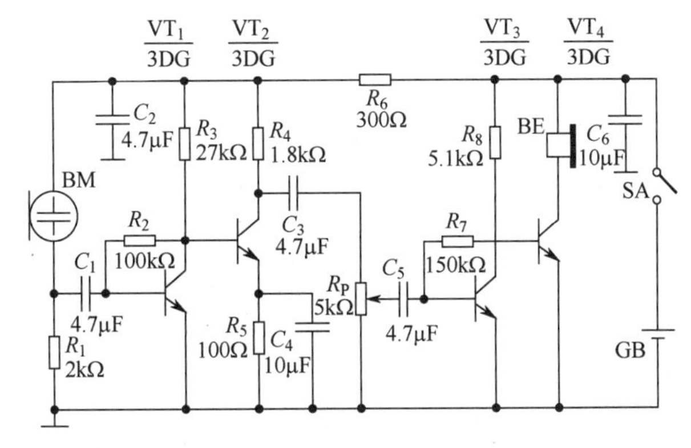

图 5.5.1　助听器电路

2. 收音机低放电路

图 5.5.2 所示为普及型收音机的低放电路。电路共 3 级，第 1 级（VT_1）前置电压放大，第 2

级（VT_2）是推动级，第 3 级（VT_3、VT_4）是推挽功放。VT_1 和 VT_2 之间采用直接耦合，VT_2 和 VT_3、VT_4 之间用输入变压器（T1）耦合并完成倒相，最后用输出变压器（T2）输出，使用低阻扬声器。此外，VT_1 本级有并联电压负反馈（R_1），T2 次级经 R_3 送回到 VT_2 有串联电压负反馈。电路中 C_2 的作用是增强高音区的负反馈，减弱高音以增强低音。R_4、C_4 为去耦电路，C_3 为电源的滤波电容。

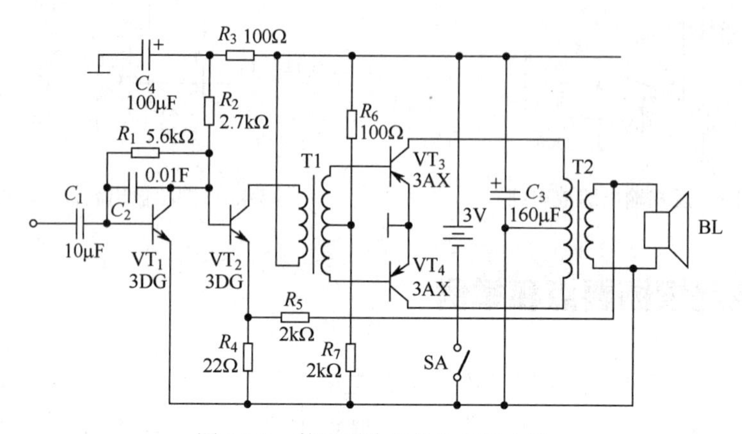

图 5.5.2 普及型收音机的低放电路

第 6 章　振荡电路的用途和振荡条件

不需要外加信号就能自动地把直流电能转换成具有一定振幅和频率的交流信号的电路就称为振荡电路（或振荡器）。这种现象也称为自激振荡。或者说，能够产生交流信号的电路就称为振荡电路。.

一个振荡器必须包括放大器、正反馈电路和选频网络三部分。放大器能对振荡器输入端所加的输入信号予以放大使输出信号保持恒定的数值。正反馈电路保证向振荡器输入端提供的反馈信号是相位相同的，只有这样才能使振荡维持下去。选频网络则只允许某个特定频率 f_0 能通过，使振荡器产生单一频率的输出。

振荡器能不能振荡起来并维持稳定的输出是由以下两个条件决定的；一个是反馈电压 U_f 和输入电压 U_i 要相等，这是振幅平衡条件；二是 U_f 和 U_i 必须相位相同，这是相位平衡条件，也就是说必须保证是正反馈。一般情况下，振幅平衡条件容易做到，所以判断一个振荡电路能否振荡，主要是看它的相位平衡条件是否成立。

振荡器按振荡频率的高低可分成超低频（20Hz 以下）、低频（20Hz～200kHz）、高频（200kHz～30MHz）和超高频（10～350MHz）等几种。按振荡波形可分成正弦波振荡和非正弦波振荡两类。

正弦波振荡器按照选频网络所用的元件可以分成 LC 振荡器、RC 振荡器和石英晶体振荡器三种。石英晶体振荡器有很高的频率稳定度，只在要求很高的场合使用。在一般家用电器中，大量使用着各种 LC 振荡器和 RC 振荡器。

6.1　LC 振荡器

LC 振荡器的选频网络是 LC 谐振电路。它们的振荡频率都比较高，常见电路有变压器反馈 LC 振荡电路、电感三点式振荡电路和电容三点式振荡电路 3 种。

1. 变压器反馈 LC 振荡电路

图 6.1.1（a）所示为变压器反馈 LC 振荡电路。晶体管 VT 是共发射极放大器。变压器 T 的初级是起选频作用的 LC 谐振电路，变压器 T 的次级向放大器输入提供正反馈信号。当接通电源时，LC 回路中出现微弱的瞬变电流，但是只有频率和回路谐振频率 f_0 相同的电流才能在回路两端产生较高的电压，这个电压通过变压器初次级 L_1、L_2 的耦合又送回到晶体管 VT 的基极。从图 6.1.1（b）中可以看出，只要接法没有错误，这个反馈信号电压就是和输入信号电压相位相同的，也就是说，它是正反馈。因此，电路的振荡迅速加强并最后稳定下来。

变压器反馈 LC 振荡电路的特点是：频率范围宽、容易起振，但频率稳定度不高。它的振荡频率为 $f_0=\dfrac{1}{2\pi\sqrt{LC}}$，常用于产生几十千赫兹到几十兆赫兹的正弦波信号。

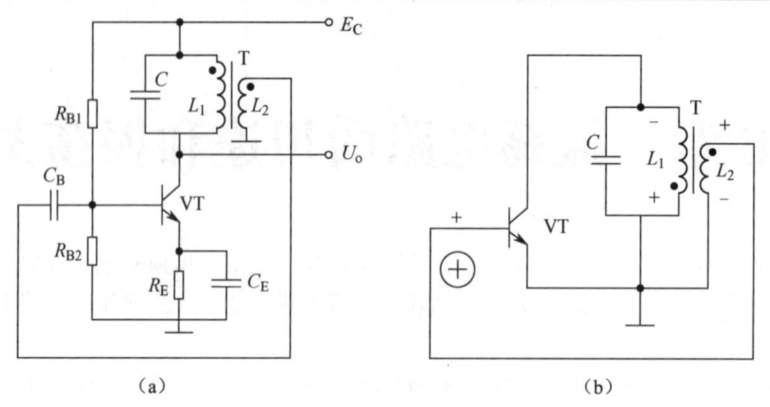

图 6.1.1 变压器反馈 LC 振荡电路

2. 电感三点式振荡电路

图 6.1.2（a）所示为另一种常用的电感三点式振荡电路。图中电感 L_1、L_2 和电容 C 组成起选频作用的谐振电路。从 L_2 上取出反馈电压加到晶体管 VT 的基极。从图 6.1.2（b）中可以看出，晶体管的输入电压和反馈电压是同相的，满足相位平衡条件，因此电路能起振。由于电路中晶体管的 3 个极是分别接在电感的 3 个点上的，因此称为电感三点式振荡电路。

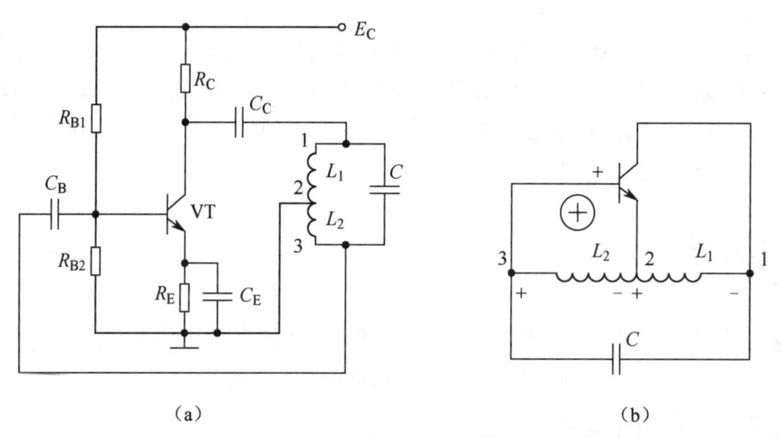

图 6.1.2 电感三点式振荡电路

电感三点式振荡电路的特点是：频率范围宽、容易起振，但输出含有较多高次调波，波形较差。它的振荡频率为 $f_0=\dfrac{1}{2\pi\sqrt{LC}}$，其中 $L=L_1+L_2+2M$ 常用于产生几十兆赫兹以下的正弦波信号。

3. 电容三点式振荡电路

图 6.1.3（a）所示为电容三点式振荡电路。图中电感 L 和电容 C_1、C_2 组成起选频作用的谐振电路，从电容 C_2 上取出反馈电压加到晶体管 VT 的基极。从图 6.1.3（b）中可以看出，晶体管的输入电压和反馈电压同相，满足相位平衡条件，因此电路能起振。由于电路中晶体管的 3 个极分别接在电容 C_1、C_2 的 3 个点上，因此称为电容三点式振荡电路。

电容三点式振荡电路的特点是：频率稳定度较高，输出波形好，频率可以高达 100MHz 以上，但频率调节范围较小，因此适合用作固定频率的振荡器。它的振荡频率为 $f_0=\dfrac{1}{2\pi\sqrt{LC}}$，其中 $C=C_1\times C_2/(C_1+C_2)$。

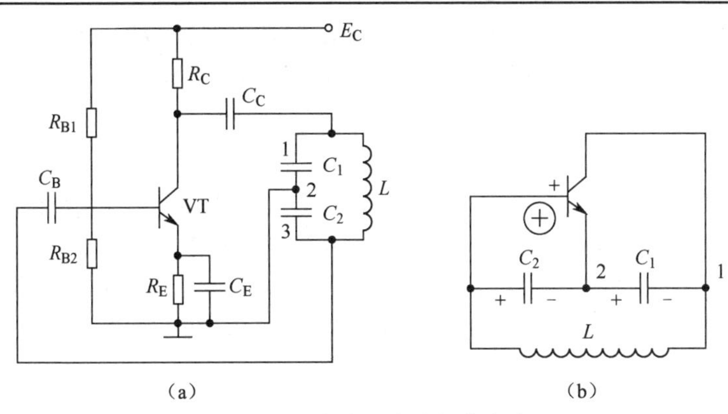

图 6.1.3　电容三点式振荡电路

上面 3 种振荡电路中的放大器都是共发射极电路。共发射极接法振荡器的增益较高，容易起振。也可以把振荡电路中的放大器接成共基极电路形式。共基极接法振荡器的振荡频率比较高，而且频率稳定性好。

6.2 RC 振荡器

RC 振荡器的选频网络是 RC 电路，它们的振荡频率比较低。常用的电路有 RC 相移振荡电路和 RC 桥式振荡电路两种。

1. RC 相移振荡电路

图 6.2.1（a）所示为 RC 相移振荡电路。电路中的 3 节 RC 网络同时起到选频和正反馈的作用。从图 6.2.1（b）所示的交流等效电路可以看出，因为是单级共发射极放大电路，晶体管 VT 的输出电压 U_o 与输入电压 U_i 在相位上相差 180°。当输出电压经过 RC 网络，变成反馈电压 U_f 送到输入端时，由于 RC 网络只对某个特定频率 f_0 的电压产生 180° 的相移，因此只有频率为 f_0 的信号电压才是正反馈而使电路起振。可见，RC 网络既是选频网络，又是正反馈电路的一部分。

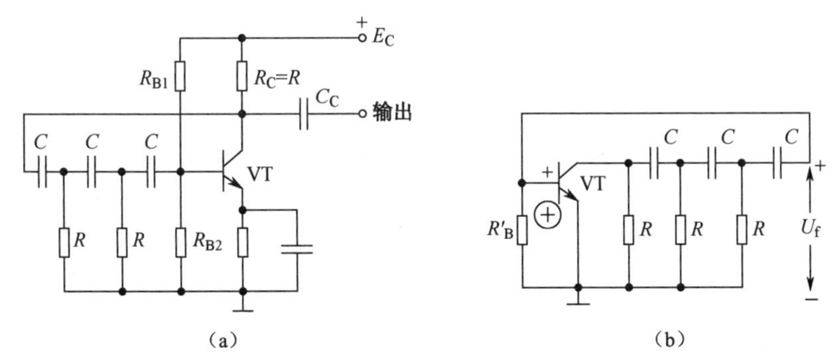

图 6.2.1　RC 相移振荡电路

RC 相移振荡电路的特点是：电路简单、经济，但稳定性不高，而且调节不方便。一般都用作固定频率振荡器和要求不太高的场合。它的振荡频率为：当 3 节 RC 网络的参数相同时，$f_0 = \dfrac{1}{2\pi \times 6RC}$，频率一般为几十千赫兹。

2. RC 桥式振荡电路

图 6.2.2（a）所示为一种常见的 RC 桥式振荡电路。图中，左侧的 R_1C_1 和 R_2C_2 串并联电路就是它的选频网络。这个选频网络又是正反馈电路的一部分。这个选频网络对某个特定频率为 f_0 的

信号电压没有相移（相移为 0°），对其他频率的电压都有大小不等的相移。由于放大器有两级，从 VT_2 输出端取出的反馈电压 U_f 是和放大器输入电压同相的（两级相移 360°=0°）。因此当反馈电压经选频网络送回到 VT_1 的输入端时，只有某个特定频率为 f_0 的电压才能满足相位平衡条件而起振。可见，RC 串并联电路同时起到了选频和正反馈的作用。

实际上为了提高振荡器的工作质量，电路中还加有由 R_f 和 R_{E1} 组成的串联电压负反馈电路。其中，R_f 是一个有负温度系数的热敏电阻，它对电路能起到稳定振荡幅度和减小非线性失真的作用。从图 6.2.2（b）所示的等效电路可以看出，这个振荡电路是一个桥式电路。R_1C_1、R_2C_2、R_f 和 R_{E1} 分别为电桥的 4 个臂，放大器的输入和输出分别接在电桥的两个对角线上，所以称为 RC 桥式振荡电路。

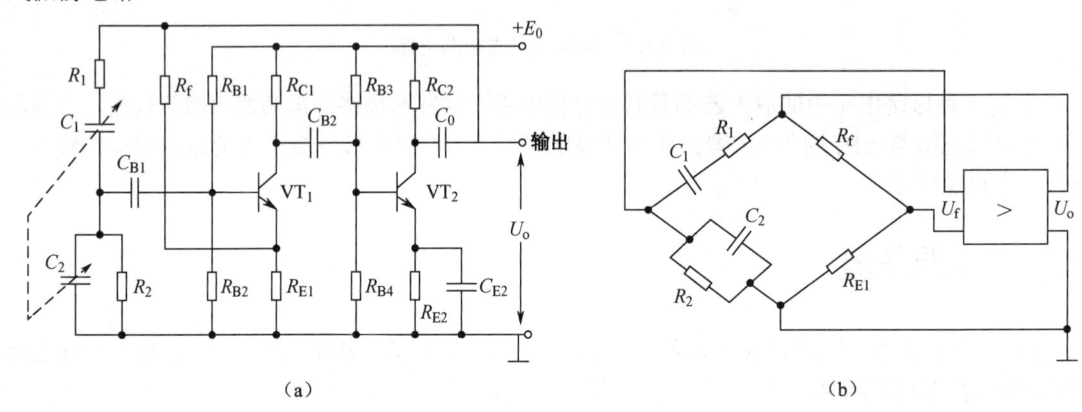

图 6.2.2　RC 桥式振荡电路

RC 桥式振荡电路的性能比 RC 相移振荡电路好。它的特点是：稳定性高、非线性失真小，频率调节方便。它的振荡频率为：当 $R_1=R_2=R$ 且 $C_1=C_2=C$ 时，$f_0=\dfrac{1}{2\pi RC}$。它的频率范围为 1Hz～1MHz。

第 7 章　模拟电路故障诊断技术

工作信号是模拟信号的电子电路，称为模拟电路。模拟电路信号是指大小随时间连续变化的，并可在一定范围内任意取值的物理量。电路中的模拟信号自然是连续变化的电压和电流。模拟电路就是用来产生、放大、变换和处理这种模拟信号的电路。其中，将信号频率高于 100kHz 的模拟电路称为高频电路。近年来，虽然计算机及数字化仪器、设备越来越多，但是在绝大多数电子设备中，模拟电路仍占很大比例。所以，模拟电路故障诊断技术仍然十分重要。模拟电路故障诊断已逐步发展成为网络理论的一个重要分支，并成为电路与系统学科的一个领域。研究模拟电路故障诊断主要有两个方面的问题：模拟电路故障诊断方法和模拟电路故障诊断技术。本章主要讨论模拟电路故障诊断技术，而模拟电路故障诊断方法将只进行一般性介绍。

7.1　模拟电路故障诊断的基本问题

7.1.1　模拟电路故障的特点

1. 故障特点

在模拟电路中，如果由于元件参数值发生变化而引起整个电路不能正常工作，那么我们认为此时的电路是故障电路。电路故障通常有硬故障（短路、开路引起的故障）和软故障（元件偏差引起的故障）两类。它们有以下特点。

（1）有限性（或称为稀疏性）。模拟电子电路在其使用的期限内，发生故障的元件数 n_f 与电路中元件总数 n_t 相比，总是有限的几个，即 $n_f<<n_t$；通常电路规模越大，相对故障数 $k_f=n_f/n_t$ 越小。

（2）多样性。由于元件参数值可以在 0～∞内随机变化，因此除硬故障之外，没有确定的故障模型，且多故障时的可能组合数几乎是无穷多。

（3）独立性。当电路中发生两个或两个以上的故障时，它们的影响不会刚好相互抵消而使整个电路仍保持正常的工作状态。

（4）模糊性。当电路中只有有限个可测试端点（通常小于节点总数）时，不同的元件发生故障，在测试端点上的测量信息可能会出现相同的影响和结果，以致无法从这些有限的测量信息变化中判断究竟哪个元件导致了电路发生故障，即故障区域界限是模糊的。

2. 检测参数特点

（1）模拟电子电路基本测试参数。

① 有关电能参数的测试：如电流、电压、功率、电场强度、电磁干扰等。

② 有关电路参数的测试：如电阻、电容、电感、阻抗、品质因数和损耗等。

③ 有关电信号波形参数的测试：如频率、时间、周期、相位、失真度、调幅度、调频和频偏等。

④ 有关电路网络特性参数的测试：如衰减、增益、相移、反射系数、驻波比、灵敏度、频带宽度等。

⑤ 有关电子元件参数的测试。

（2）模拟电子电路测试特点。

模拟电子电路测试与数字电路测试相比，有以下两个明显特点。

① 频率范围宽。模拟电子电路的频率低端除了直流最低需要测至 10^{-5}～10^{-4} Hz，高端需要测至 100GHz（在有些方面可能更高）。在这样宽的频率范围内，即使测量同一电量，在不同频段中所依据的原理、采用的方法、使用的设备等都可能相差很远。

② 量程范围宽。模拟电子电路中的电压、电流的量程范围可达十几个数量级。例如，电压需要测量几微伏特（生物信号等）直至几千伏特的信号（CRT 的阳极电压等）；功率测量可能要求低至 10^{-14}VA（接收宇宙飞船发自外空间的电信号），高至 10^{8}VA 以上（远程雷达发射的信号）。

3. 故障诊断的主要困难

故障诊断的主要困难如下。

（1）由于模拟电路故障的多样性，且模拟电路的物理量是连续函数，因此故障模拟困难，且模拟的模型适应性有限。

（2）由于元件容差的影响，使许多诊断方法失去准确性和稳定性。

（3）由于非线性、噪声、容差等多样因素的存在，使电路的输入输出关系不像数字电路那样用一个真值表即可表示，而是一种复杂的关系。

（4）非线性元件难以获得精确的模型，噪声、容差等又影响工作点的确定，同时对非线性问题的求解也很复杂。

（5）现代电子电路通常是多层的或被封装的，特别是集成电路只有外端少数一些节点是可测试的可及节点，故通过这些节点的测量及时反映电路内部的各种故障十分困难。

7.1.2 常用的检测仪器及测试方法

1. 万用表

万用表是用来测量包括直流电压和电流、电阻，以及交流电压（某些万用表还能测量交流电流）的仪器。万用表按显示测量值所用的方法，可分为模拟式和数字式；按是否包含放大电路，可分为有源式和无源式。包含有源电路的万用表常称为电子万用表，通常只在实验室或车间使用。

数字万用表通常包含有源电路，其准确度指标一般要比价格相当的模拟式仪表好，并能自动转换量程（自动选择适当的测量范围）和自动选择极性（能测量正电压或负电压，并在读出器上显示适当的符号）。

只包含无源电路（用于电阻测量的小电池除外）的万用表常称为 VOM（伏特—欧姆—毫安）表，VOM 表的设计较简单，并具有便于携带、更坚实耐用等优点。它很适合现场检验，以判断是否有电压、开路或短路，或者进行数量级的比较。但是其准确度一般都比较低，而且在可能测量的数值范围内受到很多限制。

在查找故障时，当针对一个给定的应用选择万用表时，重要的是要弄清测量所需的准确度与精确度。准确度是指测得值与实际值的接近程度，而精确度是指表示测得值的有效数字的数目。显然，对于准确度低的仪表，高精确度是没有什么意义的。

与数字仪表不同，模拟式仪表要求使用者说明指针在刻度盘上的位置，因而容易受到人为（或操作者）误差的影响。这类误差来自操作者不能准确地在刻度盘的刻度之间做出判断，错误地解释或错误地使用倍乘因子，以及由于视差而误读指针位置。视差是在对着底板刻度盘判断指针位置时，眼睛与指针未良好对准所产生的。模拟式仪表具有可用来消除视差的镜面刻度盘，眼睛所处位置要看不见指针的镜像。

电压和电流读数的准确度指标通常都被引述为满刻度的某个百分数，即在所选定的测量量程内，任何读数都准确到要加上或减去最大电压或电流的该百分数值。例如，准确度为 3%的仪表在 0～10 V 量程内的电压准确到±0.3 V。因此，1V 的测得值实际上可能表示处在 0.7～1.3V 的电压（不是 0.97～1.03V）。为了测量交流电压，通常将半波或全波二极管整流器转接到基本电压测量电路中，使表头内流过与交流电压的大小成正比的单向电流。半波或全波整流正弦电压的平均值是交流电压峰值或有效值（RMS）的固定倍数，故表头的交流刻度可以用峰值或有效值标定。因此，交流电压读数只对正弦电压是正确的。值得说明的是，模拟表头只响应于电流平均值。

模拟万用表的使用注意事项如下。

（1）进行电阻测量时：①首先应调零，将两探头短路，调节“调零”控制器，直到指针指示 0Ω，如果电池是新的，就能获得最好的结果，因为即使经过零点调节进行“补偿”之后，读数误差也会随电池电压的降低而增大；②注意选择使指针偏向刻度中心左方的电阻量程（倍率），由于电阻刻度是对数刻度，因此高阻端数值很密集，从而降低了这些区域上的精确度；③绝不能接触或握住电阻来进行电阻测量，因为皮肤的电阻可能影响读数；④不能在通电的电路中测量电阻；⑤对于电路板上电阻的测量，要确信没有别的元件与被测量的电阻器相并联，与电阻器相并联的变压器、晶体管、二极管、线圈及其他的电阻器可能影响电阻的测量。当有疑问时，要断开被测电阻器的一个端头。

（2）进行直流电压测量时：①在将仪表接入电路之前，首先选择直流电压挡；②将仪表与待测量电压的元件相并联；③连接仪表之前，选择最大电压量程，然后视需要可以减小量程，以得到可读的指针偏转；④注意仪表可能对待测量电压的电路加载，也即仪表自身的电阻与待测量元件并联时将减小总的组合电阻，从而降低了元件两端的电压。

（3）进行直流电流测量时：①将仪表接 A 电路之前，选择直流电流挡；②将仪表与待测量电流的元件相串联；③连接仪表前，选择最大电流量程，然后视需要可以减小量程，以得到可读的指针偏转；④注意仪表可能对进行电流测量的电路加载，也即当仪表电阻与待测元件串联时，流过元件的总电流可能要减小。通常，选择大的电流量程时，仪表电阻很小，但在微安量程上则可能大到 1 kΩ。

（4）进行交流电压测量时：①仪表灵敏度在交流测量时比直流测量时要小，因此负载效应可能更严重；②要确信被测交流电压的频率是处在仪器制造厂的规定范围内，VOM 一般不用于高频测量，某些仪表的最高允许频率可能低到 60Hz；③仪表只对平均值有响应，因此若交流电压具有直流分量，则读数将出错，因为它不能单独表示交流分量的有效值或峰值，在仪表术语中，输出电压是具有直流电平波形的交流分量，为了隔离直流电平，可以将一外部电容器与仪表相串联，为了选择适当容量的电容器，请参阅技术手册；④有效值或峰值电压校准只对正弦输入才正确，为了测量非正弦波形，需要使用“真有效值”仪表。

2. 示波器

示波器可以说是模拟电路故障诊断过程中最具有独特作用的仪器，它直观地显示电压和时间，而且操作者能够看到电压的幅度和信号的形状，因而很容易确定待查信号的平均值、峰值、有效值和峰-峰值。另外，还能测量频率和相位的相互关系；使用双踪示波器时，能比较两个信号之间的严格时间关系。

1）直流电压的测量

测量直流电压必须使用直流示波器。对于有交、直流开关的示波器，开关应放在“DC”（直流）位置，输入信号应接于示波器“Y 轴输入”接线柱上，而不能使用探头输入（探头中通常有隔直流电容）。测量直流电压的方法有直接法和比较法两种。

（1）直接法。已知示波器的 Y 轴偏转灵敏度（较新式的示波器都在 Y 轴衰减器旁刻有与衰减器各挡相应的 Y 轴偏转灵敏度），可用直接法测量。其测量步骤为：①将 Y 轴输入短路，调节示波器使荧光屏上出现一条水平扫描线，这条扫描线称为 0V 基准线；②被测电压输入示波器，扫描线将在垂直方向移动距离 h，则被测电压为 $U=h\times S_Y$（S_Y 为该挡的 Y 轴偏转灵敏度）；③若用探头测量，探头衰减量为 A 倍，扫描线在垂直方向移动距离 h，则被测电压为 $U=A\times h\times S_Y$；④扫描线向上移动，U 为正电压；反之为负。

（2）比较法。在不知示波器 Y 轴偏转灵敏度的情况下，可采用图 7.1.1 所示的直流比较法。图 7.1.1 中，U 为被测电压，E 为可调直流稳压电源。其测量步骤为：①将 Y 轴输入短路，调节示波器，使 0V 基准线出现在荧光屏的适当位置；②被测电压输入示波器，扫描线在垂直方向移动距离 h；③断开被测电压，输入可调直流电压，并调节直流电压的大小，使扫描线的位置与输入被测电压时的位置相同，此时直流电压表的读数即被测电压之值；④若可调直流稳压电源的调节范围较小，不能使扫描线达到相同的位置，则被测电压为 $U=(h/h_1)\times U_1$。其中，U_1 为直流电压表读数；h 为输入被测电压后，扫描线垂直移动的距离；h_1 为输入被测电压后，扫描线垂直移动的距离。

2）交流电压的测量

示波器可以测量 Y 轴带宽范围内的交流电压。测量方法也分为直接法和比较法两种。

（1）直接法。已知示波器的 Y 轴偏转灵敏度，可用直接法测量。其测量步骤为：①被测电压输入示波器，调节示波器，使荧光屏上显示稳定的波形；②读出波形的高度 h；③被测电压为 $U_{PP}=h\times S_Y$ 或 $U_P=(h/2)\times S_Y$；④被测电压的有效值为 $U=0.707\times U_P$。

（2）比较法。在不知道示波器 Y 轴偏转灵敏度的情况下，可用交流比较法测量。交流比较法的原理如图 7.1.2 所示。图 7.1.2 中，u 为被测交流电压，e 为输出电压可调的信号发生器，且两者频率相同。其测量步骤为：①被测电压输入示波器，调节示波器，使荧光屏上显示稳定的波形；②读出波形的高度 h；③断开被测电压，接入信号发生器，调节信号发生器输出电压，使荧光屏上的波形高度仍为 h，此时电压表的读数即被测电压 U（有效值）；④若信号发生器输出电压的波形高度与被测电压的波形高度不相等，则这时被测电压为 $u=(h/h_1)\times u_1$。其中，u_1 为电压表的读数；h 为被测电压的波形高度；h_1 为信号发生器输出电压的波形高度。

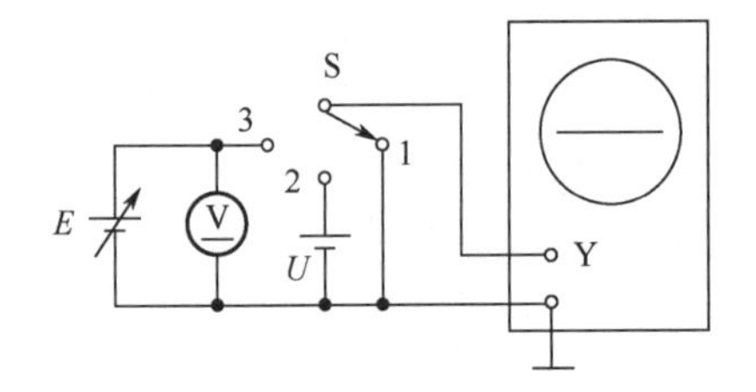

图 7.1.1　直流比较法

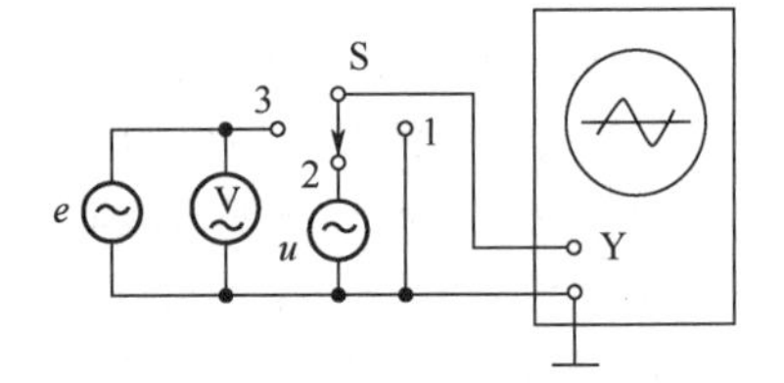

图 7.1.2　交流比较法的原理

3）脉动或脉冲电压的测量

在脉动或脉冲电压中，通常包含直流和交流两个分量，应使用直流示波器测量。测量方法也有直接法和比较法两种。

（1）直接法。已知示波器的 Y 轴偏转灵敏度，可用直接法测量。其测量步骤为：①将 Y 轴输入短路，调节示波器，使 0V 基准线出现在荧光屏的适当位置；②被测电压输入示波器，调节示波器，使荧光屏上显示稳定波形；③波形上任一点的瞬时电压为 $U=h_1\times S_Y$（h_1 为被测点与 0V 基准线之间的垂直距离）；④被测电压的交流分量为 $U_{PP}=h_2\times S_Y$（h_2 为被测电压的波形高度）；⑤被测电压的直流分量为 $U_{平均}=h_3\times S_Y$，其中 $h_3=h_1-(h_2/2)$。

（2）比较法。在不知道示波器 Y 轴偏转灵敏度的情况下，也可用直流比较法或交流比较法测量。测量步骤与上述类似。

一些示波器用机内幅度准确的 1kHz 方波作为标准比较电压，测量电压更为方便。

4）电流测量

示波器不能直接测量电流，因为它具有较高的输入阻抗。一个间接测量的方法是：将一个已知阻值的无感电阻与被测电流的电路串联，该电阻的大小应该不改变被测电路的实际电流。用示波器测量电阻上产生的电压降，再由欧姆定律求得电流，即 $I=U/R$。一些示波器借助电流探头，可直接测量电流。其工作原理类似钳形电流表，有效探头是钳形的铁芯装置，铁芯允许载流引线插入，铁芯上线圈感应的电流在固定电阻负载上产生的电压降用示波器测量，并经换算后直接读出电流值。接有放大器的典型电流探头可以测量频率为直流至 50MHz、1mA～1A 的电流值。

5）功率测量

利用示波器测量功率，其方法是：将合适的负载（无感电阻）接入被测电路，测得负载两端的电压峰-峰值，则被测功率为 $P=(U_{PP}/2.828)^2/R_I$。

6）频率测量

示波器测量频率通常有扫描法测量频率、比较法（李沙育图形）测量频率。

（1）扫描法。当用扫描法测量频率时，示波器先测信号周期 T，则被测频率 $f=1/T$。其测量步骤为：将被测信号送到示波器 Y 轴输入端，然后调整示波器的 Y 通道偏转灵敏度、扫描速度和触发控制开关，以便在荧光屏上得到一个稳定的至少有一个完整信号的周期信号。测量一个完整信号周期的水平轴（X 轴）分度数，可求出信号的周期为 T（秒）=（一个完整周期的 X 分度数）×[扫描速度（秒 / 分度）]，再由 $f=1/T$ 求得频率 f 值。

（2）比较法。比较法也称为李沙育图形法，比较法测量频率的原理如图 7.1.3 所示，被测信号和标准信号分别加在示波器的 Y 轴输入和 X 轴输入。此时，应将示波器的内部扫描断开，示波器的荧光屏上就会显示出李沙育图形，如图 7.1.4 所示。当被测频率和标准频率相等时，李沙育图形是一条直线、一个圆或一个椭圆（图形的形状与这两个信号的振幅及相位有关）。对应于不同的频率比（$f_X : f_Y$）有不同的李沙育图形。当两个频率之比不等于整数时，荧光屏上不能形成稳定的简单图形。

确定频率比（$f_X : f_Y$）的方法是：在荧光屏的刻度片上作两条互相垂直的直线，这两条直线都不经过李沙育图形上任何一个交点。设水平直线与李沙育图形的交点数是 N_X，垂直直线与李沙育图形的交点数是 N_Y，则两频率之比为 $f_Y/f_X=N_X/N_Y$ 或 $f_Y=f_XN_X/N_Y$，由此可求得被测频率。

在图 7.1.4（a）中，$f_Y/f_X=2/2$，所以 $f_X=f_Y$。若 f_Y=100Hz，则 f_X=100Hz；在图 7.1.4（b）中，$f_Y/f_X=4/2$，所以 $f_X=2f_Y$。若 f_Y=100Hz，则 f_X=200Hz；在图 7.1.4（c）中，$f_Y/f_X=6/2$，所以 $f_X=3f_Y$。若 f_Y=100Hz，则 f_X=300Hz。

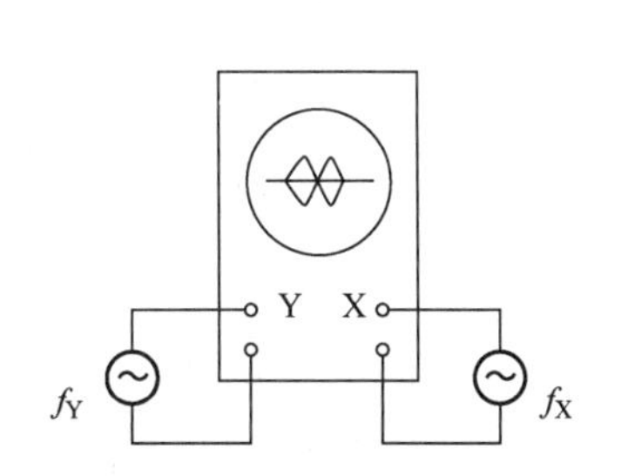

图 7.1.3　比较法测量频率的原理

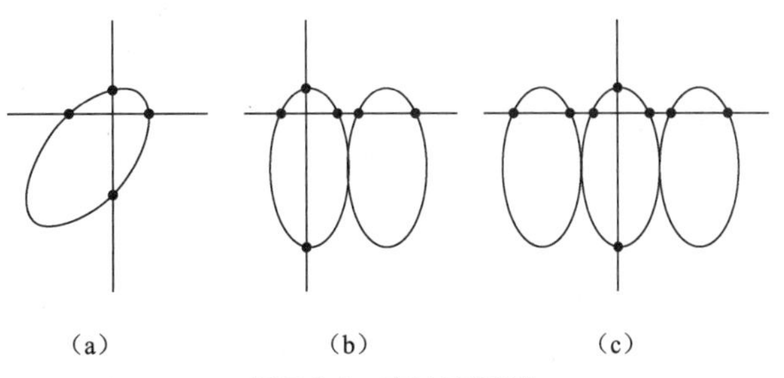

图 7.1.4　李沙育图形

通常被测频率从示波器的 Y 轴输入，标准频率从示波器的 X 轴输入。这样便于用示波器先观察被测信号的波形。另外，示波器的 Y 轴灵敏度高于 X 轴，Y 轴的频带宽度又比 X 轴的宽得多，故 Y 轴输入阻抗也比 X 轴的高。李沙育图形测频法的准确度主要取决于标准频率的准确度。因此，只要所用标准频率的准确度高，李沙育图形测频的准确度就高。但是，如果频率比大于 10 : 1，那么用李沙育图形测频就很困难。这时的图形比较复杂，难以得到稳定图形，也难以数清交点的数目。李沙育图形测频通常适用于音频范围。

7）相位测量

相位测量是指两个同频率的正弦信号之间的相位差的测量。在许多场合下，需要进行这种测量，如测量 RC 或 LC 网络、变压器、放大器产生的相移等。这里介绍用示波器测量相位的方法，不需要专门的相位测量设备，测量误差为±5%。

（1）单踪示波器测量法。使单踪示波器工作在扫频状态，并采用外同步方式工作。先将一个被测信号 u_1 加到示波器的 Y 轴输入端；同时将 u_1 加到示波器的外触发输入端，如图 7.1.5 所示。调整示波器，使荧光屏上显示出图 7.1.6 中 u_1 那样的稳定波形。保持示波器的扫频速度、触发电平、X 移位、Y 移位等控制旋钮不动，将另一个被测信号 u_2 代替 u_1 加到 Y 轴输入，外触发信号仍为 u_1。此时，荧光屏上显示出图 7.1.6 中 u_2 的波形。读出 A 和 B 的分度值，即可求得相位差，即 $\Delta\Phi=(A/B)\times 360°$ 。

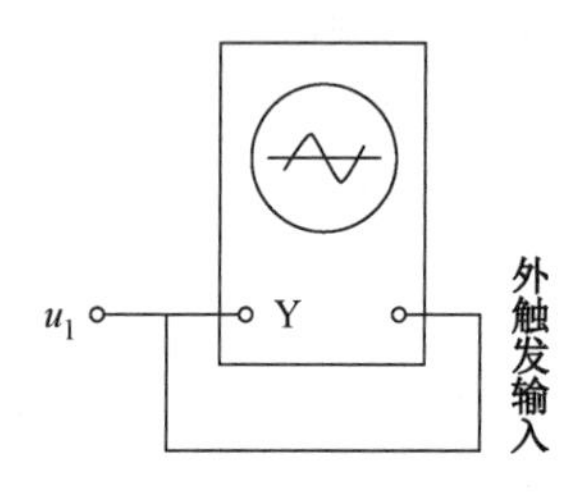

图 7.1.5　单踪示波器

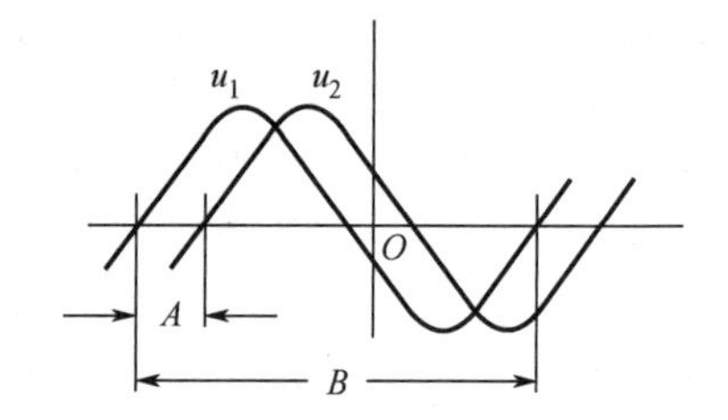

图 7.1.6　u_2 的波形

如果适当地调节扫描速度，使 B=9cm，这样信号的一个周期在荧光屏水平方向上的长度就是 9 cm，那么波形在水平轴上每移动 1cm 相当于 40° 的相位差，计算就更为方便，即 $\Delta= 40°\times A$（cm）。当相位差很小时，应仔细测读 A 值，否则会造成较大的测量误差。用此法可以测量几十赫兹到几百兆赫兹信号的相位差，这主要取决于示波器的频率范围。

（2）双踪示波器测量法。双踪示波器能够同时显示两个信号的波形，相比上述方法，测读更为方便。测量时被测信号 u_1 和 u_2 同时从双踪示波器的 Y_1 和 Y_2 输入，其中的一个信号，如 u_1 仍兼作外触发信号，如图 7.1.7 所示。调节示波器的控制旋钮，使荧光屏上显示出如图 7.1.7 所示的波形。$\Delta\Phi$ 的计算公式与单踪示波器测量法的相同。

（3）李沙育图形测量法。李沙育图形测量相位的原理如图 7.1.8 所示。测量时示波器的扫描停止工作，被测信号 u_1 和 u_2 同时加到示波器的 Y 轴和 X 轴输入端。适当调节示波器的控制旋钮，使荧光屏上显示出李沙育图形。由于 Y 轴和 X 轴上加的是同频率的正弦信号，因此李沙育图形是一个椭圆，如图 7.1.9 所示。从李沙育图形上可以求出 u_1、u_2 之间的相位差为 $\Delta\Phi=\arcsin(A/B)$（其中，A 为椭圆与垂直轴的两个交点之间的距离，B 为椭圆在垂直方向上的最大距离）。当 $\Delta\Phi=0°$、$\Delta\Phi=360°$、$\Delta\Phi=180°$ 时，椭圆将变为一条直线。图 7.1.10 所示几种典型相位的李沙育图形。

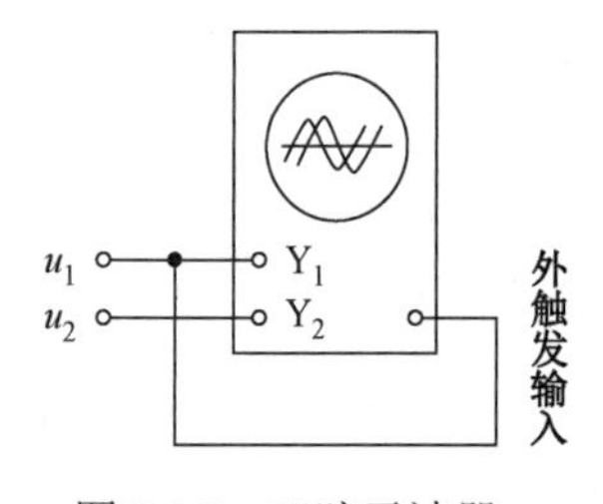

图 7.1.7　双踪示波器

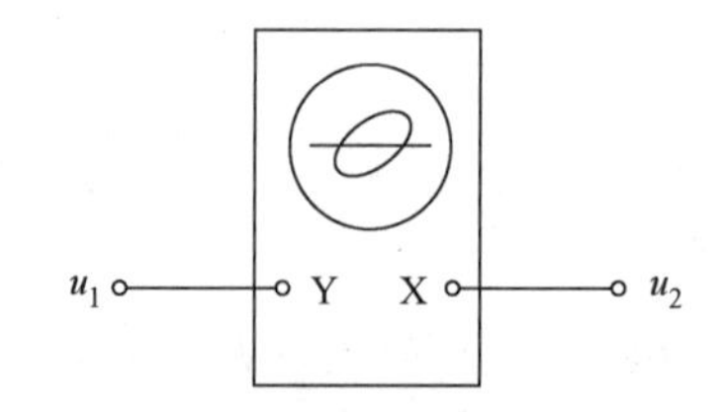

图 7.1.8　李沙育图形测量相位的原理

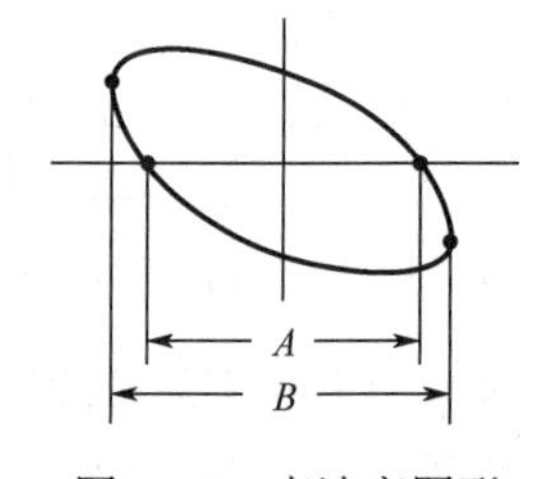

图 7.1.9　李沙育图形

在用李沙育图形测量相位时，示波器固有相移会使测量结果产生误差。设示波器 Y 轴放大器的固有相移为 Φ_Y，X 轴放大器的固有相移为 Φ_X，则两者的相位差为 $\Delta\Phi_0=\Phi_Y-\Phi_X$。$\Delta\Phi_0$ 的大小仍可用李沙育图形法测量出来，其测量接线图如图 7.1.11 所示。

求得 $\Delta\Phi_0$ 以后，u_1 与 u_2 之间的实际相位差 $\Delta\Phi'$ 可由 $\Delta\Phi'=\Delta\Phi-\Delta\Phi_0$ 计算出来。上述李沙育图形法测量相位的频率可从几十赫兹到几百千赫兹。

（a）0° 或360°　（b）30° 或330°　（c）90° 或270°　（d）150° 或210°　（e）180°

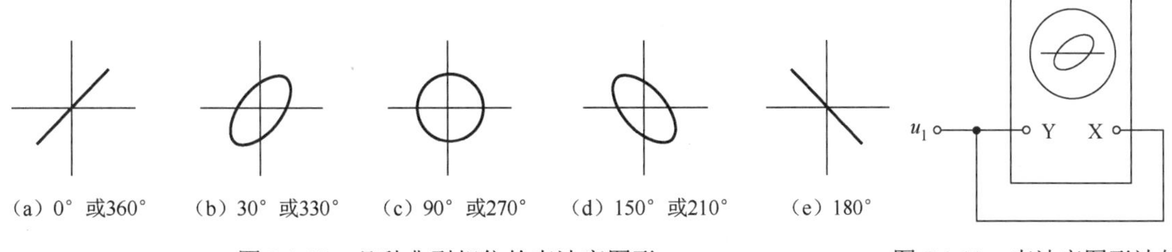

图 7.1.10　几种典型相位的李沙育图形

图 7.1.11　李沙育图形法的测量接线图

3. 函数信号发生器

函数信号发生器是一种产生各种波形（包括正弦波、方波和三角波）的通用信号源。信号频率可在 1Hz 到几兆赫兹的范围内调节。典型通用发生器的频率范围为 0.01Hz～10MHz。音频信号发生器在较小的频率范围内产生失真小的正弦信号，频率处在 20Hz～20kHz 的音频范围内，但也可以高到 100 kHz。实验室等级的音频发生器配备可供用户精确调节信号幅度的精密衰减器和（或）输出仪表。多数音频信号发生器还在与正弦波相同的频率范围内产生方波输出。信号发生器通常分为高频信号发生器、低频信号发生器和扫频信号发生器。低频信号发生器应能提供具有下列特性的输出信号：低的谐波含量、稳定的工作频率、稳定的输出幅度、低的输出噪声等。

常用的低频信号发生器的典型数据为：频率范围为 20Hz～20kHz，连续可调；频率准确度为 ±(1～3)%；频率稳定度优于 0.1%；输出电压为 0～10V，连续可调；输出功率为 0.5～5W，连续可调；非线性失真<(0.1～1)%，输出阻抗应有 50Ω、75Ω、600Ω、5kΩ。高频信号发生器主要用于向模拟电路提供高频能量或供给标准高频信号，以便测试各种模拟电路的工作特性。测试各类高频接收机的工作特性是高频信号发生器最重要的用途之一。

函数信号发生器应用于以下几个方面。

（1）信号跟踪。信号跟踪是一种查找故障的方法。在此方法中，测出（或在示波器上观察）信号在流入一个电路的路径上相继各点的信号电平。例如，可以跟踪一个多级放大器的信号。其方法是：从第一级开始，观察每一级的输入和输出。通过确定最初出现的输入是正常的，而输出没有或不正常这一点来判定有故障的放大级。信号发生器可用作经过一个电路而被跟踪的信号源。在这种应用中，使用函数信号发生器的优点是信号的频率和电平可调到特殊的固定值，使得故障查找者容易识别电路中不同点上的信号，以及看出失真的大小或异常程度。当正常信号是诸如形状和电平连续改变的音乐或语言复杂信号时，则是特别有价值的。

函数信号发生器可用来代替普通的信号源（如微音器或磁头），或者可用来在被测电路的某个中间点（如在功率放大器的输入端）注入信号。但是，应在函数发生器的输出端与测试电路中注入信号的点之间接入一个外加电容器。发生器的输出对直流短路。若不能用一个电容器将它隔离，则可能损坏被测电路或严重影响被测电路的工作。调节函数信号发生器的信号电平，以得到所需的信号电平大小。这个信号电平应在测试电路中注入信号的点上，而不是在发生器的输出端加以测量。由于电容器两端的交流压降，在发生器上设定的信号电平可能使电路内得不到足够高的电平。

（2）测量频率响应。一个网络或系统的频率响应是指加到它上面的信号频率改变时，其增益变化的方式。在某些应用中，当频率改变时，输入和输出之间的相移变化也是频率响应的一个重要方面，频率响应特性常用描绘增益或相位随频率而变化的曲线图来表示。曲线图的坐标轴线常常是对数标度，而不是线性标度。曲线图绘在所谓的对数纸上，这样垂直坐标轴线容易用分贝（dB）

来说明，而水平坐标轴线可在实际大小的纸上表示出很宽的频率范围。函数发生器是获得频率响应数据的理想测试设备，因为它的频率可以在很宽的范围内改变，而信号幅度基本保持恒定。进行频率响应测量时，应在示波器上监视被测电路的输出信号随信号频率变化的情况。若信号在某个频率上出现失真（如被限幅），则应视需要来降低函数信号发生器的信号电平。若信号变得很小，以致被噪声所淹没，则应提高函数信号发生器的信号电平。在每种情况下，增益计算都应采用新的输入电平。

（3）方波测试。方波测试是用来测试电路能否让宽频段通过的一种技术。方波由无限多个正弦波分量（谐波）组成，包括基波（具有与方波相同频率的正弦波）和所有基波的奇数倍谐波。若电路衰减低频或高频分量，或者对两者都衰减，则用方波激励电路时，其输出将使方波的形状失真。失真的形状和失真度将揭示低频分量还是高频分量被衰减，以及信号被衰减的程度。图 7.1.12 所示为当低频信号或高频信号被衰减时，由衰减测试电路所得到的几种典型输出波形。图 7.1.12 中，输入的都是频率为 f（Hz）的方波。图 7.1.12（a）中，电路有低于 $0.1f$ 的频率被衰减；图 7.1.12（b）中，电路有低于 $0.5f$ 的频率被衰减；图 7.1.12（c）中，电路有高于 $10f$ 的频率被衰减；图 7.1.12（d）中，电路有高于 $5f$ 的频率被衰减。由于失真波形取决于电路引起的衰减速率，故表示完全一样的波形是困难的。图 7.1.12 中所示波形建立在速率为 20dB/十进位的基础上。如果用方波激励调谐电路，可能引起振荡（振铃）输出。

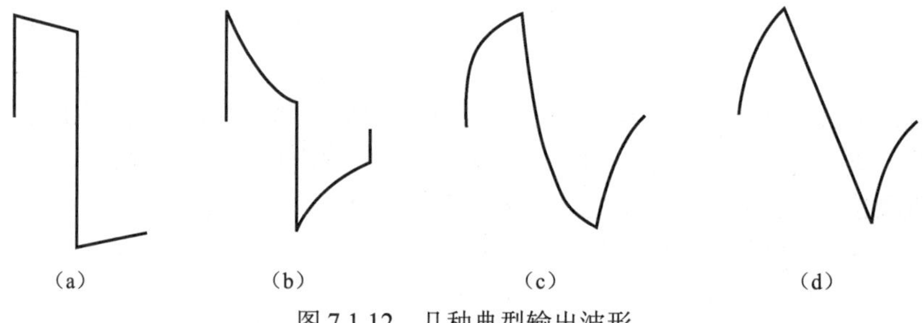

图 7.1.12　几种典型输出波形

4. 扫频信号发生器

信号频率随时间在一定范围内反复扫描的正弦信号发生器称为扫频信号发生器。扫频信号发生器能够快速地测量元件和系统的频率特性、动态特性，进行信号特征的频率分析。扫频信号发生器在自动和半自动测量中的应用越来越广泛。

（1）频率特性测试。普通信号发生器测试频率特性时，只能采用点频法进行逐点测试。虽然点频法准确度较高，但是烦琐费时，且可能因频率间隔不够密而漏掉被测频率特性中的某些细节。扫频信号发生器测试频率特性时，由于输出频率是连续扫描的，不会漏掉频率特性中的细节。图 7.1.13 所示为测试电路的连接。扫频信号发生器输出的等幅扫频信号进入被测器件，被测器件输出信号的包络将正比于它的频率特性。用幅度检测器检出被测器件的输出信号包络，并加到示波器的垂直信号输入端，同时把扫频信号发生器的扫频电压加到示波器水平信道输入端，则在示波器的荧光屏上将直接显示被测器件的频率特性。若将扫频信号发生器、示波器和检波器组成一个独立的仪器，则称为扫频仪。

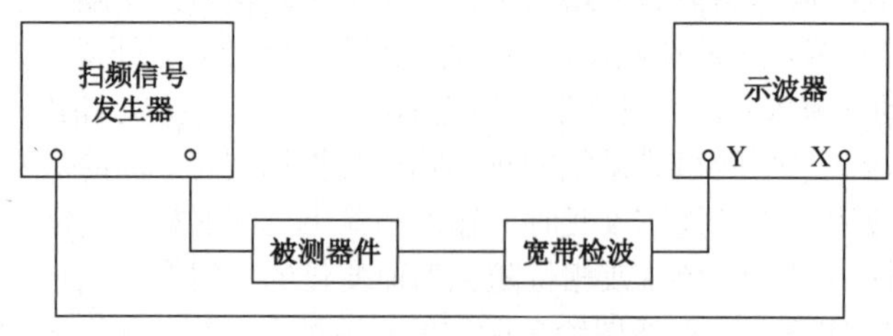

图 7.1.13　测试电路的链接

（2）动态特性测试。扫频信号发生器借助于电调谐器件可进行快速扫频，故可以测量器件的动态特性，如滤波器动态滤波特性、锁相环对频率斜升信号的动态跟踪特性等。

（3）频域测试。频域测试就是测试某一物理量随频率的变化情况。对信号进行频谱分析是最典型的频域测试技术。

5. 频谱分析仪

频谱分析仪是一种具有电扫描本振的专门化的超外差接收机，能够在 CRT 显示器上提供幅度随频率变化的连续表示。它与通信中所使用的超外差接收机不同，后者必须恢复特殊的调制形式，并抑制所有其他频率分量和噪声，频谱分析仪必须以同样的方式处理所有的频率分量。因为干扰或噪声本质上可能是待测的能量。所以，尽管频谱分析仪采用了与通信用的超外差接收机相似的基本标准部件，但电路本质很不一样。现代频谱分析仪已从很难理解和操作的复杂仪器，发展为操作简便且具有微处理器辅助控制和自动全面定标的仪器。这样的仪器能在频域内提供与现代示波器在时域内所提供的同样的系统诊断能力。现代频谱分析仪提供了幅度和频率的全部校准，在 CRT 上显示的各个不同控制器设定值的信息，以及有关的信号信息。数字存储和信号处理功能则帮助操作者更迅速、更容易及更准确地进行测量。

使用频谱分析仪的注意事项如下。

（1）应选择适当的信号功率比。CRT 显示按功率和电压进行校准，其对数刻度按 mW 进行校准，线性刻度按 μV 和 mV 进行校准。例如，10dB/div 的对数刻度和 8 格垂直刻度的格子将提供 80dB 的在屏动态范围，能同时观察 10^8∶1 的信号功率比。输入功率太大将损坏输入混频器，也许还会损坏射频衰减器。对于大多数宽带频谱分析仪来说，典型的连续波输入为 1W。当用可能有较高射频功率的电平工作时，要用定向耦合器或功率探针将功率降低到可接受的电平。这时应考虑耦合系数与频率的关系。经校准的定向耦合器不仅提供了低电平监控点，还能对基频和所有谐波进行准确的功率测量。

（2）在测量脉冲射频信号（如无线电系统中所遇到的脉冲射频信号）时，重要的是应记住混频器上的峰值信号电平总是比 CRT 上所显示的峰值电平高 $1.5t_0$dBm，这里，t_0 为脉宽，dBm 为分辨带宽。例如，对于分辨带宽为 lMHz 的频谱分析仪，脉宽为 100ns 的脉冲射频信号在混频器上产生的峰值电平将比 CRT 上显示的峰值电平高 6.66 倍。注意，在频谱分析仪上看到的幅度会有显著差别。

（3）当观察密集的频谱时，为了有更好的线性，应注意频谱分析仪输入的动态范围（通常，在输入混频器上为-30dBm）。这时，必须考虑输入混频器上出现的所有信号的总能量，而不管它们是否都出现在 CRT 上。检验是否线性工作的简便方法是使射频衰减器改变 10dB，看一下显示的信号是否随衰减器而改变，若不是这样，则应减小输入功率。

（4）在有内置跟踪预选器的微波频谱分析仪中，通常都各有辅助峰化（Peaking）控制器。调整控制器，使其在所研究的范围内显示的信号幅度最大。若控制器调节不当，则会使灵敏度损失许多分贝（dB）。在频率为 20Hz～200GHz 内工作的频谱分析仪一般都使用了外部波导混频器。操作者调整频谱分析仪上的辅助峰化控制器可使任何频率的灵敏度最大。若不适当地调节这个控制器，则会导致灵敏度的严重损失。

7.2　模拟电路故障检测技术

模拟电子电路故障诊断的主要工作包括检测电的选择、测试信号的确定和产生、被测对象输出响应的采集、处理、测试和诊断算法的实现、测试和诊断结果的自动显示和记录等。传统的模拟电路故障检测主要依靠模拟式仪表，如信号发生器、电压表、示波器等。它还要求操作者具有一定的理论基础和丰富的实践经验。它的测试速度较慢，测试准确性也较低。现代的故障诊断主要依靠数字式仪表，用计算机加以控制，组成全自动测试系统（TAE），不仅能进行系统的测试，还能将测试数据加以处理，自动判断出故障性质和位置。下面主要介绍常规的检测技术。

7.2.1　模拟电路故障分析与判断

模拟电子设备的故障分析与判断，是要确定故障实际上发生在哪个功能模块。通过系统地检查每个可能产生故障的功能模块，同时进一步核实有关故障信息，直至找出有故障的功能模块为止。这样，就可以把故障范围缩小到某些功能模块中。下面以收录机为例，介绍进行故障分析与判断的过程。

收录机是模拟电子电路的典型设备，由机壳、电路板、机械传动部分（简称机芯）、各类开关、各类阻容元件、各类晶体管、集成电路、扬声器、话筒及电表等组成，而且种类繁多，再加上一些部件为易磨损件，所以收录机比半导体收音机甚至电视机的故障率高得多，因此研究收录机的故障分析具有一定的代表意义。

1. 整机故障分析

电子设备整机一般是机、电、磁相结合的设备，在使用过程中遇到的故障也是多种多样的。整机故障分析就是对电子设备可能产生的故障从整体上进行分析、判断，进而对电子设备的故障做出综合评价，以便指导下一步的故障测试工作。对电子电路的故障诊断，一般是从分析故障和判断故障开始，这一步是以故障现象为依据的。因此，对故障现象的确认程度直接影响整个电路诊断工作的好坏。确认故障现象的过程通常称为整机故障分析，也称为直观检查。这是整个故障诊断的基础，虽然方法很简单，但不应轻视。

例如，接到一部故障机之后，应先向用户询问故障现象及产生原因；其次进行外部检查，包括查看机壳、旋钮、按键等附件是否完整。对收录机外部各个旋钮、按键、转换开关、门仓盖、拉杆天线等的检查，往往能帮助我们判断并确认故障范围。有时通过这样的直观检查还能迅速判断某些具体故障，如元件脱焊、引线相碰、电阻烧毁、电池变质、皮带脱落、熔断器烧断等故障。一般来说，收录机的各种故障既是相互独立的，又是相互联系的。例如，传动部分的故障为带速偏慢，在电声性能方面表现为高音变差、声音发闷。又如，“杂声”，电路方面的故障能够产生杂声，机械方面的故障也会产生杂声，它们都是从扬声器中放出的，很难判断是什么问题。为了便于对故障现象进行逻辑分析，可将收录机按其不同故障现象与故障范围的关系划分为几个方面，如表 7-2-1 所示。

表 7-2-1　收录机的故障现象与故障范围

故 障 现 象	故 障 范 围
机芯不工作、轧带、盒门打不开	纯机械性能方面的故障
放音力矩小、自停失灵、暂停失灵、开关失灵	纯机械性能方面的故障
走带“吱吱”声、快进或快退不走	纯机械性能方面的故障
录放不转或反转	纯机械性能方面的故障
收不到电台、收台少（接收灵敏度低）	纯接收电路方面的故障
串台（选择性差）	纯接收电路方面的故障
一个波段能收到电台，其他波段收不到电台	纯接收电路方面的故障
收音失真、收音音量小	纯接收电路方面的故障
收音时有高频啸叫、中频啸叫、机振等	纯接收电路方面的故障

续表

故障现象	故障范围
收音、放音均无声，收音、放音均音量小	纯低放电路方面的故障
收音、放音均失真，收音、放音均有杂声	纯低放电路方面的故障
录放音无声、放音失真	纯低放电路方面的故障
录音失真、抖晃	机械性能影响电声性能的故障
录不上音、录音声音小	机械性能影响电声性能的故障
录音有杂音、抹音不净	机械性能影响电声性能的故障
马达不转、收音不工作	电源方面的故障
录放音不工作、有严重的交流声	电源方面的故障

在整机故障分析过程中，接下来要做的是对故障范围的初步判断。依照表 7-2-1 的分析，并根据收录机维修工作的经验和按照维修结果的统计规律可知，对于收录机而言，录音机机芯的故障率约占 70%，电路故障约占 20%，其他故障约占 10%。可见，收录机的故障很大程度上是机械结构的故障。显然，这样的分析结果对下一步的故障检测是非常有指导意义的。

对于其他模拟电子设备的整机故障分析，也应仿照上述对收录机整机故障分析的方法对其进行故障现象的总体综合逻辑分析，指出故障可能出现的大致范围，如果有可能最好能建立故障检测程序方框图，以便对下一步检测做到心中有数。

2. 对非电路故障的分析

一台电子设备通常都有机、电两个部分。机械部分由于摩擦、磨损故障率往往很高。对国内外收录机机械部分的故障进行分析可知，磁头磨损、马达损坏约占 30%，走带速度慢约占 20%，轧带故障约占 18%，走带时发出杂声约占 15%，快进、快退速度不准或不转故障约占 10%，自停机构故障约占 2%，其他故障等约占 5%。由图 7.2.1 可知，磁头、马达的故障率最高，因为磁头、马达一直处于磨损运动状态，工作条件最恶劣。检修时若遇到高音提升量不足、录音效果差、走带速度变慢、速度时快时慢等故障，首先要考虑磁头是否磨损或马达是否损坏，然后考虑其他部位。速度慢的故障，除马达的故障因素之外，卷带力矩变小、压带轮粘有磁粉、靠轮无力等也会造成走带速度变慢。可以说，传动机构中任何一个零件有故障，都可能造成带速变慢。因此这种故障的比例也是很大的。

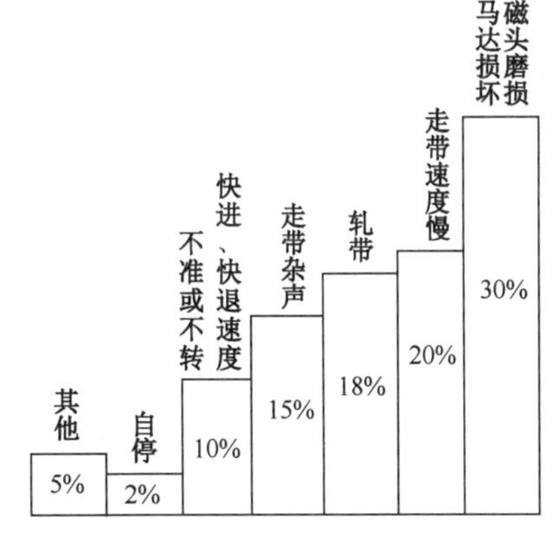

图 7.2.1　收录机机械部分的故障分析

3. 对电路部分故障的分析

模拟电路的故障率与电路的工作性质、所使用的元器件质量关系极大。统计表明，在模拟电路故障中，功放级晶体管及集成电路损坏较多，约占 30%；各类二极管损坏约占 20%；变压器及保险丝故障约占 15%；电位器故障约占 10%；中周及振荡线圈故障约占 5%，电容故障约 3%；电阻故障约 4%；指示灯及发光二极管故障约占 3%；其他故障约占 10%，如图 7.2.2 所示。

末级功放晶体管或集成电路损坏，大多不能修复，只能更换新的。电源变压器的损坏多是因为使用完毕后不拔下插头，或者电网电压波动而烧毁。电位器是使用较久的机器的常见故障。通过图 7.2.2 可以了解到各类故障的分布情况，做到心中有数。

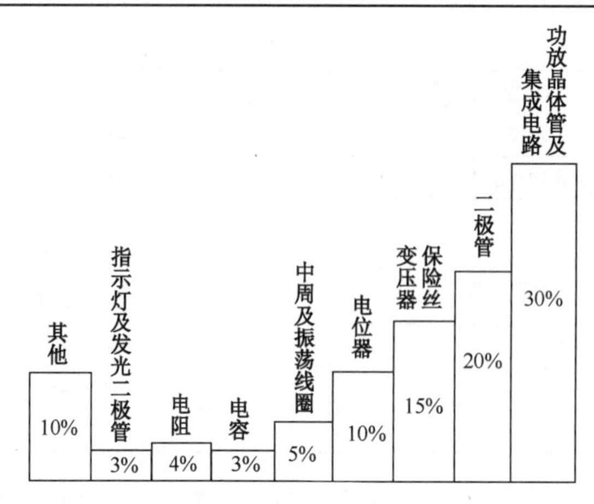

图 7.2.2 模拟电路的故障分析

7.2.2 模拟电路故障检测

模拟电路故障检测技术，就是在故障分析与判断的基础上，利用必要的测试手段确定故障位置。虽然随着电子技术的发展，先进的测试仪器不断出现，但是使用常规检测仪器的测试技术仍然十分重要。通常将常规测试方法分为以下几种。

1. 在路电阻测量法

在路电阻测量法就是不必把元器件从印制电路板上卸下来，而直接在印制电路板上测量元器件的电阻性能，进而判别故障的一种方法。这时，电路的其他部分都可以看成与被测支路相并联。被测支路的元件可以是电阻、电容、二极管和三极管的一个 PN 结。在路电阻测量法查出的结果当然只能作为参考，当测出的结果与正常值偏离很大时，可以把该元件卸下来再测试，只有这样的测量才是故障判断的可靠根据。

在路电阻值测量有助于加速故障寻找，否则盲目焊卸各种元器件，不但浪费时间，而且易损坏元器件和印制电路板。被测元件除电阻值有标称值之外，对电容、二极管或三极管的 PN 结都只能取经验值。例如，电解电容的阻值正常为几百千欧姆，甚至测不出来，但有明显的充放电现象，电容值越大，万用表表针摆动越大。二极管和三极管的 PN 结正向电阻为几十欧姆，反向电阻为几十千欧姆以上。测试时，应注意外电路的影响。当外支路的电阻值远大于被测支路的电阻值时，在路电阻测量法效果较好，相接近时还能使用；但当外支路的电阻值远小于被测支路的电阻值时，则不能使用此法。

对于晶体三极管各极间的直流电阻值来说，可以把晶体三极管等效成由两只二极管和一个电阻组成的网络。图 7.2.3（a）所示为 PNP 型晶体三极管的等效图，图 7.2.3（b）所示为 NPN 型晶体三极管的等效图。从图 7.2.3 中很容易看出，当用欧姆表测量三极管的发射结（B-E 间）电阻时，实际上是测量 VD_2 的直流电阻。测得的阻值当然和测量时欧姆表表笔的接法有关。当将欧姆表的正表笔（红笔）接 B 极、负表笔（黑笔）接 E 极时，欧姆表中电池的负极与正表笔相接，而负表笔却接电池的正极。所以对被测 BE 结（VD_2）来说，是反偏状态。它将呈现出开路状态（电阻接近无穷大）；如果把两个表笔倒过来，即负表笔接 B 极，正表笔接 E 极，那么相当于表内电池的正极接 B 极，负极接 E 极，这对 BE 结（VD_2）来说是正偏状态，VD_2 导通，故在欧姆表中测出的将是一个较小的电阻值。这样，只要将表笔倒换着测两次 BE 结的直流电阻，若是一次电阻无穷大，一次是较小的电阻，则说明该管的 BE 结是好的；若两次测得的电阻都是无穷大，则说明 BE 结开路了；若两次测得的电阻都很小，则说明 BE 结已短路了。后两种情况都说明该晶体管已损坏。用同样的方法也可测出 BC 结的好坏。对于一只晶体三极管来说，只要其中一个结，不管是 BE 结或 BC 结损坏，此管即不能再用。

如果对图 7.2.3（c）所示的电路，由于其 B 极和 E 极都接有变压器，对直流电路来说，它的 BE 结相当于短路，因此不管怎样测量（正、负表笔对换），都是 0Ω 左右。当然这样就反映不出被测晶体管的好坏了，因此对这种电路，必须切断外接的元件才能获得正确的测量结果。

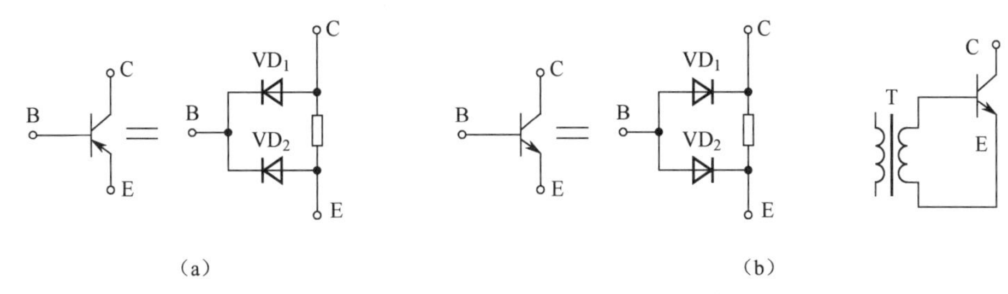

图 7.2.3　PNP 型与 NPN 型晶体三极管的等效图

2. 电流测量判断法

在检测模拟电子设备整机工作状态时，测量整机耗电量或测量某局部电路的电流是必要的，它有时可能是判断某些故障的主要手段。例如，典型的单声道收录机整机（电源电压为 9V）耗电电流：收音零信号时约为 20mA，最大信号时约为 120mA；放音零信号时约为 70mA，最大信号时约为 170mA；录音零信号时约为几十毫安；倒带时约为 100mA；快进时约为 120mA。若测量整机耗电，在某种工作状态时电流异常，则故障很可能就出现在相应部位。常用的回路电流测量方法有直接测量法、间接测量法和取样测量法 3 种。

（1）直接测量法。一般来说，对于小电流（μA）回路中电流的测量应采用把电表串接在被测回路中的直接测量法。这时应注意电表的阻抗应足够小，否则会影响原电路工作，测出的结果也不正确。这种直接测量电流的方法不常用。

（2）间接测量法。测量回路中某一已知电阻上的压降，间接求得电流的方法。其优点是不必切断电路，有利于印制电路板的保护。常用于对毫安级以上的电流测量。例如，通过对福日 HFC-450 型电视机电源滤波电阻 R_{901}（7.7Ω）两端电压的测量（正常值为 0.9 V_{DC}），即可判断出电源电路工作电流是否正确。这种间接测量电流的方法经常采用。

（3）采样测量法。如果在回路中找不到合适的可以测量回路电流的电阻，那么可以采用取样测量法。也就是找一个适当功率的取样电阻（其阻值应取得尽量小且有利于计算，一般可取 0.1～1Ω）串联在被测回路的、只许流过被测电流的支路中，测量取样电阻上的压降就能求得被测电流值。

3. 电压测量判断法

电压测量就是对有怀疑电路的各点电压进行普遍测量，然后将测量值同已知值或经验值相比较，通过逻辑推理，最后判断出故障所在。电压测量判断法又分为静态电压测量判断法和动态电压测量判断法。

（1）静态电压测量判断法：指设备已通电，但在输入信号为零的状态下，测出电路中各有关节点的电压值，进而与设备有关技术资料（通常是电路原理图中标出的静态工作电压值）相对比，做出对设备故障的判断。例如，在图 7.2.4 所示的基本放大器中各器件发生故障时，都会引起电路静态电压的变化。

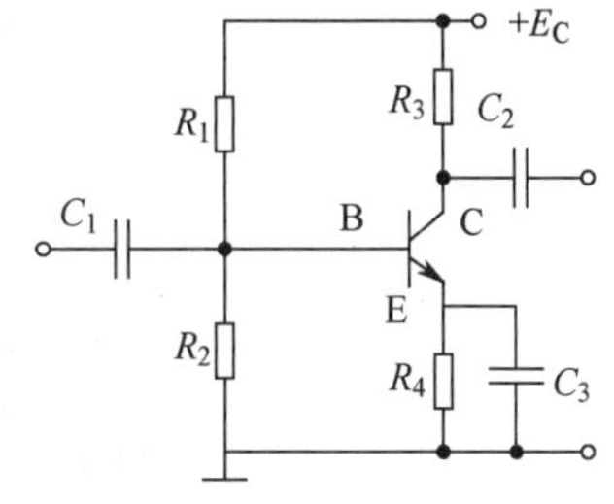

图 7.2.4　基本放大器

R_1 断开：由于没有电压加到基极上，因此没有 I_B 和 I_C 流动，U_B 和 U_E 均为零。又由于 R_3 两端没有电压降，因此 U_C 上升到近乎等于电源电压。

R_1短路：U_B=E_C，I_B急剧上升，这时晶体管会进入饱和状态，因此U_E大致等于E_C。

R_2断开：基极上所加电压变高，I_B和I_C均增大，R_3和R_4两端的电压降变大，所以，U_C下降，U_E上升。

R_2短路：U_B= 0，I_B=0，这时晶体管会进入截止状态，因此U_C大致等于E_C，U_E=0。

R_3断开：I_C为0，将测量U_C的万用表连接到集电极时，由于万用表内阻跨接在集电极与地之间，基极集电极间正向PN结形成通路，有电流流动，因此，尽管U_C下降，但不为0。同样，发射极方面由于基极发射极间形成通路，有电流流动，因此U_E下降。因为晶体管输入阻抗变小，所以U_B也会下降。

R_3短路：U_B=E_C，由于I_B不变，I_C不变，U_E不变。

R_4断开：由于没有I_C流动，因此U_C上升。将测量U_E的仪表连接到发射极与地之间时，通过仪表内阻有发射极电流流动。由于仪表内阻高，发射极电压U_E会有所上升。因为晶体管输入阻抗变得极大，所以U_B也会上升些。

R_4短路：发射极电压为0，晶体管处于饱和状态，饱和电流受R_3限制。所以U_B=0.7 V，U_C=0.lV。

C_1、C_2断开：这种故障不改变电路的偏置条件，静态电压不会改变。动态时C_1断开，信号无法输入，C_2断开时信号无法输出。

C_3断开：这种故障不改变电路的偏置条件，静态电压不会改变。动态时C_3断开，放大器的电压增益下降。

晶体管B-E开路：没有I_B和I_C流动，U_C上升，U_E为0。因晶体管输入阻抗变得极大，U_B也会上升些。

晶体管B-C开路：没有I_C流动，U_E为0，U_B=0.7V。

晶体管B-E短路：基极-发射极之间的发射结不再存在，晶体管相当于处在截止状态，U_C上升。R_4直接并联在R_2上，使U_B和U_E都下降。

晶体管C-E短路：因为I_C增大，所以U_C下降，U_E上升。这时，由于没有I_B流动，U_B会变高些。

（2）动态电压测量判断法：指设备已通电，并且处于标准输入信号激励的状态下，测出电路中各有关节点的电压值，然后与设备有关技术资料相对比，做出对设备故障的判断。这种方法分为以下两种情况。

① 已知被查电路各点电压的正常值。例如，图7.2.5所示为联合设计彩色电视机PAL解码电路的核心，解码集成块TA7193P各引脚的正常直流电压值。当我们怀疑解码器有问题时，就可以用万用表测量集成块各引脚的电压值，将被测值与正常值进行比较，再进行逻辑推理，确定是集成块有故障，还是附属电路有故障。

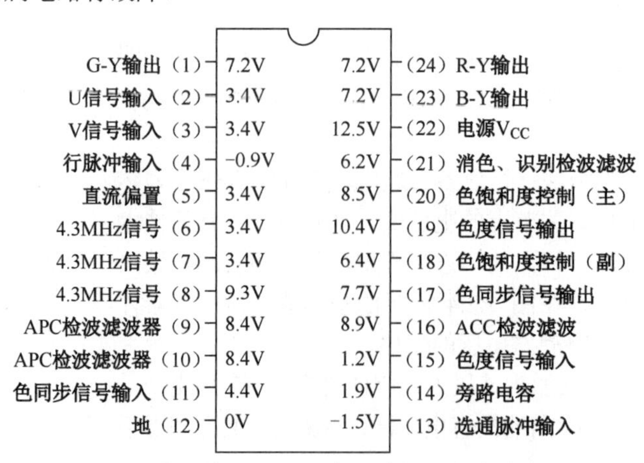

图7.2.5　集成块TA7193P各引脚的正常直流电压值

② 不知道被查电路各节点电压的正常值，这时应根据被测电路的工作原理分析各节点电压之间的基本关系，然后推断出被测电路各节点电压正常值应该是多少。这样即可判断被测电路是否有故障，或者通过比较正常的电视机与有故障的电视机对应点电压，也可得出结论。

4. 电路波形检查法

使用示波器观察信号波形可以获得快速、直观的效果，是检修如彩色电视机等常用的方法。它将彩色电视信号发生器（或电视台发送的测试图）产生的信号输送到有故障电视机的有关部分（也可以从天线端耦合输入），根据不同故障选择不同的输入点和不同的输入波形，然后利用相应带宽的示波器跟踪信号通路进行观察，根据示波器显示波形的有无、大小和是否失真进行故障判断。

检修彩色电视机故障用的是具有射频、中频、视频 3 种信号的专用 PAL 彩色电视信号发生器。其各种视频图样的主要用途是：彩条信号主要用于解码电路、视放电路的故障诊断；方格信号主要用于场、行扫描电路的故障诊断；电子点信号主要用于聚焦电路的故障诊断；电子圆信号主要用于场、行扫描电路的故障诊断；十字图案信号主要用于行扫描中心、静会聚电路的故障诊断；色度信号和色同步信号主要用于解码电路的故障诊断；多群波信号主要用于图像通道电路的故障诊断，如灵敏度、清晰度；阶梯信号主要用于图像通道电路的故障诊断，如灰度统调；锯齿波信号主要用于图像通道电路的故障诊断，如通道电路的线性度。

例如，对于彩色电视机“无彩色、黑白图像正常”这种故障，主要是解码集成芯片 TA7193P 及其周边电路的故障。对彩色电视机解码器进行故障诊断时，按照 3 个电路系统和一个输出部分的划分，逐级、逐点检查有关信号的有无和大小，电压值是否正确，并与正常波形进行比较，发现有问题的地方，再做进一步检查。对于采用 TA7193P 组成解码电路的彩色电视机，出现“无彩色、黑白图像正常”故障时，可依图 7.2.6 所示的故障诊断逻辑框图，逐步用示波器观察色度带通电路。

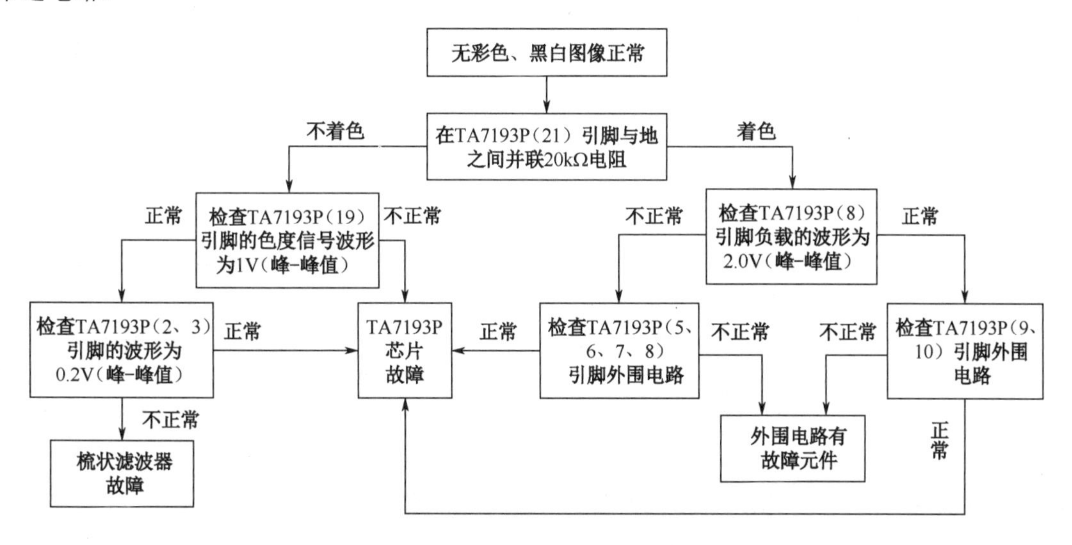

图 7.2.6　故障诊断逻辑框图

当用示波器观察色度带通电路的波形时，输入的全电视信号波形正常，而输出的波形却变成了图 7.2.7 所示的波形，即波形上下两部分不对称，这说明色度带通放大电路发生了故障，使信号下部限幅产生了波形失真。其原因可能是带通放大级工作点偏移，因此需要检查影响带通放大器工作点的 ACK 电路；检查带通放大级耦合电容是否漏电；直流供电是否正常；晶体管和集成电路质量是否良好等。

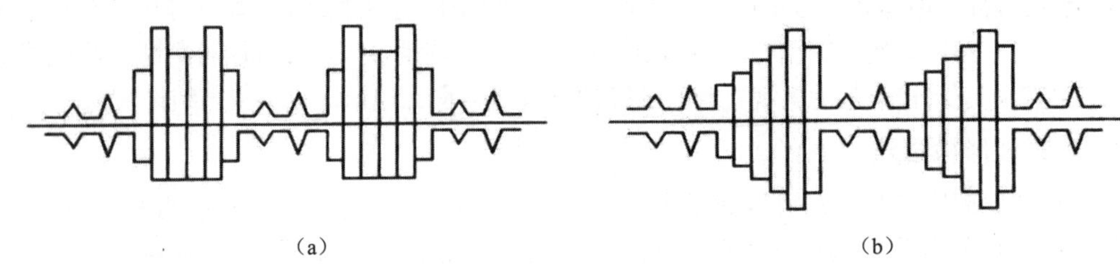

（a）　　（b）

图 7.2.7　波形失真

5. 多因素引起的故障

一个元件的损坏常常会引起电压和电流不正常，从而可能损坏其他元件。损坏的元件常可查出，但它可能不是故障源，而是故障产生的结果。

例如，假设已查到某个晶体管损坏，损坏的原因是电流过载，剩下的问题就是查找电流过载的原因。晶体管中的电流过载有多种可能，如由于过大的信号输入使晶体管过激励，这时故障根源应在输入电路；由于电源波动，烧坏晶体管。因此，在更换新的晶体管前，应查明其烧坏的原因。功率晶体管的一些典型故障及原因如下。

（1）晶体管中电流增加会使晶体管发热，晶体管发热会使晶体管电流进一步增加，从而导致晶体管过热。这种恶性循环继续下去将损坏晶体管，设计良好的晶体管稳偏电路可防止这种情况的出现。

（2）电压分配网络某部分短路可能使晶体管电源过载。

（3）隔直电容短路可能会烧坏晶体管。

（4）电源波动或滤波电路开路可能会烧坏晶体管。

列出在电子设备检修过程中可能遇到的全部常见故障及相应的原因是不现实的。一般来讲，元件损坏有一定的电路条件，该条件是使元件超过了它的最大容限。使元件损坏的电路条件可能是瞬时的和偶然的，也可能是设计不合理的问题（如某一设备反复在同一位置出现相同故障）。元件也可能由于内部物理缺陷造成自然失灵。

7.2.3　常用器件检测方法

1. 电阻的检测

（1）直接测量：用万用表的电阻挡测量电阻。将两只表笔直接接到被测电阻的两端，量程视被测电阻而定。阻值在 1 kΩ 以内的受周围电路的影响较小；1 kΩ 以上的电阻值受其他元件影响较大，测出的数值误差较大，只作为参考。如果要精确些，可采用两次测量法，即将表笔对调再测一次。这样可以排除 PN 结及电解电容的影响。

（2）替代测量法：如果怀疑被测电阻开路，而且其阻值正好与万用表某一电流挡呈现的内阻相当，这时可用电流挡的内阻充当这个被怀疑电阻。其方法是直接将万用表的两个表笔（电流挡）搭在被怀疑的电阻上，使用的量程由被测电阻阻值和万用表确定，阻值大用小量程，阻值小用大量程。

（3）准确测量：将被测电阻的一端从电路板上卸下来，再用万用表的电阻挡测量。这种方法不受其他元件的影响，测出的电阻值比较准确。

（4）对电位器及微调电阻的测量：对电位器及微调电阻的测量应采用上述的准确测量方法进行。除了测量两个固定端之间的阻值，还要检查中心抽头是否接触良好。其方法是先选择好量程，用表笔分别接触任一个固定端及中间抽头，慢慢旋转电位器的柄，观察表针是否平滑自如地摆动。如果表针有突然猛烈的摆动，就说明电位器中心抽头有接触不良的地方。

2. 电容器的检查方法

通常，测量时应将其中一条引线从电路板上卸下来，以避免其对周围元件的影响。

（1）电解电容器的测量：将万用表置于电阻挡，量程视被测电解电容的容量及耐压大小而定。测量容量小、耐压高的电解电容，量程应位于 $R\times10k\Omega$ 挡。测量容量大、耐压低的电解电容，量程应位于 $R\times1k\Omega$ 挡。其方法是将黑表笔接电容的正极，红表笔接电容的负极，观察充电电流的大小、放电时间长短（表针退回的速度）及表针最后指示的阻值。电解电容器质量好坏的鉴别如下。

①充电电流大，表针上升速度快；放电时间长，表针的退回速度慢，说明容量足。

②充电电流小，表针上升速度慢；放电时间短，表针退回速度快，则说明容量小、质量差。

③充电电流为零，表针不动，说明电解电容已经失效。

④放电到最后，表针退回终了时指示的阻值大，则说明绝缘性能好、漏电小。

⑤放电到最后，表针退回到终了时指示的阻值小，说明绝缘性能差、漏电严重。

（2）其他电容器的检查方法：①容量为 0.01～1μF 的电容，可用万用表电阻挡（$R\times10k\Omega$）同极性多次测量法来检查漏电程度及是否击穿。将万用表的两根表笔与被测电容的两根引线碰一下，观察表针是否有轻微的摆动。对容量大的电容，表针摆动明显；对容量小的电容，表针摆动不明显。紧接着用表笔第二、三、四次碰电容的引线（表笔不对调），每碰一次都要观察表针是否有轻微摆动。若从第二次起每碰一次表针都摆动一下，则说明此电容有漏电；若第二、三、四次碰时表针均不动，则说明此电容是好的。若第一次相碰时表针就摆动到终点，则说明电容已被击穿。②对于容量为 0.01μF 以下的电容器，使用万用表的欧姆挡只能检查它是否击穿短路。用好的相同容量的电容器与被怀疑的电容器并联，可检查它是否开路。③对于容量为 1000 pF～0.01μF 的电容器，可用电阻电容测定仪测量其精确容量。对于容量为几皮法至几百皮法的电容器，可用 Q 表精确测定其容量。

3. 电感元件的检查方法

（1）直流电阻测量法：用万用表的电阻挡测量天线线圈、振荡线圈、中周，以及输入输出变压器线圈的直流阻值，可以判断这些电感类元件的好坏。测量天线线圈、振荡线圈时，量程应置于 $R\times1\Omega$ 挡；测量中周及输出输入变压器时，量程应放在 $R\times10\Omega$ 挡或 $R\times100\Omega$ 挡。测得的阻值与维修资料及自己日常积累的经验数据相对照，若很接近则表示被测元件是正常的。若阻值比经验数据小许多，则表明线圈有局部短路；若表针指示阻值为零，则说明线圈短路。应该注意的是，振荡线圈、天线线圈及中周的次级阻值很小，只有零点几欧姆，不要误判为短路。测量时若发现表针不动，则应怀疑线圈开路。当用 $R\times10\ k\Omega$ 挡测量初级线圈与次级线圈之间的阻值时，应该是无穷大。若初级线圈、次级线圈之间有一定的阻值，则表示初级线圈、次级线圈之间有漏电。

（2）通电检查法：对电源变压器可以通电检查，看次级电压是否下降，若次级电压降低则怀疑次级（或初级）线圈有局部短路。当通电后出现变压器迅速发烫或有烧焦味、冒烟等现象时，则可判断变压器肯定有局部短路了。

（3）仪器检查法：可以使用高频 Q 表来测量电感量及其 Q 值，也可以用电感短路仪来判断低频线圈的局部短路现象。另外，用兆欧表则可以测量电源变压器初级、次级之间的绝缘电阻。

4. 晶体管的检查方法

1）对二极管的检查

把万用表置于电阻挡，量程为 $R\times100k\Omega$，测得的普通高频二极管的正向电阻应该为 500Ω，反向电阻应为数千欧姆。硅整流二极管（整流电流约为 300mA）其正向阻值为数百欧姆，反向电阻约几兆欧姆。

2）对三极管的检查

（1）直流电阻检查法。对于 PNP 型小功率管（P_{CM}<200mW）而言，凡是符合以下范围的均属于正常（“黑”表示万用表黑色表笔，“红”表示万用表红色表笔）。

① 黑接 B，红接 C，低频管的反向电阻 R_{CB} 为 200kΩ～2MΩ；高频管反向电阻大于 1MΩ。

② 黑接 B，红接 E，低频管反向电阻 R_{EB} 为 200kΩ～2MΩ；高频管反向电阻大于 50kΩ。

③ 红接 B，黑接 C，低频管正向电阻 R_{BC} 为几百欧姆至 1kΩ；高频管反向电阻为 1～3kΩ。

④ 红接 B，黑接 E，低频管正向电阻 R_{BE} 为几百欧姆至 1kΩ；高频管正向电阻为 1～3kΩ。

对于 NPN 小功率管，凡是符合以下范围的均属正常。

红接 B，黑接 C，低频管反向电阻 R_{CB} 为∞，高频管反向电阻也为∞。

红接 B，黑接 E. 低频管反向电阻 R_{BE} 为∞，高频管反向电阻也为∞。

黑接 B，红接 C，低频管正向电阻 R_{BC} 为 5～10kΩ；高频管正向电阻也是 5～10kΩ。

黑接 B，红接 C，低频管正向电阻 R_{BC} 为 5～10kΩ；高频管正向电阻也是 5～10kΩ。

说明：用量程为 $R\times1k\Omega$ 挡测量。R_{CB} 为基极与集电极之间反向电阻；R_{BC} 为基极与集电极之间正向电阻；R_{EB} 为基极与发射极之间反向电阻；R_{BE} 为基极与发射极之间正向电阻。

（2）直流电压检查法：在加上工作电压的情况下，在印制电路板上直接测量基极与发射极之间电压的绝对值，也可判别管子是否正常。锗管 U_{BE} 为 0.2～0.3V 属正常；硅管 U_{BE} 为 0.6～0.7V 属正常；本地振荡管的 U_{BE} 振荡时比停振时要小，甚至会出现反偏压。

5. 集成电路的检查方法

一般来说，集成电路的检查应区分两种情况：一是集成电路本身不良；二是集成电路外围元器件的故障。只要确认是集成电路有问题，就能排除外围元器件的故障。但实际上，当维修者手中无替换的集成块时，就很难做出准确的判断。因此，要确认是集成电路本身还是外围元器件的故障，需要从各个方面来观察集成块工作状态是否正常，以便正确、有效地判断故障的所在。

1）检查集成块各引脚直流电压

使用万用表测量集成块各引脚与地之间的直流电压，并与正常值相比较，可以发现不正常的部位。采用这种方法，必须事先了解正常时的各引脚直流电压（在强信号与弱信号两种状态下的直流电压）。当实际检查时，因为各引脚电压的变化很小，所以有时会错过不正常的部位；或者有几个引脚的电压同时改变，使得判断困难。因此，最好能事先了解该集成块的内部电路图，至少要有内部方框图，了解各引脚的电压是由外部供给的还是内部送出的。这样会给判断带来很大的方便，比较容易判断出故障的原因是由集成块内部还是其外围元器件引起的。

2）检查集成块各引脚电流

使用小刀将集成电路电源馈线的印刷走线刻一个小口，把万用表（直流电流挡）串接在供电电路中，测量集成电路的供电电流。如果测得的数据与维修资料上的数据相符，那么集成电路是好的。若电流大，则集成电路内部有 PN 结击穿现象；若电流小，则集成电路内部有 PN 结开路现象。

3）测量集成块各引脚与地之间的电阻值

使用万用表测量集成块各引脚与地之间的电阻值，并与正常值相比较，以判断不正常的部位。当然采用这种方法也必须事先知道正常时的电阻值。注意，要测出万用表表笔正接和反接时的结果，即先用红表笔接地，黑表笔接被测端测得一个结果，再用黑表笔接地，红表笔接被测端测得另一个结果。将这两个结果同时与正常值相比较，找出异常部位。

4）检查集成块的输入与输出波形或信号电压

使用示波器测量集成块的输入和输出信号的波形，并将此信号波形（或电压）与正常波形（或电压）相比较，以判断不正常的部位。

5）检查集成块的外围元器件

当采用上述 3 种方法均无法找到不正常部位时，就应更换集成块或逐一检测其外围元器件了。由于现在所用集成块引脚很多，印制电路板铜箔条又很细，因此拆换集成块很容易损坏铜箔条。因而，通常首先检查各引脚铜箔条是否有断裂，外围元器件是否有损坏现象后再换集成块。这样比较有效。当检查外围元器件时，应将元器件的一端脱开来测量，这样就不会受其他元器件的影响。

单凭一种方法有时是较难判断的，因此最好用以上各种方法检查，综合分析，这样就可达到事半功倍的效果。

6. 可控硅的检测

可控硅一般用作过压或过流保护元件，是一种能够控制大功率的 4 层硅器件。图 7.2.8 所示为可控硅结构原理图和用三极管模拟的等效电路图。

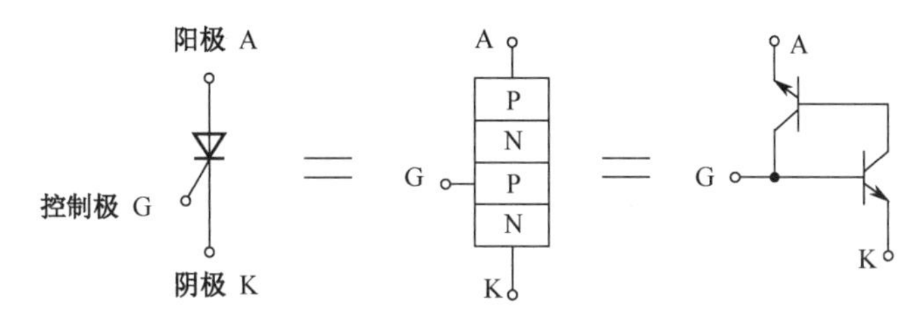

图 7.2.8　可控硅结构原理图和用三极管模拟的等效电路图

1）用万用表测量可控硅

在正常情况下，可控硅的控制极 G 到阴极 K 是一个 PN 结，它具有 PN 结的特性。测量时，负表笔接 G，正表笔接 K，应有正向导通电阻值，正表笔再接阳极 A，阻值应为无穷大；然后将正表笔接 G，负表笔接 K，应为 PN 结的反向电阻值；最后用负表笔接 A，阻值也应为无穷大。测量 A 和 K 之间的正反向电阻值均为无穷大。测量结果如果符合上述要求，那么可控硅是好的。如果 G 和 K 之间的正反向电阻都等于零，或者 G 和 A 和 A 和 K 之间正反向电阻都很小，就说明可控硅内部击穿或短路；如果 G 和 K 之间的正反向电阻都为无穷大，就说明可控硅内部断极。

2）可控硅在路故障辨别

现象 1：可控硅截止，不能被触发导通，门信号正常，可能故障为 A 和 K 之间开路。

现象 2：可控硅截止，不能被触发导通，但门信号很大，可能故障为 G 和 K 之间开路。

现象 3：可控硅截止，不能被触发导通，且门信号为 0，可能故障为 G 和 K 之间短路。

现象 4：可控硅正、反向都导通，A 和 K 之间电压降为 0，可能故障为 A 和 K 之间短路。

7.2.4　模拟电路故障分析与检测实例

1. 直流电源

任何一种电子设备都需要直流电源，有时使用蓄电池，但更普遍的是通过交直流转换来供给直流。电源电路的功能就是提供所需要的直流电压和电流，并要求其具有足够小的波纹系数和足够高的稳定度，以减小输入电压和负载电流变化所造成的影响。高质量的电源还必须能够限制输出电流的极限值，以防过载，并能够限制输出的最高电压。如果电压过高，仪器中的某些元件，特别是集成元件很容易损坏。把交流电转变为直流电的方法很多，常用的有两种电路，即线性稳压电路和开关型稳压电路。这两种电路各有优缺点，而开关型稳压电路是一种较新颖的电路，它主要用在大功率的情况下（100W 以上）。

1）线性稳压电路的基本工作原理

图 7.2.9 所示为线性稳压电路的基本工作原理框图。电源变压器有两个作用，除了转换交流电

压，还可以将市电与设备的直流电源隔开。其变压比取决于线圈的匝数比。整流器的作用是将交流电压转变为单相的脉动电流。整流电路之后的滤波电路，主要用于消除电流中的脉动成分。当要求输出大负载电流时，常使用电感滤波，而在小功率的情况下常使用电容滤波。电感和电容形成的低通滤波器可以进一步降低波纹，通常电感值为 1～5H、电容值为 500μF。通常不用低通滤波器，特别是当后面接有很好的稳压电路时，电感通常可用低阻值的线绕电阻代替，此时在电阻上将有一部分压降损失，使得输出电压有所降低。最后一部分是稳压电路，它用于保持输出电压的稳定，同时防止由于输入电压和负载电流的变化所造成的输出电压的波动。

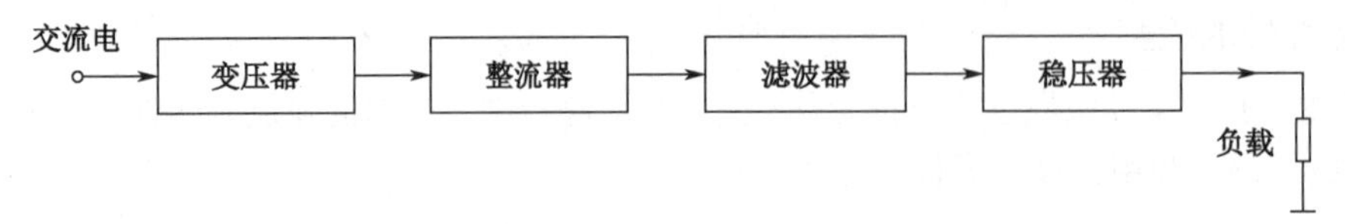

图 7.2.9 线性稳压电路的基本工作原理框图

图 7.2.10 所示为线性稳压电路的框图，它由 3 个部分组成：整流器，通常是一只大功率晶体管；变压器，通常为稳压二极管；比较放大器，功能是将输出电压的一部分与参考电压进行比较，然后把它们的差值信号进行放大并馈送到控制单元。输出电压的稳定度取决于参考电压元件和比较放大器增益的稳定度。现在通常都使用高增益的运算放大器集成块来进行比较放大，从而达到优良的稳压特性。

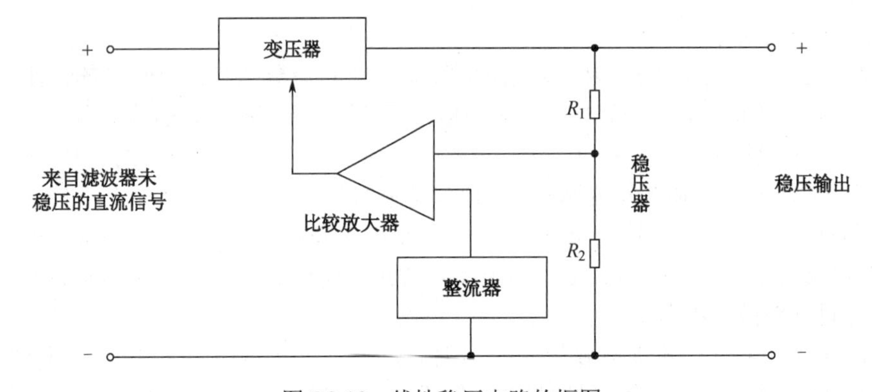

图 7.2.10 线性稳压电路的框图

线性稳压电路的主要优点是：输出电压连续可调，能有效地防止由于输入电压和负载电流变化所引起的电压波动。一个典型的 15V、100mA 的稳压电源参数如下。

（1）线性稳定度为 10000∶1（输入电压变化 10V，只引起输出直流电压 lmV 的变化）。

（2）满负荷峰-峰输出波纹为 0.1mV。

（3）直流输出阻抗为 0.05Ω。

（4）温度系数为 200μV/℃。

（5）负载稳定度（从空载到满负载输出电压变化量）为 0.033%（5mV）。

尽管线性稳压电路性能优良，但效率较低。其功率损失主要是由与负载串联的调整管引起的，而且随着负载电流的增大而增加。因此，必须使用大面积的散热片来保证调整管的结温处在额定范围内。

2）线性稳压电路的故障检测方法

首先测量直流输出电压，假如电压为零，应再检查电源变压器初级的交流电压，若没有交流电压，则应检查电源插头是否断线、供电线路是否断开或保险丝是否熔断。注意，如果怀疑保险丝熔断，必须用万用表欧姆挡进行测量，决不能仅相信表面的观察。当火线与地线都接有保险丝时，必须全面检查。如果保险丝熔断，通常是其他部分的电路发生了故障，切不可急于更换保险丝，应先查清故障的位置。

检查的方法是：把电源插头拔掉，用万用表欧姆挡依次测量变压器、整流器和其他部分的直流电阻。变压器线圈的电阻取决于变压器功率的大小。对于中等功率的变压器而言，它的初级绕组约为 500Ω，而次级绕组仅为几欧姆。线圈短路是较难检查的，可通过电阻值的比较来判断。另一种方法是让变压器空载运行，看其是否发热。当用万用表欧姆挡测量二极管、三极管和电解电容时，应注意表笔的极性，否则很容易得出错误的判断。如果变压器初级交流电压正常，我们应接着测量变压器的次级交流电压、整流后的直流电压及稳压后的直流电压，直到找出故障为止。

3）线性稳压电路常见故障分析

现象 1：直流输出电压为 0，次级交流电压为 0，初级或次级线圈高阻。故障：主变压器初级或次级开路。

现象 2：保险丝熔断；直流输出电压很低，变压器由于过流而发热。故障：主变压器初级或次级短路。

现象 3：电路为半波整流，直流输出电压变低，100Hz 的波纹变为 50Hz。故障：桥式整流器有一只二极管开路。

现象 4：保险丝熔断（因为次级线圈有一个半周处于短路状态）。此时，可测量各二极管的正反向电阻。故障：桥式整流器有一只二极管短路。

现象 5：直流输出电压低，波纹增大。故障：滤波电容开路。

现象 6：保险丝熔断，滤波器输出的直流电阻在正反两个方向都很低。故障：滤波电容短路。

现象 7：直流输出电压升高，调整管基极无控制信号。故障：比较放大器开路。

现象 8：直流输出电压为 0，滤波器输出的直流电压比正常值高。故障：调整管基极与发射极开路。

现象 9：直流输出电压降低，调整管发热。故障：稳压管短路。

2．放大器

所谓放大器，就是用较小的输入信号去控制较大的输出功率的电路单元。图 7.2.11 所示为一个基本的放大电路。它由有源器件（晶体管或电子管）、直流电源和负载电阻 R 组成。输入信号 U_I 用来控制有源器件的直流电流，这一电流在负载电阻上会引起输出电压 U_O 的变化。

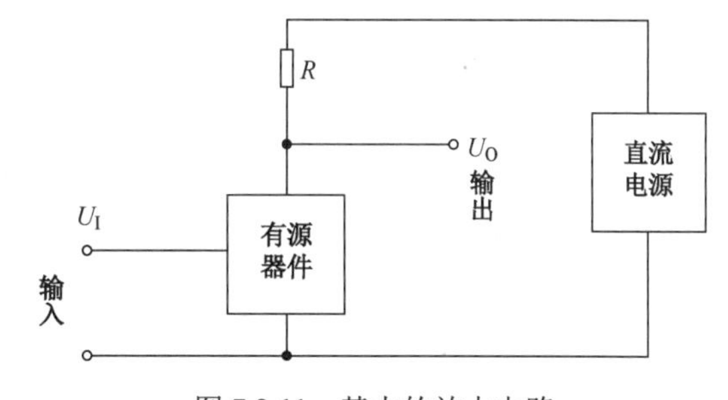

图 7.2.11 基本的放大电路

1）放大器的分类

在电子设备中运用了各种不同类型的放大器电路，因此在讨论具体电路之前有必要将它们进行简单的分类。根据频率特性放大器可分为低频放大器（AF 或 LF）、射频放大器（RF）调谐窄带放大器、宽带放大器、直流放大器。根据放大器的工作状态，放大器可分为甲类放大器、乙类放大器和丙类放大器。甲类放大器的直流工作点取在动态范围的中点，这样无论晶体管工作在正半周或负半周都有信号输出，通常小信号放大器都用此类型。乙类放大器的直流工作点选在截止点上，这样它只能在输入信号的正半周导通，通常用它来构成推挽放大器。丙类放大器的直流工作点选在截止点以下，这样只有当输入信号较大时，晶体管才能导通，它通常用来作为脉冲开关和脉冲传输电路。根据放大器的增益又可分为电流放大器、电压放大器和功率放大器。在检测任何一种放大器故障前，弄清它的基本类型是十分必要的。

2）放大器故障分析

（1）电压放大器典型故障分析。

现象 1：工作点发生很大变化，导致晶体管截止。这样，要么产生幅度失真，要么完全没有输出。故障：偏置元件开路或阻值变大。

现象 2：工作点发生很大变化，使得晶体管难以导通，幅度失真。故障：旁路电容或耦合电容短路。

现象 3：信号无法从上一级耦合到下一级，所有直流电平均正常，没有输出信号。故障：耦合电容开路。

现象 4：由于存在交流负反馈，放大器增益下降。故障：旁路电容开路。

现象 5：输出中有 100Hz 频率分量（一般可以听到哼声）。故障：滤波电容开路。

现象 6：不稳定的高增益或振荡。故障：反馈开路。

现象 7：信噪比下降（从最前级检查起）。故障：在输入端，晶体管或电阻产生噪声。

现象 8：频带变窄，低频特性变坏。故障：耦合电容或旁路电容容量变小。

（2）功率放大器典型故障分析。

现象 1：乙类功率放大器产生较大的交越失真。故障：偏置元件开路或阻值变大。

现象 2：输出保险熔断或晶体管过热（可使用电阻测量法判断故障元件）。故障：输出电容器短路。

现象 3：交越失真变大，晶体管过热。故障：偏置元件阻值变化或偏置电位器的位置变化。

为了更快地找到放大器的故障，需要按照一种标准的程序来进行检查：送测试信号到输入端，使用交流电表或示波器逐级检查，直到发现故障所在，最后还要测量故障级的直流电平。

3）电视机伴音电路故障诊断

电视机伴音电路的方框图如图 7.2.12 所示。伴音电路一般由 3 个部分组成：第一部分为伴音中放、鉴频及低频放大电路，这部分电路一般都制作在一块集成电路中；第二部分为伴音静噪电路；第三部分为伴音功率放大电路。现在大部分彩色电视机这部分电路都采用集成电路。

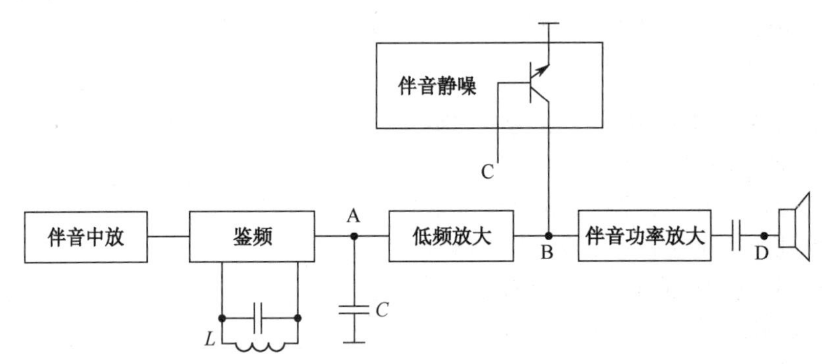

图 7.2.12　电视机伴音电路的方框图

（1）伴音电路的基本工作原理。由预视放电路输出的视频全电视信号，经 6.5MHz 滤波后进入伴音中放级。为了消除调频信号中的寄生调幅噪声，伴音末级中放均采用限幅中放。经伴音中放后的伴音中频信号，由鉴频电路进行鉴频，鉴出低频信号。鉴频输出的低频信号先经过去加重电路进行频率特性校正，然后加至低频放大电路。经低频放大电路放大后的低频信号，由伴音静噪电路控制。伴音静噪电路的作用是：当电视机在启动电源或切换频道时，扬声器会发出较响的“扑、扑”声。在发出“扑、扑”声的瞬间，扬声器内会流过很大的电流，从而使扬声器易损坏。同时，这“扑、扑”声也使人感到不舒服。伴音静噪电路就是为了消除这种伴音噪声而设置的。当刚开启电源或转换频道时，伴音静噪电路将低频信号对地短路，不使伴音信号进入功率放大级，喇叭就无声音；当在正常接收节目时，伴音静噪电路让伴音信号进入。

（2）伴音电路故障及症状分析。

① 伴音中频电路故障及症状。伴音中频放大电路的作用是将 6.5MHz 伴音中频信号加以放大及限幅。伴音中频放大电路发生故障的现象是无伴音或杂声大。伴音杂声较大一般是由伴音小信号处理集成块内伴音限幅放大级发生故障所致。由于伴音中频电路都在伴音小信号处理的集成块内，外围元件较少，因此检查比较容易。

② 伴音鉴频电路故障及症状。伴音鉴频电路的作用是将 6.5MHz 限幅调频信号进行鉴频，取出音频信号。伴音鉴频电路的故障现象是伴音失真或无伴音。伴音鉴频电路一般都在伴音小信号处理集成块内，外接鉴频调谐回路。常见的故障元件是鉴频调谐线圈不良或未调好。鉴频调谐线圈不良造成无伴音；鉴频调谐线圈未调好造成伴音失真。

③ 伴音静噪电路故障。目前大部分彩色电视机都有伴音静噪电路。伴音静噪电路的故障使送至功放电路的音频信号被短路，造成无伴音的现象。常见的故障元件是晶体管击穿。

④ 伴音低放及功放电路故障及症状。伴音低放及功放电路故障现象是伴音失真及音轻。伴音低放一般在伴音小信号处理集成电路内。伴音功放有采用集成电路的，也有采用分立元件的。采用分立元件的伴音电路损坏得较多，采用集成电路作为功放电路的彩色电视机，其伴音功放发生故障的概率小。采用分立元件的伴音功放电路，常见故障为末级功放管击穿或负反馈电阻不良，造成失真及音轻。

需要指出的是，由于扬声器质量方面的问题，经常发生扬声器音圈断线，造成无声故障。在检修无声故障时应予以注意。

（3）伴音电路的主要故障检测方法。伴音电路的常见故障有：有图像、无伴音；伴音音轻；伴音杂声大；伴音失真；音量失控；等等。对于伴音杂声大、伴音失真及音量失控等故障，其故障范围较小，比较容易检修；而对于有图像无伴音及伴音轻这两种故障，其故障范围涉及整个伴音电路。检查无伴音或伴音轻的故障最有效、快速的方法是低频信号注入法。

检查方法如下。

① 将低频信号输入至鉴频电路输出端。一般鉴频电路输出端外接去加重电容，可将低频信号加至去加重电容端。将喇叭插头拔去用万用表交流电压挡接功放电路输出端。将万用表上电压与正常值比较，来判断故障是位于低放或功放，还是位于鉴频电路或其前面的电路。若万用表上电压值正常，则为鉴频电路及其前面伴音电路的故障；否则就是低放或功放电路的故障。

② 万用表仍接在功放输出端不变，再将低频信号由低放至功放逐级输入，根据万用表测得的电压是否正常来判断是低频信号输入端以前还是以后的电路故障。通过这样的检查可以很准确地确定故障的部位，然后用万用表去检查故障的元件。

3. 负反馈放大器

假如放大器中有一部分输出信号被反馈到输入端，并且用来抵消一部分输入信号，称为负反馈放大器。负反馈在放大器电路中是非常重要的。负反馈的作用是：①它可以稳定电路的增益，使得电路增益不受元件参数、温度和直流电源波动的影响；②它可以改善频率响应，展宽频带；③它可以用来改变电路的输入阻抗和输出阻抗；④它可以降低非线性失真和电路噪声。

（1）图 7.2.13 所示为两级负反馈放大器。反馈电阻 R_{F1}，从输出端连接到第一级的发射极上，属于电压串联负反馈。反馈电阻 R_{F2} 从 VT_2 的发射极连接到第一级的基极上，属于电流并联负反馈。

负反馈存在的主要问题是，由于反馈环的引入可能造成相位的变化。图 7.2.13 所示电路的输出 U_O 相位与输入 U_I 相位一致，因此电压反馈信号加到 VT_1 的发射极，而不是基极上。假如电路工作在更高的频率下，放大器中的电抗元件将会产生附加的相位漂移，这会影响反馈信号的相位。这样在某些频率点上，反馈信号不再与输入信号相位相反，从而引起电路振荡。当然我们可以使环路增益 $A_β<1$ 防止这种现象的发生。由于这个原因，运算放大器通常必须有频率补偿电路来限制带宽，而且使用直接耦合方式来减小因耦合电容所引起的频率偏移。图 7.2.13 中，由

R_{F2} 构成的反馈通路是用来稳定第一级工作点的。很明显，当旁路电容 C_E 开路时，也会构成负反馈通路，这时增益将会急剧下降。

（2）对反馈回路的故障诊断是比较困难的，因为它是把输出信号的部分或全部以某种方式反送到前面模块的输入端，使系统形成一个闭环回路。在这个闭环回路中，只要有一个模块发生故障，则整个系统处处都存在故障现象。查找故障的方法需要把反馈回路断开，插入一个合适的输入信号，使系统成为一个开环系统，然后再逐一查找发生故障的模块及故障元器件等。

例如，图 7.2.14 所示为一个简单的带有反馈的电路，用于生成方波和三角波。A_1 的输出信号 U_1 作为 A_2 的输入信号，A_2 的输出信号 U_2 作为 A_1 的输入信号，也就是说，反馈对于产生输出信号是必不可少的。不论是 A_1 组成的过零比较器，或者是 A_2 组成的积分器哪个发生故障，都将导致 U_2 与 U_1 无输出波形。查找故障的方法是断开闭环反馈回路中的某一点。假设断开 U_1 与 R_3 的连线，从 R_3 的输入端 B 插入一个幅值为±6V 的方波（因为电路工作正常时，B 点的输出波形为± 6V 的方波），用示波器检查 U_2 输出波形是否为三角波。如果没有波形或出现异常波形，那么故障发生在 A_2 电路；反之故障发生在 A_1 电路。

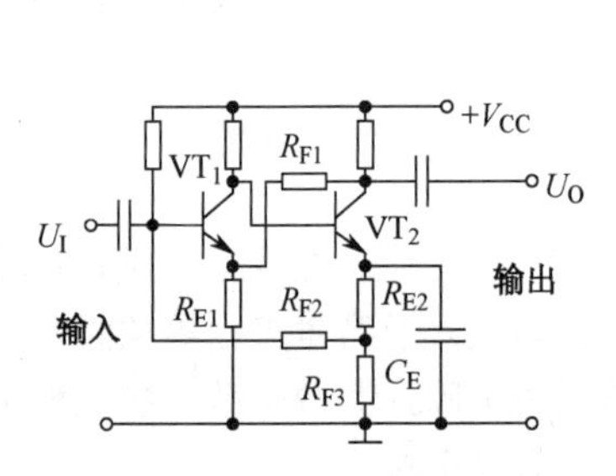

图 7.2.13　两级负反馈放大器

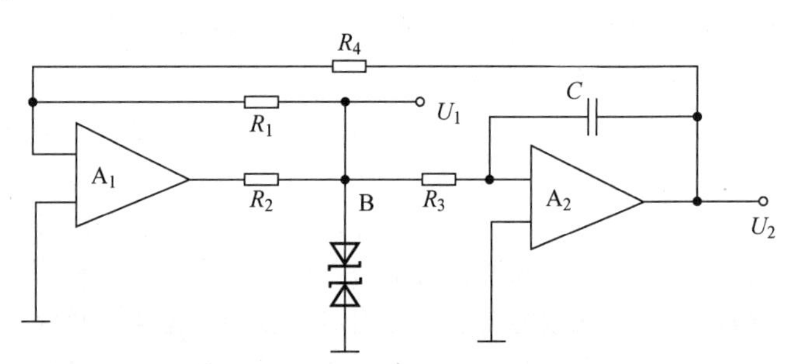

图 7.2.14　简单的带有反馈的电路

反馈电路的类型很多，反馈的目的也各不相同，因而故障分析没有统一的规则可遵循，必须根据每个电路中反馈的类型与目的来确定诊断故障的方法。

4．脉冲和整形电路

大部分现代电子设备都有专门的电路用来对脉冲或其他信号进行整形。整形电路一般分为下面几种类型：①线性无源电路，由 R、L、C 组成；②非线性无源电路，二极管限幅器和钳位器；③有源电路，使用晶体管开关，如施密特触发器和单稳电路。

1）脉冲和整形电路故障分析

脉冲整形和开关电路与其他一些电路（如放大电路和电源电路）的故障现象是截然不同的。通常我们会发现信号衰减得很厉害，甚至所需要的波形不能产生，而这时直流偏置可能正常，也可能不正常。要想确定这样的故障，需要对电路有很好的了解。另一种故障通常出现在开关电路中，如单稳电路，有时在没有输入信号的情况下，也会产生输出脉冲，其状态也会发生改变，称为误触发。这种故障有时也很难诊断，有可能是电路本身的原因，也可能是干扰所致。其干扰噪声可能来自输入端或电源线，也可能是由电动机或附近的电感装置启动所致。在噪声非常大的工业环境中，必须精心设计并仔细安装设备，这涉及屏蔽和电源滤波等问题。

2）脉冲和整形电路的检测

检测整形电路必须选用合适的示波器。它必须具有足够的带宽，以满足测量的要求。测量时最好使用衰减探头，以便在测量容性负载时将误差减到最小。对于那些含有有源开关、线性和非线性整形器的电路，可以按照下面的步骤进行测量。

（1）使用万用表测量电源的电压，校正电压值并使其波纹最小。

（2）检查输入信号。通常这些信号来自传感器（光电池、热敏电阻等）或机械开关。因为传感器和机械开关通常与主电路板之间有较远的距离，工作条件也比较恶劣，所以它们发生故障的可能性也较大。

（3）检查输入引线和插头插座是否接好；检查所有屏蔽是否接地。

（4）假如提供输入信号的传感器和机械开关都是完好的，则可以通过改变它们的状态来提供输入信号或直接用振荡器产生合适的输入信号，按照信号流程来检测每一级电路，直到找出故障所在。

（5）如果要检查某个晶体管开关的功能，并不需要将它从整个电路板上取下来。如果要使这个晶体管开关处于断开（截止）状态，只需要将它的基极和发射极短路；如果要使这个开关闭合（饱和），只需要使用 10kΩ 的电阻，暂时连接电源和基极（相当于加上正向偏置），它的集电极电位马上就会降到 100mV 左右。

3）脉冲和整形电路故障诊断举例

图 7.2.15 所示为一个波形整形电路。当输入 250Hz、10V 的方波信号时，它可以输出 4V 的负脉冲，其脉冲宽度约为 0.2ms。C_1 和 R_1 构成了时间常数为 0.1ms 的微分器。在 R_1 和 R_2 的接点 A 上将有一正负脉冲串，串联二极管 VD_1 对正脉冲限幅，而二极管 VD_2 是一个负的限幅器。当 VD_1 接点 B 上的信号电压低于 R_4 和 R_5 分压器的电压值时，VD_2 就开始导通。图 7.2.16 所示为电路的输入和输出波形。其中，图 7.2.16（a）所示为输入信号波形；图 7.2.16（b）所示为电路正常时的输出波形；图 7.2.16（c）、（d）、（e）、（f）所示均为电路有故障时的波形。

（1）当图 7.2.15 所示电路发生 VD_1 短路故障时，其输出波形如图 7.2.16（c）所示。

（2）当电路发生 VD_1 开路或 R_5 开路故障时，在 C 点上的测量波形如图 7.2.16（d）所示。

（3）当电路发生输入信号正常而没有输出信号的故障时，应该测量 B 点是否有信号，若无信号，故障可能是 VD_1、C_1 或 R_2 开路，以二极管 VD_1 的可能性最大。

（4）当电路发生 VD_1 短路故障时，在输出端测量的波形如图 7.2.16（e）所示。

（5）当电路发生 R_4 开路故障时，在输出端测量的波形如图 7.2.16（f）所示。

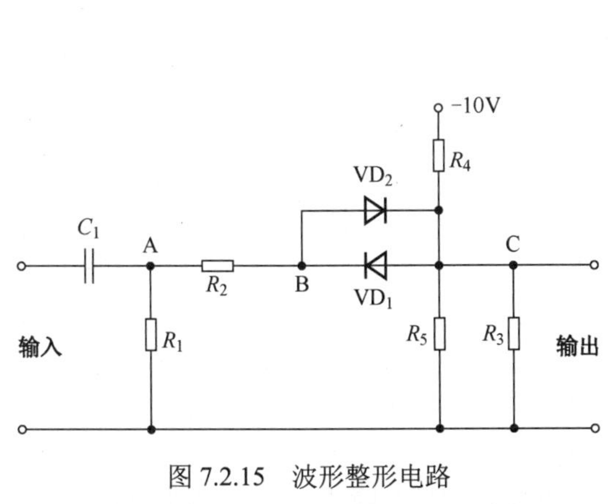

图 7.2.15　波形整形电路

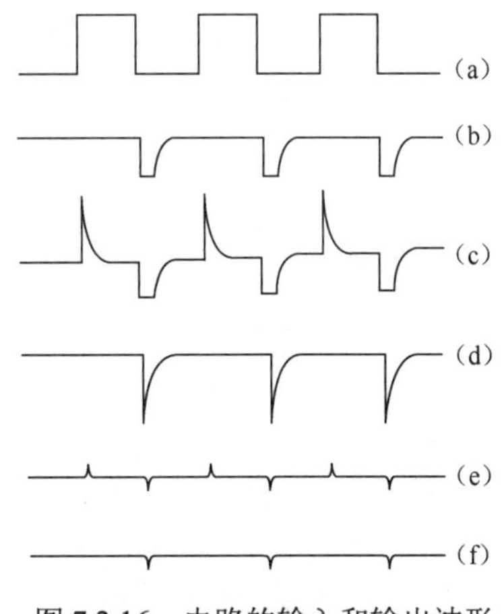

图 7.2.16　电路的输入和输出波形

5. 振荡器

振荡器是一种可产生随时间变化的输出波形的电路，所产生的波形通常是正弦波、方波、脉冲波、三角波或锯齿波等。振荡电路广泛应用于各种类型的电子设备中。收录机、电视机、计算机、示波器、信号发生器、数字频率表都含有振荡电路。在实际应用中，绝大部分振荡电路都是由正反馈放大器构成的。一个振荡电路通常由放大器、正反馈环、频率控制网络、电源组成，如图 7.2.17 所示。

1）振荡器的故障分析

由于振荡器的种类很多，因此它们的诊断过程也不可能完全一样。在着手工作之前，必须对仪器中振荡单元的基本功能和工作过程有所了解。如果有可能，在测量和维修之前，应该仔细阅读操作手册。许多振荡单元都是由几部分电路组成的，如衰减器、缓冲放大器、调制器等，所以诊断故障最合理的办法是：先判断哪一部分电路工作不正常。通常振荡电路故障有以下几种。

现象 1：没有输出，直流偏置正常。故障：正反馈环开路。

现象 2：输出幅度增加，波形失真。故障：放大器中的负反馈环开路。

现象 3：仅在某一频段内无输出。故障：该频段的某一元件开路。

现象 4：所有频率范围无输出，直流电平不正常。故障：放大器偏置元件开路。

现象 5；输出持续为高电平。故障：放大器中开关晶体管开路。

现象 6：输出降低且有非线性失真。故障：放大器的输入阻抗下降或短路。

现象 7：电路振荡频率不稳定，信号时有时无。故障：晶体振荡器的晶体开路。

2）晶体管收录机变频级故障诊断

晶体管收录机变频级的作用，是将选频回路接收到的高频调幅信号转变为中频（465kHz）调幅信号。在中、低档收录机中，振荡和混频由同一只晶体管担任的称为变频。在有些收录机中，振荡和混频分别由两只晶体管担任完成变频作用。晶体管收录机变频级基本电路如图 7.2.18 所示。

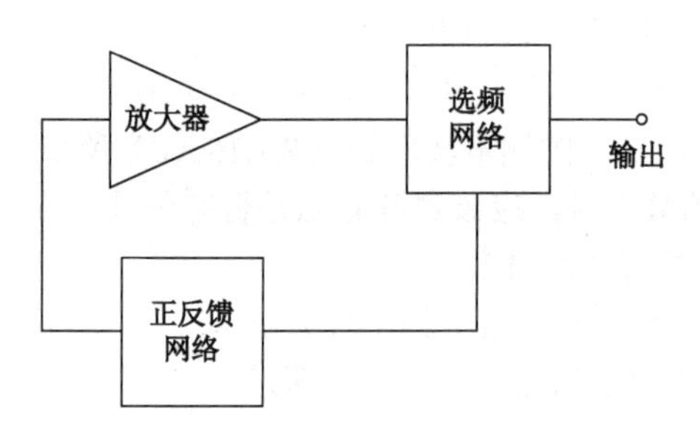

图 7.2.17　振荡电路的组成

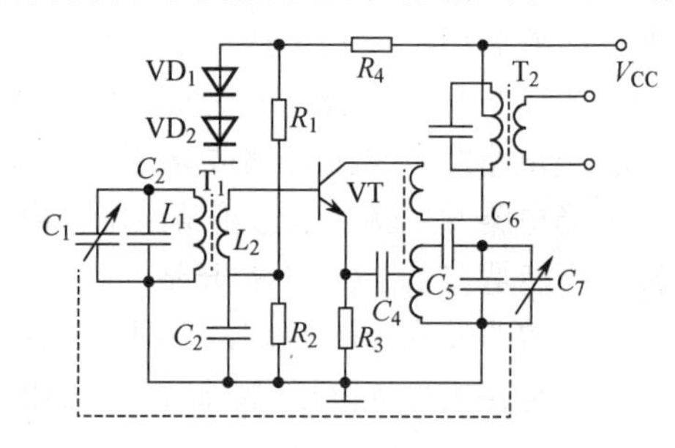

图 7.2.18　晶体管收录机变频级基本电路

C_1、C_2和 L_1 组成天线调谐回路，调节 C_1 的容量可改变回路的谐振频率，使它与外来信号中的某一电台信号频率一致，以达到选频的目的。经调谐回路选频后的信号电压感应给 L_2，由 L_2 输入晶体管基极。由于 L_2 圈数少，对本机振荡频率的影响很小，仍可看作共基极振荡电路。工作时晶体管除了本身产生的高频等幅振荡信号，还有从基极输入的外来调幅信号。这两个信号在晶体管内混合后产生 465kHz 的中频调幅信号。再通过中频变压器 T_2 的初级与 C_8 组成的选频回路，选出 465kHz 的调幅波送至下一级。为了使天线调谐回路的谐振频率和本机振荡频率保持差值为 465kHz，在天线调谐回路与本机振荡回路中使用了同轴双连可变电容器 C_1 和 C_7。C_2、C_5 和 C_6 是为了实现从低、中、高 3 个不同频率点保持跟踪而设置的（在收录机中称为“三点跟踪”）。如果是特殊设计的双连，可不用 C_5。VD_1、VD_2 两只硅二极管用来稳定晶体管的工作点。

变频级故障主要是停振造成无声，这时静态电压的检测流程如下。

（1）测量集电极电压：有则转（2）；无则可能是电源电压故障或 T_1、T_2 开路故障。

（2）测量基极电压：正常（约为 0.7V）转（3）；无则可能是 VD_1、VD_2 或 L_2 开路故障，或者 C_3 短路或晶体管 BE 极击穿故障；过高可能是 VD_1 或 VD_2 开路故障。

（3）测量发射极电压：有则转（4）；无则可能是晶体管发射极开路故障。

（4）晶体管各极电压均正常，则可能是 T_1 次级或 C_4、C_5 开路，或者 C_5、C_6、C_7 短路故障。

至于振荡频率与输入信号频率不跟踪、灵敏度低和音量小等故障，属于统调和其他方面的问题。

7.3　常用模拟电路故障诊断方法

7.3.1　基本故障诊断方法

模拟电路故障诊断就是利用在电路及节点上测得的信息来确定故障元件的位置及其参数值，从而判别电路产品的好坏并进行必要的维修。迄今为止，出现了许多用于模拟电路故障诊断的理论和方法。下面从各种不同的角度来对它们进行分类。

（1）从诊断角度来看，有故障检测和参数识别。故障检测，即确定被测电路是否存在故障；故障定位或故障隔离，即确定故障元件所在区域或精确位置；参数识别，即确定故障元件参数偏移的数值。我们主要的任务集中在故障定位和参数识别方面，即在知道电路已经出现故障（检测到电路不能正常工作）后，确定故障元件的位置及其实际参数值。

（2）从电路模拟在测试过程中的前后顺序来看，有测试前模拟（Simulation Before Test，SBT）和测试后模拟（Simulation After Test，SAT），如图 7.3.1 所示。

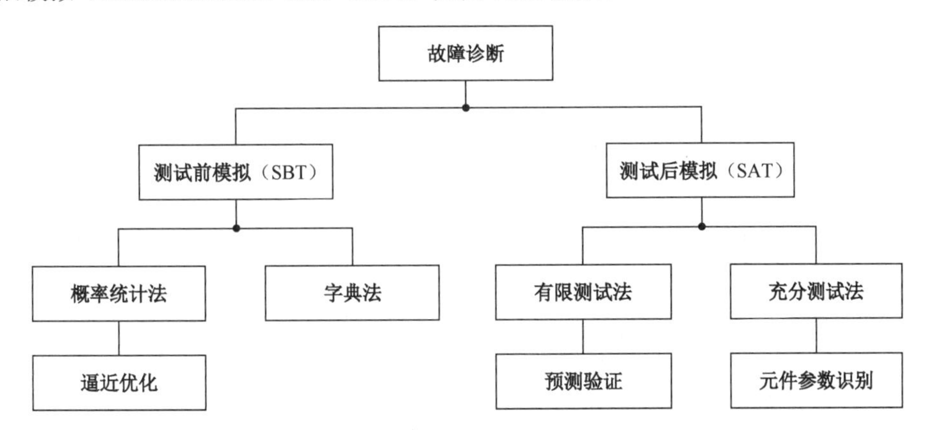

图 7.3.1　测试前模拟和测试后模拟

（3）从分析处理电路的角度来看，有元件模拟法、拓扑分析法和故障模拟法。元件模拟法是通过求解元件参数值来进行故障定位的；拓扑分析法是通过分析电路的拓扑结构、输入量和输出量（被测量）之间的关系来进行故障定位的；故障模拟法是通过预先分析在各种可能的故障下电路的响应，并将测量结果与之相比较来进行故障定位的。

（4）从故障诊断方程的性质来看，有线性法和非线性法。

（5）从使用的数学分析工具来看，有确定性方法、概率法和模糊法。

此外，还可以从测试用激励信号的性质、测试方式及条件等角度来分类。

7.3.2　故障字典法应用举例

简单地说，故障字典法就是将网络的外部特性与元件参数之间的关系用字典形式来表示，诊断时就根据这个字典形式的函数关系来确定网络的故障。人们在故障诊断实践中发现，模拟电路的故障大约有 80%是硬故障，其中又有 60%～80%是电阻开路、电容短路，以及三极管和二极管等引出线的开路或短路而引起的故障。这样人们自然会想到，解决实际问题得首先从解决这些硬故障入手。据统计，在模拟电路故障中，硬故障占很大比例，而故障诊断方法中的故障字典法比较适合硬故障情况，用它可首先解决大部分硬故障问题，然后再用其他方法来解决余下的软故障问题。

下面以图 7.3.2 所示的某电视机的视频放大器电路为例，来说明直流故障字典的建立步骤和如何用故障字典法诊断电路的硬故障。

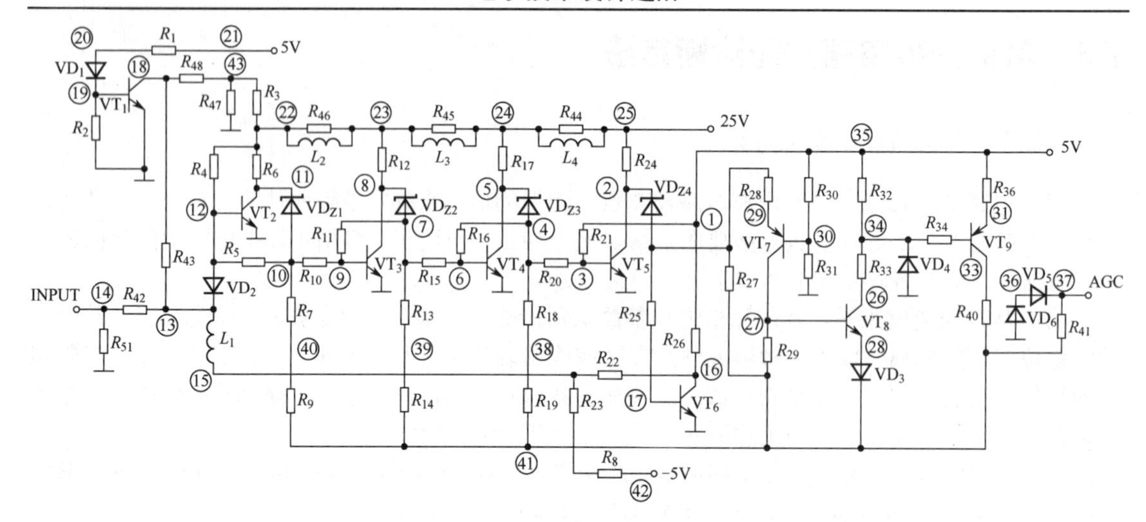

图 7.3.2　某电视机的视频放大器电路

1．建立电路故障状态字典

（1）网络描述。由图 7.3.2 可知，本视频放大器共有 45 个电阻、4 个电感、9 个三极管、6 个二极管和 4 个稳压二极管，共有 43 个节点和 4 种电源，整个放大器的电路拓扑结构可以用关联矩阵来描述。

（2）故障定义。该视频放大器中的元件种类很多，但无源元件（如电阻、电感、电容和二极管）的可靠性较高，发生故障的概率较小，而晶体三极管和稳压二极管发生故障的概率较大，是关键元件。现将图 7.3.2 所示电路中与晶体三极管、二极管相关的 20 种故障定义列于表 7-3-1 中。表 7-3-1 中，VT 代表三极管，VD_Z 代表稳压二极管，S 代表短路，O 代表开路，B 代表基极，E 代表发射极，C 代表集电极。显然，这里定义的故障均是硬故障。由表 7-3-1 可知，这里所确定的诊断范围实际上仅包括前 6 只三极管，而未考虑后 3 只三极管，而且还不包括电感的硬故障。又由于电路中无电容，因此对该电路可以在直流域中建立其字典。

表 7-3-1　视频放大器的故障定义

故障号码	故障说明	故障号码	故障说明
F_0	正常状态	F_{11}	VT_{6BCS}
F_1	VT_{1BES}	F_{12}	VT_{6BO}
F_2	VT_{2CES}	F_{13}	VD_{Z1O}
F_3	VT_{2BO}	F_{14}	VD_{Z1S}
F_4	VT_{3BES}	F_{15}	VD_{Z2O}
F_5	VT_{3BO}	F_{16}	VD_{Z2S}
F_6	VT_{4BES}	F_{17}	VD_{Z3O}
F_7	VT_{4BO}	F_{18}	VD_{Z3S}
F_8	VT_{5BES}	F_{19}	VD_{Z4O}
F_9	VT_{5BO}	F_{20}	VD_{Z4S}
F_{10}	VT_{6BES}		

（3）输入激励。图 7.3.2 所示电路中共有 43 个节点，其中⑭、㉑、㉕、㉟、㊷是输入节点。其中节点⑭可以作为激励端口，该节点上允许施加±30V 的直流电压作为激励信号。所以，本电路的输入激励向量定义为

$$\boldsymbol{U}_{\mathrm{IN}}=(U_{14},U_{21},U_{25}, U_{35},U_{42})^{\mathrm{T}}$$

现选用两个向量：

$$\boldsymbol{U}_{IN1}=(30,5,25,5,-5)^T$$

$$\boldsymbol{U}_{IN2}=(-30,5,25,5,-5)^T$$

式中，上标“T”代表转置。如果这两个输入激励向量不足以进行故障检测，或者所得隔离度不够，那么就需要增加新的激励向量。

（4）测试点选择。全部 43 个节点都选作测试点显然是不明智的，总的要求是：尽量减少测试点，但仍能保证满意的故障隔离。在本例中，为叙述简便起见，先选用 10 个测试点，即②、⑤、⑧、⑪、⑯、⑱、㉖、㉗、㉝和㊱，然后分别施加 $\boldsymbol{U}_{IN1}$、$\boldsymbol{U}_{IN2}$ 两个激励向量，在这两个激励向量作用下测出以上 10 个节点的电压值，作为故障征兆来建立故障字典。

（5）测试量。虽然该电路是非线性的，但这些节点的电压均可由通用的电路分析程序模拟而获得。本电路共有 21 种情况，即一个正常情况和 20 个故障情况（见表 7-3-2）。此外，它有两个输入激励向量，因此共需要 21×2=42 次电路测试。在 10 个测试点上共可得出 420 个电压值。虽然该电路是非线性的，但这些节点电压均可由通用的电路分析程序模拟获得。本节对图 7.3.2 采用 SPICE 程序进行模拟，其中稳压管一律用 5V 定额，二极管和三极管均用典型值。所得的 420 个数据如表 7-3-1 所示。其中，节点⑭为输入激励，分别施加±30V。

2. 电路故障状态模糊集划分

（1）删除不需要的测试点。由表 7-3-1 可知，节点㊱上的电压对诊断所列 20 种故障不提供任何有用的信息。因为不论激励是+30V 还是−30V，不论在无故障状态，还是在 20 种故障状态下，节点㊱上的电压值均为0.47～0.48V。节点⑱上的电压除在故障 F_1 状态时略高之外，其于均在0.04～0.05V。另外，节点㉖、节点㉗、节点㉝上的电压值基本上是相关的，如在故障 F_1 状态时，3 个节点电压值均有变化，并且它们和节点②上的电压值提供的信息基本类同，只是在故障 F_{19} 和 F_{20} 的状态下尚有差别，即当节点②的电压值在某一故障状态下发生变化时，节点㉖、节点㉗、节点㉝的电压值也发生变化，因此它们提供的信息基本一致。通过上述分析后可以发现，在初选的 10 个测试点中，可将其中 5 个测试节点⑰、节点㉖、节点㉗、节点㉝、节点㊱删除，只需要保留另外 5 个节点（节点②、节点⑤、节点⑪、节点⑧、节点⑯）就足以隔离 20 种故障中的 19 种，其中 F_{10} 和 F_{12} 是两个不能唯一隔离的故障。但由表 7-3-1 可知，F_{10}、F_{12} 皆与晶体管 VT_6 有关，任一故障都可通过更换 VT_6 来排除，因此，无进一步隔离的必要。

（2）故障隔离。现共有 5 个测试点，两个输入激励向量，21 种情况，所以总计有 5×2×21=210 种电压值，如表 7-3-2 数据所示。但是，至此上面的结果只能检测出有故障，并没有隔离各故障，这是因为存在模糊集的缘故。由于电路模拟分析程序在进行故障模拟时，非线性器件的表达式难免与被诊断器件的特性不完全一致，上述测试电压都是假定某个元件值是精确的，而且 PN 结的正向压降实际上小于 0.7V，因此表 7-3-2 中的节点电压总不免有些偏差，这是问题的一个方面。另外，在线诊断时，由于测试中存在误差及待测电路中无故障元件的容差等因素，所测得的节点电压也不免有偏差。这些情况都将使诊断失去意义。为此，可把表 7-3-2 中的模拟电压值划分为几个模糊集，以便用模糊观点来确定电路中的故障状态。

（3）模糊集的划分。模糊集的划分可按如下原则进行。把与各个故障状态及无故障状态相对应的所有节点电压模拟值作为原始数据，对于每个节点挑选其中比较密集的数据群构成数个模糊集。各模糊集之间当然不能相互重叠，而且各个模糊集之间应尽量分离。每个模糊集所覆盖的具体电压值可根据具体情况而定。模糊集划分原则为：模糊集应该包含所有划分在集内的状态值；两个模糊集之间不能重叠，至少应有 0.2V 的隔离区；每个模糊集所覆盖的具体电压值可根据具体情况定。

（4）建立故障的模糊集表。依据表 7-3-2 节点②、节点⑤、节点⑧、节点⑪、节点⑯上的电压数据，按各模糊集之间不能重叠而又必须分开的原则，再考虑到因元件容差等因素形成的模糊带，可具体划分为下列 5 个模糊集。

模糊集Ⅰ的中心值为 0.62V±0.7 V，其模糊带电压范围为 0～1.32 V。

模糊集Ⅱ的中心值为 2.5V±0.7V，其模糊带电压范围为 1.8～3.2 V（1.8～2.8 V)。

模糊集Ⅲ的中心值为 3.6V±0.7V，其模糊带电压范围为 2.9～4.3 V（3.0～4.3 V)。

模糊集Ⅳ的中心值为 6.6V±0.7V，其模糊带电压范围为 5.9～7.3 V。

模糊集Ⅴ的中心值为 7.8V±0.7V，其模糊带电压范围为 7.1～8.5 V（7.5～8.5 V)。

模糊集Ⅵ的中心值为 10.5V±0.7 V，其模糊带电压范围为 9.8～11.2 V。

模糊集Ⅶ的中心值为 25V±0.7V，其模糊带电压范围为 24.3～25.7 V。

其中，模糊集Ⅱ与模糊集Ⅲ有部分重叠，模糊集Ⅳ与模糊集Ⅴ有部分重叠，仍有不易区分的缺点。为了做到两个模糊集之间至少有 0.2V 的隔离区，分别把模糊集Ⅱ的模糊带电压范围调整为 1.8～2.8V，模糊集Ⅲ的模糊带电压范围调整为 3.0～4.3V，模糊集Ⅴ的模糊带电压范围调整为 7.5～8.5V。

综上可得，图 7.3.2 所示视频放大器的模糊集数据如表 7-3-2 所示。

3．分析判定电路故障状态

先对模糊集加以处理，以确定哪些故障能够唯一地隔离出来，哪些测试能提供最大的隔离度，从而予以保留。为此，研究以下 3 个规则。

规则 1：如果模糊集只包含一个故障，那么可唯一地区别该故障，并保留相应测试。例如，在表 7-3-2 中，节点②在+30V 激励时落在模糊集Ⅲ所对应的模糊带，只包含故障 F_{20}，因而故障 F_{20} 可以唯一区分出来。

表 7-3-2　视频放大器的模糊集数据

（单位：V）

故障＼节点	⑭	②	⑤	⑧	⑪	⑯	⑱	㉖	㉗	㉝	㊱
F_0	+30	7.97	0.04	7.27	0.11	0.05	0.05	−4.21	−3.38	4.12	−0.47
	−30	0.05	7.23	0.04	6.90	1.19	0.04	5.00	−5.93	−5.93	−0.48
F_1	+30	7.97	0.04	7.27	0.11	0.05	1.80	−4.21	−3.38	4.12	−0.47
	−30	0.05	7.23	0.04	6.91	1.24	1.10	5.00	−5.93	−5.93	−0.48
F_2	+30	7.97	0.04	7.27	0.00	0.05	0.05	−4.21	−3.38	4.12	−0.47
	−30	7.97	0.04	7.10	0.00	0.03	0.04	−4.26	−3.43	4.12	−0.47
F_3	+30	0.05	7.23	0.04	7.49	6.70	0.05	5.00	−5.88	−5.88	−0.48
	−30	0.05	7.23	0.04	6.90	1.19	0.04	5.00	−5.93	−5.93	−0.48
F_4	+30	7.97	0.04	7.27	0.11	0.05	0.05	−4.21	−3.38	4.12	−0.47
	−30	7.97	0.04	7.27	6.20	0.03	0.04	−4.24	−3.42	4.12	−0.47
F_5	+30	7.97	0.04	7.27	0.11	0.05	0.05	−4.21	−3.38	4.12	−0.47
	−30	7.97	0.03	7.57	11.2	0.03	0.04	−4.23	−3.41	4.12	−0.47
F_6	+30	0.05	7.25	6.50	0.15	6.69	0.05	5.00	−5.88	−5.88	−0.48
	−30	0.05	7.24	0.04	6.90	1.19	0.04	5.00	−5.93	−5.93	−0.48
F_7	+30	0.04	7.50	10.1	0.09	6.69	0.05	5.00	−5.87	−5.87	−0.48
	−30	0.05	7.23	0.04	6.90	1.19	o.04	5.00	−5.93	−5.93	−0.48
F_8	+30	7.97	0.04	7.27	0.11	0.05	0.05	−4.21	−3.38	4.12	−0.47
	−30	7.96	6.63	0.04	6.93	0.03	0.04	−4.24	−3.42	4.12	−0.47
F_9	+30	7.97	0.04	7.27	0.11	0.05	0.05	−4.21	−3.38	4.12	−0.47
	−30	8.07	9.80	0.04	6.93	0.03	0.04	−4.22	−3.42	4.12	−0.47
F_{10}	+30	7.92	0.04	7.27	0.11	6.75	0.05	−4.21	−3.38	4.12	−0.47
	−30	0.05	7.23	0.04	6.90	1.19	0.04	5.00	−5.93	−5.93	−0.48

续表

（单位：V）

节点 故障	⑭	②	⑤	⑧	⑪	⑯	⑱	㉖	㉗	㉝	㊱
F_{11}	+30	7.97	0.04	7.27	0.11	0.83	0.05	−4.21	−3.38	4.12	−0.47
	−30	0.05	7.23	0.04	6.90	0.43	0.04	5.00	−5.93	−5.93	−0.48
F_{12}	+30	8.10	0.04	7.27	0.11	6.75	0.05	−4.20	−3.38	4.12	−0.47
	−30	0.05	7.23	0.04	6.90	1.18	0.04	5.00	−5.93	−5.93	−0.48
F_{13}	+30	7.97	0.04	7.27	0.11	0.05	0.05	−4.21	−3.38	4.12	−0.47
	−30	7.97	0.04	7.10	25.0	0.02	0.04	−4.26	−3.43	4.12	−0.47
F_{14}	+30	7.97	0.04	7.28	0.01	0.05	0.05	−4.21	−3.38	4.12	−0.47
	−30	0.05	7.23	0.04	2.27	1.22	0.04	5.00	−5.93	−5.93	−0.48
F_{15}	+30	0.05	7.20	25.0	3.98	6.70	0.05	5.00	−5.89	−5.89	−0.48
	−30	0.05	7.23	0.04	6.90	1.19	0.04	5.00	−5.93	−5.93	−0.48
F_{16}	+30	7.97	0.04	2.64	0.11	0.05	0.05	−4.21	−3.38	4.12	−0.47
	−30	0.05	7.25	0.04	6.90	1.19	0.04	5.00	−5.93	−5.93	−0.48
F_{17}	+30	7.97	0.04	7.27	0.11	0.05	0.05	−4.21	−3.38	4.12	−0.47
	−30	7.95	25.0	0.04	6.92	0.03	0.04	−4.27	−3.43	4.12	−0.47
F_{18}	+30	7.97	0.04	7.27	0.11	0.05	0.05	−4.21	−3.38	4.12	−0.47
	−30	0.04	2.60	0.04	6.90	1.18	0.04	5.00	−5.90	−5.93	−0.48
F_{19}	+30	25.0	0.04	7.23	0.12	6.70	0.05	5.00	−5.90	−5.90	−0.48
	−30	0.05	7.23	0.04	6.90	1.19	0.04	5.00	−5.93	−5.93	−0.48
F_{20}	+30	3.21	0.04	7.27	0.11	0.05	0.05	−4.18	−3.34	4.12	−0.47
	−30	0.04	7.23	0.04	6.90	1.19	0.04	5.00	−5.93	−5.93	−0.48

规则 2：若模糊集的交集只包含一个故障，则可唯一地确定该故障，并且保留相应的各测试。例如，节点②在−30V 激励时落在模糊集 I 所对应的模糊带，与节点⑤在−30V 激励时落在模糊集 I 所对应的模糊带的交集，只包含故障 F_{13}（共有故障 F_{13}）。因此，当电路在−30 V 激励下，节点②、节点⑤同时落在模糊集 I 中，则一定是发生了故障 F_{13}。因此，故障 F_{13} 可唯一地隔离出来，测试节点②、节点⑤应保留。

规则 3：若模糊集的对称差包含故障，则可排除对称差所包含的故障，并且保留相应的各测试。例如，节点②在+30 V 激励时落在模糊集 V 所对应的模糊带，与节点⑯在+30 V 激励时落在模糊集 I 所对应的模糊带的对称差，包含故障 F_{10}、F_{12}、F_{20}（非共有故障），因此，当电路在+30 V 激励下，节点②落在模糊集 V 中，节点⑯落在模糊集 I 中。这时可以排除故障 F_{10}、F_{12}、F_{20}，测试节点②、节点⑯应保留。

如表 7-3-3 所示，按规则 1 已能隔离出 F_0～F_{20} 共 21 种故障中的 12 种故障（F_2、F_3、F_5、F_7、F_9、F_{13}、F_{15}、F_{16}、F_{17}、F_{18}、F_{19}、F_{20}），再按规则 2 和规则 3 又能隔离出其他一些故障。例如，故障 F_6 可在不出现故障 F_3、F_{15} 的情况下，通过检查+30 V 激励时节点⑤上的电压值是否落在模糊集Ⅳ中而被唯一确定。又如，故障 F_4 可在不出现故障 F_2、F_{13} 的情况下，通过检查−30V 激励时节点⑧上的电压值是否落在模糊集Ⅳ中而被唯一确定。此外，其中仅有 F_{10} 和 F_{12} 未能唯一地隔离出来，但是由表 7-3-1 可知，F_{10} 和 F_{12} 皆与晶体管 VT_6 有关，所以故障 F_{10} 或 F_{12} 均可通过更换 VT_6 来排除，无进一步隔离的必要。至此，图 7.3.2 所示电路的关键故障已完全描述。

表 7-3-3　节点故障与模糊集的关系

节　点	激　励	模糊集Ⅰ 0～1.22V	模糊集Ⅱ 1.8～2.8V	模糊集Ⅲ 3.0～4.3V	模糊集Ⅳ 5.9～7.3V	模糊集Ⅴ 7.5～8.5V	模糊集Ⅵ 9.8～11.2V	模糊集Ⅵ 24.5～25.7V
②	+30V	F_3、F_5、F_7、F_{15}		F_{20}		F_0、F_1、F_2、F_3、F_4、F_5、F_8、F_9、F_{10}、F_{11}、F_{12}、F_{13}、F_{14}、F_{16}、F_{17}、F_{18}		F_{19}
	-30V	F_0、F_1、F_3、F_6、F_7、F_{10}、F_{11}、F_{12}、F_{14}、F_{15}、F_{16}、F_{18}、F_{19}、F_{20}				F_2、F_4、F_5、F_8、F_9、F_{13}、F_{17}		
⑤	+30V	除 F_3、F_6、F_7、F_{15} 之外			F_3、F_6、F_{16}	F_7		
	-30V	F_2、F_4、F_5、F_{13}	F_{18}		F_0、F_1、F_3、F_6、F_7、F_8、F_{10}、F_{11}、F_{12}、F_{14}、F_{15}、F_{16}、F_{19}、F_{20}		F_9	F_{17}
⑧	+30V	F_3	F_{16}		除 F_3、F_7、F_{15}、F_{16}		F_7	F_{15}
	-30V	除 F_2、F_4、F_5、F_{13} 之外			F_2、F_4、F_{13}	F_5		
⑪	+30V	除 F_3、F_{15} 之外		F_{15}		F_3		
	-30V	F_2	F_{14}		除 F_2、F_5、F_{13}、F_{14}		F_5	F_{13}
⑯	+30V	F_0、F_1、F_2、F_4、F_5、F_8、F_9、F_{11}、F_{13}、F_{14}、F_{16}、F_{17}、F_{18}、F_{20}			F_3、F_6、F_7、F_{10}、F_{12}、F_{15}、F_{19}	-		
	-30V	F_0～F_{20} 全部						

由以上分析可知，不同节点上的不同激励在分析故障时所起的作用也不同。节点②、节点⑧、节点⑪在+30V 激励时和节点⑤、节点⑪在-30V 激励时对分析起着较大的作用。总之，建立故障字典时，在确定分析范围后，需要选择测试点，也可改变输入激励量，甚至还要适当调整模糊集电压的量程范围，这样才能最终分辨清楚各种故障状态。

第 8 章　脉冲电路的用途和特点

在电子电路中，电源、放大、振荡和调制电路被称为模拟电子电路，因为它们加工和处理的是连续变化的模拟信号。在电子电路中，另一大类电路是数字电子电路。它加工和处理的对象是不连续变化的数字信号。数字电子电路又可分为脉冲电路和数字逻辑电路，它们处理的都是不连续的脉冲信号。脉冲电路是专门用来产生电脉冲和对电脉冲进行放大、变换和整形的电路。家用电器中的定时器、报警器、电子开关、电子钟表、电子玩具及电子医疗器具等，都要用到脉冲电路。

脉冲电路有各式各样的形状，有矩形、三角形、锯齿形、钟形、阶梯形和尖顶形等，具有代表性的是矩形脉冲。要说明一个矩形脉冲的特性可以用脉冲幅度 U_m、脉冲周期 T 或频率 f、脉冲前沿 t_r、脉冲后沿 t_f 和脉冲宽度 t_k 来表示。如果一个脉冲的宽度 $t_k=1/2T$，那么它就是一个方波。

脉冲电路和放大振荡电路最大的不同点（或者说脉冲电路的特点）是：脉冲电路中的晶体管是工作在开关状态的。大多数情况下，晶体管是工作在特性曲线的饱和区或截止区中的，所以脉冲电路也称为开关电路。从所用的晶体管也可以看出，在工作频率较高时都采用专用的开关管，如 2AK、2CK、DK、3AK 型管，只有在工作频率较低时才使用一般的晶体管。

以脉冲电路中最常用的反相器电路（见图 8.1.1）来说，从电路形式上看，它与放大电路中的共发射电路很相似。在放大电路中，基极电阻 R_{b2} 接到正电源上以取得基极偏压；而在这个电路中，为了保证电路可靠地截止，R_{b2} 接到一个负电源上，而且 R_{b1} 和 R_{b2} 的数值是按晶体管能可靠地进入饱和区或截止区的要求计算出来的。不仅如此，为了使晶体管开关速度更快，在基极上还加有加速电容 C，在脉冲前沿产生正向尖脉冲可使晶体管快速进入导通并饱和；在脉冲后沿产生负向尖脉冲使晶体管快速进入截止状态。除了射极输出器是个特例，脉冲电路中的晶体管都是工作在开关状态的。

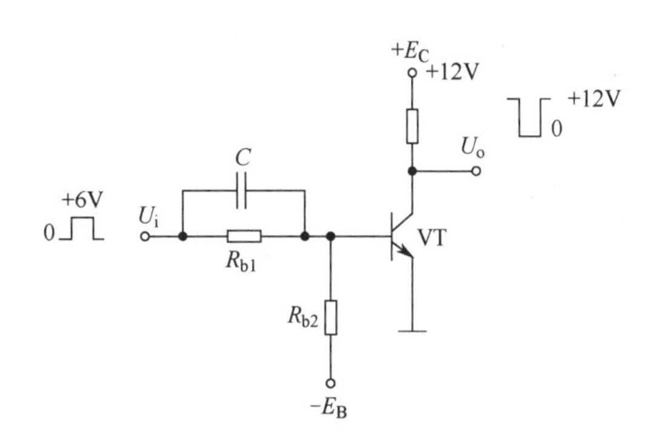

图 8.1.1　反相器电路

脉冲电路的另一特点是一定有电容器（用电感较少）作为关键元件，脉冲的产生、波形的变换都离不开电容器的充放电。

8.1　多谐振荡器

脉冲有各种各样的用途，有对电路起开关作用的控制脉冲；有起统帅全局作用的时钟脉冲，有计数用的计数脉冲；有起触发启动作用的触发脉冲等。不管是什么脉冲，都是由脉冲信号发生器产生的，而且大多是短形脉冲或以矩形脉冲为原型变换成的。因为矩形脉冲含有丰富的谐波，所以脉冲信号发生器也称为自激多谐振荡器（简称多谐振荡器）。如果用门来比喻，多谐振荡器输出端时开时闭的状态可以把多谐振荡器比作宾馆的自动旋转门，它不需要人去推动，总是不停地开门和关门。

8.1.1　集基耦合多谐振荡器

图 8.1.2 所示为一个典型的分立元件集基耦合多谐振荡器。它由两只晶体管反相器经 RC 电路

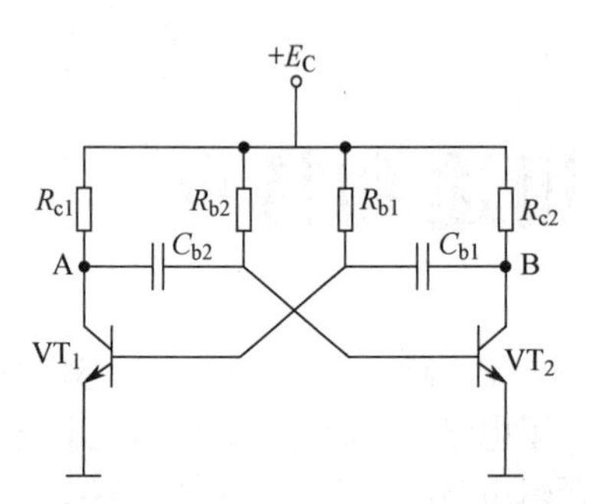

图 8.1.2 典型的分立元件集基耦合多谐振荡器

交叉耦合接成正反馈电路组成。两个电容器交替充放电使两只管交替导通和截止，使电路不停地从一个状态自动翻转到另一个状态，形成自激振荡。从 A 点或 B 点可得到输出脉冲。当 $R_{b1}=R_{b2}=R$，$C_{b1}=C_{b2}=C$ 时，输出是幅度接近 E 的方波，脉冲周期 $T=1.4RC$。如果两边不对称，那么输出的是矩形脉冲。

8.1.2 RC 环形振荡器

图 8.1.3 所示为常用的 RC 环形振荡器。它用奇数个与非门首尾相连组成闭环形，环路中有 RC 延时电路。图中，R_1 为保护电阻，R 和 C 均为延时电路元件，它们的数值决定脉冲周期。输出脉冲周期 $T=2.2RC$。如果把 R 换成电位器，就称为脉冲频率可调的多谐振荡器。因为这种电路简单可靠、使用方便、频率范围宽，可以从几赫兹变化到几兆赫兹，所以被广泛应用。

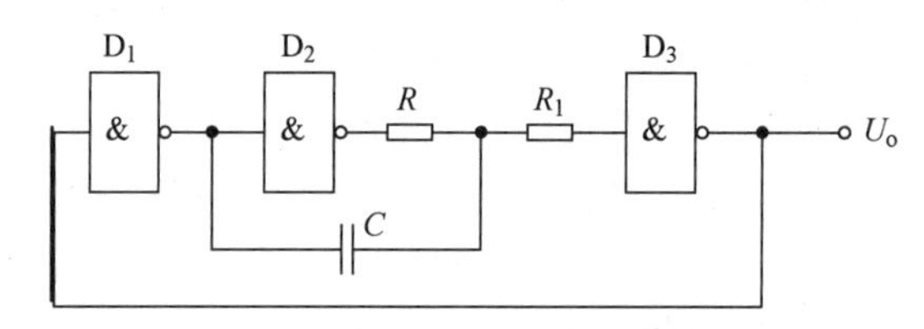

图 8.1.3 常用的 RC 环形振荡器

8.2 脉冲变换和整形电路

脉冲在工作中有时需要变换波形或幅度，如把矩形脉冲变换成三角波或尖脉冲等，具有这种功能的电路就称为变换电路。脉冲在传送中会造成失真，因此常常要对波形不好的脉冲进行修整，使它整旧如新，具有这种功能的电路就称为整形电路。

8.2.1 微分电路

微分电路是脉冲电路中最常用的波形变换电路，它和放大电路中的 RC 耦合电路很相似，如图 8.2.1 所示。当电路时间常数 $\tau=RC<<tk$ 时，输入矩形脉冲，由于电容器充放电极快，输出可得到一对尖脉冲。输入脉冲前沿则输出正向尖脉冲，输入脉冲后沿则输出负向尖脉冲。这种尖脉冲常被用作触发脉冲或计数脉冲。

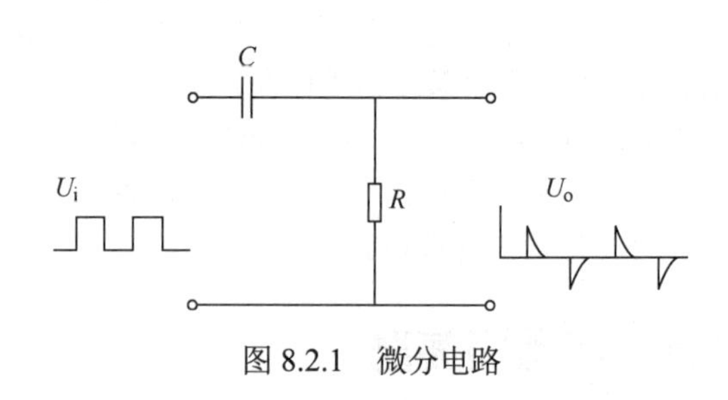

图 8.2.1 微分电路

8.2.2 积分电路

把图 8.2.1 中的 R 和 C 互换，并使 $\tau=RC>>t\,k$，此电路就称为积分电路，如图 8.2.2 所示。当输入矩形脉冲时，由于电容器充放电很慢，输出得到的是一串幅度较低的近似三角形的脉冲波。

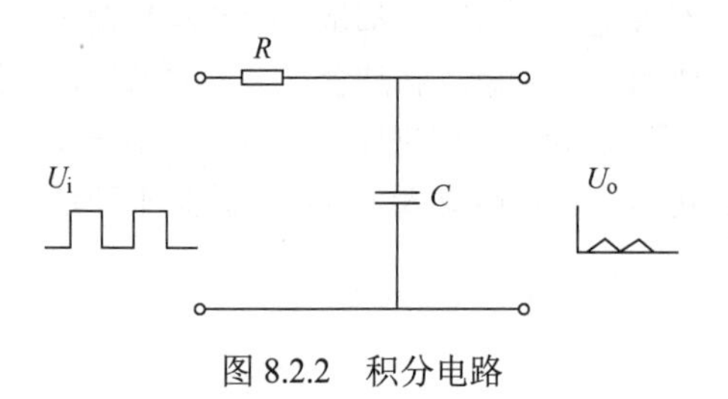

图 8.2.2 积分电路

8.2.3 限幅器

能限制脉冲幅值的电路称为限幅器（或削波器）。图 8.2.3 所示为用二极管和电阻组成的上限幅电路。它能把输入的正向脉冲削掉。如果把二极管反接，就称为削掉负脉冲的下限幅电路。

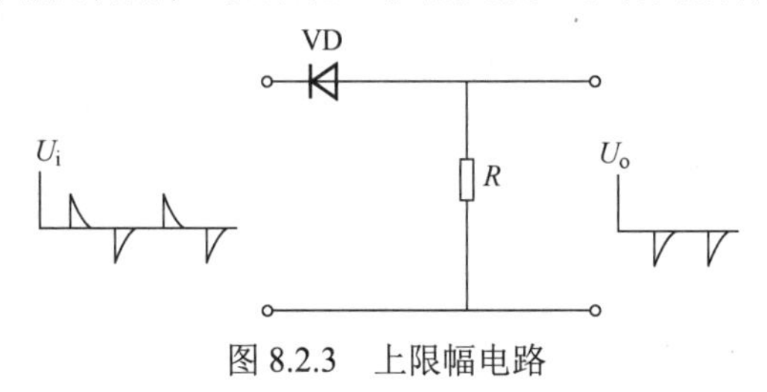

图 8.2.3 上限幅电路

用二极管或三极管等非线性器件可组成各种限幅器，或者是变换波形（如把输入脉冲变换成方波、梯形波、尖脉冲等），或者是对脉冲整形（如把输入高低不平的脉冲系列削平为整齐的脉冲系列等）。

8.2.4 钳位器

能把脉冲电压维持在某个数值上而使波形保持不变的电路称为钳位器。它也是整形电路的一种。例如，电视信号在传输过程中会造成失真，为了使脉冲波形恢复原样，接收机中就要用钳位电路把波形顶部钳制在某个固定电平上。

在图 8.2.4 中，反相器输出端上就有一只钳位二极管 VD。如果没有这只二极管，输出脉冲高电平应该为 12V，但增加了钳位二极管，输出脉冲高电平被钳制在 3V 以上。

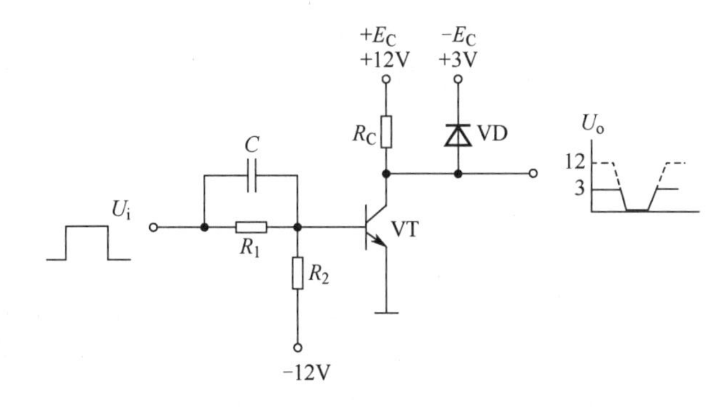

图 8.2.4 钳位器电路

此外，反相器、射极输出器等电路也有“整旧如新”的作用，也可认为是整形电路。

有记忆功能的双稳电路多谐振荡器的输出总是时高时低地变换，所以，它也称为无稳态电路。另一种双稳态电路就决然不同，双稳电路有两个输出端，它们总处于相反的状态：一个是高电平；另一个必定是低电平。它的特点是如果没有外来的触发，输出状态能一直保持不变。所以常被用作寄存二进制数码的单元电路。

（1）集基耦合双稳电路。图 8.2.5 所示为用分立元件组成的集基耦合双稳电路。它由一对用电阻交叉耦合的反相器组成。它的两只三极管总是一只截止一只饱和。例如，当 VT_1 饱和时，VT_2 就截止，这时 A 点是低电平，B 点是高电平。如果没有外来的触发信号，它就保持这种状态不变。如果把高电平表示数字信号“1”，低电平表示数字信号“0”，这时就可以认为双稳电路已经把数字信号“1”寄存在 B 端了。

电路的基极分别加有微分电路。如果在 VT_1 基极加上一个负脉冲（称为触发脉冲），就会使 VT_1 基极电位下降，由于正反馈的作用，使 VT_1 很快从饱和转入截止，VT_2 从截止转入饱和。于是，双稳电路翻转成 A 端为“1”，B 端为“0”，并一直保持下去。

（2）触发脉冲的触发方式和极性。双稳电路的触发电路形式和触发脉冲极性选择比较复杂。从触发方式看，因为有直流触发（电位触发）和交流触发（边沿触发）的分别，所以触发电路形式各有不同。从脉冲极性看，也是随着晶体管极性、触发脉冲加在哪只三极管（饱和管还是截止管）上、哪个极上（基极还是集电极）而变化的。在实际应用中，因为微分电路能容易地得到尖脉冲，触发效果较好，所以都用交流触发方式。触发脉冲所加的位置多数加在饱和管的基极上。所以使用 NPN 管的双稳电路所加的是负脉冲；而 PNP 管双稳电路所加的是正脉冲。

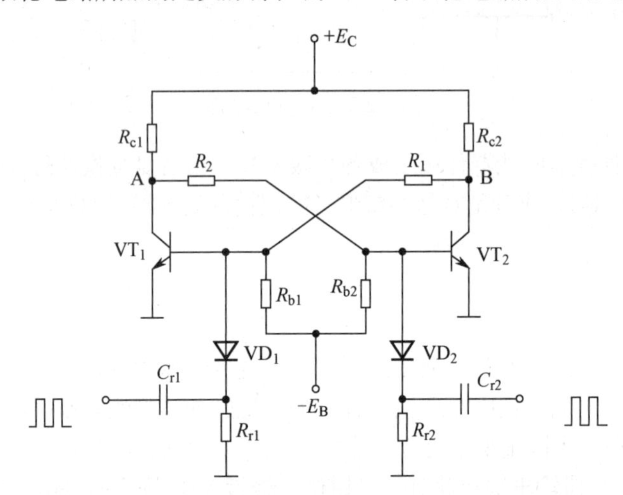

图 8.2.5　集基耦合双稳电路

（3）集成触发器除了用分立元件，也可以用集成门电路组成双稳电路。但实际上因为目前有大量的集成化双稳触发器产品可供选用，如 R-S 触发器、D 触发器、J-K 触发器等。所以，一般不使用门电路搭成的双稳电路而直接选用现成产品。

8.3　有延时功能的单稳电路

无稳电路有两个暂稳态而没有稳态，双稳电路则有两个稳态而没有暂稳态。脉冲电路中常用的第 3 种电路称为单稳电路，它有一个稳态和一个暂稳态。如果也用门来比喻，单稳电路可以看成一扇弹簧门，平时它总是关着的，“关”是它的稳态。当有人推它或拉它时门就打开，但由于弹力作用，门很快又自动关上，恢复到原来的状态，所以“开”是它的暂稳态。单稳电路常被用作定时、延时控制及整形等。

1. 集基耦合单稳电路

图 8.3.1 所示为一个典型的集基耦合单稳电路。它是由两级反相器交叉耦合而成的正反馈电路。它的一半和多谐振荡器相似，另一半和双稳电路相似，再加上它也有一个微分触发电路，所以可以想象它是半个无稳电路和半个双稳电路合成的，它应该有一个稳态和一个暂稳态。平时它总是一管（VT_1）饱和，另一管（VT_2）截止，这就是它的稳态。当输入一个触发脉冲后，电路便翻转到另一种状态，但这种状态只能维持不长的时间，很快它又恢复到原来的状态。电路暂稳态的时间是由延时元件 R 和 C 的数值决定的，即 $\tau=0.7RC$。

2. 集成化单稳电路

使用集成门电路也可组成单稳电路。图 8.3.2 所示为微分型单稳电路，它用两个与非门交叉连接，G_1 输出到 G_2 是用微分电路耦合，G_2 输出到 G_1 是直接耦合，触发脉冲加到 G_1 的另一个输入

端 U_I。它的暂稳态时间即定时时间为 $\tau=(0.7\sim1.3)RC$。

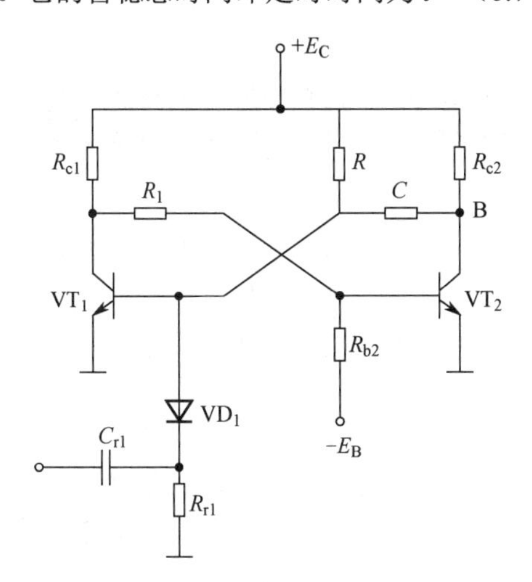

图 8.3.1　典型的集基耦合单稳电路

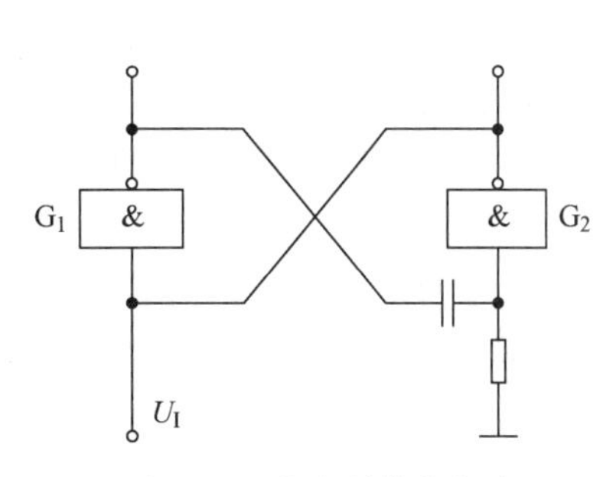

图 8.3.2　微分型单稳电路

8.4　脉冲电路的读图要点

（1）脉冲电路的特点是工作在开关状态，它的输入输出都是脉冲，因此分析时要抓住关键，把主次电路区分开，先认定主电路的功能，再分析辅助电路的作用。

（2）从电路结构上抓关键找异同。前面介绍了集基耦合方式的 3 种基本单元电路，它们都由双管反相器构成正反馈电路，这是它们的相同点。但细分析起来它们还是各有特点的：无稳电路和双稳电路虽然都有对称形式，但无稳电路是用电容耦合，双稳电路是用电阻直接耦合（有时并联加速电容，容量一般都很小）；而且双稳电路一般都有触发电路（双端触发或单端触发）；单稳电路就很好认，它是不对称的，兼有双稳和单稳的形式。

（3）在脉冲电路中，脉冲的生成、变换和整形都和电容器的充电、放电有关，电路的时间常数即 R 和 C 的数值对确定电路的性质有极重要的意义，这一点尤为重要。

第 9 章　数字逻辑电路的用途和特点

数字电子电路中的后起之秀是数字逻辑电路。将它称为数字电路是因为电路中传递的虽然也是脉冲，但这些脉冲是用来表示二进制数码的，如用高电平表示“1”，低电平表示“0”。声音、图像、文字等信息经过数字化处理后变成了一串串电脉冲，它们被称为数字信号。能处理数字信号的电路就称为数字电路。

这种电路同时又称为逻辑电路，这是因为电路中的“1”和“0”还具有逻辑意义。例如，逻辑“1”和逻辑“0”可以分别表示电路的接通和断开、事件的是和否、逻辑推理的真和假等。电路的输出和输入之间是一种逻辑关系。这种电路除了能进行二进制算术运算，还能完成逻辑运算和具有逻辑推理能力，所以才把它称为逻辑电路。

由于数字逻辑电路有易于集成、传输质量高、有运算和逻辑推理能力等优点，因此被广泛用于计算机、自动控制、通信、测量等领域。一般家电产品中，如定时器、告警器、控制器、电子钟表、电子玩具等都要用数字逻辑电路。

数字逻辑电路的第一个特点是为了突出“逻辑”两个字，使用的是独特的图形符号。数字逻辑电路中有门电路和触发器两种基本单元电路，它们都是由晶体管和电阻等元件组成的，但在逻辑电路中只用几个简化的图形符号去表示它们，而不画出它们的具体电路，也不管它们使用多高的电压，是 TTL 电路还是 CMOS 电路等。按逻辑功能要求把这些图形符号组合起来画成的图就是逻辑电路图，它完全不同于一般的放大振荡或脉冲电路图。

数字电路中有关信息是包含在 0 和 1 的数字组合内的，所以只要电路能明显地区分开 0 和 1，0 和 1 的组合关系没有破坏就行，与脉冲波形的好坏无关。所以数字逻辑电路的第二个特点是它能完成什么样的逻辑功能，不考虑它的电气参数性能等问题。也因为这个原因，数字逻辑电路中使用了一些特殊的表达方法（如真值表、特征方程等），还使用了一些特殊的分析工具（如逻辑代数、卡诺图等），这些也都与放大振荡电路不同。

9.1　门电路和触发器

1. 门电路

门电路可以看成是数字逻辑电路中最简单的元件。目前有大量集成化产品可供选用。

最基本的门电路有非门、与门和或门 3 种。非门就是反相器，它把输入的 0 变成 1，1 变成 0。这种逻辑功能称为“非”，如果输入是 A，输出写成 P=A。与门有两个以上输入，它的功能是当输入都是 1 时，输出才是 1。这种功能也称为逻辑乘，如果输入是 A、B，输出写成 P=A·B。或门也有两个以上输入，它的功能是输入有一个 1 时，输出就是 1。这种功能也称为逻辑加，输出就写成 P=A+B 。

把这 3 种基本门电路组合起来可以得到各种复合门电路，如与门加非门称为与非门，或门加非门称为或非门。图 9.1.1 和表 9-1-1 所示分别为它们的图形符号和真值表。此外，还有与或非门、异或门等。

数字集成电路有 TTL、HTL、CMOS 等，所用的电源电压和极性也不同，但只要它们有相同的逻辑功能，就用相同的逻辑符号。而且一般都规定高电平为 1、低电平为 0。

2. 触发器

触发器实际上就是脉冲电路中的双稳电路，它的电路和功能都比门电路复杂，它也可看成数字逻辑电路中的元件。目前也已有集成化产品可供选用。常用的触发器有 D 触发器和 J-K 触发器。

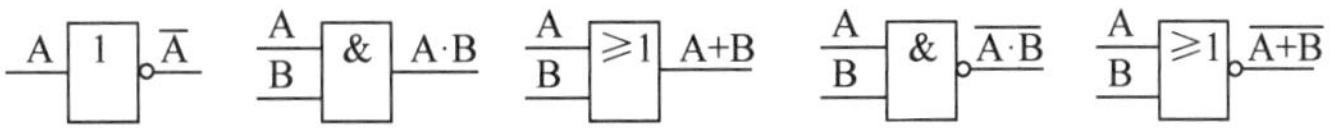

A —[1]○— $\overline{A}$　　A, B —[&]— A·B　　A, B —[≥1]— A+B　　A, B —[&]○— $\overline{A\cdot B}$　　A, B —[≥1]○— $\overline{A+B}$

图 9.1.1　门电路的图形符号

表 9-1-1　真值表

输出 / 输入	非	与	或	与非	或非
A　B	$\overline{A}$	A·B	A+B	$\overline{A\cdot B}$	$\overline{A+B}$
0　0	1	0	0	1	1
0　1	1	0	1	1	0
1　0	0	0	1	1	0
1　1	0	1	1	0	0

D 触发器有一个输入端 D 和一个时钟信号输入端 CP，为了区别在 CP 端加有箭头。它有两个输出端，一个是 $\overline{Q}$ 一个是 Q，加有小圈的输出端是 $\overline{Q}$ 端。另外，它还有两个预置端 R_D 和 S_D，平时正常工作时要 R_D 和 S_D 端都加高电平 1，如果使 R_D=0（S_D 仍为 1），则触发器被置成 Q=0；如果使 S_D =0（R_D =1），则被置成 Q=1。因此 R_D 端称为置 0 端，S_D 端称为置 1 端。D 触发器的逻辑符号如图 9.1.2 所示，图中，Q、D、S_D 端画在同一侧；$\overline{Q}$、R_D 画在另一侧。R_D 和 S_D 都带小圆圈，表示要加上低电平才有效。

D 触发器是受 CP 和 D 端双重控制的，CP 加高电平 1 时，它的输出和 D 的状态相同。若 D=0，CP 来到后，Q=0；若 D=1，CP 来到后，Q=1。CP 脉冲起控制开门作用，若 CP=0，则不管 D 是什么状态，触发器都维持原来状态不变。这样的逻辑功能画成表格就称为功能表（或特性表），如表 9-1-2 所示。表中，Q_{n+1} 表示加上触发信号后变成的状态，Q_n 是原来的状态，×表示是 0 或 1 的任意状态。

有的 D 触发器有多个 D 输入端：D_1、D_2……它们之间是逻辑与的关系，也就是只有当 D_1、D_2…… 都是 1 时，输出端 Q 才是 1。

另一种性能更完善的触发器是 J-K 触发器。它有两个输入端（J 端和 K 端），一个 CP 端，两个预置端（$\overline{R}_D$ 端和 $\overline{S}_D$ 端，以及两个输出端（$\overline{Q}$ 端和 Q 端）。它的逻辑符号如图 9.1.3 所示。J-K 触发器是在 CP 脉冲的下降沿触发翻转的，所以在 CP 端画一个小圆圈以示区别。图 9.1.3 中，J、S_D、Q 画在同一侧，K、$\overline{R}_D$、$\overline{Q}$ 画在另一侧。

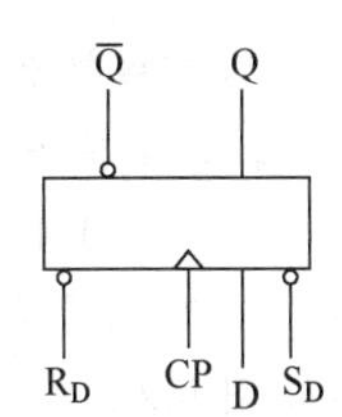

图 9.1.2　D 触发器的逻辑符号

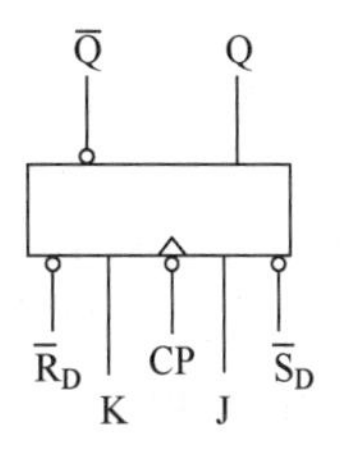

图 9.1.3　J-K 触发器的逻辑符号

J-K 触发器的逻辑功能如表 9-1-3 所示。有 CP 脉冲时（CP=1）：J、K 都为 0，触发器状态不变；$Q_{n+1}=Q_n$，J＝0、K=1，触发器被置 0：$Q_{n+1}=0$；J=1、K=0，$Q_{n+1}=1$；J=1、K=1，触发器翻转一下：$Q_{n+1}=\overline{Q}_n$。如果不加时钟脉冲，即 CP=0 时，不管 J、K 端是什么状态，触发器都维持原来状态不变：$Q_{n+1}=Q_n$。有的 J-K 触发器同时有多个 J 端和 K 端，J_1、J_2……和 K_1、K_2……之间都是逻辑与的关系。有的 J-K 触发器是在 CP 的上升沿触发翻转的，这时其逻辑符号图的 CP 端就不带小圆圈。也有的时候为了使图更简洁，常把 R_D 端和 S_D 端省略不画。

表 9-1-2　功能表

CP	D	Q_{n+1}
1	0	0
1	1	1
0	×	Q_n

表 9-1-3　功能表

CP	J	K	Q_{n+1}
1	0	0	Q_n
1	0	1	0
0	1	0	1
1	1	1	$\overline{Q}_n$
0	×	×	Q_n

9.2　编码器和译码器

能够把数字、字母转换成二进制数码的电路称为编码器；反之，能把二进制数码还原成数字、字母的电路就称为译码器。

1. 编码器

图 9.2.1（a）所示为一个能把十进制数转变成二进制码的编码器。一个十进制数被表示成二进制码必须 4 位，常用的码是使从低到高的每一位二进制码相当于十进制数的 1、2、4、8，这种码称为 8421 码，简称 BCD 码。所以这种编码器就称为“10 线-4 线编码器”或“DEC / BCD 编码器”。

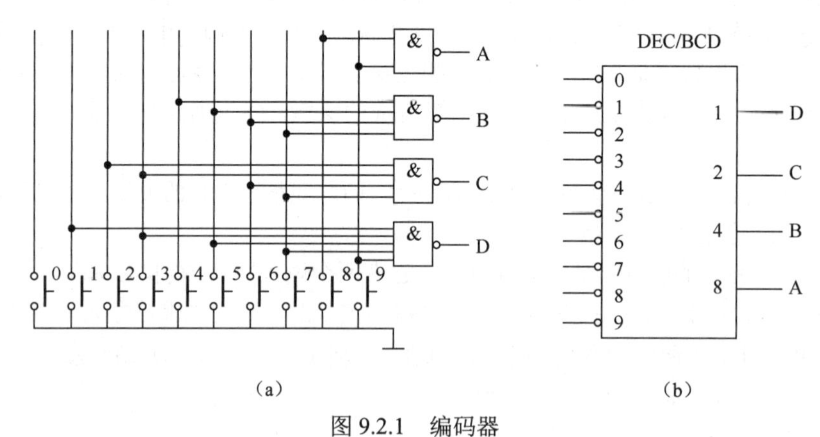

图 9.2.1　编码器

从图 9.2.1 中可以看出，它是由与非门组成的。有 10 个输入端，用按键控制，平时按键悬空相当于接高电平 1。它有 4 个输出端，即 A、B、C、D，输出 8421 码。如果按下“1”键，与“1”键对应的线被接地，等于输入低电平 0。于是，D 门输出为 1，整个输出为 0001。

若按下“7”键，则 B 门、C 门、D 门输出为 1，整个输出为 0111。如果把这些电路都制作在一个集成片内，便得到集成化的 10 线-4 线编码器，它的逻辑符号如图 9.2.2（b）所示。图 9.2.2 中，左侧有 10 个输入端，带小圆圈表示要用低电平；右侧有 4 个输出端，从上到下按从低到高排列。使用时，可以直接选用。

2. 译码器

要把二进制码还原成十进制数就要用译码器。它也是由门电路组成的，现在也有集成化产品供选用。图 9.2.2 所示为一个 4 线-10 线译码器。它的左侧为 4 个二进制码的输入端，右侧有 10 个输出端，从上到下按 0、1、…、9 排列表示 10 个十进制数。输出端带小圆圈表示低电平有效。平时 10 个输出端都是高电平 1，如输入为 1001 码，输出“9”端为低电平 0，其余 9 根线仍为高电平 1，这表示二进制“1001”译为十进制的“9”。

如果要想把十进制数显示出来，就要使用数码管。现以共阳极发光二极管（LED）七段数码显示管为例，如图 9.2.3 所示。它有七段发光二极管，若每段都接低电平 0，则七段发光二极管都被点亮，显示出数字“8”；若 b、c 段接低电平 0，其余都接 1，则显示的是“1”。可见，要把十进制数用七段显示管显示出来还要经过一次译码。如果使用“4 线-7 线译码器”和显示管配合使用，就很简单，输入二进制码可直接显示十进制数。译码器左侧有 4 个二进制码的输入端，右侧有 7 个输出可直接和数码管相连。左上侧另有一个灭灯控制端 I_B，正常工作时应加高电平 1，如果不需要这位数字显示就在 I_B 上加低电平 0，即可使发光二极管熄灭。

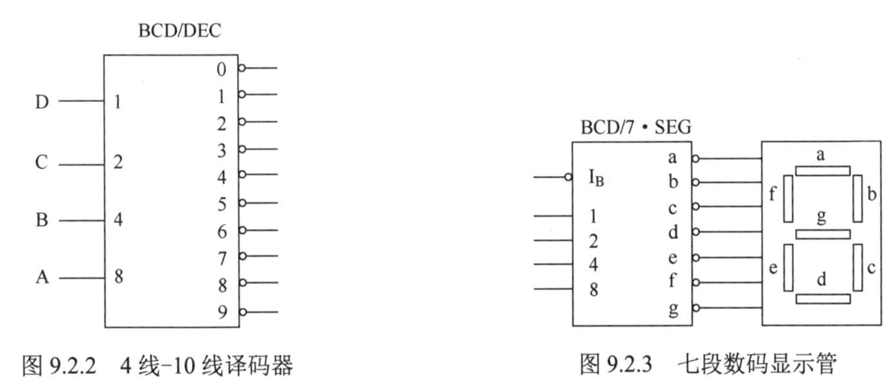

图 9.2.2　4 线-10 线译码器　　图 9.2.3　七段数码显示管

9.3　寄存器和移位寄存器

1. 寄存器

能够把二进制数码存储起来的的部件称为数码寄存器，简称寄存器。图 9.3.1 所示为用 4 个 D 触发器组成的寄存器，它能存储 4 位二进制数。4 个 CP 端连在一起作为控制端，只有 CP=1 时它才接收和存储数码。4 个 $\overline{R}_D$ 端连在一起成为整个寄存器的清零端。如果要存储二进制码 1001，只要把它们分别加到触发器 D 端，当 CP 来到后 4 个触发器从高到低分别被置成 1、0、0、1，并一直保持到下一次输入数据之前。要想取出这串数码可以从触发器的 Q 端取出。

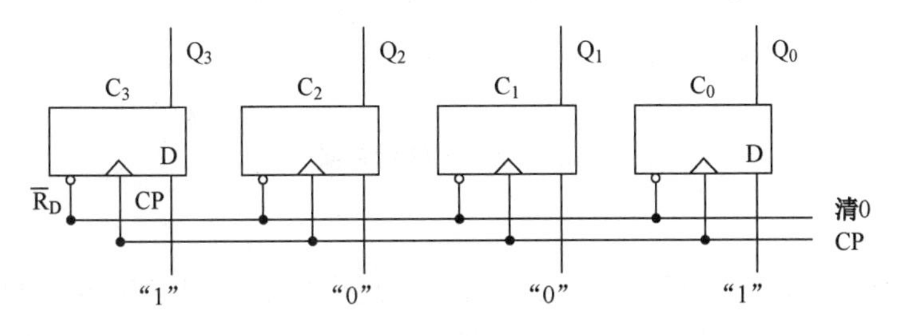

图 9.3.1　寄存器

2. 移位寄存器

有移位功能的寄存器称为移位寄存器，它可以是左移的、右移的，也可是双向移位的。

图 9.3.2 所示为一个能把数码逐位左移的寄存器。它和一般寄存器不同的是：数码是逐位串行输入并加在最低位的 D 端，然后把低位的 Q 端连到高一位的 D 端。这时 CP 称为移位脉冲。

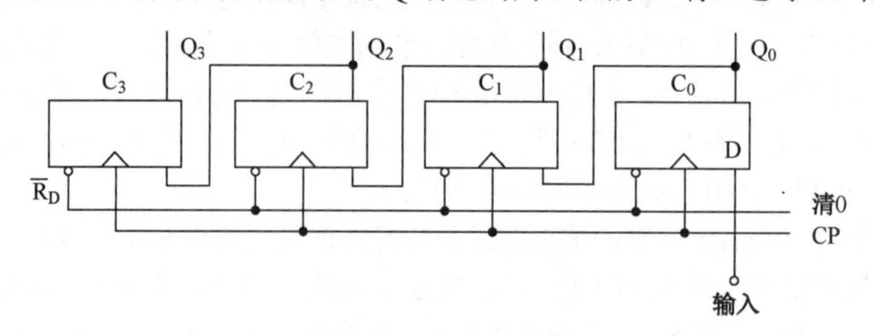

图 9.3.2 移位寄存器

先从 $\overline{R}_D$ 端送低电平清零，使寄存器成 0000 状态。假定要输入的数码是 1001，输入的次序是先高后低逐位输入。第 1 个 CP 后，1 被打入第 1 个触发器，寄存器成 0001；第 2 个 CP 后，Q_0 的 1 被移入 Q_1，新的 0 打入 D，成为 0010；第 3 个 CP 后，成为 0100；第 4 个 CP 后，成为 1001。

可见，经过 4 个 CP，寄存器就寄存了 4 位二进制码 1001。目前已有品种繁多的集成化寄存器供选用。

9.4 计数器和分频器

1. 计数器

能对脉冲进行计数的部件称为计数器。计数器品种繁多，有用作累加计数的称为加法计数器，有用作递减计数的称为减法计数器；按触发器翻转来分又有同步计数器和异步计数器；按数制来分又有二进制计数器、十进制计数器和其他进位制的计数器等。

现举一个最简单的加法计数器为例，如图 9.4.1 所示。它是一个十六进制计数器，最大计数值是 1111，相当于十进制数 15。需要计数的脉冲加到最低位触发器的 CP 端上，所有的 J、K 端都接高电平 1，各触发器 Q 端接到相邻高一位触发器的 CP 端上。由 J-K 触发器的功能表可知，当 J=1、K=1 时来一个 CP，触发器便翻转一次。在全部清零后，第 1 个 CP 后沿，触发器 C_0 翻转成 Q_0=1，其余 3 个触发器仍保持 0 态，整个计数器的状态是 0001；第 2 个 CP 后沿，触发器 C_0 又翻转成 Q_0=0，C_1 翻转成 Q_1=1，计数器成 0010……到第 15 个 CP 后沿，计数器成 1111。可见，这个计数器确实能对 CP 脉冲计数。

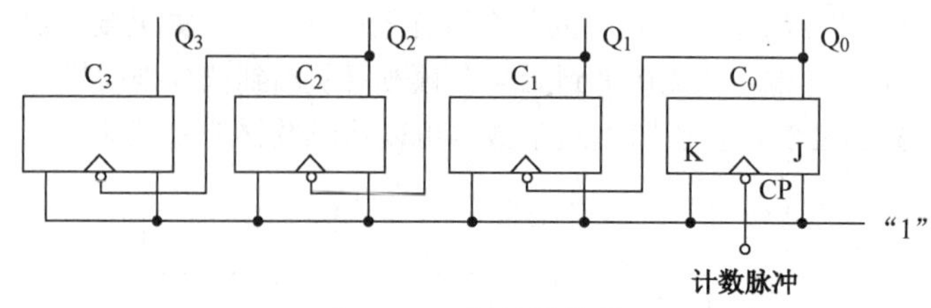

图 9.4.1 加法计数器

2. 分频器

计数器的第一个触发器是每隔 2 个 CP 送出一个进位脉冲，所以每个触发器就是一个 2 分频的分频器，十六进制计数器就是一个 16 分频的分频器。

为了提高电子钟表的精确度，普遍采用的方法是用晶体振荡器产生 32768Hz 标准信号脉冲，经过 15 级 2 分频处理得到 1Hz 的秒信号。因为晶体振荡器的准确度和稳定度很高，所以得到的秒脉冲信号也是精确可靠的。把它们制作在一个集成片上，便是电子手表专用的集成电路产品，如

图 9.4.2 所示。

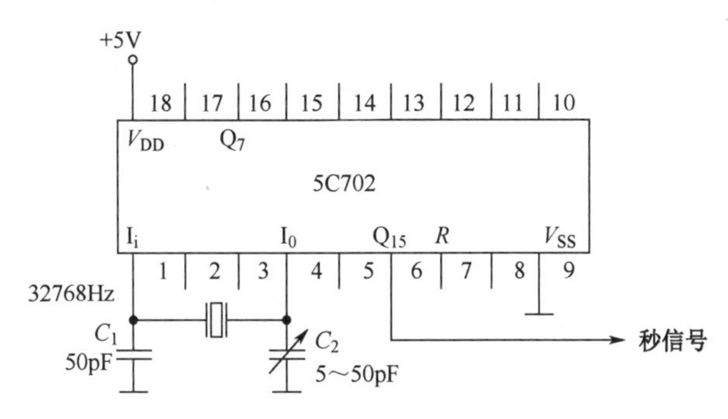

图 9.4.2　电子手表专用的集成电路

9.5　数字逻辑电路读图要点和举例

数字逻辑电路的读图步骤和其他电路是相同的，只是在进行电路分析时，全部要用逻辑分析的方法。读图时要：①先大致了解电路的用途和性能；②找出输入端、输出端和关键部件，区分开各种信号并弄清信号的流向；③逐级分析输出与输入的逻辑关系，了解各部分的逻辑功能；④最后统观全局得出分析结果。

1. 三路抢答器

图 9.5.1 所示为智力竞赛用的三路抢答器电路。裁判按下开关 SA4，触发器全部被置零，进入准备状态。这时 Q_1～Q_3 均为 1，抢答灯不亮；G_1 和 G_2 输出为 0，G_3 和 G_4 组成的音频振荡器不振荡，扬声器无声。

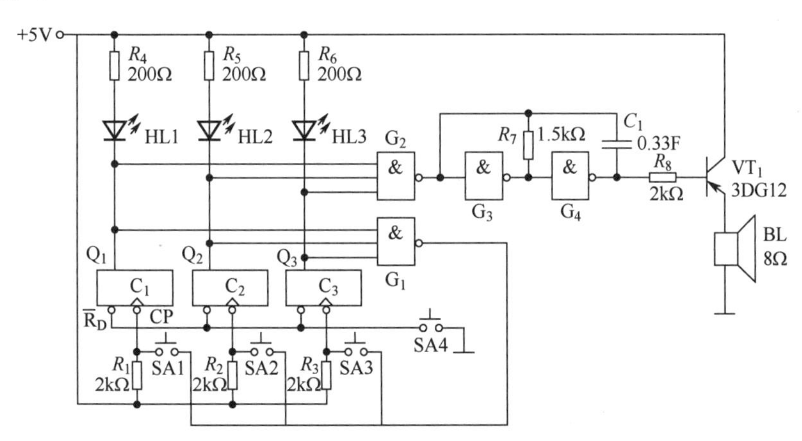

图 9.5.1　智力竞赛用的三路抢答器电路

竞赛开始，假定 1 号台抢先按下 SA1，触发器 C_1 翻转成 Q_1=1、$\overline{Q_1}$=0。于是，G_2 输出为 1，振荡器振荡，扬声器发声；HL1 灯点亮；G_1 输出为 1，这时 2、3 号台再按开关也不起作用。裁判宣布竞赛结果后，再按一下 SA4，电路又进入准备状态。

2. 彩灯追逐电路

图 9.5.2 所示为 4 位移位寄存器控制的彩灯电路。开始时按下 SA，触发器 C_1～C_4 被置成 1000，彩灯 HL1 被点亮。CP 脉冲来到后，寄存器移 1 位，触发器 C_1～C_4 成 0100，彩灯 HL2 点亮。第 2 个 CP 脉冲点亮 HL3，第 3 个点亮 HL4，第 4 个 CP 又把触发器 C_1～C_4 置成 1000，又点亮 HL1。如此循环往复，彩灯不停闪烁。只要增加触发器就可使灯数增加，改变 CP 的频率可变化速度。

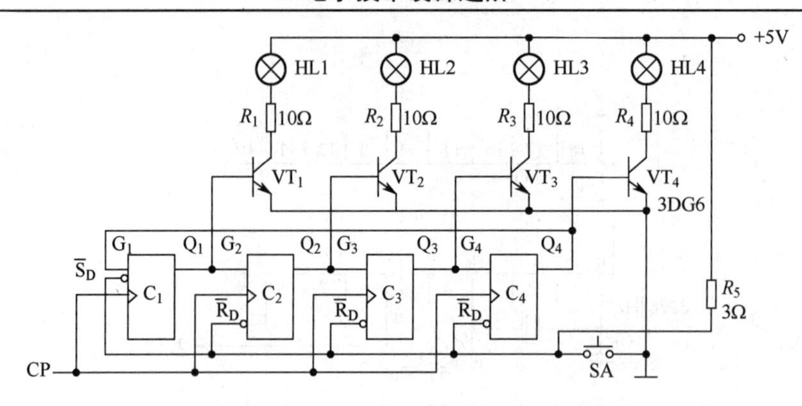

图 9.5.2　4 位移位寄存器控制的彩灯电路

第 10 章　数字电路故障诊断技术

工作信号为数字信号的电子电路称为数字电路。所谓数字信号，是指在时间上和数值上都是离散的信号。数字电路就是用来变换和处理这种数字信号的电路。数字系统除能进行算术运算之外，还可以进行逻辑运算，所以数字电路也称为数字逻辑电路。数字电路是采用具有两个状态的元件来表示信息的，它的基本单元电路很简单，对电路中各元件的要求并不严格，允许电路的参数值有较大的分散性，在数字电路中很少研究数字信号所表示的波形如何，只要能区分开两种截然不同的状态即可。由于新器件和电路不断出现，数字集成电路技术日趋成熟，数字电路的功能越来越强，应用日益扩大，特别是微型计算机出现以来，数字电路得到了长足的发展，成为电子技术的一个重要领域。

数字电路系统，按照逻辑功能的不同可分为组合逻辑电路和时序逻辑电路两大类。组合逻辑电路由各种门电路组成，输出到输入之间没有反馈连线。组合逻辑电路任何时刻输出端的稳定状态，只取决于该时各输入端的状态，与电路原来的输出状态无关，即电路具有记忆功能。时序逻辑电路的状态是靠具有存储功能的触发器所组成的存储电路来记忆和表征的。所以，存储电路是不可缺少的，存储电路的输出状态必须反馈到输入端，与输入信号一起共同决定组合电路的输出。时序逻辑电路又分为同步和异步两类。前者以时钟为节拍，逐拍动作，触发器同时翻转，时钟脉冲过后，就锁定在新的状态下；后者没有统一的时钟，各触发器的时钟信号不是同时到来的，触发器不是同时翻转，电路各部分经一段相互影响的时间后，最后处于新的稳定状态下。

顺便指出，数字电路是在脉冲电路的基础上分化出来的，工作信号是脉冲信号的电子电路称为脉冲电路。所谓脉冲信号，是指发生在短暂时间间隔内的信号，电路中的脉冲信号是指脉冲电压和脉冲电流，如矩形波、尖顶波、锯齿波等。脉冲电路就是用来产生、变换和处理这种脉冲信号的电路。已知电路的过渡过程是产生脉冲电压和脉冲电流的根源，自然研究脉冲电路的方法就是建立在过渡过程分析的基础上。数字电路和脉冲电路的研究内容和方法虽有不同，但由于两者仍有比较紧密的联系，所以有时也把它们合称为脉冲数字电路。

数字电子电路的故障诊断技术主要包括数字电路的逻辑测试技术和数字电路的可测试设计技术。数字电路的可测试设计技术是为了使数字电路中的各引线是可控的和易于观察的，而对原电路重新设计，使电路具有自测试功能或增强可测试性。目前，数字电路的可测试设计技术已广泛应用于数字集成电路内部设计和数字电子设备的电路设计。

本章主要研究以数字电路的可测试技术为主的数字电子电路故障诊断技术。

10.1　数字电路故障诊断的基本问题

10.1.1　数字电路故障类型

从总体上看，数字电路故障分为内部故障和外部故障。内部故障是指发生在数字集成电路内部的故障；外部故障是指发生在数字电路器件连线之间的故障。为了说明数字电路故障的分类，对图 10.1.1 所示的发生在 TTL 与非门内部的一些故障，以及图 10.1.2 所示的发生在数字系统外部的两个故障进行具体介绍。在图 10.1.1 和图 10.1.2 中，×表示引线在该处断，弧线两端的箭头指出这两根引线发生短路。

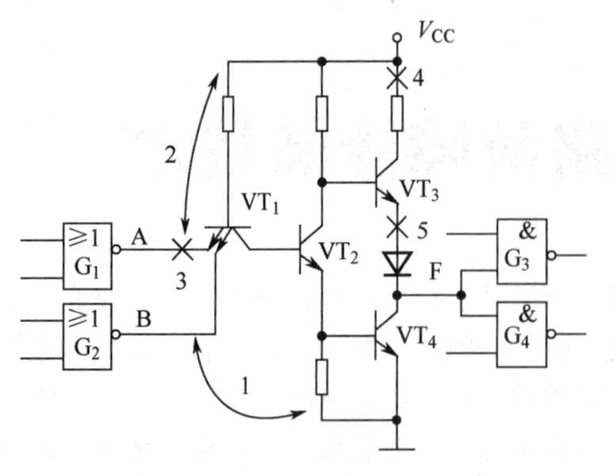

图 10.1.1　TTL 与非门电路

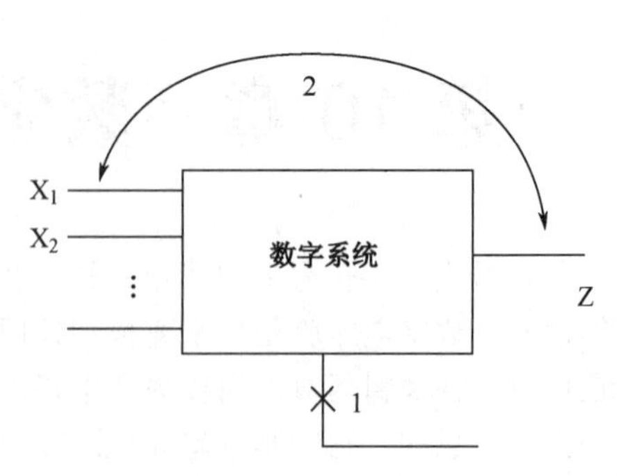

图 10.1.2　数字系统

1. 逻辑故障和非逻辑故障

如果电路中某引线的逻辑值因发生故障而变得与规定的逻辑值相反，则称该故障为逻辑故障。除逻辑故障之外的故障均称为非逻辑故障。在图 10.1.1 所示电路中，当或非门 G_2 的两个输入端均为 0 时，引线 B 的逻辑电平应为 1，但故障 1 把引线 B 短接到地，使 B 的实际逻辑电平为 0。因此，故障 1 是逻辑故障。每一个门电路均有允许的最大平均传输延迟时间 t_{Pd}，若某门电路的实际传输延迟时间为 t'_{Pd}，且 $t'_{Pd}>t_{Pd}$，则该门电路有延迟故障。这种故障属于非逻辑故障。

2. 局部故障与分布故障

根据故障对电路的影响范围的大小可分为局部故障和分布故障。仅影响一个变量或单根引线的逻辑电平的故障称为局部故障；影响多个变量或多根引线的逻辑电平的故障称为分布故障。图 10.1.1 中的故障 1 是局部故障的例子，图 10.1.2 中的故障 1 是时钟故障，它是分布故障的例子。

3. 永久故障和暂时故障

按故障存在的持续时间可以把故障分为永久故障和暂时故障。一旦故障发生，除非人为地修复，否则故障的影响将永久保持不会消失，这类故障称为永久故障。与此相反的另一类故障称为暂时故障。图 10.1.1 及图 10.1.2 中的各故障都是永久故障。暂时故障又可分为瞬时故障和软故障两种。瞬时故障是不会重复出现的暂时故障。例如，由于电源波动引起半导体存储器存储信息的丢失就是一种瞬时故障。这种故障不需要修理，因为硬件电路并未损坏。软故障是以一定的规则重复出现的暂时故障。例如，引线松动、虚焊就是软故障的两个实例。这类故障需要修理才能排除，但故障引起的电路逻辑功能的变化并不是在测试或运行过程中始终表现出来的。

4. 固定电平故障

若故障使电路中的一根引线的逻辑电平保持为固定的值，则故障称为固定电平故障。若固定的电平值为 0（或 1），则称固定为 0（或 1）故障。

图 10.1.1 中的发生在 TTL 两输入端和与非门内部的故障都可以用发生在它的输入引线和输出引线处的固定电平的故障来描述。当故障 1 发生时，引线 B 接地，B 的逻辑电平固定为 0；当故障 2 发生时，引线 A 接电源，A 的逻辑电平固定为 1。

图 10.1.3（c）给出了发生在 CMOS 或非门电路内部的一些故障。当故障 1 发生时，VT_1 的栅极与漏极短路，VT_1 保持导通，F 的逻辑电平固定为 0。当故障 2 发生时，由于 VT_3 被短接，当 A·B=1·0 时 VT_4 导通，使 F 有相对高电平。这时 F 将与 B 的逻辑关系相同。

通过上述讨论可知，发生在 TTL、CMOS 电路内部的故障可以归结为发生在它们的输入端及输出端的固定电平故障。具有固定电平故障的门电路仍具有组合逻辑功能[图 10.1.3（c）中，发生故障 1 时，输出与输入的逻辑关系变为 F=B]，这个结论也可以推广到一般的数字电路中。

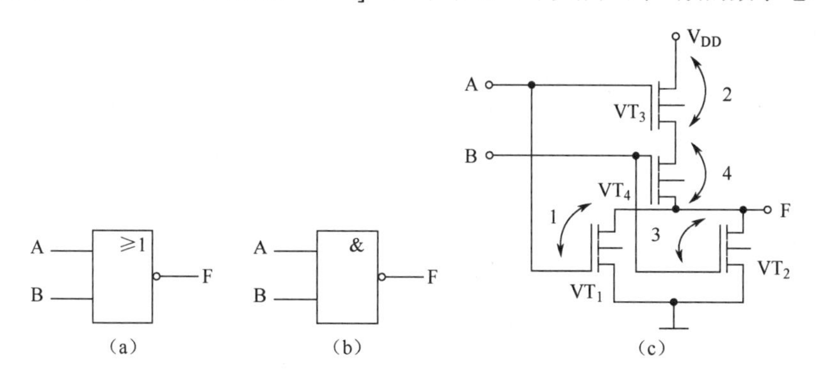

图 10.1.3　CMOS 或非门电路

在数字电路中会同时发生若干个固定电平故障，即多固定电平故障，这种情况较之单固定故障更普遍、更实际。如果考虑多固定电平故障，那么在电路中将会有 3^p-1 个不同的故障。这里 p 是电路中含有的输入引线、内部引线和输出引线的数目之和。由于可能的故障数很多，因此至今还没有处理多故障的较为理想的方法。目前使用的故障测试技术仍然建立在单故障基础上，我们将集中讨论单故障的情况。

5. 固定开路故障

固定开路故障是一种发生在 CMOS 电路中的特殊故障。由于 CMOS 电路得到了十分广泛的应用，因此这种故障模型也受到十分广泛的重视。以图 10.1.3（c）所示的两输入 CMOS 或非门为例进行讨论。为清晰起见，将该图重画为图 10.1.4。在无故障时，该门电路在不同输入组合下的输出如表 10-1-1 所示的 F。若该门电路中存在有故障 5，即 NMOS 管 VT_1 的栅极引线开，则在输入信号 A • B=1 • 0 时，输出端 F 处于既不接地也不接电源的高阻状态，即开路状态。

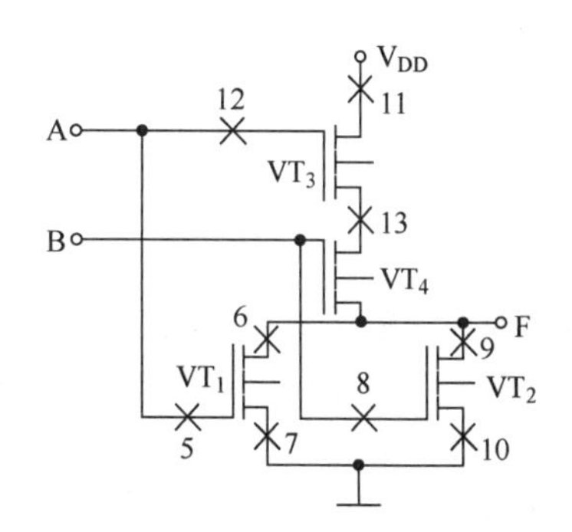

图 10.1.4　两输入 CMOS 或非门电路

表 10-1-1　功能表

A	B	F	$F_{As\text{-}op}$	$F_{Bs\text{-}op}$	$F_{Vs\text{-}op}$
0	0	1	1	1	F_n
0	1	0	0	F_n	0
1	0	0	F_n	0	0
1	1	0	0	0	0

若故障使 CMOS 门电路的输出端处于高阻状态，则称该故障为固定开路故障。当输出开路时，由于存在输出端和下一级门电路分布电容的记忆作用，将使输出端的逻辑电平在一定时间内保持不变。

如果门电路发生了故障 5，并且加于门电路的信号序列为 00～10，那么在输入信号 00 作用下，F=1。当输入信号变为 10 时，由于 F 端开路，因此 F 端的电平将保持在 1。如果信号序列为 11～10，那么当输入信号变为 10 时，F 端的电平将为 0。如果用 F 表示信号 10 到来前 F 端的电平，那么在信号 10 作用下，将有 $F=F_n$。从而当故障 5 发生时，门电路的功能可以用表 10-1-1 中的 $F_{As\text{-}op}$ 来表示。由于这个故障与输入引线 A 有关，因此称为 As-op 故障。当电路具有 As-op 故障时，电路的输出不仅与当时的输入(AB=10)有关，而且还与过去的输入有关。因此，这个有故障的门电路是一个时序电路。这是固定开路故障与固定电平故障的根本区别。

分析故障 6 及故障 7 可以发现，它们也可以用 As-op 来描述。同理，可用 Bs-op 来描述故障 8～10。相应的逻辑功能可以用表 10.1.1 中的 $F_{Bs\text{-}op}$ 来表示，该表中的 $F_{Vs\text{-}op}$ 给出了门电路具有 $V_{DDs\text{-}op}$ 故障时的逻辑功能。故障 11～13 都会导致 $V_{DDs\text{-}op}$ 故障。当发生这类故障时，输入组合 AB=00 将使输出端 F 呈开路状态。

6. 桥接故障

桥接故障是由电路中两根或多根信号线无意中连接在一起造成的。裸线过长或松动、接插件内部短路及集成电路工艺不完善造成的绝缘不良等都会引起桥接故障。图 10.1.5 所示为桥接故障示例。图 10.1.5 中，模块 B 是一个单输出组合逻辑电路。在图 10.1.5（a）中，一个输入端短接在一起，这称为输入端桥接故障。当发生这种故障时，电路虽改变了逻辑功能，但仍为组合电路。在图 10.1.5（b）中，输出端 F 与一个输入端连接在一起，这称为反馈桥接故障。当发生这种故障时，电路可能由原来的组合电路转变为时序电路。

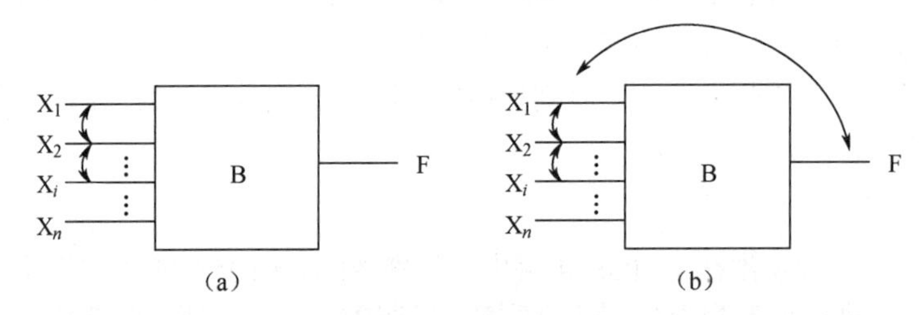

图 10.1.5　桥接故障示例

10.1.2　数字集成电路常见故障及原因

数字 IC 芯片主要有 TTL 和 CMOS 两大类，它们的故障现象也是各式各样。下面仅就各种数字 IC 芯片的故障现象进行简单的归纳。

1. 数字 IC 的软故障

（1）芯片的速度不好。一个芯片的执行速度是指由一组正确的输入经过芯片之后得到一组正确并且稳定的输出所需要的时间。这个时间由几部分组成：输入信号有效电平（低电平或高电平）达到稳定并送入芯片所需要的时间；信号在芯片内部通过逻辑变换、传输所需要的延时时间；输出信号开始输出并达到稳定电平所用的时间。常用的 TTL 74LS××系列芯片典型的门延时为 10ns，74F××系列和 74HC××系列芯片的门延时为 5 ns，而 DRAM 动态存储器芯片的速度则为 30～300ns。如果某个芯片的门延时过长，产生的信号虽逻辑上正确，但较长时间后电平仍不稳定或不满足时序要求，有所偏移，就会产生不稳定性故障或随机故障。由于 286 和 386 兼容机的速度要求比 PC/XT 等机的严格许多，同时由于在诊断和测试时不易检查芯片的速度特性，因此这种故障的排除比较困难。

（2）芯片的驱动能力差。一个普通的 TTL 芯片或与 TTL 芯片接口兼容的芯片均有其“扇出”约定，即一个芯片可直接驱动的 TTL 芯片的个数。通常的 TTL 芯片的扇出值为 8，如 74LS244、74LS08 等。一些有特殊要求的接口则采用特殊的接口芯片，如驱动电流大的采用集电极开路的芯片、抗干扰能力要求高的采用差动接收/发送器。在电路的设计中，需要根据不同的接口要求采用不同的接口芯片，并且要求芯片的输出信号去驱动的芯片数小于允许的扇出值。如果在电路设计时未注意芯片的内部工作特性，造成芯片的扇出值不满足额定指标，就会造成系统或某个局部电路在连接设备较少时，系统完全正常，但随着设备的增加，系统的工作便不正常，甚至根本无法工作。这类故障常出现在驱动 I/O 接口，如系统板的 I/O 插槽、系统板上 RAM 芯片的地址或数据驱动芯片，以及软、硬盘驱动器与控制器的接口等。

（3）抗干扰能力较差。如果在设计系统时，板体的布线和芯片安排不合理，就极易产生这种故障。例如，芯片的电源线和地线在板体上的布线宽度过小、线与线之间的距离过近（线间的干扰与传输的信号频率及信号强度呈指数关系），或者芯片的性能不好，均会造成抗干扰能力差。出现这种故障时，轻者当系统接近干扰源（如微机的显示器）时故障发生频繁，而远离干扰源或在系统与干扰源之间加入一个金属屏蔽层时，故障次数减少或消失；较严重者必须在电路中设法加入抗干扰的滤波电容、焊接“明线”加粗板体上的布线。

（4）热稳定性不好。所谓热稳定性不好，是指机器在开始时运行完全正常，而运行一段时间后，即当机器内部的温度升高或室内温度升高后，便出现故障。将机器关好，冷却一段时间后再开机，机器又可正常运行，之后故障再出现。热稳定性不好在以分离元件为主的设备中出现较多，在以集成电路为主的设备中相对较少，如果使用的测试检查手段正确，检查也不困难；反之，也有“冷稳定性”不好的现象，即当温度低时机器故障出现，而温度升高时机器才可正常工作，将这种现象归为热稳定性不好。

（5）芯片之间匹配性差。由于在各种集成电路芯片设计时已经考虑到不同类型的芯片之间接口信号的兼容性，因此通常不同的芯片之间的连接并无繁杂的要求或约定。但当一个芯片产生的输出信号要去驱动另一个或几个芯片时，信号在传输过程中会有微小的抖动（在不同类型芯片间，如常用的 74LS××系列、74F××系列与 CMOS 系列，74LS××系列与 NMOS 的 RAM 芯片之间均会产生微小的抖动）。如果在电路设计时未考虑到这种抖动（保留出使信号稳定所需要的时间），就会因信号的抖动而产生故障。当产生这种故障时，输出芯片和输入芯片本身均无故障，若将其放在电路及芯片完全相同的另一个板上，则可能完全正常。这种故障称为芯片间的匹配性故障。

数字 IC 电路的这类软故障是最难检查的，尤其是非计算机控制的组合逻辑电路和时序逻辑电路，很难使用软件或测试仪器进行测量检查。

2. 数字 IC 的硬故障

将各种芯片（中小规模的 TTL 芯片、大规模集成电路芯片和门阵芯片）的逻辑功能错误称为硬故障。通常将数字 IC 均看成一个具有一定功能的“黑盒子”。对这个黑盒子的内部结构和工作原理可以不做过多的了解，而只需知道其输入信号与输出信号之间的对应逻辑关系。如果该黑盒子的功能是正常的，那么一组正确的输入信号通过黑盒子必产生与其对应的输出信号；反之，如果这个黑盒子对于正确的输入信号得不到正确的输出结果时，那么这种故障称为逻辑功能错或逻辑错。当一个芯片出现这种故障时，有可能是芯片内部的组件有错、组件间连接布线短路或开路、内部逻辑电路与芯片的输入/输出引脚脱焊等。因芯片内部结构很复杂，一般很难通过“输入/输出”逻辑错误找出芯片故障中最为常见的一种，并且由于其故障现象比较明显，因此这种故障的检查也比较容易。数字 IC 硬故障又分为两类，即由数字 IC 的内部电路故障引起的逻辑功能错和由数字 IC 外部电路故障引起的逻辑功能错。

1）数字 IC 的内部电路故障

（1）芯片击穿：指芯片的某一对或某一组输入/输出引脚之间呈现完全导通（短路）状态（无论芯片的内部逻辑关系如何，均不应有输入/输出引脚之间完全导通现象），有时则表现为个别引脚或多个引脚与电源引脚或地线引脚直接导通。当出现短路故障时，特别是出现输入/输出引脚对电源信号或地线信号短路时，由于它的输出电流很大，因此它引起的现象是：不但自身的逻辑功能不正常，而且还常常将其输入或输出端固定为恒定电平，使得它的上一级输出芯片好像也出现逻辑错。这种现象多出现在具有三态输入/输出的处理器芯片或总线驱动芯片上。由于这类故障的最大的特点是短路，因此使用万用表检查比较方便。

（2）引线开路：在数字 IC 内部控制电路的故障中，封装内连接线开路是最常见的形式之一。如果输出引线断开，输出引脚被悬浮，逻辑探头将指示出一个恒定的悬浮电平；如果输入引线断开，就表现为功能不正常。如果这些输出进入到三态总线，将引起逻辑混淆。下面分别分析这两种情形。

①输出引线开路。当有一输出线开路时（图 10.1.6），则该输出端悬浮。在典型 TTL 电路中，悬浮输入电压近似为 1.4～1.5 V，通常对电路产生的影响和逻辑高电平产生的影响一样。因此，一个输出线开路将使所有受激输出悬浮在不正常电平上（TTL 电路的高电平阈值为 2V，低电平阈值为 0.4 V），悬浮输入通常都被译为高电平。

②输入引线开路。当有一个输入线开路（图 10.1.7）时，开路电路阻塞了输入电路来的激励输入信号，因此，输入线被悬浮，呈现固定高电平。由于开路发生在数字 IC 输入端，不会影响激励输入信号，这一点是比较重要的。也就是说，微机缓冲放大器数字 IC 被阻塞，但对同一线路上其他 IC 没有影响。当微机响应时，就像在数据总线上有一个固定电平 1，并且当数据线上有 0 出现时，不能有正常的响应。

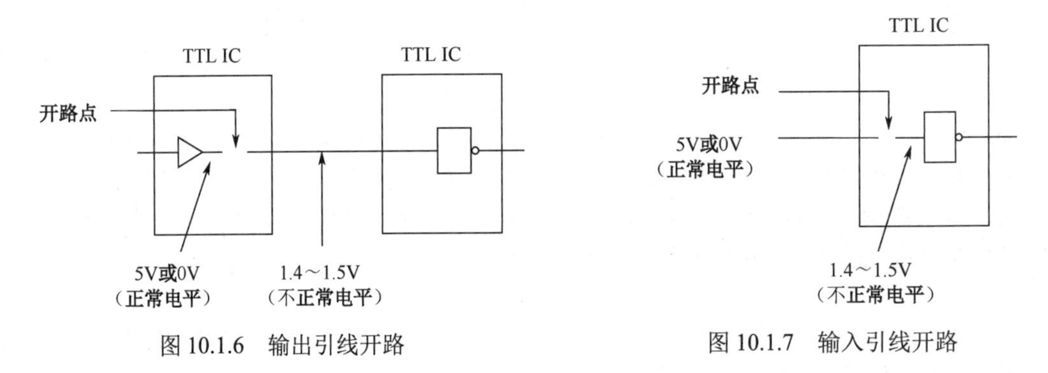

图 10.1.6　输出引线开路

图 10.1.7　输入引线开路

（3）引线短路：数字 IC 电路内部的另一种常见硬故障是引线对地短路。这种故障比较复杂，主要有以下几种。

① 输入引脚对地短路。数字 IC 电路的另一种常见硬故障是输入引脚对地短路。这种故障常由集成电路芯片上输入保护二极管损坏所致，表现为固定低电平。电流跟踪器是查找这类问题的理想仪器。如果没有电流跟踪器，查找这类故障的另一种方法是使用高灵敏度、高分辨率的数字电压表和一个制冷喷枪。把数字电压表接到阻塞节点上，把量程置于直流电压挡，然后一边监测电压变化，一边用制冷喷枪对接在节点上的元件制冷，一次一个，以改变集成电路块的温度。节点上任何显著的电压变化（大于 10mV）都表明被制冷的元件正流过电流。如果没有制冷器，也可用热源代替。这一技术基于所用集成电路块的半导体材料的电压（或电流）随温度的变化而变化。典型情况下，当硅片温度增加时，通过结上的电流也增加。

② 输入或输出引线对 V_{CC} 或地短路：这种短路（图 10.1.8）将会影响与该点相连的全部输入和输出，或者使其保持在高电平（与 V_{CC} 短路），或者使其保持在低电平（与地短路）。在图 10.1.8 中，接在 A 点的地址线保持高电平 1，而接在 B 点的数据线保持低电平 0。将引起整个程序的混乱，是数字 IC 故障中最易查找的一种。

③ 两个输出引脚短路：图 10.1.9 所示的短路不如对 V_{CC} 或对地短路那样好分析。当两引脚短路时，这两个引脚上的激励信号可能正相反，一个企图把该点拉向高电平，而另一个企图把该点拉向低电平。在这种情况下，试图给高电平的引脚提供输出电流，试图给低电平的引脚提供输入电流。当这两个输出同时高或同时低时，短路点上的响应是正常的。但当有一个输出为低电平时，短路点就保持低电平。

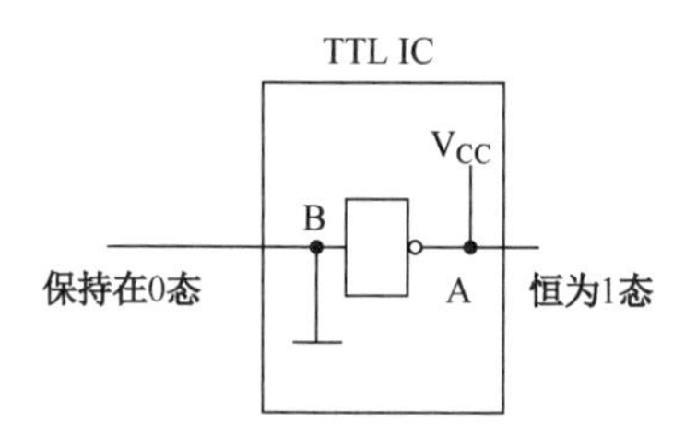

图 10.1.8　输入或输出引线对 V_{CC} 或地短路

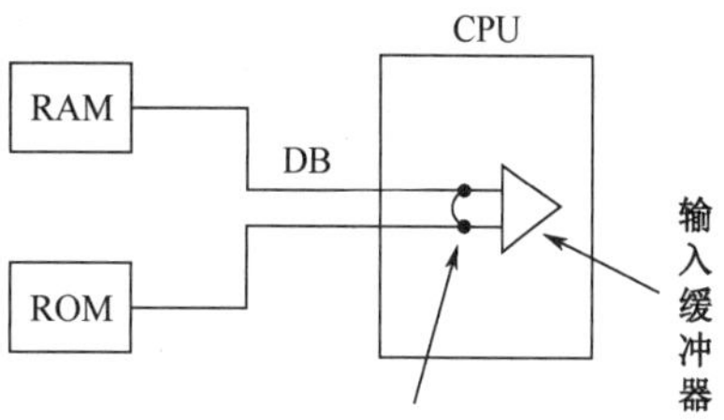

图 10.1.9　两个输出引脚短路

2）数字 IC 外部的电路故障

由外部电路造成的硬故障有 4 种：节点对 V_{CC} 或对地短路；两个节点间短路；信号线开路；外部元件故障。数字 IC 外部节点与 V_{CC} 或地短路很难与数字 IC 内部引线与 V_{CC} 或地短路区分开来。这两种短路都会使短路线上始终保持高电平（与 V_{CC} 短路），或者始终保持低电平（与地短路）。另外，外部电路中信号线开路与内部引线开路有类似的故障。图 10.1.10 所示微机的输入线开路，使该点悬浮，在典型 TTL 工作中呈现固定的高电平。开路点的左半部是数据总线，它将不受开路的影响。

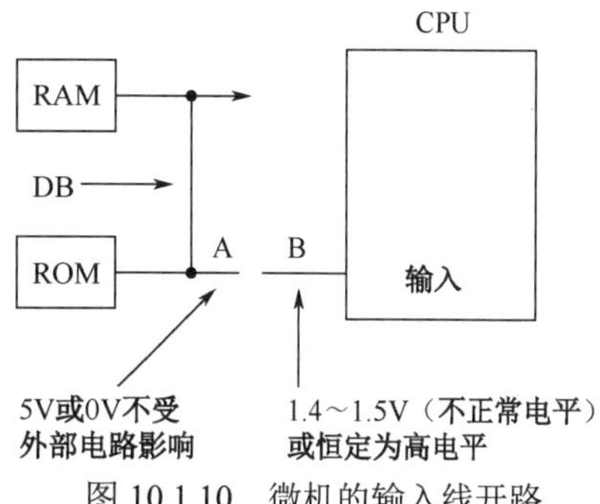

图 10.1.10　微机的输入线开路

通常，当出现外部电路造成的硬故障时，电流跟踪仪是查找这种故障的有效工具。

10.1.3　数字电路故障测试常用设备

对数字电路的测试，主要在于逻辑信号。因此，数字电路故障测试常用设备与模拟电路故障测试设备有所不同。下面介绍的一些数字电路故障测试常用设备是数字电路故障测试必备的。由于计算机主要是由数字电路组成的，因此下面介绍的数字电路故障测试设备也适用于计算机故障诊断。

1. 逻辑笔

逻辑笔（又称为逻辑探头）是数字电路及微机故障诊断工作中最为常用的测试工具。它是一种笔状的用发光二极管直接表示各种电路逻辑状态的新颖的逻辑测试工具。逻辑笔内都装有电位记忆装置、脉冲检测电路和方波发生器。它的外部有金属探针和指示灯，能对由集成电路组成的各种电子设备、计算机等进行一般的检测与维修，如判断电平的高低、脉冲的有无及方向，捕捉单脉冲、测量占空比，以及检测多组脉冲的相位、分频和进行故障寻迹等。

逻辑笔有多种型号，其外型和显示灯个数也各有不同。最简单的逻辑笔有两个显示灯，分别指示数字电路的两个逻辑电平。当探针接触到被测点时，如果被测点的电位小于 0.8 V，白色显示灯发光表示被测量的信号为低电平；如果被测点的电位高于 2.7 V，红色显示灯发光表示被测量的信号为高电平；如果被测点的电位处于 1.4 V 左右时，红、白两个显示灯同时发光表示被测量的信号为门栏电位 VT；如果被测点的电位处于 0.8～2.7 V 时，红、白两个显示灯白色灯均发光（一明一暗亮度不一定均匀）表示被测量的信号为“不定”。如果逻辑笔的红、白两个显示灯均不亮，就表示测试信号为“浮空电平”或信号处于开路状态。如果逻辑笔的红、白两个显示灯交替发光，就表示测量的信号为“脉冲”，脉冲的频率越高，闪烁的速度越快。当频率很低时，可根据红灯（或白灯）持续时间的长短，直观地估计被测脉冲高、低电平的“占空比”。

图 10.1.11 示出了逻辑电平指示灯是如何响应 TTL 电路中的电平和脉冲的。指示灯可给出 4 种状态显示：关断、暗淡、亮、闪烁。输入为“1”状态时灯亮；输入为“0”状态时灯灭；电压

在“0”和“1”状态之间时，脉冲输入时灯闪烁，频率约为 10Hz。有的逻辑笔还有脉冲捕捉功能，如有“记忆”功能挡的逻辑笔可以捕捉到持续时间在微秒至毫秒级的电位瞬间跳变。

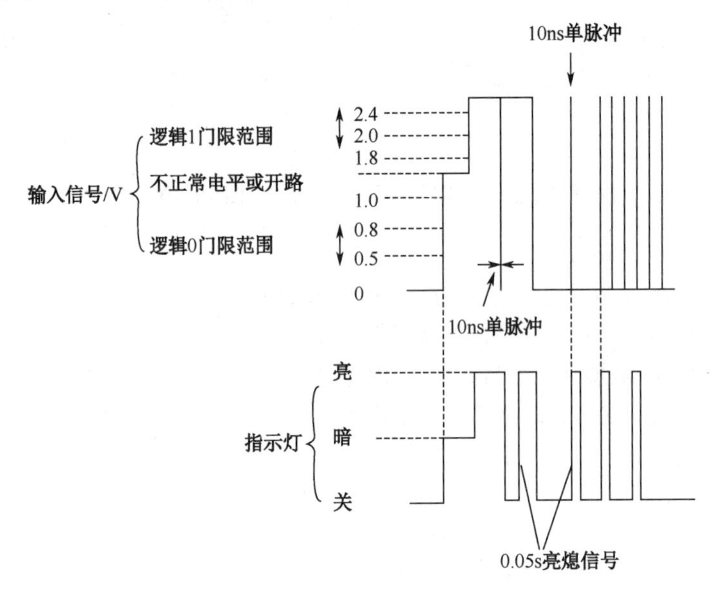

图 10.1.11 逻辑电平指示灯

逻辑探头与逻辑脉冲发生器配合使用是很有用的。例如，可用逻辑脉冲发生器激励数字电路的某一端口，用逻辑探头来考察该电路逻辑的连续性、信号流程、地址解码、时钟和总线设备的工作情况，也可用逻辑探头来检查在单步模式下工作的数字电路的特性。

逻辑探头用来检测脉宽窄、速率低的脉冲是理想的。这种脉冲在示波器上是难以观察的。典型情况下，持续时间约为 10μs 或更长的正脉冲触发后，指示灯亮 50ms 以上。负脉冲加入时，指示灯瞬时熄灭。

特别需要指出的是，逻辑笔在计算机故障诊断中也非常有用。一种技术是用正常时钟速率运行被测数字器件的，并监测各数控信号，如复位、中断、存储器读取、标志和时钟等信号。这类问题通过观察探头指示灯是否有亮、灭、闪动便可很快得出答案。例如，当探头触及时钟线路时，没有闪动显示，就表示没有时钟脉冲。如果探头触及微处理机中存储器读取线时，没有闪烁显示，就说明微机在程序的某处阻塞（因为在程序执行过程中，存储器读取线上几乎都有脉冲输出用以开启 RAM 或 ROM 的一个地址）。另一种有用的技术是用一个脉冲信号发生器产生一个很慢的时钟信号来代替原来的时钟脉冲。这使逻辑信号速率变得足够低，以致可以实时显示。使用脉冲发生器在数字电路的任何地方注入逻辑电平和使用逻辑探头检测逻辑状态的变化的方法与实时分析技术结合起来，有助于实现在控制线上检修故障。逻辑探头对多路信号（如数据和地址总线）的测试没有实用价值。

逻辑笔的电源有两种：一种是自带电池，打开开关即可使用；另一种是引出两根夹头，从被测电路中取得。这种逻辑探头可用数字设备的电源供电，也可由一个直流电源供电。如果用单独电源供电，该电源的地应和数字设备的电源的地相连。对 TTL 电路来说，电源电压范围为 4.5～15 V。地线（探头提供）可以接在探头显示窗的后面。当用外部电源供电时，地线应便于接地。地线可改进脉宽灵敏度和消除噪声。但是，地线的使用是有选择的，并不是任何应用中都需要。注意，电源夹头不能接反，不能碰到其他引脚，更不能造成被测电路短路。

逻辑笔的型号和种类很多，在选择逻辑笔时主要考虑下面几个问题。

（1）逻辑笔的频带要宽。逻辑笔和示波器一样，对测试信号是自动采样检测的。例如，开机的 Power Good 信号只有一个负脉冲，逻辑笔应能予以显示，其指示灯不能不闪烁或闪烁不明显；对于频率较高的脉冲信号，应使显示灯能够连续闪烁而不是呈现红、白两个显示灯均亮的情况。检查一个逻辑笔的频带是否较宽，可先测量一下 CPU 开机复位信号，逻辑笔应有一个非常明显的脉冲信号显示（红色显示灯明显闪烁一下），再测量一下 4.77 MHz 和 14.31818 MHz 的时钟信号（在 8088 兼容机或 286、386 兼容机中均有上述信号），观察逻辑笔的脉冲指示灯，应有明显的脉冲显示，并且两脉冲的闪烁频率的不同用眼睛能够分辨。

（2）逻辑笔的耐压情况要好。逻辑笔在使用时要借用系统的+5 V 电源和地线（GND）为其提供工作电源。另外，逻辑笔一般只测量逻辑电平（0～+5 V），而不允许测量如+12 V 或-12 V 等非逻辑电平信号。在维修工作中，常常因为匆忙或测量时不注意，将逻辑笔与系统的电源和地（GND）信号接反或在测量时无意间将逻辑笔的探头落在了+12V 信号上。当遇到这种情况时耐压好的逻辑笔，其显示灯会异常明亮，这时应马上关机，一般不会损坏逻辑笔；但如果逻辑笔的耐压不好，一次误操作逻辑笔就坏了。所以，在选择逻辑笔时，逻辑笔的功能强、显示好（多显示灯或液晶显等）通常不足以作为选择的主要依据，而上述两点则应注意。

下面介绍一种常用的 JD-Ⅱ型逻辑笔。JD-Ⅱ型逻辑笔的外形如图 10.1.12 所示。整个壳体如笔形，前面是探针 S_R；正面有两个指示灯，白色指示低电平，红色指示高电平，侧面有开关 K，掷向尾部为清除（置“零”），掷向头部为记忆；S_C 为一个引出插口，与 S_R 配合使用，S_R 接输入端，可测试集成电路的优劣；G_i 为另一个引出插口，当测试相位时，G_i 接入参考信号；两根电源线分别为红色接+5 V 电源和黑色接地。JD-Ⅱ型逻辑笔电路原理如图 10.1.13 所示。

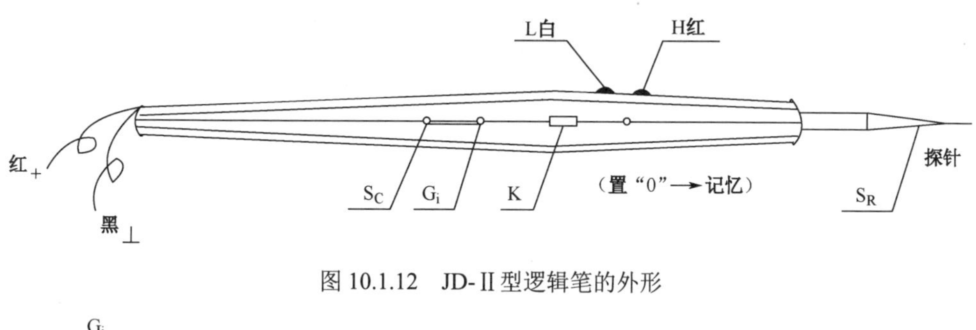

图 10.1.12　JD-Ⅱ型逻辑笔的外形

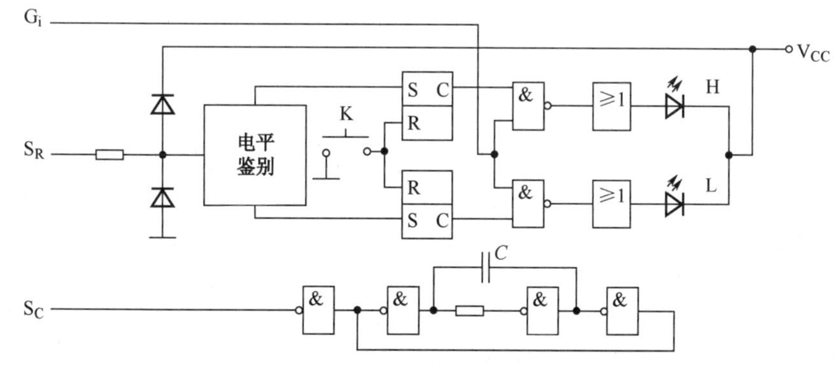

图 10.1.13　JD-Ⅱ型逻辑笔电路原理

当电源接通后，若开关 K 置于“零”位置，可实现以下功能。

（1）判断高低电平：红灯亮表示高电平，白灯亮表示低电平。

（2）测量脉冲、脉冲占空比和脉冲极性：根据红灯与白灯的亮暗程度，可粗略估计脉冲占空比和脉冲极性，如红灯亮、白灯暗表示低负脉冲。

（3）测量相位和二分频：探头接入被测端，G_i 接入参考信号，红灯亮为同相，白灯亮为反相，红、白灯各亮一半为二分频。

（4）测试线路上的集成电路优劣：探头 S_R 接入集成电路输出端，S_C 接输入端，测试笔有脉冲显示表明电路正常。注意，此时被测电路应处于上电的工作状态。

（5）用作通表：探头 S_R 和 S_C 端分别接入导线两端，测试笔有脉冲信号为导通，无脉冲信号为断路或短路。

开关置于“记忆”端，有脉冲到来时，红、白两个显示灯都亮，表示捕捉到一个单脉冲。

2. 吸锡器

吸锡器是数字电路和微机诊断与维修必不可少的工具，一是在明确了故障模块后，逐个取下芯片试验的速度一般不低于运用原理进行分析和检查的速度（用好的吸锡器取下一个 20 个引脚的双列直插芯片一般需要 2～3 min）；二是如果吸锡器不好，即使准确地判断出了哪个芯片故障，当把该芯片从板上取下时，若将焊接孔弄坏或导线弄断，也会大大妨碍故障的排除，而对一些随机性的故障，需要取下几个芯片试验时，这个问题就显得尤为严重。吸锡器一般分为以下 3 种类型。

（1）无电源手动吸锡器。这种吸锡器的原理类似于医用的注射器。使用时，首先将手柄按下，使吸锡器吸气仓的空气排出，依靠卡接按钮挂住，在吸锡时，按动按钮，手柄回弹使之产生吸力，将外部电铬铁加热的焊锡从板上吸下来。这种无电源的吸锡头一般由不怕烧烤的物质组成，并且开孔较大，适用于现场维修显示器或电源等设备。

（2）有电源加热的手动吸锡器。与上面介绍的吸锡器的不同点在于：它的吸锡头由可加热的铜制材料制成，不需要外加电烙铁，由于它的吸锡头开孔一般较小，因此适用于 IC 芯片的吸取。但上述两种吸锡器均不适用于维修量较大的维修工作。

（3）气泵式吸锡器。这种吸锡器的吸锡头能够加热被吸芯片的引脚，而产生吸力的工作由一个真空泵负责；还可以更换各种吸锡头，适用于各种逻辑电路或模拟电路中芯片或元器件的摘取，是维修中必不可少的工具。

（4）小型波峰焊机或除锡台。这类仪器可以摘取和焊接普通的 IC 芯片，还可以更换夹具，摘取、焊接表面安装的门阵芯片等，它是维修工作中所用的较高级的焊接除锡设备。但由于其价格较高，因此并非所有的维修单位都必须具备。

3. 示波器

在数字电路故障诊断工作中，示波器是仅次于逻辑笔和吸锡器而被经常用到的测试仪器。使用示波器可以分析波形的质量，如上升沿、下降沿、脉冲幅度、有无毛刺及脉冲频率等。数字电路大多由门电路构成，由于多次门的输入、输出使特性变差，经常会使电路发生故障。例如，由于未能有效地抑制过渡脉冲，使输出端产生不应有的窄脉冲，尽管很窄，也足以使后面的电路产生误动作，这种干扰脉冲只有通过示波器才能发现。如果示波器的频率响应范围足够宽，同步特性足够好，那么不仅可以看到有“毛刺”出现，还可以看到多极门电路的延时。

用于数字电路故障检修的示波器应具有较宽的频带，至少有 50 MHz。大多数数字电路的脉冲宽度是微秒量级，甚至是毫微秒量级。如果维修 PC/XT 机，仅用一个 20 MHz 的示波器便可满足，但如果要维修 286 或 386 兼容机，最好选择 100 MHz 左右的示波器。虽然有时要用到更高频率的示波器（最好为 300 MHz），但由于不常用，而且 300 MHz 比 100MHz 的示波器价格贵许多，因此选择 100 MHz 示波器较为经济实用。示波器的另一个重要指标是示波器的通路数。大多数数字电路和微机的故障诊断需要同时观察两个时间相关的脉冲（如输入和输出脉冲或时钟脉冲和读出脉冲）。使用双踪示波器可将这样的两个脉冲同时显示出来，并可将一个脉冲置于另一个脉冲的上方或重叠显示。双踪示波器一路可以输入参考波形（通常取自时序电路的前级或取自有规律的时序脉冲）；另一路可以输入时序电路各级测试点的信号。

有时，可能需要带存储能力的示波器（显示瞬变脉冲）和取样示波器（显示和测量极短的脉冲）。在使用性能方面和普通示波器一样，只是在观察到感兴趣的波形时，按一下记忆按钮，示波器就能记下这时的波形，并在显示屏上保持不变。利用这种特殊的功能，可以把不能捕捉到的信号“定位”在显示屏上，供维修人员仔细观察与分析，时间可长达 60s。例如，观察复位电路的 RESET 信号；测试并行接口 STOBE 和 ACK 的时间关系；测试串行口的启动位、停止位、有效位及文件尾 EO 等的时间关系和波形。有些高性能的记忆示波器还可以按要求记忆采集到的信号波形，这样可预先测试一个正常机器的波形，再检测故障机器的波形，然后进行波形的比较。

逻辑示波器与普通示波器有较大区别。逻辑示波器只能观察脉冲波形，而且可以同时输入多达 24 踪信号，多用于观察多种信号的时间关系（如内存时序、控制节拍时间等）。另一类示波器将逻辑示波器与普通示波器结合起来，如果选择逻辑检查功能，那么显示屏上显示的是规整的方波信号（已经经过整形和变换）；如果选择模拟量检测，那么则显示屏上出现的便是普通示波器的模拟量信号。这样，一台示波器兼有两种示波器的功能，自然其价格也略贵。

4. 电流跟踪器

电流跟踪器是一个手持探头，它能准确地检查出电路板上低阻抗故障的位置。电流跟踪器根据低阻抗故障点吸收较大电流的原理。电流跟踪器探头上的感应检测器可以检测电路中的电流。将电流跟踪器的探头置于有脉冲的线路上，调节灵敏度并依据指示灯的显示强度，可以识别电流的路径和相对幅度，也可以找到接有坏元件的节点。由于电流跟踪器检测的是电路中的电流，而不是电压，因此在故障检修中，电流跟踪器的优点不如逻辑探头和逻辑脉冲发生器那么明显。但节点阻塞和电源线断路这些问题用电流跟踪器可以直接查找，而不必切断印刷线路。电流跟踪器是一个自完备系统，它可以从任何一个方便的地方供电，其电压为 4.5～18 V，其电流低于 75 mA。例如，HP 公司生产的 HP-547A 就是一种典型的手持式电流跟踪器。它是利用电流流过导线时产生的磁场而设计的，电流跟踪器的指示灯亮，表示有电流存在，其灵敏度为 1mA～1A，可用电流跟踪器上的旋钮来调节。

根据电流跟踪器的工作原理可知，使用电流跟踪器查找故障，在故障节点处必须有一个大电流流过。因此，它适合查找短路性故障，如组件内部短路，从组件的输入、输出引线检查；印制电路板焊点之间非法跨接或搭接；电缆线内部短路；元件击穿、漏电短路；电压分布网络中的短路现象，如 V_{CC} 与地短路等；线与线之间的粘连碰接短路；“线与”处的粘接故障。

使用电流跟踪器来查找故障点的方法是：沿着印刷线路放置一个电流跟踪标识点，同时调节灵敏度使指示灯刚好发亮，然后沿着印刷线路移动电流跟踪器，并观察指示灯。这种沿电流路径检查的方法可直接找出电流不正常的原因。如果激励点没有脉冲输入，使用电流跟踪器查找故障时，需要一个脉冲源进行外激发。首先用脉冲源接触导线上一个节点，然后使电流跟踪器也接触该导线，调节灵敏度旋钮，使指示灯处于刚好不亮的位置上。这时沿导线移动电流跟踪器，当电流跟踪器的指示灯重新发亮时，便发现了短路故障点。电流跟踪器还可用来检查节点阻塞等故障，同时可以检测脉冲电流的近似大小和它走过的路径。使用逻辑脉冲发生器给没有脉冲信号的节点注入电流，即可检测出门电路输出、硬件短路等一般性问题，再通过对逻辑脉冲注入点到被测节点间电流的跟踪，可找出低阻抗点。

5. 逻辑夹头

逻辑夹头是一种专门用来测试各种双列直插式数字 IC 芯片的工具。逻辑夹头上的 LED 一次能同时显示一块标准双列直插式数字集成芯片各引脚的逻辑状态。目前，常见的有 16～24 脚的逻辑夹头。图 10.1.14 所示为一个典型逻辑夹头的方框图。逻辑夹头的每一个触针都接到一个判决门电路、门限检波器和激励放大器上。

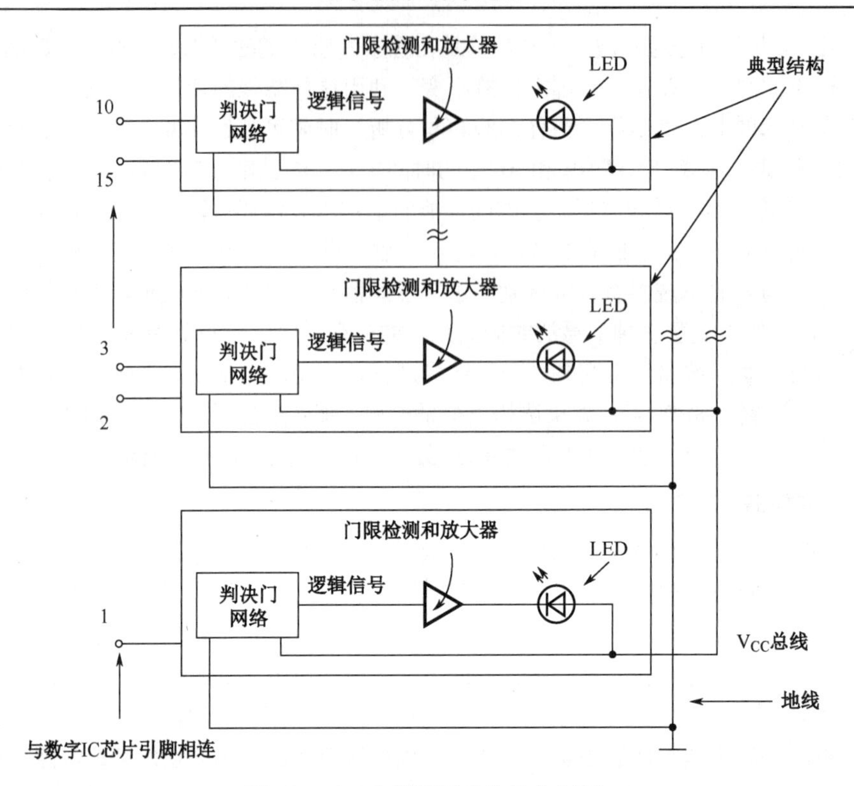

图 10.1.14　典型逻辑夹头的方框图

图 10.1.15 所示为判决门电路的判决次序。简单地说，判决门按如下步骤工作：①找出集成电路的 V_{CC} 引脚，同时将其与夹头的电源总线相连，并开启一个 LED 显示器；②找出所有逻辑高电平引脚，同时启动相应的 LED 显示器；③找出所有的开路电路，同时启动相应的 LED 显示器；④找出集成电路的接地引脚，连接它到夹头的接地线上，所对应的 LED 显示器不亮。

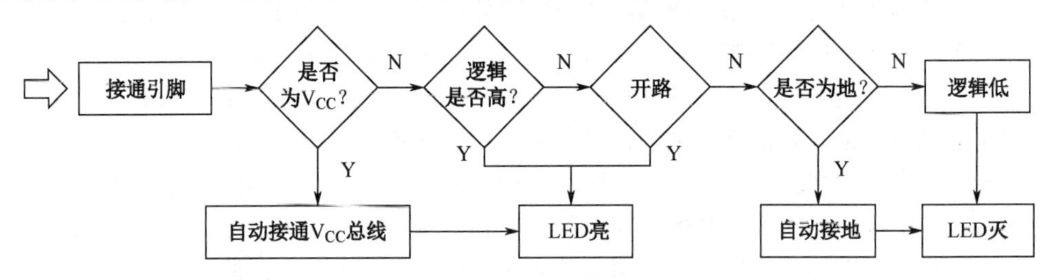

图 10.1.15　判决门电路的判决次序

逻辑夹头的每个引脚都与一个门检波器的输入端相接。门检波器测量由被测数字 IC 各引脚输入的电压。在门检波器的输出端，接有驱动 LED 显示器的放大器。如果输入电平没有超过门电平（一般以集成电路引脚电平在 0.8 V 以下为低电平），那么相应的 LED 显示器不启动，显示出低电平（不亮）。如果待测集成电路引脚电平在 2V 以上，那么 LED 指示出高电平（亮）。如果待测集成电路引脚开路，那么 LED 显示器也指示出高电平（亮）。

逻辑夹头可用来测试 TTL 和 DTL 集成电路的逻辑电平。一般来讲，逻辑夹头可用来测试多谐振荡器、门电路、缓冲电路、加法电路、移位寄存器等数字电路，但不能测试具有非标准输入电平的集成电路或可扩展门电路。逻辑夹头可瞬时或连续地显示双列直插式集成电路所有引脚上的逻辑电平（0 或 1）。

16 个 LED（发光二极管）用于指示引脚电平的高低（0 或 1）。测试时，夹头可自动将电路中

的 V_{CC} 和地作为夹头本身的电源和地，所以无须外接电源。应用时，挤压夹头后端，使夹头触点展开，并将夹头置于集成电路上。夹头在两个方向上都可使用。夹头上的 16 个 LED 是相互独立的，它仅随输入的电平而变化，其指示灯亮对应于逻辑电平 1。

逻辑夹头的优点是便于使用。夹头设有控制装置，无须连接电源。对如何使用夹头也无特殊要求。由于夹头有自动搜寻地和 5V 电源线的逻辑电路，因此对置于集成电路上的方向也无要求。缓冲输入使逻辑夹头对被测集成电路的加载最小。将其简单地夹在任何形式的 TTL 或 DTL 集成块上，就能够一下子观察到全部逻辑状态。

当感兴趣的是逻辑状态 0 和 1，而不是实际电压值时，逻辑夹头比示波器、电压表更方便。实际上，夹头相当于一个二进制电压表，而且读数时眼睛不用离开电路。使用 LED 的发光来表示逻辑状态 1，大大简化了故障检修过程。人们应把精力集中于被测电路而不是测量技术方面。

当夹头用于时基（时钟较慢，大约为 1 Hz 或用手动触发）测量时，定时关系会变得十分明显。由于集成电路的所有输入和输出都很直观，门电路、多谐振荡器、计数器和加法器的故障很容易被发现。当涉及脉冲输入时，逻辑夹头最好与逻辑探头配合使用，定时脉冲可以在探头上观察，而所涉及逻辑状态的变化可以在夹头上观察。

6. 逻辑比较器

逻辑比较器的基本原理是：将被测集成电路与参考集成电路的输入并联起来一起运行，并对它们的输出进行比较以确定故障。例如，HP10529A 型逻辑比较器（16 引脚），它的一端可以装入一个标准 IC 芯片，另一端有一个 16 引脚夹。把夹头夹在被测的芯片上，这时参考集成电路的输入与被测集成电路的输入完全相同，将两个集成电路的输出进行比较，当两个输出持续时间超过 200 ns 时，其差异就被输出显示。

在使用时，首先识别被测集成电路；然后在一个参考板上装一个与被测组件相同的好组件；最后把该参考板插入比较器。该比较器夹在被测集成电路上，如果被测集成电路与参考集成电路工作状态不同，问题就会立即暴露出来。

7. 频率计故障寻迹器

频率计也属于小型的测试仪。它除了具备万用表、逻辑笔的功能，还可以通过数码显示窗显示出测试信号的频率值（精确度很高）。另外，由于其探头是高阻值的，因此可以直接测试晶体振荡器的频率（使用逻辑笔无法直接检查），所以在检查系统中各种时钟信号的准确值时经常用到。“故障寻迹器”根据“短路点电流大于其他点”的原理，使用一个探针检查短路的板子。检测人员戴上配置的耳机，当探头接近短路点时，耳机鸣响的频率增高；当远离短路点时，耳机鸣响的频率降低，这用于检查短路故障，十分方便、有效。

8. 万用表

数字式电路故障检测电压表和其他固态电路故障检测电压表的特性基本相同。一般来讲，数字式电表比模拟式电表使用更方便。一般情况下，极高的输入阻抗对数字网络并不是关键的因素（200 kfl/V 即可满足要求）。

典型情况下，数字电路的工作电压为 5 V，而逻辑电压为 3.6 V 或更低。因此，电压表在低电压下应有很好的分辨率。这是数字式电压表的另一个优点。例如，典型逻辑电平为 0V 和 3V，0 V 表示逻辑 0，3V 表示逻辑 1。这意味着 3V 或高于 3V 的电压输入“或门”将输出“1”状态，而低于 3V 的电压输入（如 2 V）将输出“0”状态。而 2～3 V 的电压输入、输出是不确定的。这是数字逻辑电路的基本特性。如果电压表某一量程不能精确读出 2～3 V 的电压，就很容易得出错误的结论。如果测试“或”门时，希望输入电压为 3V，而实际上为 2.7 V，那么该“或”门可能工作，给出希望的“1”输出，也可能不工作。

一般来讲，测量直流电压的精度为2%或更高，而测量交流电压的精度为±3%～±5%。在数字设备中，交流挡仅用来测量电源或输入功率，因为所有信号都是脉冲形式的（要求用示波器显示和测量）。

TTL集成电路种类繁多，不可能用万用表逐一判别它们的功能。但对没有标号的TTL可以用万用表找出它的电源端、输入/输出端；找出与\或\非、与非\或非门的各端；判断已知型号TTL的质量。下面介绍使用MF-47型万用表测试TTL集成电路的步骤。

（1）首先找TTL的正负电源端。TTL正 / 负电源端之间正向电阻为几千欧姆，反向阻值为十几千欧姆。而电源端与其他端之间的正 / 反向电阻为几十千欧姆至几百千欧姆。因此，可以用万用表首先判别两个电源端。如果电源端正、反向电阻在2 kΩ以下或20 kΩ以上，就说明该TTL集成电路已损坏。

（2）判别引出端质量。将万用表置于1 kΩ挡，黑表笔接TTL电源正端，用红表笔测量其他端，阻值为20～120 kΩ为好。如果只有几千欧姆或大于几百千欧姆，就说明红表笔连接端的内部电路已坏。如果为8 Ω，可能是空脚或内部断线。

① 红表笔接电源负端，测量各端阻值，一般为8 Ω。

② 黑表笔接电源负端，测量各端电阻，一般为20 kΩ左右。

阻值与上述数值相差较大的端为损坏端，记下它的编号，进一步测量时还需对照。有一些双轨、四轨制的TTL，如四输入端双与非门，其中有一个门电路损坏，另一个门电路还可以使用。

（3）判断输入、输出端。将被测TTL接上5 V电源，万用表置于5 mA挡。

① 黑表笔接负端，红表笔串接一个2 kΩ电阻后依次碰触各端，输入端一般应有0.5mA电流。无电流的一端是内部电路断路还是空脚，应与上面损坏记录对照。如果不属于损坏端，就有可能是处于“0”状态的输出端，需做进一步测试后再判定。如果电流为1～2 mA，又不属于上述损坏端，那么它可能是处于“1”状态的输出端。

② 红表笔接正端，黑表笔串接一个2 kΩ电阻后碰触各端，各输入端应无电流或只有微安级电流。若有3～4 mA电流，则可能是处于“0”状态的输出端，可与步骤①中“需做进一步测试”的结果比较。如果一致，就肯定它是输出端。

（4）与、或、非等门电路的测试。在输入端输入高电平或低电平信号，测试输出端电平变化，然后根据逻辑关系来判定。

（5）对有些TTL集成电路，在掌握其输入 / 输出及空脚等资料后，也可与各类TTL引线图对照分析，再做进一步测试确定其型号。

万用表的欧姆挡应有测高阻抗量程，且内装电池电压应不超过任何一个被测电路的电压。

9. 脉冲信号发生器

逻辑脉冲发生器在电路测试时用作激励器件。它自动在激励输出极性、幅度、电流和宽度满足要求的脉冲。典型的逻辑脉冲发生器可产生突发脉冲，也可产生一串脉冲。逻辑脉冲发生器是一个用来给数字逻辑电路注入控制脉冲的手持式信号发生器。电路部分已装入手持探头。为了TTL和其他逻辑电路都能应用，它有自动脉冲控制机制。因此，其输出的逻辑脉冲是与大多数数字器件兼容的。其脉冲幅度决定于供电电压（3～18 V）。

脉冲电流和脉冲宽度取决于负载。脉冲频率和脉冲数量受探头式脉冲发生器上滑动开关的控制。安装在输出头顶部的LED显示器指示出输出模式。

逻辑脉冲发生器所产生的脉冲受滑动开关的控制。脉冲发生器由滑动开关编程，每次输出一个脉冲或一串脉冲，或者选定频率的几个突发脉冲。脉冲也加到脉冲发生器顶端的LED显示器上。

压下开关能自动把集成电路的输出或输入由低驱动到高（0到1）或从高驱动到低（1到0）。

无论原始状态是 0 或 1，脉冲发生器的输出和扇出电流能力都超过集成电路输出电平。即使对慢速 CMOS 电路，10 μs 的脉宽也是足够长的。

逻辑脉冲发生器是三态输出的。在“关”状态，脉冲发生器的输出阻抗高，从而保证探头不影响电路的工作，直到开关压下为止。当电路工作时，脉冲无须拆线就可注入。某些探头带有多头探针附件，可同时提供 4 个脉冲输出。总之，逻辑脉冲发生器可把脉冲强制加入逻辑节点，并能编程，输出单脉冲、脉冲串或突发脉冲。脉冲发生器可强制集成电路使能或定时。此外，可在逻辑电路中加入脉冲，用来观察其对被测电路的影响。

当没有逻辑脉冲发生器时，比较好的办法是用一个电容器作为脉冲发生器，如图 10.1.16 所示。先将电容器连接在线的逻辑总线之间（典型电压为 5～6 V），使电容充电。然后将电容接到被测电路输入和地之间令电容器放电，便会产生一个输入脉冲。当采用该方法时，应确保电容充电后具有正确的电压值和极性。一般来讲，电容量大小并不重要，1μF 电容可作为起始值。通常，电容器一端与接地夹子连接，另一端与探测棒连接。

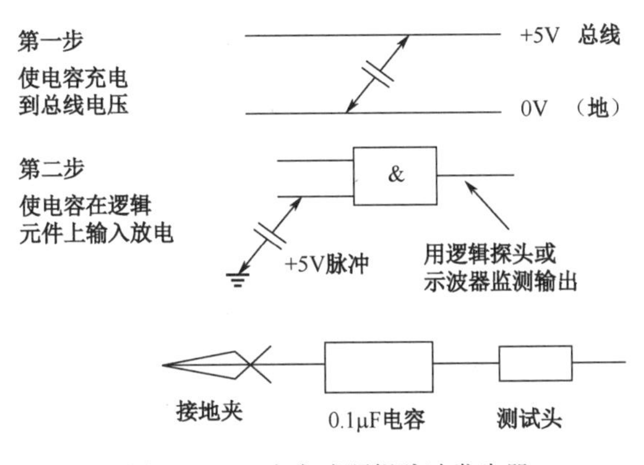

图 10.1.16 电容式逻辑脉冲发生器

在理想情况下，脉冲信号发生器应具有模拟任何电路脉冲的能力。因此，脉冲发生器的输出幅度、脉冲持续时间和频率都能连续可调（至少能步进调节），其调整范围应与电路脉冲相同。这种要求并不是任何情况下都可以满足的。但是，实验室用脉冲发生器能产生大多数数字设备中的脉冲信号。典型的脉冲幅度为士 5V（如高压供电的互补场效应管电路）。脉宽大于 1s 和小于 1 ns 的情况是少见的，当然也有例外。重复速率一般低于 100 kHz，但也可能增大到 10 MHz（或更高）。

某些脉冲信号发生器还有一些特殊功能，如两脉冲之间延时可变的双脉冲功能或可以被外信号源触发的单脉冲功能。但是，大多数常规数字测试和故障检修使用一般的脉冲信号发生器就足够了。

10. 逻辑分析仪

逻辑分析仪是一种比较高级的功能很强的测试、开发、维修逻辑电路或控制设备的仪器。逻辑分析仪本质上是一个多踪示波器和产生特殊显示电路的综合体。它可以通过键盘进行操作，也可以用控制器进行操作。逻辑分析仪通常有 3 种显示方式：定时显示、表格式数据显示和映像显示。一般的逻辑分析仪有 8 个、16 个甚至 64 个独立的“数字量检测通道”，即可在分析仪的显示屏上同时显示 8 个、16 个或 64 个通道的逻辑方波信号，如 HP1610A、HP1611A、HP1620A 等。

逻辑分析仪连接各种仿真头可仿真各种常用的 CPU 系统，如 MC8×××系列、Intel80××系列和 280 系列等，进行数据/地址/状态值的预先设置或跟踪检查，功能强，使用方便。它可检查逻辑电路的逻辑执行是否正常、信号传输中是否有毛刺或干扰，可以选择“触发点”而截获某一指定的特殊的逻辑信号。特别是可方便地检查时序电路的多个信号的时序关系，并打印出时序图。由于它本身具有产生触发信号和跟踪被测设备的专用程序的能力，因此对于进行软件开发是很有用的。逻辑分析仪可提供一种“地图”工作方式，用来观察微机的时间消耗在什么地方。这一能力可用来分析现有产品。

逻辑分析仪可视为一特殊的数字示波器。它能用来检查微机系统中硬件和软件的各个部分。在进行一个新产品的设计的辅助分析时，逻辑分析仪是特别有用的。它提供的“地图”工作方式可帮助用户对已有设备进行故障检查。与上述其他故障检修仪器相比，它要求使用者对硬件和软件方面都有深入的了解。逻辑分析仪可以提供关于系统方面的详尽信息。

虽然在维修用途上逻辑分析仪难以发挥其全部的功能，但如果维修单位，特别是维修量大并负责一部分硬件开发工作的维修单位，有一台逻辑分析仪将对整体的硬件检查、开发水平的提高起到很大作用。一般需要一个详尽的说明书来介绍如何进行合适的调整和当观察到程序出错时采取何种措施。但由于逻辑分析仪的价格较贵，因此维修规模较小的单位不一定非要具备这种高档仪器。

11. 特征分析仪

特征信号分析仪是一种测量电路中专用测试点上特征信号码的仪器。特征分析仪可以简单、准确地识别不正常的逻辑电路。特征分析仪把逻辑电路中冗长而复杂的串行数据流变换成 4 位数字“特征码”。由这些特征码可知电路工作是否正常。

特征分析仪中所规定的特征码包括 16 个字符（0～9、A、C、F、H、P、U）。使用这些字符可避免七段显示中十六进制数“b”和“6”的混淆。规定的全部特征码都可互相区分。在实际应用中，用特征分析仪监测受怀疑的电路，找出与说明书规定不同的特征。然后顺原路往回检测，直到发现了正确的特征，则故障位置就可确定。故障点一发现，该点上的失灵元件就显而易见了（也可用电流跟踪器、逻辑脉冲发生器和逻辑探头等找到）。数字电路某点上的特征码可用其他类似的方法表示，这与模拟电路维修说明中用多种方法表示电压和波形一样。由于特征码可由被测设备或外部适配器所提供的激励程序产生，因此是很有意义的。使用一个可重复的控制方式把这一激励程序加到电路的特定部分。一般程序是用一个好产品一点一点地搜集它的特征码。收集特征码是一个费时过程，并且会出错。因此，当进行特征分析时，有必要对照维修手册检查产品的序号。此外，也应在维修手册中寻找一下有无勘误表。即使 ROM 中的一个字由于产品的改进而发生了变化，手册中的大部分或全部特征码都会改变。如果维修手册中又没有可用的特征分析信息，那么可在一个工作正常的设备上采集一组实际特征码。记下正常工作条件下集成电路各引脚上的特征码，还需记下不同工作模式下特征码的变化。

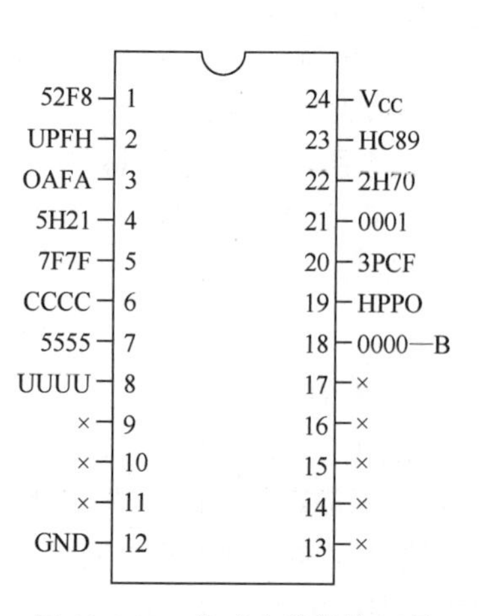

图 10.1.17　集成电路的特征码

特征分析仪产生一个合适特征码所需的信息是由启动、中止、时钟信号输入，以及从被测点来的数据构成的。特征码不是对就是错，特征码 8F37 间的相关程度不见得比特征码 CCCC 间的相关程度大。被测设备提供的启动信号通知特征分析仪何时采集数据；而中止信号通知特征分析仪何时停止。在启动和中止信号之间，若有一个新的时钟脉冲输入，则对数据进行一次处理。这些输入信号的连接点在维修说明中做了规定。

图 10.1.17 所示为一个集成电路的特征码，它们有可能出现在数字设备维修手册的特征码表中。在多数情况下，每个引脚都应有一特征码。但标记方法有很大的不同。在某些情况下，特征码标在电路图或逻辑图中。对于图 10.1.17 所示的系统，如果引脚直接接地或接+5 V 电源，图中仅标出 GND 或 V_{CC} 而不标特征码。V_{CC} 的特征码（典型值为 0001）列在特征表的开头，地（GND）的特征码为 0000。特征码×表示该引脚不用，这个引脚上的特征码是没有意义的。另外，也在特

征码后面加符号 B 来表示 V_{CC} 或地（如图 3.1.17 中引脚 18 所示）。这与 1 或 0 的意思是一样的，但特征分析仪探头上的灯闪动时应除外。

至此我们仅介绍了一些维修中使用的常规测试仪器和工具，还有一些专用测试仪器和工具，在此没有加以讲述，如软盘驱动器测试仪、硬盘驱动器测试仪、主测试卡等。另外，由于现在软盘、硬盘更新的速度太快，密封在盘仓中的部分越来越多，电路板上芯片的集成度越来越高，造成软盘、硬盘可维修部分越来越少。尤其是硬盘采用超净密封工艺技术后，使得一般的维修部门几乎无法用常规手段进行维修。所以，这里不再做介绍。

10.2　数字电路故障检测技术

数字电路通常由许多子电路或功能块组成。VLSI 技术虽然为我们提供了把电路的全部或大部分集成在一片集成电路芯片上的可能性，但要使含有上万个，甚至十万个门的每块芯片都永远不出现任何物理缺陷是不可能的。出现在电路内的物理缺陷，如引线间不应有的短路、开路及接插件间的接触不良等，都会使电路不能完全地按预定的要求进行工作，导致电路失效。如果检测的目的是检查电路是否发生了故障，即检验该电路实现的逻辑功能是否与预定功能完全一致，称这种测试为数字电路故障检测。如果测试的目的不但是检查电路是否有故障，而且要检查电路发生了什么故障，那么称这种测试为故障诊断。

10.2.1　数字电路故障基本检测技术

数字电路测试的对象是非常复杂的。其复杂性表现在：待测电路的输入与输出变量可能多达数十个甚至上百个；电路的响应不仅是组合的而且在大多数情况下是时序的；构成集成电路的门及记忆元件都封装在芯片内部。它们的物理缺陷是多种多样的，不可能直接测量它们的逻辑电平，观察它们的输入输出波形。这与模拟 IC 一样，无法进入数字 IC 内部电路进行检测，只能通过芯片的外部进行测量。因此，必须寻求一些可以信赖的、简单可行的测试方法，检测电路或芯片内部的故障。

1. 故障隔离

在数字电路的故障检测中，同样需要逻辑思维与逐步测量相结合。任何电路的故障诊断，第一步都是通过考察故障特征以尽可能地缩小故障范围。例如，在微机系统中，常常从键盘输入数字，同时在 CRT 显示屏上观察其响应。一些微机和另一些可编程器件的设计者已开发了例行诊断程序，这可把故障隔离在特定的 IC 中，且应认真使用维修说明书中可查到的例行诊断程序。

当没有好的诊断程序和 CRT 响应无意义时，用逻辑分析仪检测可编程数字设备的故障特性是有效的。利用逻辑分析仪可以观察可编程系统（如微机）中程序每执行一步时数据传输的情况，即让你能观察和比较程序执行过程中每一地址上的数据。可以每次做一步或几步，也可以迅速移到程序中觉得有怀疑的程序段。根据逻辑分析仪的显示，能把故障范围确定到尽可能少的集成电路块或其他电路单元上。

逻辑探头是寻找电路中关键信号的有效工具。在多数情况下，当信号完全消失（无时钟信号、无读/写信号等）时，可用探头在相互连接的信号路径上进行测试，便可找到消失的信号。另一种情况是，在不应出现信号的线路上检测到了该信号。某些探头上具有逻辑存储选择开关，可用来监测单个脉冲或整个周期内脉冲信号的活动。信号出现时可以存储起来，并在脉冲存储器的 LED 上显示出来。通过查找电路之间不正常的关键信号可进一步把故障缩小到一个电路的范围，这一点是很必要的。

对分立元件构成的数字电路进行故障检修时，常用的方法是在电路输入端加一串脉冲，同时用示波器监测各点的信号。如果缺少脉冲或不正常，就意味着脉冲源与示波器之间有故障。例如，二极管或晶体管性能下降将加大延迟，以致输出脉冲打不开缓冲器。电容漏电在示波器上的表现是脉冲抖动。但数字 IC 发生故障时，通常表现为总体故障。在长期使用之后，数字 IC 的时序参数很少变差，因此，时序参数的测量在故障检修中通常是不太重要的。这并不意味着在数字 IC 的故障检修中可以略去时序参数的测量。在设计和开发数字系统时，时序测量是很关键的。一般来讲，会有这种情况：当开始编程时，某些 IC 运行速度不足以完成每一程序。这一问题可通过测试程序（而不是检修故障）来解决。一般规则是：对程序进行调试后如数字设备运行正常，则时序是正常的。也有例外，当电源电压变高时，数字 IC 速度加快，而电源电压降低时，IC 速度变慢。因此，如果时序处在临界状态，且电源电压急剧变化，就会产生不正常的时序。数字 IC 也会受湿度的影响。

要把故障隔离到单元电路，需要对数字设备的工作性能有较好的理解。在这一点上，良好的使用手册是极其有用的。手册中标出可以观察关键信号的位置。

2. 故障定位

一旦把故障隔离到单元电路或 IC 块上，就可用逻辑探头、逻辑脉冲发生器和电流跟踪器来观察电路故障对工作的影响，并找到故障源。如果逻辑夹、逻辑比较器的引脚数与 IC 的相同，就可以使用它们进行故障隔离。当逻辑比较器与 IC 的引脚不同，不能使用逻辑比较法且因 IC 拔插很困难而不宜用替换法时，可采用下述测试方法。

（1）检查线上的脉冲活动。逻辑探头可用来观察输入信号的活动和所产生的输出信号。从这些信息出发，可以判别出 IC 的工作是否正常。例如，如果 RAM 或 ROM 线上有时钟脉冲信号，且使能信号（如读写信号、片选信号等）在使能状态，那么数据总线上应有信号。在程序运行中，每条线上都应有高和低（1 或 0）电平之间的变换。逻辑探头能用来观察时钟和使能信号的输入。如果能观察到数据线上的信号活动，就可认为 ROM 或 RAM 是好的。由于 IC 故障一般是突发性的，因此通常无须测量信号的时序，输出缓冲器开/关时间不正常时例外。但是多数情况下只需检查有无脉冲活动，就足以反映 IC 的工作情况。当然，ROM 或 RAM 也可能存储了不正确的数据。

（2）信号注入。当没有输入的活动或需要做更详细的研究时，逻辑脉冲发生器可用来注入信号，而逻辑探头可用来监测其响应。逻辑脉冲发生器也可用来代替时钟进行单步测试，用逻辑探头观察输出状态的变化。

例如，可以在输入端加入脉冲，在输出端用逻辑探头监测的办法来测试逻辑门，如图 10.2.1 所示。逻辑脉冲发生器产生一个与输入状态相反的脉冲，改变门的输出状态。这里假定门电路输出不被另外的输入钳位（如一个“或”门被另一个高输入钳位）。

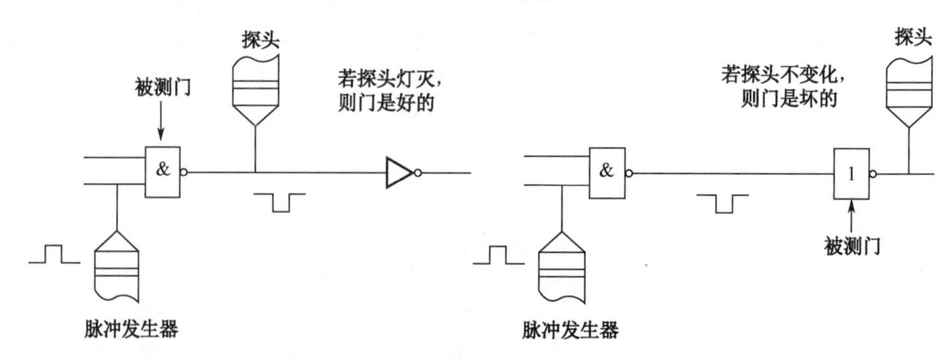

图 10.2.1　测试逻辑门

如果在输出端检测不出脉冲，在输出线上加入脉冲，如图 10.2.2 所示。若该线不与 V_{CC} 或地短路，逻辑探头应能检测出与原始状态相反的脉冲。如果不是这样，在替换集成电路之前应先检查是否有外部短路（焊桥或其他问题）。借助后述的电流跟踪法很容易查出电路中的短路问题。在检查故障时，若第一步是比较 ROM 和 RAM 的输入和输出，则试图核实已找到的第一个故障之前，全面检查一下输出线路是明智的。过早地对单个故障进行研究，可能导致忽略多元故障。例如，在数据或地址总线上有两条线发生短路，常常会为不必要地更换好的 IC 而浪费时间。系统地进行故障检修可减少耗时。

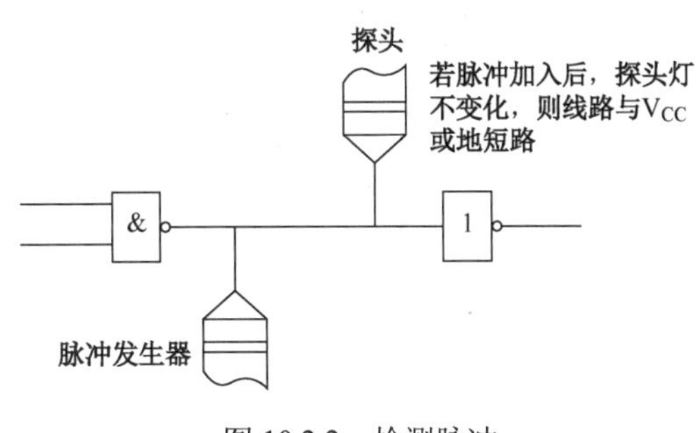

图 10.2.2　检测脉冲

（3）开路点的测试。在 IC 激励点的故障中，应先检查 IC 引线的开路故障。逻辑探头提供了快速测试的手段。如果输出开路，该点悬浮在不正常电平上，用逻辑探头可显示出这种情况。如果测出不正常电平，可以怀疑驱动该节点的 IC。

（4）对地或 V_{CC} 短路的测试：如果节点处在不正常电平，应测试节点是否对地或 V_{CC} 短路。逻辑脉冲发生器和逻辑探头可用于这种测试。电流跟踪器也可有效地用于查找短路故障。虽然逻辑脉冲发生器有足够大的功率，但此功率并不足以改变对 V_{CC}（显示保持高电平）或地（显示保持低电平）短路。如果某一节点对地或 V_{CC} 短路，有两种可能：第一是 IC 外部电路短路；第二是与该节点相连的 IC 内部线路短路。通过检查电路可以查出外部短路。如果检查不出外部短路，短路可能发生在与该节点相连的某一 IC 的内部，应该逐个地检查每个与该节点相连的 IC，另外还应检查线路上的电容或电阻。

（5）两个节点间短路的检查：如果节点并不对地或 V_{CC} 短路，也不开路，应检查是否有两个节点短路。其方法是用逻辑脉冲发生器在所研究的故障节点上加入脉冲，用逻辑探头观察其余节点。如果加入脉冲的节点与观察的节点短路，逻辑脉冲发生器能测量到被测节点的状态改变。为了确认有短路，将探头和脉冲发生器交换位置，如果又观察到上述情况，则可确信有短路存在。如果节点间发生短路，最可能的原因是 IC 外部电路短路。这种短路通过对电路进行直观检查可以发现。如果短路点出现在同一个 IC 上，就可能是 IC 内部短路。当检查外部电路时没有发现短路情况，就应更换 IC 组件。

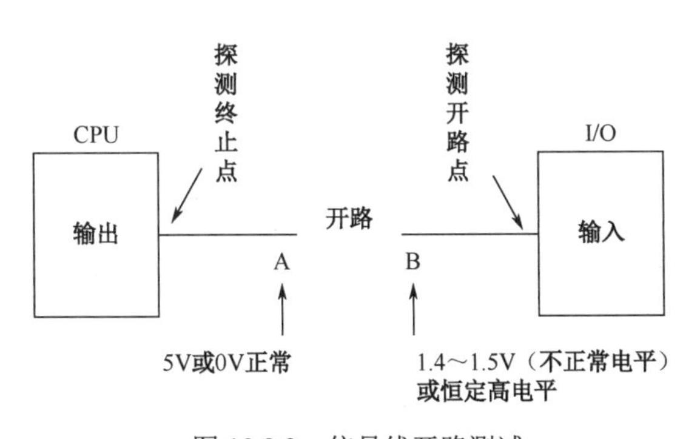

图 10.2.3　信号线开路测试

（6）信号线开路测试：如果节点没有故障，但电路却存在问题，应考虑是否有线路开路问题。一般检查线路开路比更换 IC 组件容易。逻辑探头不仅可用来发现开路问题，也可用来查找开路位置，如图 10.2.3 所示。由于线路开路使开路点右边（B 点）悬浮。如果查出悬浮电平，就用逻辑探头往回循测，从而找到开路点。这是因为开路点左边（A 点）的逻辑电平是正常的，而开路点右边（B 点）的电平不正常。

3. 应用电流跟踪器检测数字电路故障

1）检测“线与”问题

在集成电路的故障检修中，最困难的问题之一是“线与”门阻塞。所谓“线与”门阻塞的典型情况，是连接成线与门模式的一个集电极开路门（OC 门）在门关闭后仍可扇出电流。电流跟踪器提供了识别这种电流的简易方法。当然，如果门电路在集成块中，就必须更换整个集成块。

如图 10.2.4 所示，将电流跟踪器置于上拉电阻旁的逻辑门输出端。调节电流跟踪器灵敏度直到指示灯刚好发亮（如果指示灯不亮，用逻辑脉冲发生器进行激发）。将电流跟踪器探头置于每个门电路的输出引脚，当检测到某个门电路的输出引脚时，电流跟踪器点亮，说明该门有吸收型扇出电流故障。

2）检测门与门之间的短路问题

当低阻抗点存在于两门之间时，可用电流跟踪器和逻辑脉冲发生器快速地查找故障点，如图 10.2.5 所示。

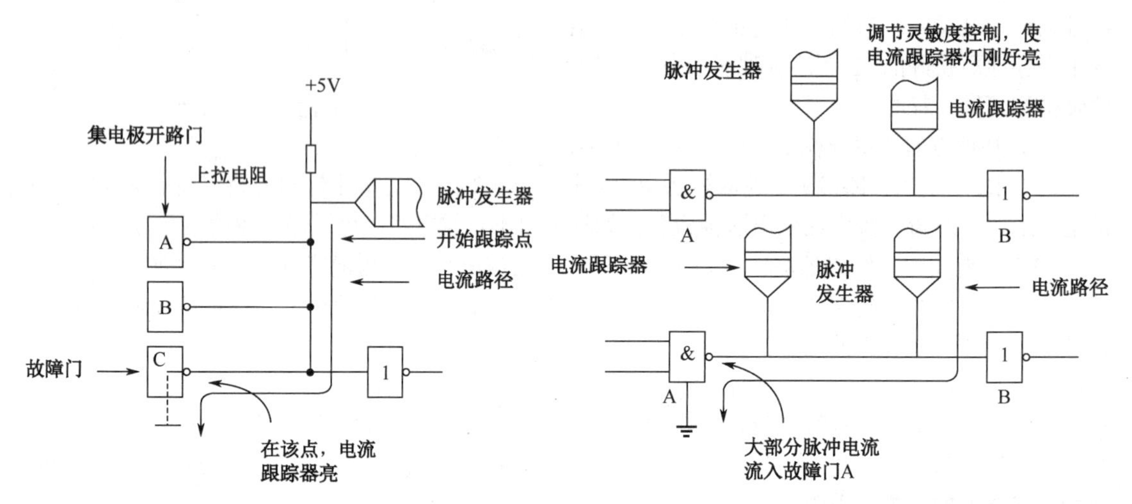

图 10.2.4　检测“线与”问题　　　图 10.2.5　检测门与门之间的短路问题

在图 10.2.5 中，A 门输出对地短路。将脉冲发生器置于两门中间，同时将电流跟踪器探头置于脉冲发生器输出端，如图 10.2.5 所示。将脉冲加入，同时调节电流跟踪器的灵敏度使指示灯刚好发亮。电流跟踪器的第一测试点在 A 门处，然后移向 B 门，应连续给线路输入脉冲。本例中，故障门扇出较大的电流，故仅在 A 门处电流跟踪器指示灯才亮。如果将电流跟踪器置于 A 门与脉冲发生器之间时，指示灯不亮，应在 B 门和逻辑脉冲发生器输入点之间的线路上查找短路点。

3）检测桥接和电缆短路问题

当检查由桥接和其他原因引起的短路问题时，可用电流跟踪器从激励点开始沿着线路跟踪。图 10.2.6 所示为桥接引起的电路短路实例。当跟踪器探头沿跟踪路线从 A 门移向 B 门时，指示灯一直发亮，跨过焊桥后灯灭。这表明还有其他电流通路。用视觉检查可发现这一部分的焊渣或其他短路源。当检查电缆短路问题时，这一原理仍适用。

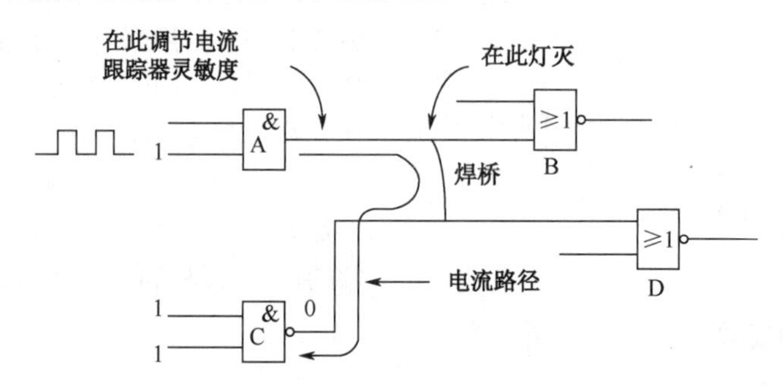

图 10.2.6　桥接引起的电路短路实例

4）检测多门输入问题

集成电路连接的另一形式是一个输出、多个输入结构。图 10.2.7 所示为这种电路结构。激励信号脉冲由 A 门输入。在这种情况下，将电流跟踪器探头置于 A 门的输出引脚，同时调节灵敏度直到指示灯刚好发亮。然后检查 B 门至 E 门的输入，如果有一个门的输入引脚短路，那么该引脚上指示灯亮。如果将电流跟踪器探头触及 A 门输出时指示灯不亮，表明 A 门有问题。如果电路没有输入信号，可用逻辑脉冲发生器由 A 门输入端注入。

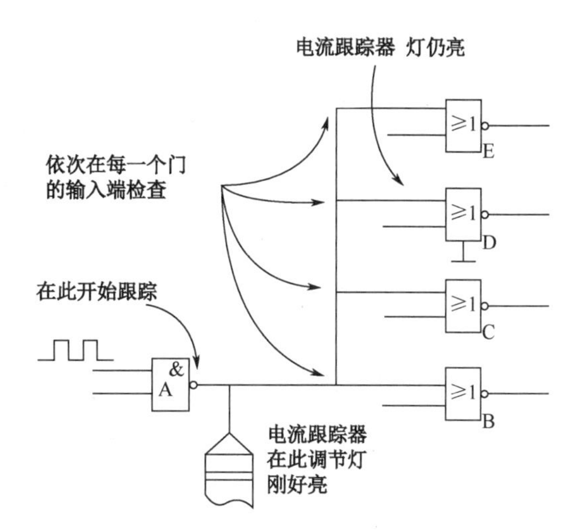

图 10.2.7 多门输入电路结构

5）实例

使用电流跟踪器的基本方法在前面已讨论过了。下面将介绍几个在数字电路故障检测中使用电流跟踪器的实例。从实用观点出发，当存在一个低阻抗故障时，不管是否在数字电路插件板上，此短路节点都可用逻辑脉冲源来激励，同时用电流跟踪器进行电流跟踪。

（1）接地层（地线层）问题。有缺陷的接地层可以造成微机电路问题。通过跟踪整个接地层的电路分布能够确定接地层的效能。这要把来自逻辑脉冲源（或任何脉冲发生器）的脉冲电流注入接地层，并跟踪其在接地层上的流动。一般情况下，电流应在整个接地层上流动。然而，电流可能仅在几条通路上流动，特别是沿接地层边缘流动。

（2）V_{CC} 对地短路。V_{CC} 对地短路的故障通常很容易确定。常见的现象是电源电压下降或电源完全失效。然而，确定准确的短路点是相当困难的。为了在这种情况下使用电流跟踪器，首先断开电源 V_{CC} 线，利用逻辑脉冲源加入脉冲到电源端，把电源回路线接到脉冲源地引线上，即把电容器接在 V_{CC} 与地之间，电流跟踪器能显示出有很大电流流动的通路。

（3）损坏的激励器引起的阻塞线。图 10.2.8 所示为一个经常出现的故障症状。一条线（所说的地址或数据总线中的一条）上的信号始终保持高电平或低电平。这时由于在特定的线上无脉冲作用，因此值得怀疑。不管是驱动器（或信号源）损坏，还是如短路之类的情况造成此线钳位至固定电平（如地或 V_{CC}）？此问题可以通过跟踪从驱动器到该线上各节点的电流来判断。如果是驱动器（源）损坏，电流跟踪器指示的电流仅是由附近电流的寄生耦合引起的，该电流可能小于驱动器的正常电流。如果显示较大的电流，多数情况下驱动器是好的，那么故障将是线间出现了短路。这时可以按检测线间短路的方法，探查到短路线或钳制此线的元件。

（4）输入短路引起的阻塞线，图 10.2.9 说明这种状况，即与前面驱动器损坏时引起相同的症状。然而，现在电流跟踪器指示从驱动器流出了大电流，而且跟踪这个电流可找到出问题的地方（如输入短路）。当连接线间短路时（如至其他线上的一个搭焊），通过相同的步骤也可确定故障。

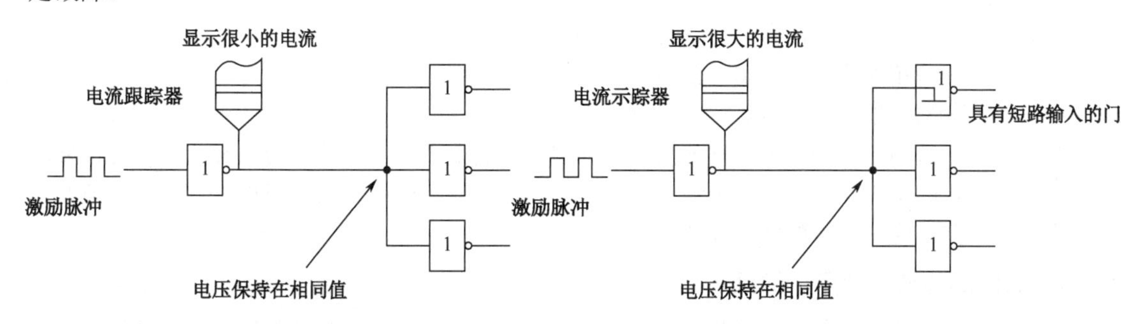

图 10.2.8 经常出现的故障症状　　图 10.2.9 输入短路引起的阻塞线

（5）阻塞三态数据或地址总线。若发生阻塞三态总线（如微处理器数据或地址总线），则是个非常困难的故障检测问题，特别是对于电压传感测量工具（如逻辑探针）来说。由于有许多总线端点（典型的是 8 或 16），以及可以将几个 ROM、RAM 连接在一起这样一个事实，因此很难将总线上造成这种阻塞的一个元件（ROM 或 RAM）隔离出来。如果电流跟踪器指示一个 ROM 或 RAM 的几个输出端上有大电流，那么一个（最大可能只是一个）元件可能固定在低阻抗状态。为确定有缺陷的元件在 ROM 或 RAM 的控制输入线上加一个适当的电平，使其处于断开状态，并注意对各 ROM 或 RAM 重复上述测试直至不正常电平被定位为止。

如果电流跟踪器仅在两个元件（如两个 RAM）上指示出高电流，也就是说，两个 RAM 试图同时驱动总线。这可能是由于到 RAM 的控制信号的时间不准确所致（在一个 RAM 缓冲器关闭之前，另一个缓冲器开启）。

如果电流跟踪器指示所有元件上都没有不正常的电流激励，但是总线信号的和是不正确的，那么问题就出在某一个元件被阻塞在高阻抗状态。这可以通过使总线呈现低阻抗（如对地短路）的方法，使用电流跟踪器找出没有呈现高电流激励的故障元件。

使用电流跟踪器时，应避免串扰问题。也就是说，若跟踪一个导体中的小电流，而此导体非常靠近一个载有很大电流的导体，则电流跟踪器顶部的传感器就能反映出这个附近导体的电流。电流跟踪器的传感器可以最大限度地减少这种影响，但是不能完全消除串扰。然而，操作人员可以通过沿线移动电流跟踪器并观察电流跟踪器显示的变化来判别干扰或靠近的线间串扰。

10.2.2　数字 IC 芯片的检测技术

在采用数字电路的各种设备中，数字 IC 芯片均直接焊接在印制电路板上，特别是 20 世纪 80 年代末到 90 年代初更多地采用了表面安装技术，将超大规模的门阵电路芯片直接焊接在板体上。这些表面安装芯片不像传统的双列直插芯片，它们无引脚穿过板体，这样做的好处是提高了芯片的集成度，降低了系统成本，提高了系统的可靠性，但给维修工作带来了很大困难，即使用简单的工具很难将其从板体上取下检查。当测试含有集成电路的设备时，一定要避免使用大探头（容易造成引脚短路），为了更好地进行维修工作，尽可能使用一些辅助工具，如集成电路测试夹（以防测试时短路）、逻辑试电笔等。集成 IC 电路只使用很少量的外接元件就能够构成一个功能块，所以只要集成内部有一点故障，就必须整片更换。如果要把集成芯片从电路板上取下，应该用专门的工具（如起拔钳脱焊器）进行操作，避免使用过热的烙铁。宁可多花些时间，也要避免电路的损坏。特别要注意的是，在没有关掉电源之前，不能随意拆装集成芯片，否则有可能造成过电流，甚至造成集成电路一连串的损坏。检测集成电路的故障，一般按下列步骤进行。

（1）检测集成电路的所有引脚，看电压是否在额定值以内。例如，TTL 电路通常在 5V 的条件下使用，绝对不允许过电压使用，否则会引起集成芯片过热，甚至烧毁。看电压波动是否低？要特别确保电源经过很好地稳压和滤波，对于质量不好的电源，其启动电流和瞬态过压有可能导致集成电路内部的损坏。若正常，则可接着往下检查。

（2）检查集成电路引脚上的输入信号，看是否符合图纸的要求。

（3）检查相对应的输出信号。

（4）用电表逐点检查与集成电路相连的那些电路，看是否存在开路或短路现象。为此，要求维修人员对微机的工作原理要比较了解，特别对不同类型芯片的不同的故障检查方法十分熟悉。下面将讨论一些常用芯片的维修检查方法。

1. 板体芯片的“静态”检查

所谓“静态电阻值”检查，是指在机器不加电的情况下，对故障的控制板卡或驱动设备上的电路进行初步的检查，并希望通过这些简单的检查找出故障，或者为进一步的维修工作做好准备。

例如，有些故障是由于控制板上的插头、插针倒置扭曲或变形造成的，这些故障极易用眼睛发现，而进行逻辑检查时却不易找出；有些故障是因为板上有电池废液或其他异物，贸然加电可能会加重故障；有些板子是烧坏的，板体上可能因芯片击穿而产生短路现象，加电可能会烧坏更多的芯片或器件。所以，在维修系统板前，“静态检查”是十分重要的。

目测是维修工作的第一步。当拿到一个有故障的控制板卡后，最好首先进行一下目测，仔细观察一下板子的正反面有无异常现象。

（1）有无插头、插针弯曲倒置和断开。各种控制板卡上有许多接插件，如系统板上的键盘锁插针、复位键插针、高/低速切换键插针、各种功能/速度选择跳接线插针；驱动器上的许多测试点插针、功能选择插针等，如果这些插针倒伏短接，就会造成死机或使系统的某个部分完全不能工作。

（2）故障板卡上的功能选择开关的设置是否正确。

开关设置错误或某些跳接线连接错误会使系统失控，对于一些高档的设备，在设计时考虑到不同的用户的应用环境，设置了许多的选择跳接线或开关，核对这些开关和跳接线设置是否正确，在维修中可减少许多不必要的劳动。因为许多“故障”是因开关设置错误而造成的。

（3）控制板卡的静态电阻值的测量。

各种控制板卡的电源线与地线之间均会有一定的内部电阻值。测量时，去掉控制板卡上的所有插头和连线，用万用表的低阻挡（R×100 挡或二极管通断检查挡）测量板上任一芯片的+5 V 与地线（GND）之间的电阻值（板子的电阻值）。测量板子的静态电阻值不但可发现电源对地线短路这一容易烧坏芯片的危害源，也可对故障性质甚至对故障芯片的个数做出一个粗略的估计。例如，微机 8088 兼容机系统板裸板（不连接任何电源插头和控制设备插头）的电阻值为 300 Ω 左右，286 和 386 兼容机系统板裸板电阻值为 150 Ω 左右（说明 286 兼容机的功耗大于 8088 兼容机）；各种控制器板卡的静态电阻也为 150 Ω 至几百欧姆；打印机控制板的电阻为 150～160 Ω。如果板卡的内阻值为 0 或只有几欧姆，就说明该板卡有芯片击穿，不可直接加电试验；如果板卡的内阻值低于标准阻值为 20～30 Ω，就说明板卡上有损坏的芯片或器件。只要该电阻值未恢复到正常标准值，则说明仍然还有损坏的芯片。所以，静态电阻值的测量对故障的定位、定性会有所帮助。

（4）用电阻值测量法寻找板上短路点。用静态电阻值测量方法不但可以确定故障的板卡能否直接加电测试，而且还可以直接找出板卡上的某些故障元器件或芯片。特别是在板卡内的电阻值只有几欧姆的情况下，通过测量静态电阻可较方便地找到故障点。当有些芯片出现逻辑错时，芯片输入/输出引脚之间或输入/输出脚与电源、地线之间的电阻会发生变化。而二极管和三极管的故障，可通过测量其 PN 结的电阻值检查出来。例如，用电阻值测量方法可简单地判断三极管是否被击穿或已经开路，用万用表测量三极管任意两极之间的电阻值后，再交换万用表的两个表笔进行测量，如果两次测量的电阻值均接近于 0Ω，那么三极管被击穿了，如果两次测量的电阻值均为无穷大，那么三极管烧开路了（前提是三极管不是“共极”连接方法）。此外，也可用电阻测量方法检查芯片。一般情况下，一个芯片若有几个功能类似的输入 / 输出引脚，则其输入引脚和输出引脚对电源或地（GND）的阻值应当类似。例如，一个 74LS245 芯片有 16 个数据输入/输出引脚，+5 V 电源对各输入引脚的电阻值均为 19 kΩ，左右，输入引脚+5 V 的电阻值为无穷大，如果只有一个输入/输出引脚与其他引脚不同，那么该芯片一般是损坏了。

综上所述，目测和静态电阻的测量，既可以作为维修工作的“预备检查”，也可用来排除一些简单故障，或者在不了解电路的工作原理时，只通过芯片本身的特性来寻找故障元器件。

2. 芯片逻辑功能的测量

经静态检查确认无短路或烧坏痕迹，便可加电通过测试软件或测试硬件对故障板卡进行测试，找到故障发生的模块后，再在该模块中检查出损坏的芯片。

在各种芯片的检查方法中，逻辑检测是最常用也是最方便易行的方法。所谓逻辑检测，是指用逻辑笔或示波器等工具，检查芯片的输入信号的状态和输出状态，观察其逻辑关系与芯片原定义的功能是否相符。若相符则继续检查其他芯片；若不符则应找到故障芯片（至少也是找到了可疑的故障点）。

对于逻辑功能、集成度不同的芯片及执行速度不同的芯片，逻辑测量的方法也不同。各种芯片的逻辑测试方法可分为下面几类。

（1）对逻辑功能简单、执行速度较低的芯片可直接得到确定的结果。有些芯片，如74LSOO、74LS08、74LS38、74LS02、74LS04等，它们的逻辑关系是简单的“与、或、反相”操作。例如，74LS04输入引脚为低电平，输出引脚必为高电平；反之，如果输出引脚为低电平或呈现“浮空状态”，那么必然是该芯片损坏了。对于像软盘接口采用的74LS38等芯片，其逻辑关系简单并且常是一种电平（如软盘的马达启动信号和磁头选择信号等）并保持较长时间，测量十分方便。

（2）逻辑关系比较简单，但芯片的工作频率较高，如常用的总线驱动芯片74LS244、74LS245、74LS373、74LS240等。它们的逻辑关系十分简单，输入信号与输出信号的逻辑相同（或经过简单的反向处理）。这些芯片在系统中一般均应用在处理速度较高、驱动能力要求强、时间反应特性要求严格的总线上。进行逻辑测量时使用的测试仪器多是逻辑笔或示波器等。使用它们对芯片进行逻辑测量并用指示灯或示波器显示时，不可能采集到全部的输入/输出信号。因为它们采用的方法是随机采样的处理方法，得到的测试结果只是芯片部分的输入/输出信号，所以对其测量结果要分不同故障进行处理。

如果出现死机或某个控制器完全不被系统承认等“固定的逻辑错误”时，使用逻辑测量可得到比较确定的结果。这时的处理原则是：若对象是74LS244和74LS373的单向输入/输出的芯片，如果其输入信号为脉冲，但输出信号为恒定电平，则该芯片一般是错的。如果其输出信号也是脉冲，则可初步认定该芯片是正常的。

对于74LS245这样的双向传输驱动的芯片便有所不同。这种芯片的输入/输出引脚分为两组。在芯片手册中一组定义为A组，另一组定义为B组。因为它们多用于总线的数据、地址和控制信号的传输，系统开始工作后上述信号一般为脉冲。测试时，如果发现A组一端的信号（由于逻辑笔或示波器测试时采样的随机性，无法唯一地确定它们是输入信号还是输出信号）为脉冲，但B组一端的信号中有个别为恒定电平，就可确定该芯片发生故障。如果测量结果是A组和B组引脚的状态均为脉冲，那么结果不确定。例如，如果出现A组输入到达B组输出时为错误的恒定电平，无论是何种芯片均是故障，即“恒定电平者错”；如果芯片的输入/输出引脚均为脉冲，那么“单向驱动芯片正确”，而“双向驱动芯片结果不定”。虽然这种检查不够严格准确，但对维修工作却是一种有效的方法。

如果出现的故障是“随机性死机”“热稳定性不好”“驱动能力不好”等情况，逻辑测量便不适用了，其原因是逻辑检查一般无法发现某个瞬时的逻辑，也无法检查芯片的反应、驱动能力等，对于这种故障可用后面介绍的其他检查方法。

（3）在当今的微型计算机中，处理器芯片和门阵芯片应用十分普遍，这些芯片的逻辑关系十分复杂，各种信号的输入/输出时间要求严格，很难找到一个明确的逻辑表达式来表达其逻辑。这时，逻辑测量的第一步便是找出处理器芯片或门阵芯片中某个模块启动的基本输入条件，再检查输出中具有特点并且容易检查的信号，以判断该芯片的好坏。

以80286 CPU处理芯片为例，一个处理器芯片工作的基本要求是：时钟信号CLK为脉冲，就绪信号READY为低电平或脉冲（80286 CPU），复位信号RESET在开机时有一个正脉冲。如果上述3个条件满足，就认为80286 CPU的基本工作条件已经满足；这时再检查80286 CPU的数据输出信号，如果它们为脉冲，就可认为80286 CPU已经正常工作，否则便认为80286 CPU有错。

再举一个检查 8237 DMA 控制器芯片的例子。如果其 DMA 请求信号 DREQo 有正脉冲输入，之后 8237 的 IRQ 信号便有一个相应的正脉冲输出，在 8237 收到 DMA 回答信号 HLDA 的正脉冲回答后，产生一个 DACKo 的负脉冲回答输出时，认为 8237 DMA 是正常的。当做这种检查时，测试人员必须对芯片输入/输出引脚的逻辑关系比较清楚（内部处理可以不关心），而且抽样的信号应具有代表性。

3. 逻辑比较法

上述逻辑检查虽然是维修工作中最常用的检查方法，但它有许多限制条件。

（1）要求维修人员对芯片的逻辑功能比较熟悉。

（2）要求维修人员对板卡的工作流程十分熟悉，并且在进行工作流程检查时，测试点的选择具有代表性和唯一性（要求熟悉原理，还要求有一定的维修经验）。

（3）逻辑测量对明显的逻辑错误十分有效、快捷，但对随机性错误不易检查。

综合起来，由于逻辑检查方便易行，并能解决大部分的维修问题，因此它仍然是维修工作中最为常用的方法。

逻辑比较法是维修工作中另一种有效方法。通过对比不同板卡及芯片在相同工作环境下的不同之处，可发现损坏的芯片或不正常的工作状态，为排除故障找到方法。其具体的做法有下述几种。

（1）对比相同板卡相应芯片的工作状态以便发现可疑点。

前面已经介绍过，交叉对比的方法在整个维修工作过程中经常应用。其方法是在同一台机器的系统板上插两个控制卡（如同时插两个相同型号的显示卡，然后一一对比两个显示卡对应芯片的对应引脚，若发现不同，则发现了可疑点）；或者对照不同驱动器的工作状态，判别是否有信号的不同；或者对照两个系统板的工作状态）。对电路的工作原理和控制方法不够熟悉的人来说，使用这种方法十分方便。

（2）使用“背芯片”方法检查。

在机器系统发生随机性故障，或者怀疑系统中有的芯片驱动能力不好、抗干扰能力差时，可用“背芯片”方法进行检查。其具体的操作方法是：找一个同型号的芯片，背在被怀疑的芯片上，将两个芯片的引脚一一对应接触好，然后再开机试验，如果故障消失或故障状态变化，就说明被怀疑的芯片有故障。也可以将背在上面的芯片的某个输出引脚翘起，其他引脚仍然对应相接触，用逻辑笔或示波器对比检查上下两个芯片的输出情况。这种方法对于如芯片内部开路、逻辑功能和驱动能力不好的故障十分有效，但如果进行“背芯片”试验后现象和结果无变化，所得到的结果便不确定。由于这种方法十分简单，对总线驱动芯片 74LS245、74LS244、74LS373 等比较有效，因此尽管其局限性比较大，但仍然经常应用。

（3）使用逻辑比较器或在线测试仪。

逻辑比较器和在线测试仪是为测量直接焊接在板上不易取下的芯片而设计的。逻辑比较器的原理和应用方法均十分简单。它有一个或多个 IC 夹（每个芯片引脚处均有一个金属簧片的长形夹子），用它夹住板上被测芯片，再在 IC 夹的顶部安装一个与被测芯片型号完全相同的芯片。逻辑比较器自动将板上被测芯片的输入也加到顶部的芯片上，再对比两个芯片的输出，从而判断被测芯片的好坏。

在线测试仪是规模较大的测试仪器，使用在线测试仪对板体进行测试时，只将板体加上+5 V 和地线，之后用在线测试仪的 IC 夹夹住被测芯片，然后启动在线测试仪上的测试信号产生器产生测试信号，随之自动采集到芯片的输出信号后，与在线测试仪内部存储的结果（人工输入或在正确的板上“学习”得来）进行比较，从而判断出被测芯片的好坏。在线测试仪无须对电路原理或芯片的工作过程有过多的了解，对维修量比较大的维修单位比较适用，但由于它的价格比较贵，因此应用不是十分普遍。

（4）将芯片从板上取下进行比较。

在维修工作中，无论其测试手段多么好、仪器多么先进、维修人员对电路的工作原理和芯片的工作过程多么熟悉，都无法完全避免将好的芯片从板上取下，也可以这样说："没有取下过好芯片的维修人员是不存在的"。

在许多情况下，由于测试手段和测试设备，以及对原理等方面的限制，常常不得不将被怀疑的芯片从板上取下来，代替一个同型号的新芯片，这种方法的劳动量大（甚至是最笨的方法之一），但却非常有效。在许多情况下，如对既无图纸也不知设计细节的机器，或者对非固定性的故障，将芯片从板上取下换为一个新的芯片（加焊插座或直接焊接）会得到十分确定的结果。虽然将焊接在板上的芯片取下并不很方便（需要使用吸锡器等专用工具），但它在测试结果上的唯一性常常是维修人员所追求的。因此，维修人员可能愿意多花一些劳动将芯片从板上取下得到明确结果，而不去花费过多的金钱或时间购买测试仪器、消化电路的工作原理等。有时会出现这种情况，在判断损坏芯片的范围局限于两三个芯片时，将芯片从板上取下试验比仔细测量芯片的工作情况能更快地排除故障。我们不提倡盲目地随便将板上的芯片一一取下试验，但在确定了故障的模块后，这种方法是不能不用的、好的维修方法。

综合上面的介绍可以归纳出这样一个结论：在维修工作中，首先应根据故障现象或测试结果确定出故障的模块，再在该模块中使用各种芯片检查方法，将故障缩小到一个或几个芯片，检查出故障的或可疑的芯片之后将芯片从板上取下试验，最终排除故障。

4. 芯片的其他检查方法和手段

在维修工作中，有一些针对某一特定故障而使用的维修测试方法，对于这些方法很难给出一个具体的名称。在这里只是将其做法做一个形象的描述，并介绍它们适用的情况和注意事项。

（1）增加"上拉电阻"提高芯片的输出驱动能力。如果怀疑某个芯片的驱动能力不足，可采用增加"上拉电阻"的方法进行试验。其具体的做法是将单列直插的"排电阻"(9 个引脚中的 1 个引脚为+5 V 电源，其他引脚与该引脚的电阻值为 4.7 kΩ)，将排电阻的电源脚连至+5 V，其他引脚并联在芯片的输出脚上。当该芯片输出低电平时，上拉电阻不影响输出电平；而当芯片输出高电平时，上拉电阻会提供驱动电流，从而提高了该芯片的驱动能力。这样做即使不能排除原来存在的故障，也不必将上述电阻去掉。有时增加上拉电阻会产生微小的信号振荡，除特殊情况（芯片的工作速度高于几兆赫兹）可不予考虑。

（2）增加"滤波电容"消除输入/输出信号的干扰。由于印刷线路板制作粗糙、芯片选择不当或芯片与芯片的匹配性差、信号线较长、经过 I/O 插头转接而产生的信号反射和振荡等原因，有些信号的输出会有抖动。若抖动轻微则不会影响系统正常运行；若信号的抖动幅度较大，则会使系统产生故障。而且根据抖动的频率不同，造成的故障现象也不相同。若频率低者，则会产生随机性故障；若频率高者，则会造成严重的系统故障。

如果发现这种故障可用上面介绍过的"背芯片"的方法进行试验，也可在有干扰信号的输入/输出引脚上对地（GND）加滤波电容。这时在输出高电平时，由于电容的充电结果，会使得输出的信号峰值变缓并向后偏移（去除抖动）；而在输出低电平时，由于电容放电的结果也会使信号波形变缓。如图 10.2.10 所示，实际上这使信号产生了一个小的延时 t_d。t_d 值过大可能会影响电路的工作，所以在选择电容值时应加以注意。对信号频率较高者，应选择较小的电容（如 50 pF）；对频率较低者，应选择较大的电容（如 100 pF 和 500 pF）。对干扰信号比较严重的情况，最好更换芯片。

（3）用"加热/冷却"方法排除热稳定性差所产生的故障。对于前面已经介绍过的"热稳定性不好"的故障，可人为控制温度的变化使故障出现，然后改变温度使故障再消失的方法，进行判断。其做法是：首先设法将机器的温度提高，或者在怀疑芯片的表面上放置大功率三极管散热芯片，如果状态无变化可再加热其他芯片，或者用热吹风将板体的某个局部加热，使故障出现；然后用冷凝剂（氨气高压液化后，密封在耐高压的合金筒内）逐个喷涂芯片，使其温度快速下降，若这时故障消失则被喷涂的芯片有故障，否则继续喷涂其他芯片。

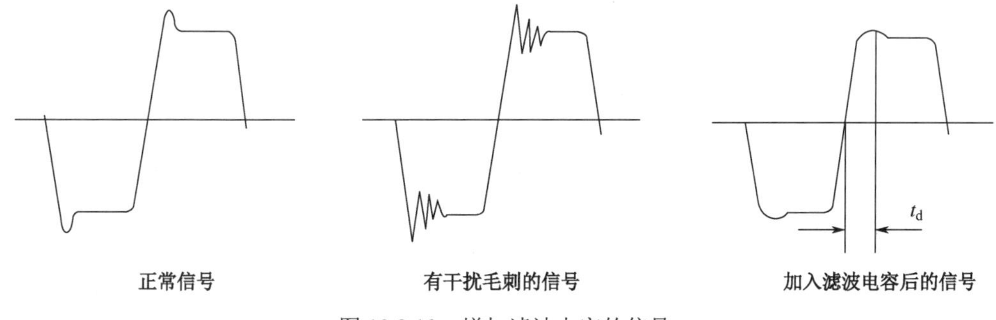

图 10.2.10　增加滤波电容的信号

使用这种方法对热稳定性不好的故障十分有效。加热怀疑芯片或板时应注意，加热的温度应控制在 80℃左右（用手触摸感觉烫手但仍可以停留片刻）。因为不同 IC 芯片的正常工作允许范围为 0℃～70℃，温度太低故障不易出现，温度过高容易损坏印制电路板或芯片。

（4）对烧坏板子的处理方法。如果故障板的故障是因为带电拔插电缆插头、控制板卡，或者是由于短路而造成，那么可用下述方法加以处理。首先检查板内电阻值，若板子的电阻值为零，则可用高精度万用表检查，通过对比板体内不同部位电阻值的细微变化，判断短路击穿的元器件或芯片所在位置。例如，测量板内不同几个地方的电阻分别为 0.03Ω、0.03Ω、…、0.02Ω、0.03Ω，则短路击穿芯片就在电阻为 0.02Ω 附近（电容、电阻或芯片）。

若板内电阻值不为零，则可用将板体加直流电压，通过测量芯片温度的方法找出故障芯片。其具体的做法是：用一个电流比较大的直流电源（2A 左右为好），将板上+5 V 和地线（GND）之间加上 5V 电压，注意不加其他使系统可以运行的启动信号，使板上芯片有弱小的电流通过。若板上有芯片被击穿，则通过击穿芯片的电流会大于正常芯片中通过的电流，于是经过 5～10 min 后，故障芯片的温度会明显高于其他芯片，即“哪个芯片发热，哪个芯片就是坏的”。注意，在常用的电路中，处理器芯片如 8088、80286 和 PAL 译码芯片的温度略高于其他芯片，但不能烫手。若经过一段时间无芯片明显发热，则一般是各芯片外的滤波电容有击穿或部分击穿，这时可依照上述电阻测量的方法找出故障电容的部位。

另外，即使没有通过加直流电压“加热板子”，在正常的维修检测工作中，若发现某个芯片的温度明显高于其他芯片，则也应注意检查这样的芯片是否被击穿或部分击穿。

10.3　常用数字电路故障诊断方法

数字电路测试又称为数字电路故障诊断，主要包括：对待测电路的描述，确定需要检测的故障和电路初始状态信息；产生电路的定位测试集（测试码或测试序列）；进行故障模拟，判断定位测试集是否能达到预定的故障诊断要求；建立故障测试程序。在这些过程中，定位测试集的产生最为重要，实施诊断时，只要顺序地向电路施加测试序列，并逐次测量电路的响应，根据实际测量到的响应检索故障字典，就可以达到故障检测和故障诊断的目的。

10.3.1　组合逻辑电路的测试方法

对组合逻辑电路进行故障检测，可以用图 10.3.1 所示的方框图来进行。

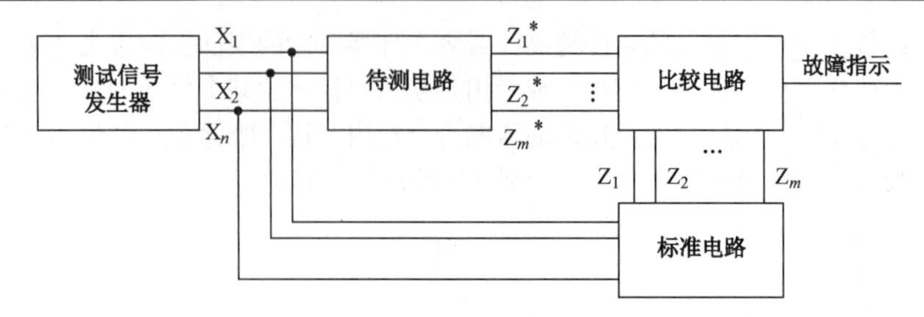

图 10.3.1　组合逻辑电路的方框图

组合逻辑电路由测试信号发生器、待测电路、标准电路及比较电路组成。标准电路可以是一个认为在测试期间不会发生故障的正常电路，也可以是由计算机模拟的数学模型。测试信号发生器产生的测试信号同时加到被测电路及标准电路。比较电路比较这两个电路的输出。如果对于某个输入组合，两者的输出不同，那么比较电路将输出 1，表明待测电路有故障且停止测试。在此基础上组合逻辑电路有两种基本的故障测试方法：确定性测试法和随机性测试法。

1. 确定性测试法

为检测待测电路内可能发生的任何故障，测试信号发生器应能产生被测电路的完全检测测试集中的全部测试码。用这种方法进行测试的优点是测试时间较短；缺点是必须事先计算出待测电路的完全检测测试集，这个计算过程是十分冗长的。穷举测试法是避免上述缺点的一种方法。在穷举测试时，测试信号发生器产生待测电路的全部输入组合。如果待测电路有 n 个输入变量，那么输入组合的总数为 2^n 个。在这种情况下，测试信号发生器只是一个简单地以位计数器或线性反馈移位寄存器。穷举测试法的优点是不需要求出完全检测测试集；测试信号发生器十分简单，能够检测电路中未使组合电路变成时序电路的任何故障。这种方法的缺点是测试时间较长，以致在输入变量数较大时不可能实现。如果 n=50，且测试以 100 万次每秒的速度运行，那么测试的时间需要大约 30 年。上述两种测试方法的共同点是，加于待测电路的测试信号是事先确定的。如果待测电路有故障，那么测试结果将肯定无疑地指出这一点。因此，通常称上述测试方法为确定性测试法。

2. 随机性测试法

与确定性测试法对应的是可能性测试法。在这种情况下，测试信号发生器是一个随机信号发生器，因此，也称这种测试方法为随机测试法。通常随机信号发生器以等概率产生各个输入组合。也就是说，电路的任何一个输入组合的产生概率都是 $1/2^n$。因此，若 $|t_\alpha| > |t_\beta|$，则故障 α 的检测概率将比故障 β 大，即故障 α 将比故障 β 易于被检测到。

由于加到待测电路的测试码是随机产生的，这种方法不能肯定地检测出可能存在于电路中的全部故障。因此，称这种方法为可能性测试法。随机测试的主要工作是根据最难检测的可测故障周期的故障覆盖率决定随机测试序列长度。若要求较高的故障覆盖率，随机测试所需要的时间也较长。例如，对于一个 16 位平行加法器，如果故障率为 99.9%，则随机测试的测试序列长度为 220。

10.3.2　时序逻辑电路的测试方法

时序逻辑电路的基本部件主要有数据锁存器、移位寄存器和计数器等。由于时序逻辑数字电路的故障测试问题比组合逻辑电路复杂得多，至今人们还没有找到一种实用的故障测试方法；相反，人们针对测试时序电路所遇到的困难直接从电路上加以改进，即研究时序电路的可测试性设计却有相当的进展。例如，计算机的电路绝大多数电路都是时序逻辑电路，而计算机的自检测功能是众所周知的。

同步时序电路故障测试方法主要有两类。一是建立在时序电路的迭代模型基础上。这种方法的实质是把时序电路等价为 p 维的组合电路迭代模型。组成迭代模型的每一个子组合电路均与原电路有相同的结构。这样，我们便把时序电路变为一个组合电路，进而用组合电路的故障测试法求出该时序电路的测试码。二是故障检测试验。这种方法的实质是把时序电路看成如图 10.3.2 所示的黑盒子，经过多次故障试验导出一个测试序列，宏观地检查它的逻辑功能，确定它是否实现了预定的状态表。将导出的测试序列加于被测时序电路，若该时序电路输出序列与预定状态一致，则待测电路无故障；反之，则电路有故障。下面将介绍第二类测试方法。

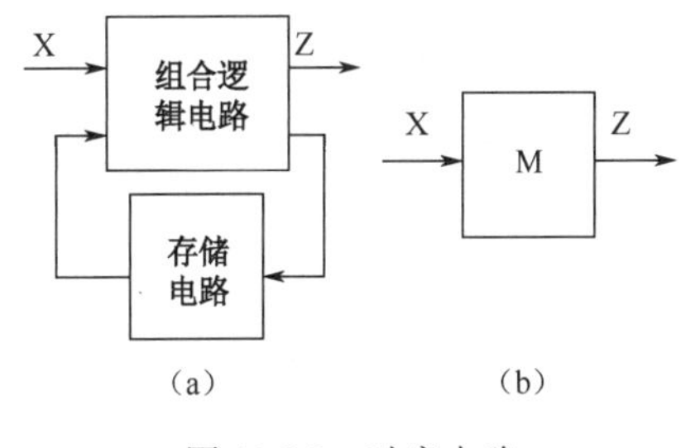

图 10.3.2　时序电路

典型的同步时序电路故障测试方法是把一个故障测试序列加到时序电路的输入端，宏观地检查、分析它的输出序列逻辑功能，进而确定它是否实现了预定的状态表。把一个输入序列加到时序电路的输入端，并观察、分析它的输出序列，称为对该电路进行实验，对应的输入序列称为试验序列。为检验电路是否正确地实现了预定的状态所进行的事件称为故障检测试验，为此而加入的输入序列称为故障检测序列。

1. 时序电路故障检测序列产生的原则

（1）如果不论电路所处的最初状态如何，总可以根据在输入序列 X 作用下产生的输出序列唯一地确定电路所达到的末态，那么该输入序列称为引导序列。通常记为 X_h。引导序列常用以把电路从未知状态引导到一个已知的状态。

（2）如果在输入序列 X 的作用下，总可以根据在它的作用下电路输出序列唯一地决定电路的初态及末态，那么称此序列为区分序列，通常记为 X_d。区分序列常用于验证或确定电路所处的状态。

（3）能把电路从已知初态转换到预定末态的输入序列 X 称为转换序列，记为 X_t。

（4）适当地把引导序列 X_h 区分序列 X_d 及必要的转换序列 X_t 组合起来（如 $X=X_h\text{-}X_d\text{-}X_t$）就可以构成一个故障检测序列 X。把故障检测序列 X 加于待测电路 M，若输出序列与预定状态一致，则待测电路 M 无故障；反之，待测电路 M 有故障。

2. 对时序电路进行检测需要进行的基本操作

（1）引导操作，即把电路从未知状态引导到预定状态。

（2）核实操作，即验证电路是否处于预定的状态。

（3）转换操作，即把电路从已知的状态转换到预定的状态。

3. 时序逻辑电路故障检测试验的实例

时序逻辑电路的故障检测主要包括状态描述、检测序列集生成、模拟验证。其中检测序列集的生成和检验最为重要，只要得到经过检验的检测序列集，并顺序地向待测电路施加检测序列，且逐次测量电路的响应，就可以达到电路故障检测的目的。通过下例将讨论一种时序电路故障检测序列集的生成和验证方法。

（1）电路状态描述。数字时序逻辑电路（以下简称时序电路）通常包含组合逻辑电路和存储电路，如图 10.3.2（a）所示。状态描述就是通过对待测电路的分析，确定电路的初始状态和正常工作状态，确定状态转换条件。在实践中，构成各个逻辑门或存储器的电路元件通常都在芯片内部，不可能直接测量它们的逻辑电平，测试只能通过外部引脚进行。所以，当以故障检测为目的宏观地检查时序电路的输出/输入时，大多数时序电路都可以将它等效为图 10.3.2（b）所示的电路框图。图中，M 为简化后的时序电路，X 为电路的输入，Z 为电路的输出。

状态转换表是描述时序电路逻辑功能的一种方式。假设图 10.3.2（b）中电路 M 是一个具有 A、B、C、D 4 个输出状态的时序电路，而且正常时具有已化简的完全确定的状态转换表，如表 10-3-1 所示。表中，PS 为电路的初态，NS 为电路的次态（以下将以此为例讨论该时序电路的故障检测方法与步骤）。

后继树是描述时序电路输入/输出响应的一种树形结构图。在接通电源后电路 M 可能处于 A、B、C、D 4 个状态中的任意一个，用 N_{01}=(ABCD)表示，称为后继树的树根。当输入第一个信号 X=0，电路输出 Z 可能为 0 或 1。由表 10-3-1 可知，若 Z=0，则次态可能为 B（通电后初态为 D）或 C(通电后初态为 A 或 B)；若 Z=1，则次态为 A(通电后初态为 C)。用向量 N_{11}=（a）(BCC)表示，称为后继树的一个节点。当输入第一个信号 X=1，电路输出 Z 也可能为 0 或 1。由表 10-3-1 可知，若 Z=1，则次态可能为 A（通电后初态为 B）、C（通电后初态为 D）或 D（通电后初态为 A）；若 Z=0，则次态为 B（通电后初态为 C）。用 N_{12}=（b）（ACD）表示，为后继树的另一个节点。当输入第二个信号 X=1（或 X=0），可得到节点 N_{21}、N_{22}、N_{23} 和 N_{24}，用相同方法不难画出电路 M 的后继树其他节点。节点之间连线称为后继树的树枝，由树根到某一节点 N_i 所经历的各树枝组成了一条通路，它代表了一个输入序列 X_i。节点 N_i 在逻辑上表示当电源接通后，在输入序列 X_i 作用下电路将达到的状态（如输入序列为 111 电路状态，则由 N_{01} 到达 N_{38}）。

（2）检测序列的生成。如果不论电路所处的最初状态如何，总可以在输入序列 X 作用下使输出序列唯一地确定电路所达到的末态，那么该输入序列称为引导序列，记为 X_h。由图 10.3.3 可知，电路 M 在输入序列 01 的作用下，电路状态由 N_{01} 到达 N_{22}，若输出序列 Z=00，则电路末态必为 B；若输出序列 Z=01，则电路末态必为 A；若输出序列 Z=11，则电路末态必为 D，所以输入序列 X=01 是电路 M 的一个引导序列。如果电路在一个引导序列 X_h 的作用下，电路虽然可能有多个不同的输出序列，但只会达到唯一的末态，这个特殊的引导序列称为同步序列，记为 X_S。由图 10.3.3 可知，电路 M 在输入序列 01010 的作用下，电路状态由 N_{01} 到达 N_{51}，输出序列无论是 11010，还是 01000、00000，电路末态都为 C，所以输入序列 X= 01010 是电路 M 的一个同步序列。同步序列是一个特殊的引导序列，常用于把电路从未知状态引导到一个已知的状态起点。

如果电路在输入序列 X 的作用下，可以使电路输出序列唯一地决定电路的所有末态，那么此输入序列称为区分序列，记为 X_d。由图 10.3.3 可知，电路 M 在输入序列 111 的作用下，电路状态由 N_{01} 到达 N_{38}，若输出序列 Z=101，则电路末态必为 A；若输入序列 Z=110，则电路末态必为 B；若输入序列 Z=111，则电路末态必为 C；若输入序列 Z=011，则电路末态必为 D，所以输入序列 X= 111 是电路 M 的一个区分序列。显然，区分序列也是引导序列，但并不是每一个时序电路都存在区分序列。区分序列常用于验证或确定电路所处的状态。表 10-3-2 所示为电路 M 在输入区分序列 X_d=111 作用下的输出序列及末态。其中，IS 是电路输入作用前的状态，FS 是电路输入作用后的状态。

表 10-3-1　状态转换表

PS	X=0	X=1
	NS，Z	NS，Z
A	C，0	D，1
B	C，0	A，1
C	A，1	B，0
D	B，0	C，1

表 10-3-2　输出序列及末态

IS	Z	FS
A	110	B
B	111	C
C	011	D
D	101	A

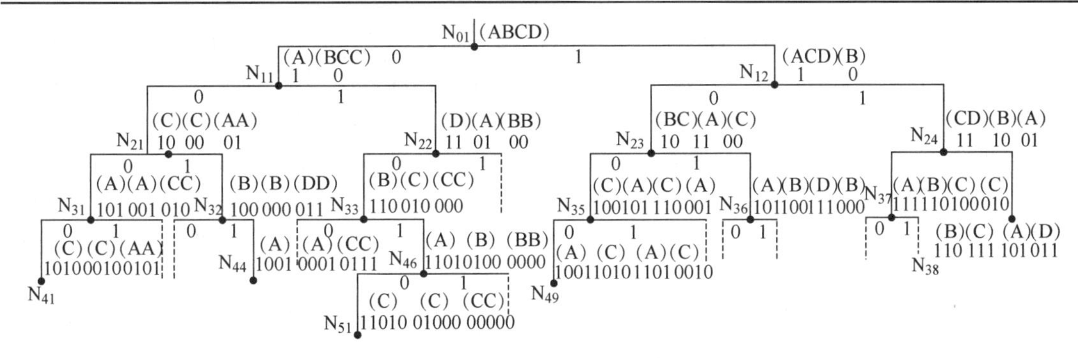

图 10.3.3 检测序列的生成

如果电路在输入序列 X 的作用下，可以使电路从已知的初态转换到预定末态，那么此输入序列称为转换序列，记为 X_t。例如，图 10.3.3 中在同步序列 01010 的作用下，若电路 M 已经进入状态 C，当输入 X=0，输出 Z=1，则状态 C 转换为 A，记为 $C^0\rightarrow_1A$。由表 10-3-1 可知，$X_{t0}=0$ 应是 $C^0\rightarrow_1A$、$A^0\rightarrow_0C$、$B^0\rightarrow_0C$、$D^0\rightarrow_0B$ 的转换序列；$X_{t1}=1$ 应是 $A^1\rightarrow_1D$、$B^1\rightarrow_1A$、$C^1\rightarrow_0B$、$D^1\rightarrow_1C$ 的转换序列。转换序列常用于将电路由已知的初态转换到预定的末态。

（3）电路模拟验证。电路模拟验证是通过对与待测电路完全等效的无故障电路进行验证测试，验证待测电路是否能在给定的输入序列作用下产生正确的输出，是否具有预定的各个状态，是否能从一个状态正确地转换到预定状态。验证操作大致可分为以下几步。

① 引导阶段：把电路从未知状态引导到预定的状态。这一过程又称为引导操作，可以通过输入引导序列或同步序列来完成。对于时序电路 M 可采用同步序列 X_S=01010 进行引导操作。在输入序列 X_S=01010 的作用下，电路 M 应能由通电后的未知状态引导到预定的状态 C。

② 核实阶段：核实电路是否具有状态表所规定的几个状态。这一过程又称为核实操作，可以通过输入区分序列来完成。在上一步操作后电路 M 应该在预定的状态 C，为了核实状态 C，可向电路 M 输入区分序列 X_d =111，并检测电路的输出序列。若 Z= 011，则说明电路 M 的确在引导序列 X_S=01010 的作用下达到了状态 C；同时，电路状态应在区分序列 X_d=111 的作用下达到状态 D，记为 $C^{111}\rightarrow_{011}D$ 转换。接着逐次输入序列 X_d=111，分别测试输出序列 Z。若逐次实现了 $D^{111}\rightarrow_{101}A$、$A^{111}\rightarrow_{110}B$、$B^{111}\rightarrow_{111}C$ 的转换，即验证了电路 M 的确具有 A、B、C、D 4 个状态。

③ 转换验证阶段：核实电路是否能实现状态表所规定的状态转换。这一过程又称为转换操作，可以通过输入区分序列和转换序列的适当组合来完成。若电路 M 在引导序列的作用下已到达状态 C，则输入转换序列 X_{t0}=0，电路应发生 $C^0\rightarrow_1A$ 转换。为验证该转换可输入区分序列 X_d =111，并检测电路的输出序列。若 Z= 011，则说明电路 M 的确在转换序列的作用下实现了状态 $C^0\rightarrow_1A$ 转换。同理，依次输入 X_{t0}=0（或 X_{t1}= 1）使电路发生转换，再输入 X^d=111 引导电路到预定状态，同时检测电路输出序列，验证是否达到预定状态。如果可分别验证 X_{t0}=0 是 $A^0\rightarrow_0C$、$B^0\rightarrow_0C$、$C^0\rightarrow_1A$、$D^0\rightarrow_0B$ 的转换序列；X_{t1}= 1 是 $A^1\rightarrow_1D$、$B^1\rightarrow_1A$、$C^1\rightarrow_0B$、$D^1\rightarrow_1C$ 的转换序列，就验证了电路 M 具有表 10-3-1 所规定的状态转换功能。

经过上述 3 个阶段的验证，电路 M 确实具有 A、B、C、D 4 个状态，并能在事先导出的引导序列、区分序列、转换序列的组合输入序列下正确实现表 10-3-1 的状态转换功能。

（4）电路故障检测。时序电路的故障检测有多种方法，其中之一是将一个事先决定好的检测序列加到待测电路的输入端，同时分析待测电路的输出序列，看它是否实现了预定的状态转换功能。若实现了状态转换表指定的所有功能，则待测电路无故障；反之，待测电路有故障。输入检测序列通常由待测电路的引导序列 X_h、区分序列 X_d 及必要的转换序列 X_t 组合构成，如输入检测序列可为 $X=X_h-X_d-X_t$ 等。

对于待测电路 M 的故障检测序列可以为：$X=X_s$(引导到 C)$-2X_{t0}$($C^0\rightarrow_1A$、$A^0\rightarrow_0C$ 转换）−

$4X_{t1}(C^1 \rightarrow_0 B$、$B^1 \rightarrow_1 A$、$A^1 \rightarrow_1 D$、$D^1 \rightarrow_1 C$ 转换)$-X_d$（引导到 D）$-2X_{t0}(D^0 \rightarrow_0 B$、$B^0 \rightarrow_0 C$ 转换)$-X_d$(预定状态 D)的组合，即输入检测序列为 X= 01010 00 1111 111 00 111。电路 M 通电后在该检测序列的作用下，若电路 M 无故障，则输出序列应为 Z=×××××10 0111 011 00 011（前 5 个的不确定性是由电路初始状态的不确定性造成的）。若实测结果是，电路 M 的输出序列正确则待测电路 M 无故障；反之，待测电路 M 有故障。在实践中并不是所有的时序电路都可以先找到一个完整的检测序列，有时必须根据电路在前一个序列作用下的输出序列来决定继续检测所需要加入的输入序列。

用事先决定好的输入序列对电路进行试验称为预定测试法。但并不是所有的时序电路都可以用预定测试法进行故障检测试验的，有时必须根据电路在前一输入序列下的输出序列来决定继续试验所要加入的输入序列，这种测试方法称为适应测试法。

第三篇　电子电路设计

第 11 章　一种高精度微电阻的测量电路设计

随着科技的日益进步与发展，生活与工业制造中对精度的要求也越来越高。一些重要的电气产业对器件的精度要求很高，很多情况下需要测量器件电阻值。数字式万用表是常用的工具之一，它采用比例法实现电阻的测量，虽然精度较之以前有了很大的提高，但在一些高精尖行业中还是有些欠缺，并不能胜任。

对于普通的数字万用表，基于单片机的数字式毫欧表最大的优点就是精度更高，可以胜任毫欧量级的电阻测量。毫欧表的用途极其广泛，主要包括继电器接触电阻、各种微动开关接触电阻、按钮开关、波段开关接触电阻、一些小器件的接触电阻、飞机等交通工具上的金属铆接电阻、电线导体电阻和电缆导体电阻等微型电阻。这种高精度仪表适用于工矿、质检、电气维护、航空航天、高校实验室及教学等有高精度需求的高精尖领域。

本章主要介绍毫欧表的设计思路和原理，在此基础上通过 Cadence 制板软件进行 PCB 板的绘制，进而通过 Code Warrior 程序编写软件进行调试；对电路的每一个模块的工作原理；产品的使用方法和性能评测；对从制板到调试完成整个过程中出现的问题进行了汇总；各个子模块的原理。通过从理论到实际、从整体到局部的介绍方式使读者更容易理解和使用该产品。

11.1　毫欧表的开发思路

11.1.1　开发原理和总体设计

在测量阻值较小的电阻时，为了得到精确值常采用四线制法，如图 11.1.1 所示。二线制法会使设备的引线电阻影响测量结果；而四线制法是两个端子为电路输入端，即串联被测电阻，在待测电阻或器件两端施加一个恒定的电流，另外两个端子用来测量待测电阻两端的电压降。经放大电路的放大后传输给单片机进行 A/D 转换，经单片机计算处理后将电阻值显示在数码管上。由于电压表有一个高输入阻抗，因此没有电流流过其测量导线，所以电阻上没有压降，电压表所测得的数据即为被测电阻两端的电压降，测量结果比较准确。

四线法测电阻的优点是测量得到的数据接近电阻在工作状态下的真实阻值，且消除了测试线本身电阻的影响。而普通万用表测量电阻一般采用比例法，被测电阻与标准电阻串联，测量标准电阻和被测电阻的电压，两者电流相同，根据标准电阻的阻值换算出被测电阻的阻值。实际测量电路也有把标准电阻对应电压作为基准电压的，这样直接测量被测电阻两端的电压即可。所以，在测量微电阻时，毫欧表或微欧计更能反映真实电阻值，而万用表的测试线电阻会影响被测电阻的真实值。

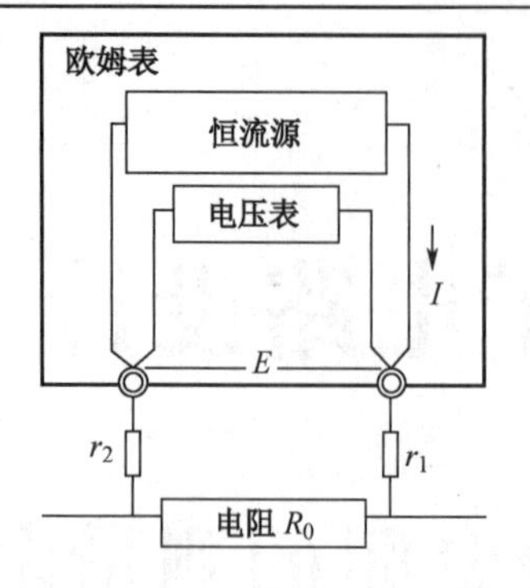

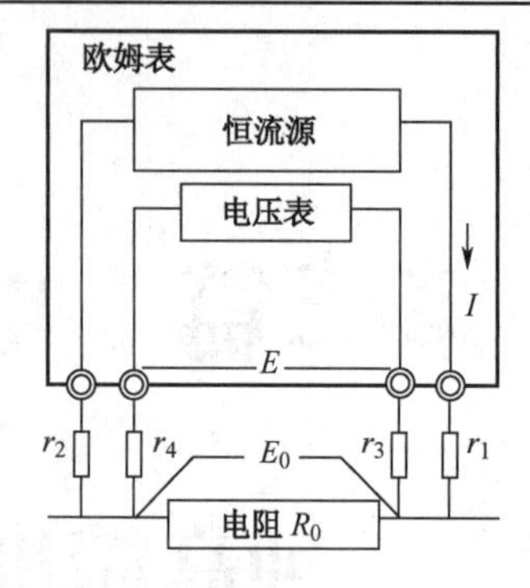

图 11.1.1　测量电阻二线制法与四线制法

例如，测量一个 1Ω 的电阻，如果万用表的测试线本身就有 1Ω，那么显示的阻值就是 2Ω，这样测量得到的阻值肯定是不准确的，但毫欧表则不存在这个困惑。另一个很重要的因素是测试电流，某些电阻在不同测试电流下的阻值是会变化的，万用表达不到这样的要求，而毫欧表则可选择相应的恒定测试电流。

根据以上原理，可以得出总体电路的流程图，如图 11.1.2 所示。它主要包括单片机最小系统、数码管显示电路、恒流源电路及被测量电阻、电流采样电路、电压采样运算放大电路、电压比较预警电路、电源模块等。电源模块将 220V 市电转化为 12V 直流电，为恒流源电路、电压比较预警电路供电；再转换为 5V 电压，分别为单片机最小系统、电流采样电路、电压采样运算放大电路供电；恒流源电路输出的恒流源为被测量电阻供电，然后电压采样运算放大电路将被测量电阻两端的电压进行采集放大，最终输出到单片机最小系统，单片机最小系统内的 A/D 模块将模拟信号转化为数字信号，经单片机最小系统处理后在数码管上显示。

图 11.1.2 所示实线箭头代表电源供应，虚线箭头代表信号传输。

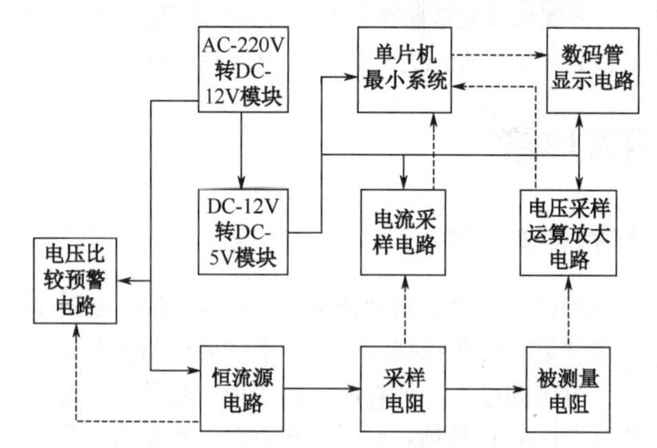

图 11.1.2　毫欧表总体电路的流程图

11.1.2　产品开发实施的过程

毫欧表是测量电阻的一种工具，现在有很多方法可以实现电阻的测量，如比较法、替代法、伏安法等，在此选择伏安法配合四线制法来实现我们的设计。本产品的实施流程大致分为设计电路原理图、绘制 PCB 并制板、编写软件、调试和生产 5 个过程。以下将对这 5 个过程进行简单的介绍。

1. 设计电路的原理图

根据工作原理，我们采用 Cadence Capture CIS 来进行原理图的绘制。Cadence SPB 15.7 软件包括很多功能模块，在使用该软件之前应该对各模块有个大致的了解，以便对软件有一个整体的认识。Design Entry CIS 模块是以 OrCAD 为基础的原理图设计工具，其核心部分是原来的 OrCAD 的原理图设计工具。该原理图设计工具使用快捷方便、简单易懂、功能强大，而且支持多种网络表格式的输出，与其他 PCB 软件兼容性好。

一般的电路图设计需要的步骤有选择合适的电路及器件参数、创建必要的元件、连线、编辑属性等工作，而且还有生成 Netlist、元器件清单和打印原理图等过程。另外，对原理图进行仔细的检查，提早发现错误，并解决，避免以后造成不必要的麻烦。

2. 绘制 PCB 并制板

在绘制完电路图后，需将其制成对应的 PCB 图，以便做出实物电路。PCB Editor 模块是强大的电路板设计软件，是 PCB 设计中最主要的设计工具，与其他模块完美结合，对布局布线中集合每个细节都提供强大的控制能力，尤其在高速、高密度电路板的设计中更能够体现出其明显的优势。该模块提供约束驱动布局、约束驱动布线能力，对于解决设计中关键信号的信号完整性问题提供了便捷的方法。

一般地，PCB 设计需要经历的步骤有焊盘设计、缺失封装设计、电路板创建、网络表导入、零件摆放、约束规则设置、布线、铺铜等。另外，在基本完成后，还需要进行完善设计，并且导出厂家可以识别的文件，最终厂家根据 PCB 图做出对应的电路板。

3. 编写软件

Code Warrior Development Studio（开发工作室）是完整的用于编程应用的集成开发环境。 采用 Code Warrior IDE，开发人员可以得益于各种处理器和平台（从 Motorola 到 TI，再到 Intel）间的通用功能。根据 Gardner Dataquest 的报告，Code Warrior 编译器和调试器在商用嵌入式软件开发工具的使用率方面排名第一。而这只是流行的 Code Warrior 软件开发工具中的两个。Code Warrior 包括构建平台和应用所必需的所有主要工具：IDE、编译器、调试器、编辑器、链接器、汇编程序等。另外，Code Warrior IDE 支持开发人员插入他们所喜爱的工具，使他们可以自由地以希望的方式工作。

Code Warrior 开发工作室将尖端的调试技术与健全开发环境的简易性结合在一起，将 C/C++ 源级别调试和嵌入式应用开发带入新的水平。开发工作室提供高度可视且自动化的框架，可以加速最复杂应用的开发，因此对于各种水平的开发人员来说，创建应用都是简单而便捷的。

它是一个单一的开发环境，在所有所支持的工作站和个人计算机之间保持一致。在每个所支持的平台上，性能及使用均是相同的，无须担心主机至主机的不兼容。

软件的实现一般要经历的步骤有：新建工程，完成部分程序，有电路板的情况下进行调试，便于发现和解决问题；在某一部分完成后再向下进行，最终调试完成硬件的每一部分，程序也相应地完成。

4. 调试

将设计好的 PCB 送到厂家制作样板，在电路板制作完成后，可以选择将所有的元器件全部焊完，然后把编写好的程序下载到芯片内，进行调试。但是这样会出现很多问题，不易解决。在此选择分块调试程序和硬件，这样便于发现和解决软件和硬件中存在的问题。

5. 生产

在整个程序和硬件调试成功后就可以送交厂家小批量生产，并注意检验产品的性能。

11.2 研发内容

根据上述原理和具体实施要求，可以进行整体电路图设计，主要分为 9 个部分，即单片机最小系统、数码管显示电路、恒流源电路、运算放大电路、电压比较预警电路、电流采样电路、电压转换电路、按键电路、指示灯电路与继电器控制电路。以下将对各部分进行具体介绍。

11.2.1 单片机最小系统

S9KEAZN64AMLH 是 Freecale 公司的新一代 32 位微处理器，其具有成本低、性能好等优点。其拥有片内 64KB 的 Flash、256B 的 EEPRAM、4KB 的 RAM，片内的 12 位逐次逼近型 A/D 转换器支持 16 个通道的选择，通过寄存器的设置可以实现多种方式的转换。芯片还具有两个独立的 8 位串行通信接口 SCI，一个 IIC 模块，3 个 UARTA 通用异步接收/发送模块。另外，还有定时器、计数器、按键模块等供用户使用。

图 11.2.1 单片机最小系统及下载插座

单片机最小系统是整个设计的核心，单片机最小系统除了要完成必要的计算，还承担着 A/D 转换器的作用，经放大后的电压信号直接被单片机最小系统采集，然后用内部 12 位 A/D 进行转换，将外部的模拟信号转换成数字信号。当然，对按键信号的处理，LED 显示、放大电路的放大倍数和电流检测电路的放大倍数等也是需要单片机进行控制的。

如图 11.2.1 所示，除了单片机最小系统，还包括下载插座，用来从外部下载程序。

11.2.2 数码管显示电路

74HC595 芯片是单片机系统中常用的芯片之一，它的作用就是把串行的信号转换为并行的信号，常用在各种数码管及点阵屏的驱动芯片中，使用 74HC595 可以节约单片机的 I/O 接口资源，用 3 个 I/O 就可以控制 8 个数码管的引脚，它还具有一定的驱动能力，可以免掉三极管等放大电路，所以这块芯片是驱动数码管的神器，应用非常广泛，如图 11.2.2 所示。

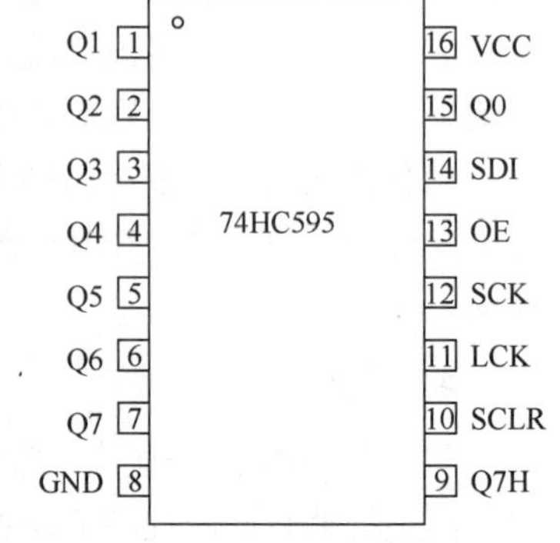

图 11.2.2 74HC595 芯片

4HC595 的各个引脚的功能如下。

Q0～Q7（1～7、15 脚）：8 位并行输出端，可以直接控制数码管的 8 个段。

Q7H（9脚）：级联输出端。它接下一个74HC595芯片的 SDI 端。

SCLR（10脚）：低平时将移位寄存器的数据清零。通常将它接 V_{CC}。

LCK（11脚）：上升沿时数据寄存器的数据移位。QA→QB→QC→…→QH；下降沿移位寄存器数据不变（脉冲宽度为5V 时，时间需要大于几十纳秒）。

SCK（12脚）：上升沿时移位寄存器的数据进入数据存储寄存器，下降沿时存储寄存器数据不变。通常将 RCK 置为低电平，当移位结束后，在 RCK 端产生一个正脉冲（5V 时，时间需要大于几十纳秒），更新显示数据。

OE（13脚）：高电平时禁止输出（高阻态）。如果单片机的引脚不紧张，用一个引脚控制它，可以方便地产生闪烁和熄灭效果，比通过数据端移位控制要省时省力。

SDI（14脚）：串行数据输入端。

74HC595 芯片的主要优点是具有数据存储寄存器功能，在移位的过程中，输出端的数据可以保持不变。这在串行速度慢的场合很有用处，数码管没有闪烁感。

总体显示电路如图 11.2.3 所示。74HC595 驱动数码管显示电路的实物图如图 11.2.4 所示。

为了使 4 位数码管可以显示所需要的数字，需要控制 PTC1、PTC2 和 PTC3，由于高位是位选位，且数码管是共阴极的，所有需要给点亮的数码管低电平。当单片机给 PTC3 一个上升沿时，SDI 中的数据就被读到 74HC595 芯片中，通过一个循环程序就可以将要显示的数字和需要在什么位置点亮传给两个级联的 74HC595 芯片。当给 PTC2 一个上升沿（或下降沿）时，数据就输出到数码管，此时相应的数码管就点亮了。

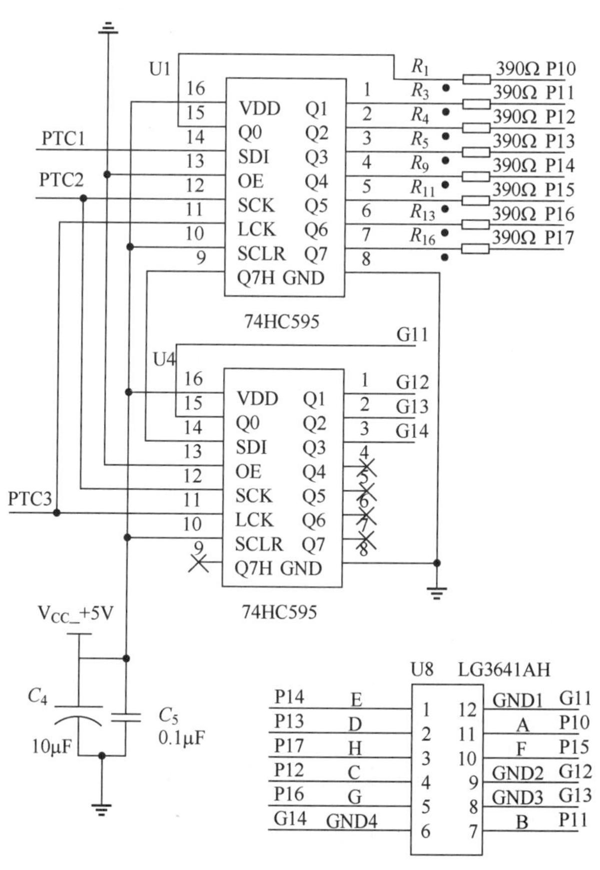

图 11.2.3　总体显示电路

图 11.2.4　74HC595 驱动数码管显示的电路的实物图

11.2.3　恒流源电路

恒流源电路是毫欧表中最重要的电路，因为如果恒流源电路输出的电流和计算出的电流不一样或不恒定，那么以此计算出来的电阻阻值就是不准确的，毫欧表也就失去了意义。

LM317 是应用最广泛的电源集成电路之一，它不仅具有固定式三端稳压电路的最简单形式，又具备输出电压可调的特点。此外，还具有调压范围宽、稳压性能好、噪声低、纹波抑制比高等优点。LM317 是可调节三端正电压稳压器，在输出电压为 1.2～37V 时能够提供超过 1.5A 的电流，此稳压器非常易于使用。

LM317 作为输出电压可变的集成三端稳压块，是一种使用方便、应用广泛的集成稳压块。LM317 系列稳压块的型号很多，如 LM317HVH、W317L 等。电子爱好者经常用 LM317 稳压块制作输出电压可变的稳压电源。

稳压电源的输出电压可用公式 U_o=1.25×（1+R_2/R_1）计算。仅从公式本身看，R_1、R_2 的电阻值可以随意设定。然而作为稳压电源的输出电压计算公式，R_1 和 R_2 的阻值是不能随意设定的。

首先，LM317 稳压块的输出电压变化范围为 1.25～37V，所以 R_2/R_1 的比值范围只能是 0～28.6；其次，LM317 稳压块都有一个最小稳定工作电流，有的资料称为最小输出电流，也有的资料称为最小泄放电流。最小稳定工作电流的值一般为 1.5mA。由于 LM317 稳压块的生产厂家不同、型号不同，其最小稳定工作电流也不相同，但一般不大于 5mA。当 LM317 稳压块的输出电流小于其最小稳定工作电流时，LM317 稳压块就不能正常工作。当 LM317 稳压块的输出电流大于其最小稳定工作电流时，LM317 稳压块就可以输出稳定的直流电压。在用 LM317 稳压块制作稳压电源时，如果没有注意 LM317 稳压块的最小稳定工作电流，那么制作的稳压电源可能会出现不正常现象，即稳压电源输出的有载电压和空载电压差别较大。

在实际应用中，为了电路的稳定工作，在一般情况下，还需要在器件两端并联一个二极管作为保护电路，防止电路中电容放电时的高压把 LM317 击穿烧坏。

本设计可以产生两个恒定电流源，分别为 10mA 和 1A。通过单片机控制继电器来切换接入的电阻，实现不同恒流源的切换。

在给 LM317 提供工作电压后，其输出端会比调整端的电压高出 1.25V。因此，只需要很小的电流来调整 ADJ 端的电压，便可在输出端得到比较大的电流。此外，依靠电阻 R_{59} 和电阻 R_{60} 来实现不同的电流值。尽管继电器的接触电阻极小，但当 R_{59} 比较小时，就会对电流产生影响，因此需要在编程时予以考虑。而 R_{60} 的电阻相对较大，可以不考虑继电器接触电阻的影响。

图 11.2.5 所示为毫欧表恒流源电路。

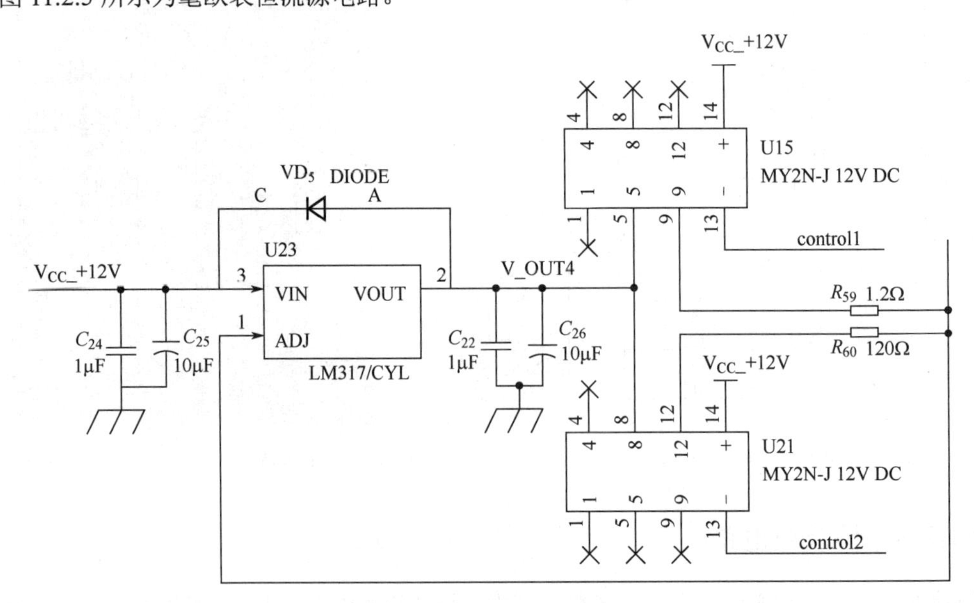

图 11.2.5　毫欧表恒流源电路

11.2.4　运算放大电路

MCP609 内部包括 4 个独立的、高增益、内部频率补偿的运算放大电路，适用于电源电压范围很宽的单电源使用，也适用于双电源工作模式。在推荐的工作条件下，电源电流与电源电压无关。它的使用范围包括传感放大器、直流增益模组、音频放大器、工业控制、DC 增益部件和其他所有可用单电源供电的使用运算放大器的场合。

图 11.2.6 所示为 MCP609 运算放大电路。图 11.2.7 所示为 MCP609 运算放大电路芯片。图 11.2.8 所示为 MCP609 运算放大电路的实物图。

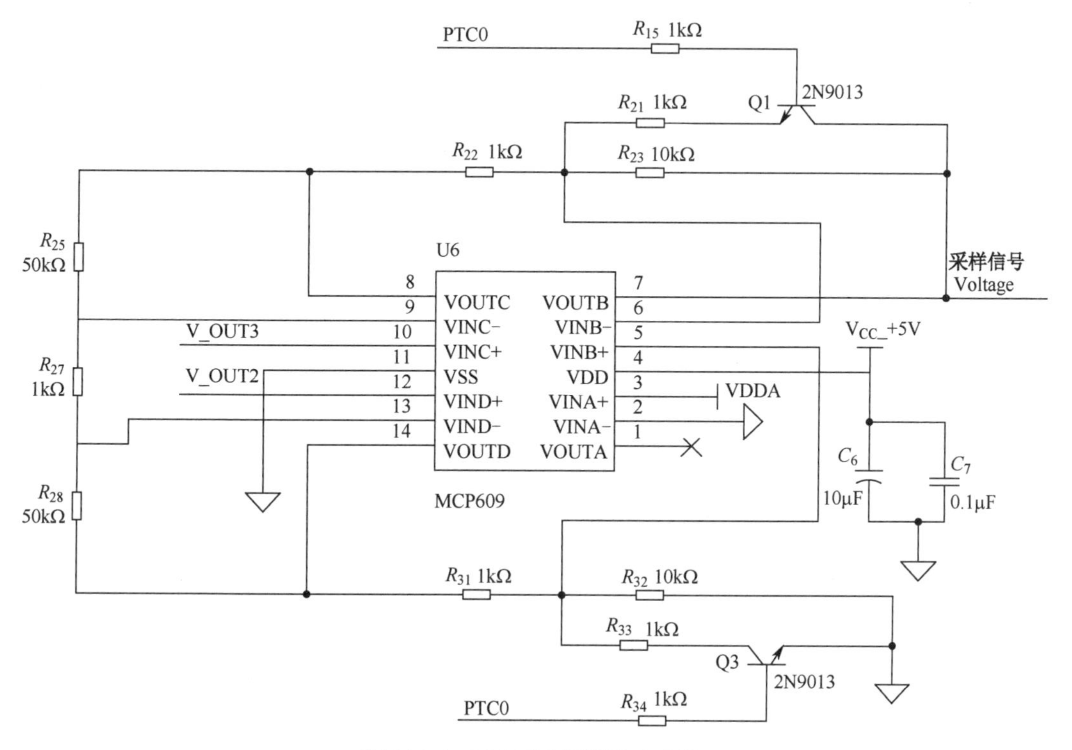

图 11.2.6　MCP609 运算放大电路

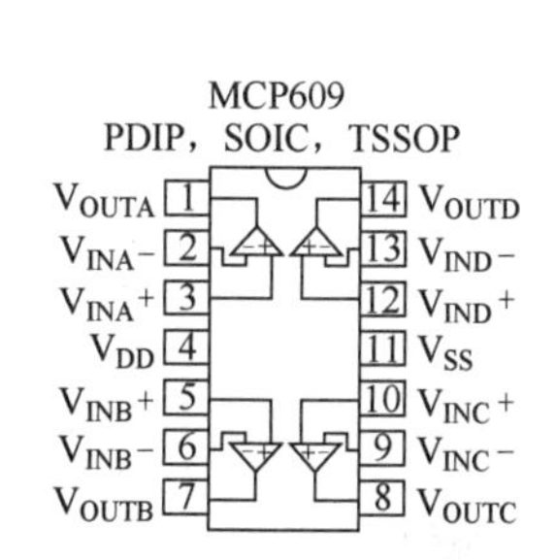

图 11.2.7　MCP609 运算放大电路芯片

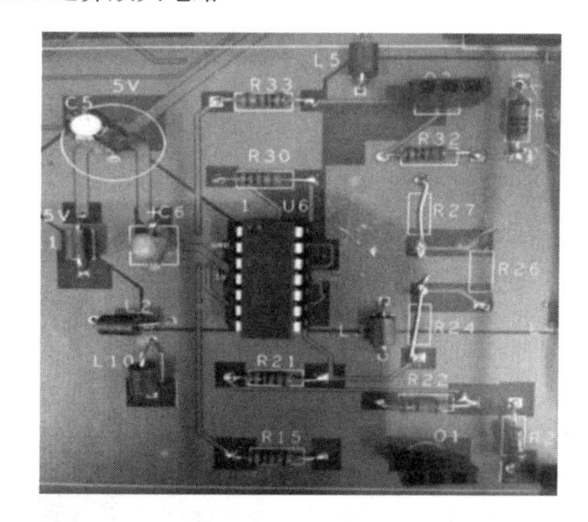

图 11.2.8　MCP609 运算放大电路的实物图

11.2.5　电压比较预警电路

为了使 LM317 正常工作，LM317 的输出端应该与输入端保持一定压差，这样才能工作在正常状态下；若压差大于 3V，则输出端的电压应小于 9V。

第一部分，主要用到 TL431 芯片，如图 11.2.9 所示，用来产生与 LM317 进行比较的电压。TL431 是可调节精密并联稳压器，其输出电压可达到 36V，有较大的输出范围、较好的稳定性和精确度。这里用 12V 供电，通过调节电阻 R_1 和 R_2 的比值，使输出端达到 9V 的稳定状态。

第二部分，LM393 是双电压比较器集成电路，如图 11.2.10 所示，其实物图如图 11.2.11 所示。

LM393 是高增益、宽频带器件，就像大多数比较器一样，如果输出端到输入端有寄生电容而产生耦合，就很容易产生振荡。这种现象仅出现在当比较器改变状态时，输出电压过渡的间隙，电源加旁路滤波并不能解决这个问题，标准 PC 板的设计对减小输入-输出寄生电容耦合是有帮助的。

LM555 系列的器件功能强大、使用灵活、适用范围宽，可用来产生时间延迟和多种脉冲信号，被广泛应用于各种电子产品中。

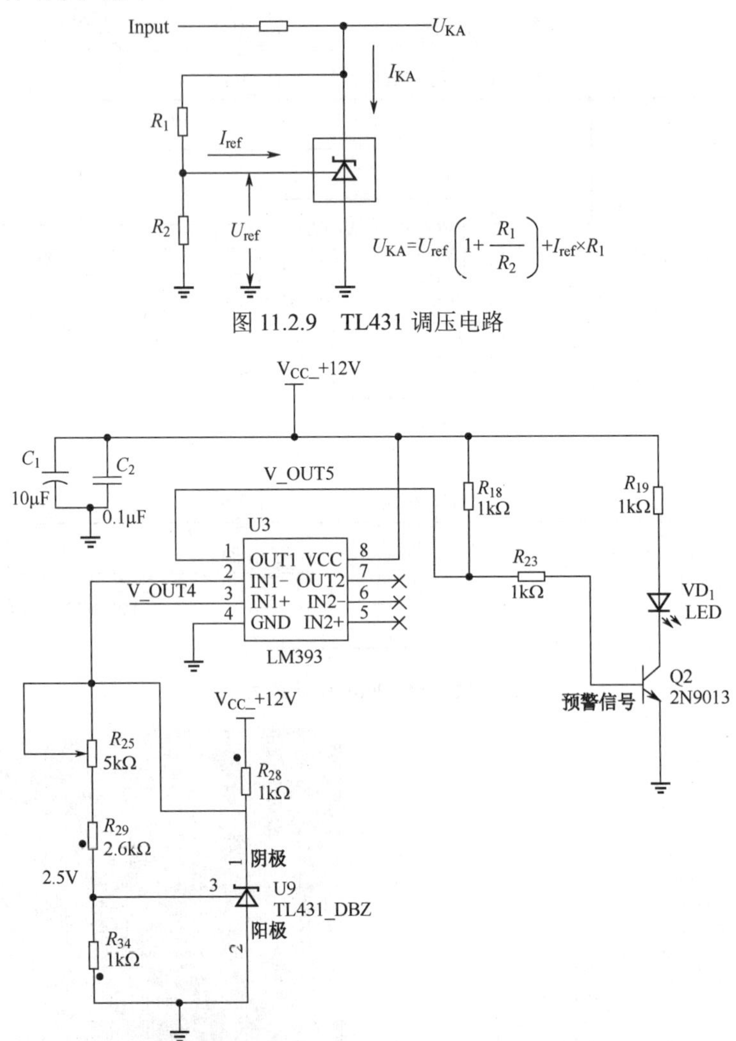

图 11.2.9　TL431 调压电路

图 11.2.10　LM393 双电压比较器集成电路

图 11.2.11　LM393 双电压比较器集成电路的实物图

右图 11.2.12 所示电路中，V_OUT4 是取自 LM317 的 OUT 端的电压，与 9V 电压比较，当高于 9V 时，V_OUT5 输出高电平，驱动三极管导通，则二极管点亮，并且驱动 LM555 组成的振荡电路使蜂鸣器鸣响；当低于 9V 时，V_OUT5 输出低电平，三极管关闭，则发光二极管熄灭，LM555 组成的振荡电路不工作，蜂鸣器不鸣响。LM555 振荡电路的实物图如图 11.2.13 所示。

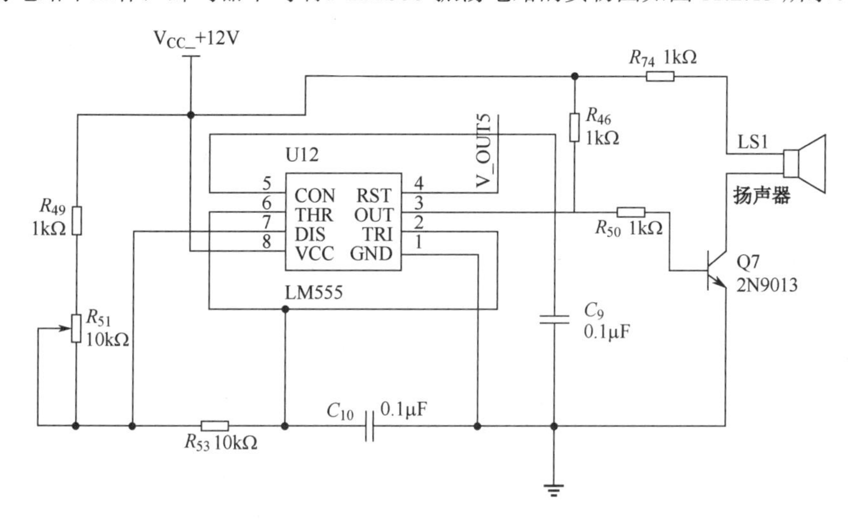

图 11.2.12　LM555 振荡电路

图 11.2.13　LM555 振荡电路的实物图

11.2.6　电流采样电路

INA225 是一款电压输出、电流感测放大器，此放大器电流感测电阻器为 0～36V 的共模电压范围内的压降，此压降与电源电压无关。此器件是一款双向、电流分流监视器，使得外部基准可被用来测量从两个方向流入电流感测电阻器的电流。可使用两个增益选择端子（GS0 和 GS1）来选择 4 个离散增益级，以设定 25V/V、50V/V、100V/V 和 200V/V 的增益。这个低偏移、零漂移架构，连同精准增益值，可实现分流上最大压降低至满量程 10mV 时的电流感测，而同时又在整个工作温度范围内保持极高的测量精度。此器件由一个+2.7～+36V 的单电源供电，汲取 350μA 的最大电源电流。此器件在扩展工作温度范围（-40℃～+125℃）下额定运行。

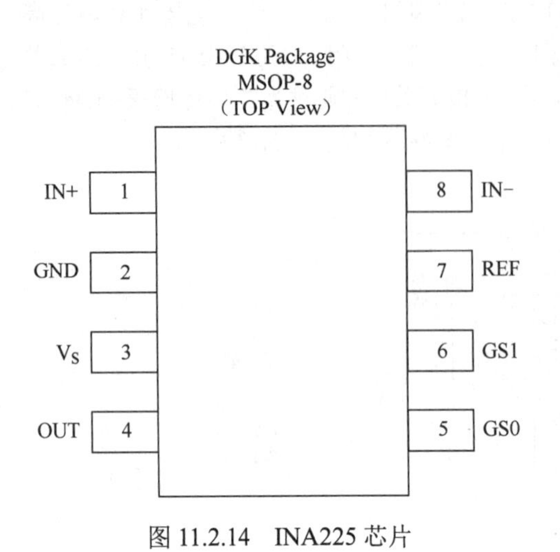

图 11.2.14 INA225 芯片

图 11.2.14 所示为 INA225 芯片。其各引脚说明如下。

IN+（1 脚）：信号输入端，接到采样电阻供电端。

GND（2 脚）：接地。

V_S（3 脚）：芯片供电端，供电电压范围为 2.7～36V。

OUT（4 脚）：输出采样结果端。

GS0（5 脚）：增益选择端 0，可以接到 V_S，也可接 GND。

GS1（6 脚）：增益选择端 1，可以接到 V_S，也可接 GND。

REF（7 脚）：参考电压端，可以接入的电压范围为 0V～V_S。

IN−（8 脚）：信号输入端，接到采样电阻负载端。

如图 11.2.15 所示，来自采样电阻两端的信号 V_OUT1 和 V_OUT2，I_OUT 为输出采样电流信号，PTF6、PTF7 都是来自单片机的控制信号。根据信号的高低状态，可以改变放大倍数。图 11.2.16 所示为 INA225 电流采样电路的实物图。

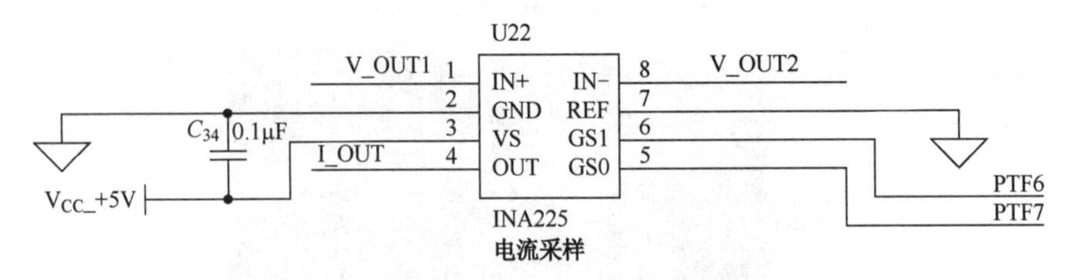

图 11.2.15 INA225 电流采样电路

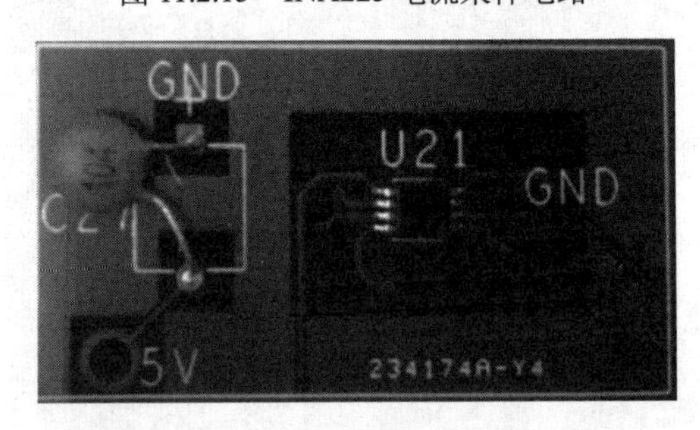

图 11.2.16 INA225 电流采样电路的实物图

11.2.7 电压转换电路

在我们设计的欧姆表电路中，需要 12V 和 5V 的电源为电路供电，其中 220V 转 12V 由外接模块提供，而 12V 转 5V 的电路，如图 11.2.17 所示。

输出的 12V 电压主要为恒流源电路、继电器线圈、12V 转 5V 的模块和电压比较器电路供电；12V 直流电转换成±5V 后为单片机最小系统、电压采样放大电路、电流采样电路和显示电路供电；并且±5V 还为调零电路和按键电路提供电压。

TPS54202H 是一款输入电压为 4.5～28V 的 2A 同步降压转换器。该器件包含两个集成式开关场效应晶体管（FET），并且具备内部回路补偿和 5ms 内部软启动功能，可降低组件数。

通过集成 MOSFET 并采用 SOT-23 封装，TPS54202H 获得了高功率密度，并且在印制电路板

（PCB）上的占用空间非常小。

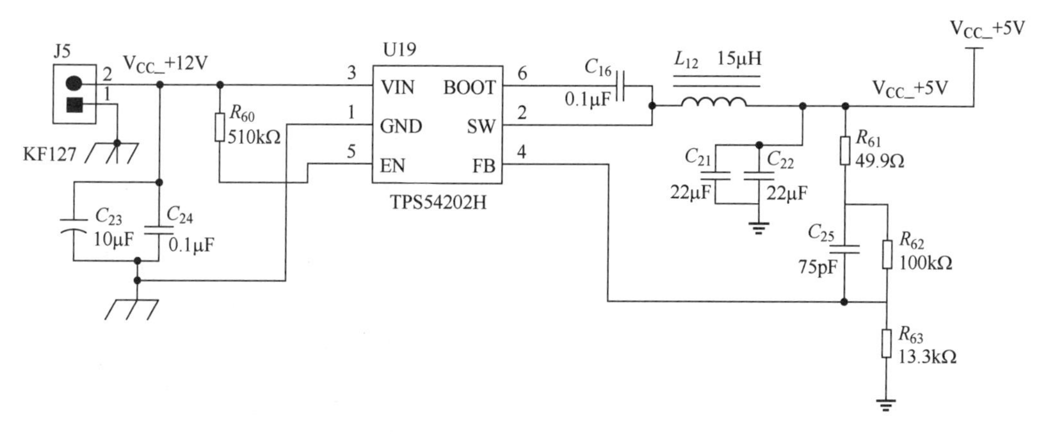

图 11.2.17　电压转换电路

当过流持续时间超出预设时间时，将触发断续模式保护功能。

图 11.2.18 所示为 TPS54202H 电压转换芯片。其各引脚说明如下。

GND（1 脚）：接地端。

SW（2 脚）：芯片内部高压侧 NEFT 和低压侧 NFET 之间的开关节点连接。

VIN（3 脚）：芯片供电端。

FB（4 脚）：反馈输入端。

EN（5 脚）：使能端。

BOOT（6 脚）：为芯片内部高压侧 NFET 栅极驱动电路提供电源输入。在 BOOT 和 SW 两个引脚之间连接一个 0.1μF 的电容。

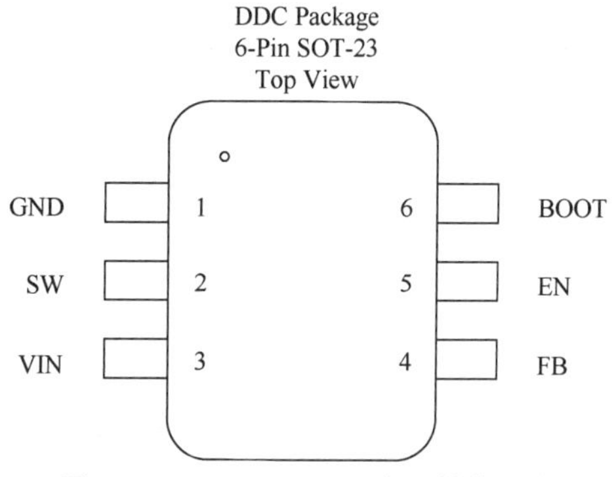

图 11.2.18　TPS54202H 电压转换芯片

11.2.8　按键电路

图 11.2.19 所示为调零电路，其作用是当测试线上的鳄鱼夹短接时，数码管的读数显示为零，这样可以消除由测试系统引入的误差。

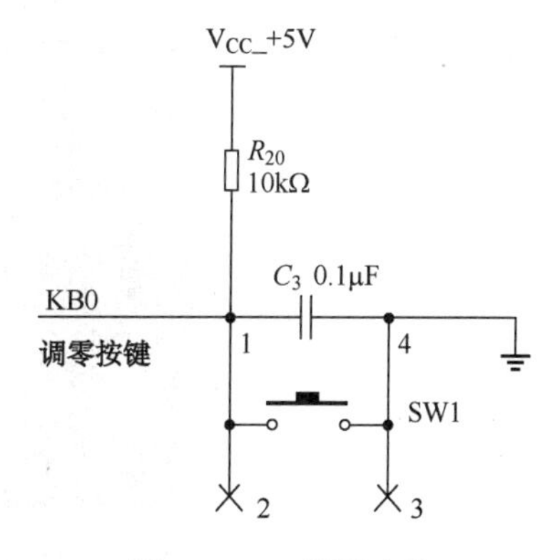

图 11.2.19　调零电路

图 11.2.20 所示为挡位调节电路，包括大电流挡（1A）、小电流挡（10mA）和悬空挡。SW4 对应的是大电流挡，测试的是 5mΩ 以下的电阻，LED 灯 VD_2 亮；SW3 对应的是小电流挡，测试

的是 5Ω 以下的电阻，LED 灯 VD_3 亮；SW2 对应的是悬空挡，此时恒流源电路断开，不测电阻，此时 LED 灯都熄灭。图 11.2.21 所示为挡位调节电路的实物图。

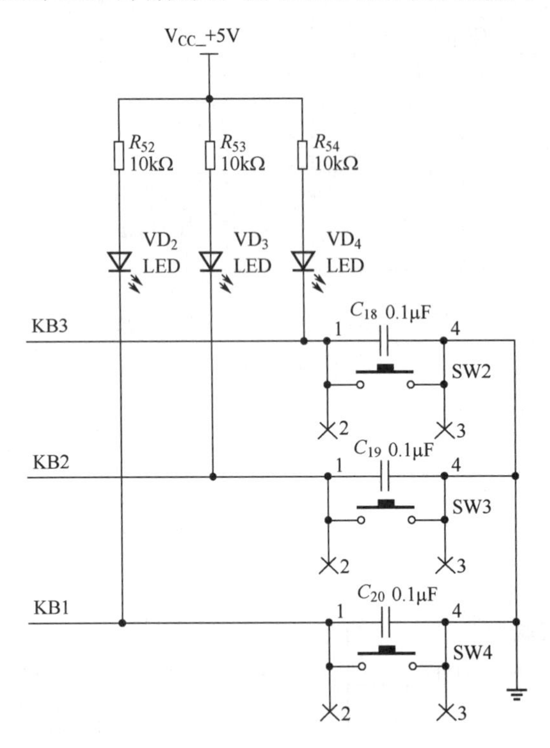

图 11.2.20 挡位调节电路

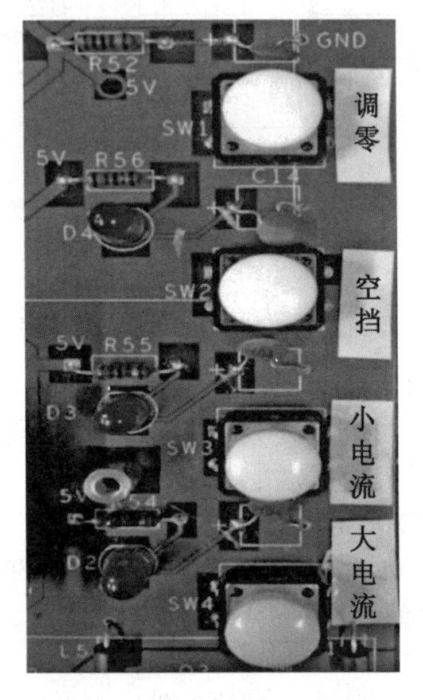

图 11.2.21 挡位调节电路的实物图

11.2.9 指示灯电路与继电器控制电路

图 11.2.22 所示为显示单位电路。图 11.2.22 中只表示了一个 LED 灯的驱动，由单片机控制。整个电路中包括 4 个 LED 灯，分别表示单位 A、mA、Ω、mΩ。图 11.2.23 所示为显示单位电路的实物图。

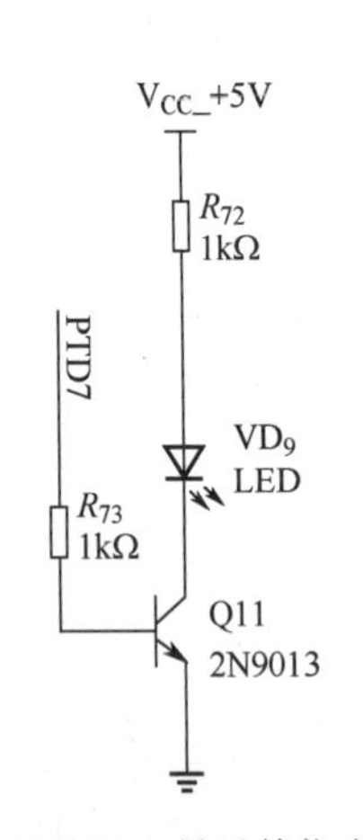

图 11.2.22 显示单位电路

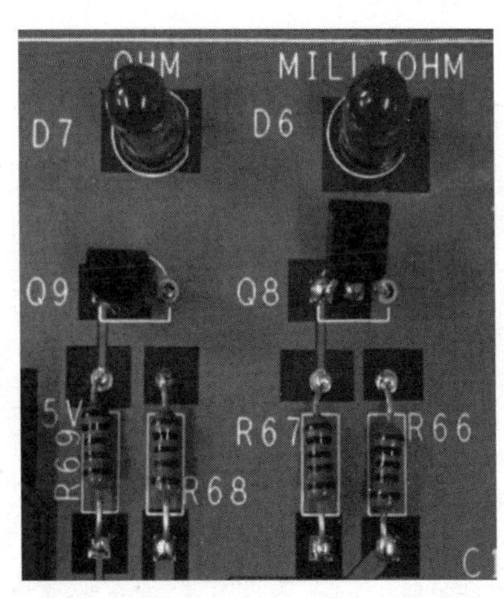

图 11.2.23 显示单位电路的实物图

图 11.2.24 所示为继电器控制电路。继电器的线圈电压为 12V，通过 12V 电源供电。当 PTA0 为高电平时，三极管导通，control1 变为低电平，继电器导通；当 PTA0 为低电平时，三极管关断，

control1 变为高电平，继电器闭合。contral2 控制继电器的原理同上。

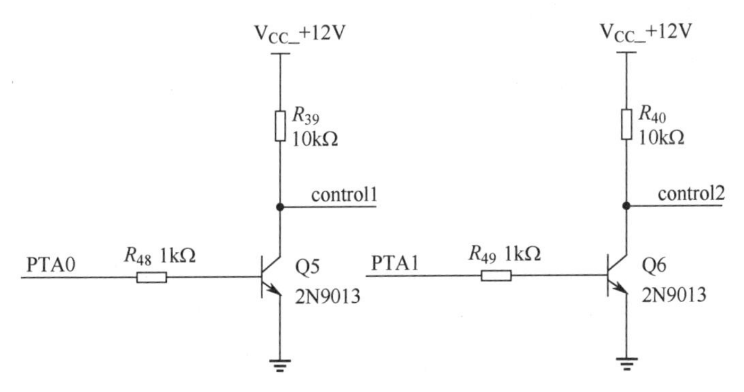

图 11.2.24　继电器控制电路

11.3　产品功能及技术评价

11.3.1　产品功能

在初始状态下，可接入待测电阻。

调零：先将鳄鱼夹短接，按下 SW1 调零按键，此时，发光二极管 VD_4亮，3 只数码管均显示 0；同时使用大电流挡和小电流挡测试也都为 0，表示此时未接待测电阻。

小电流挡（10mA）：因为待测电阻阻值未知，优先用小电流挡测量，按下开关 SW3 小电流挡，发光二极管 VD_3亮，电阻 R_{49}(125Ω)接入电路。恒定电流流过待测电阻，输出电压经放大 100 倍后输出到单片机最小系统；单片机最小系统经过计算将数据显示在数码管上，数码管从左到右分别显示待测电阻两端的电压值、流过被测电阻的电流值和计算得出的电阻值。

此时，电流检测电路放大倍数为 200 倍，恒流源电路电流通过伏安法计算，可测 5Ω 以下的电阻，在待测电阻上的压降小于 50mV，经差分放大电路放大 100 倍，仍为 5V 以下，根据电流检测电路结果算出待测电阻阻值并且通过数码管显示出来，并且显示“欧”单位的发光二极管 VD_7亮。若显示的电阻值比较小，说明挡位不合适，应调至大电流挡位。

大电流挡（1A）：按下开关 SW4 大电流挡，电阻 R_{48}（1.25Ω）接入电路，此时恒流源电路电流为 1A，可测 4mΩ 以下的电阻，在待测电阻上的压降小于 5mV，经差分放大电路放大 1000 倍，仍为 5V 以下，单片机通过电路检测单元计算出此时的电流值，并计算出阻值显示在数码管上，同时表示“毫欧”单位的发光二极管 VD_6亮。

11.3.2　技术评价

该毫欧表具有很好的精度和稳定性，适用于各种工作条件。恒流源部分产生合适的电流，其通过待测电阻时产生压降，检测到流过电阻的电流和电压就能准确计算出待测电阻的阻值。本电路采用的继电器、放大器芯片及电流采样芯片等，考虑了各种复杂条件下均能正常使用的情况，无论是使用寿命还是稳定性，与同类的器件相比有较大的优势，在设计电路及制作成品时，也考虑了各种运行条件，因此，本产品可以满足客户的需求。

11.4　遇到的问题及解决方法

问题 1：设计时，考虑了 LM317K 的引脚顺序，但在制板时出现错误，引脚顺序出错。

解决方法：通过板下跳线更正引脚的错误连接。

问题 2：电压比较预警电路在上电后就开始报警。应该调整输出端电压大于 7.5V，二极管亮表示电路处于正常工作状态。

解决方法：通过调整输出端电压使电压比较预警电路在不正常情况下报警。

问题 3：在设计 LED 显示的过程中，出现了 4 个 LED 中最后一位比其他位置的要亮的现象。

解决方法：分析软硬件得知，扫描显示的时候最后一位显示后没有关闭位选功能，导致最后一位导通的时间比其他位置导通的时间长，经过更改程序后可正常显示。

问题 4：在设计中，工作模式指示灯没有正确设计导致无法显示工作模式。

解决方法：在完成制板后通过飞线来控制发光二极管，使其正常指示工作模式。

问题 5：在实际应用中，无法找到 1.2Ω 和 120Ω 的电阻，因此恒定电流 1A 和 10mA 只是理论分析结果。

解决方法：在实际电路中，产生恒流源的电阻分别为 2Ω 和 100Ω，在此生成的恒定电流分别为 0.625A 和 12.5mA。

问题 6：在 LM317 的输出端和调整端的压差不为 1.25V。

解决方法：2Ω 对应的是大电流挡，根据公式可得此时恒流源的电流为 0.625A，在此通过选择合适的调节电阻（在此选用 6.8Ω/5W 的功率电阻），可以将 LM317 输出端的电压抬高至 7V，这样，LM317 输入输出保持一定的压差使其可以正常工作，又不至于由于压差过大而导致 LM317 发热严重。

100Ω 对应的是小电流挡，根据公式可得恒流源的电流为 12.5mA，后面的调节电阻仍然是 6.8Ω/5W 的功率电阻。由于此时电流较小可不考虑LM317压差大导致发热严重的问题，此时LM317输入输出压差可以使其工作在正常状态。

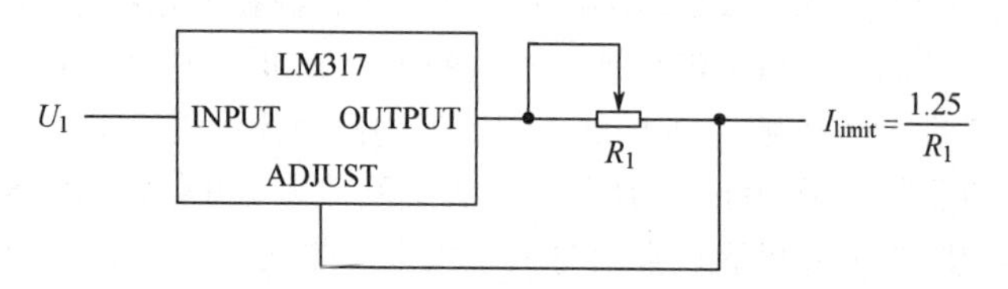

图 11.4.1　LM317 组成恒流源电路原理

问题 7：当实际测试时，电流采样电路工作不正常，单片机最小系统无法实现放大倍数的选择。

解决方法：由于恒定电流源产生的电流比较稳定，因此不再使用电流采样电路，而直接根据继电器的状态由单片机最小系统推算出电流值。

问题 8：当实际测试电路时，第一级差分放大电路无法实现倍数的放大。

解决方法：因为放大电路的输入信号比较小，可能导致输入信号出现负值，而导致放大器无法正常工作。所以，修改了运算放大电路，使用 MCP609 其中 3 个运算放大器构成运算放大电路，基本原理如图 11.4.2 所示，其中第一级起到电压跟随的作用，第二级用作放大。

图 11.4.3 所示为实际应用的电路，总的放大倍数为 100 倍。图中，V_OUT2、V_OUT3 是来自待测电阻两端的电压，其中 V_OUT2 大于 V_OUT3 的数值，经过放大后输出电压 Voltage 至单片机最小系统进行 A/D 转换。

问题 9：指示灯无法显示当前的工作状态。

解决方法：图 11.4.4 所示为修改后的按键电路，设计时选择的是闭锁按键，实际电路选用的是轻触开关，此时需要对电路进行适当的更改。

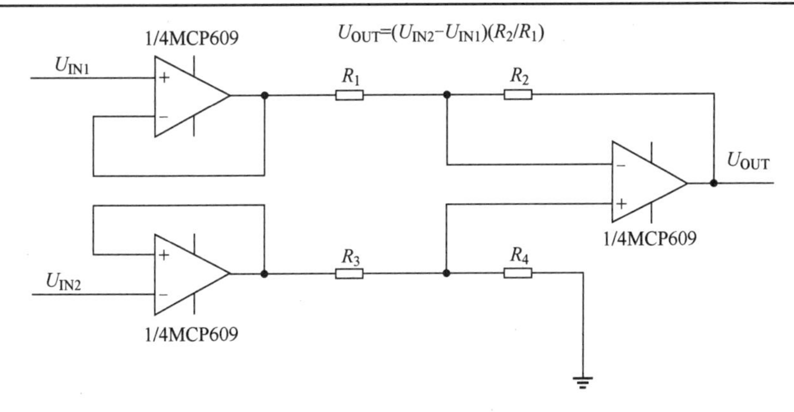

图 11.4.2　运算放大电路的基本原理

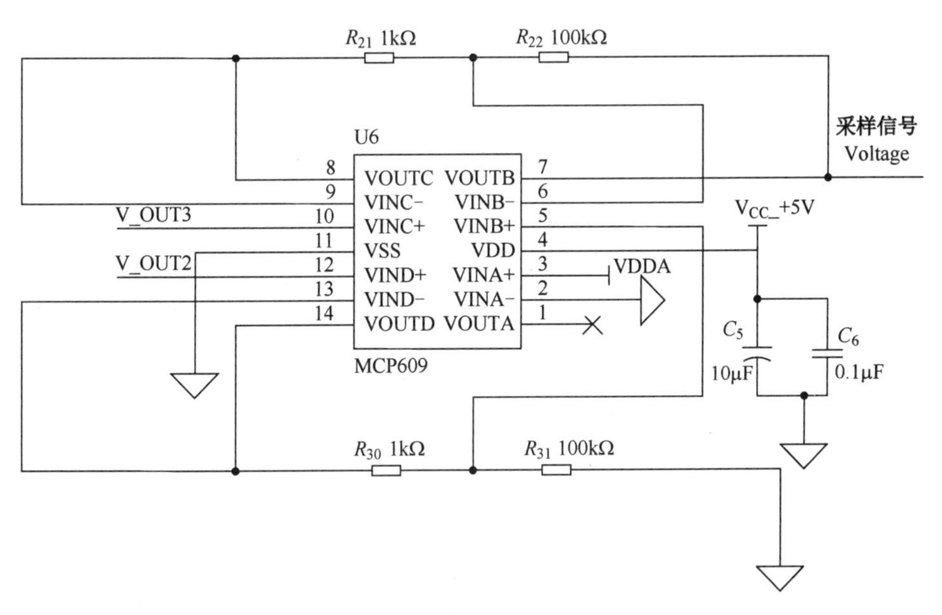

图 11.4.3　实际应用的电路

SW4 是大电流挡，测试的是 5mΩ 以下的电阻，对应的发光二极管是 VD_2。

SW3 是小电流挡，测试的是 5Ω 以下的电阻，对应的发光二极管是 VD_3。

SW2 是悬空挡，表示此时不测电阻，恒流源电路为断开状态，不再使用发光二极管表示。

SW1 是调零按键，对应的发光二极管是 VD_4。

对原设计的电路进行适当的修改后，该产品可实现的功能更新如下。

在初始状态下，继电器 1、2 均断开，此时可接入待测电阻。

调零：先将鳄鱼夹短接，按下 SW1 调零按键，此时，发光二极管 VD_4亮，3 只数码管均显示 0；同时使用大电流挡和小电流挡测试也都为 0，表示此时未接待测电阻。

小电流挡（12.5mA）：因为待测电阻阻值未知，优先用小电流挡测量，按下开关 SW3 小电流挡，发光二极管 VD_3 亮，继电器 2 由常开状态通电闭合，电阻 R_{59}(100Ω)接入电路。恒定电流流过待测电阻，输出电压经放大 100 倍后输出到单片机最小系统；单片机系统经过计算将数据显示在数码管上，数码管从左到右分别显示待测电阻两端的电压值、流过被测电阻的电流值和计算得出的电阻值。

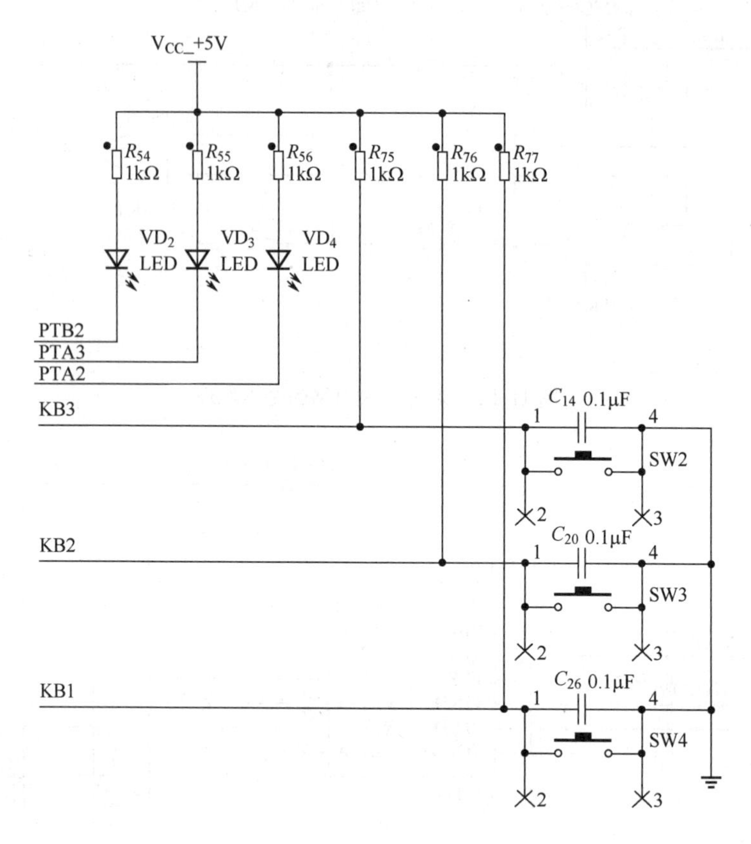

图 11.4.4 按键电路

此时，可测 4Ω 以下的电阻，待测电阻上的压降小于 50mV，经差分放大电路放大 100 倍，仍为 5V 以下，根据电流检测电路结果算出待测电阻阻值并通过数码管显示出来，并且显示“欧”单位的发光二极管 VD_7 亮。若显示的电阻值比较小，说明挡位不合适，应调至大电流挡位。

大电流挡（0.625A）：按下开关 SW4 大电流挡，继电器 1 由常开状态通电闭合，电阻 R_{58}（2Ω）接入电路，此时恒流源电路电流为 0.625A，可测 80mΩ 以下阻值的电阻，待测电阻上的压降小于 50mV，经差分放大电路放大 100 倍，仍为 5V 以下，单片机推算出此时的电流值，并计算出阻值且在数码管上显示，同时显示“毫欧”单位的发光二极管 VD_6 亮。

11.5 展示模块

11.5.1 恒流源模块

如图 11.5.1 所示，恒流源模块展示的是 12.5mA 恒流源，恒流源电阻选用的是 100Ω，调节电阻选用的是 13.6Ω，采样电阻选用的是 100mΩ。

图 11.5.1 中，J4 为插针，接入 12V 电源，J3 为输出信号，插入测试线后，接入待测电阻，整个电路导通。此时，通过 J3 的 4（V_OUT1）、2（V_OUT2）脚引出的电压信号为采样电阻两端的电压信号。已知采样电阻阻值，可以计算出恒流源电流的数值。通过 2（V_OUT2）、3（V_OUT3）脚引出的是待测电阻两端的电压信号。当测试这个模块时，要注意与其他部分共地，从 J3 的 1 脚引出。

图 11.5.2 所示为恒流源模块的实物图。

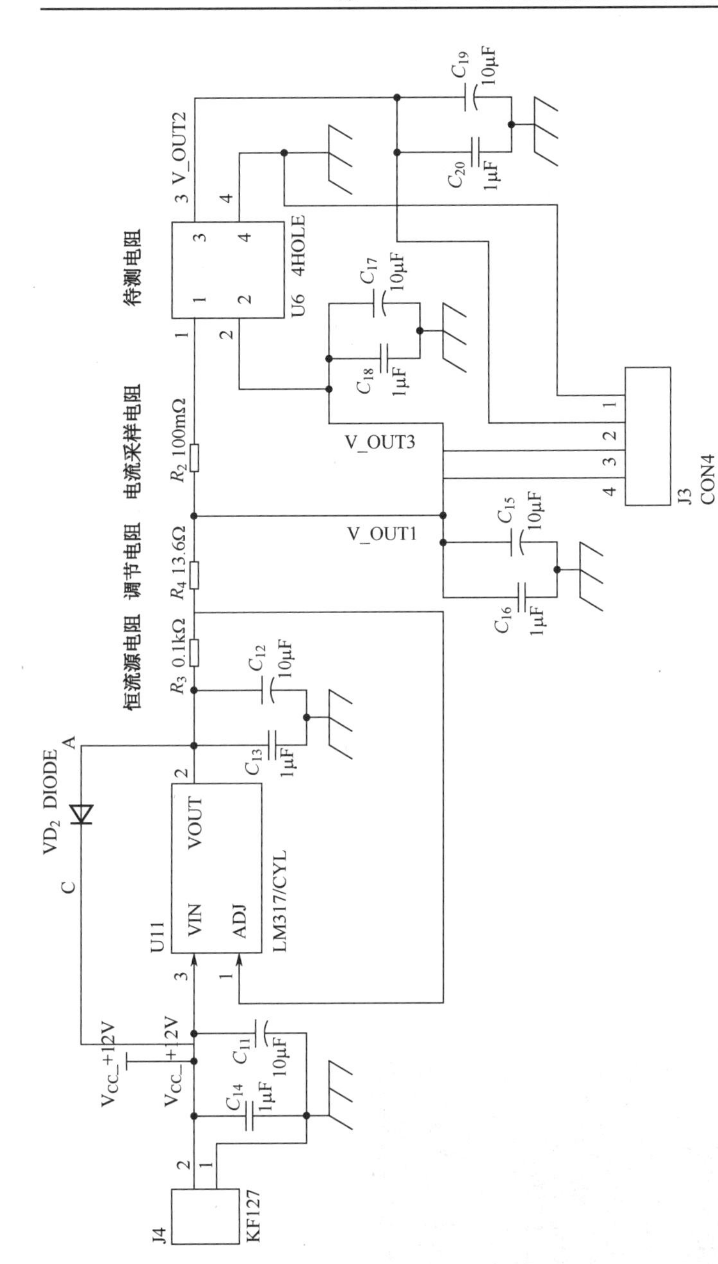

11.5.1　恒流源模块

图 11.5.2　恒流源模块实物图

11.5.2　单片机展示模块

图 11.5.3 所示为单片机展示模块。此模块的功能是展示单片机的控制功能，以及数码管的显示功能。图中，U3、U4、U5 是两个拨码开关组合在一起的器件，U5 的其中一个拨码开关未用，另一个拨码开关由单片机的 PTD5 脚控制。

当 PTD5 的信号是高电平时，拨码开关处于断开状态，数码开关显示的是单片机从 PTB2 采集的电压信号，此电压信号可以通过 R_{14} 滑动变阻器改变。

当 PTD5 的信号是低电平时，拨码开关处于闭合状态，4 位数码开关显示的是单片机从 PTD1、PTD2、PTD3、PTD4 检测到的状态，即拨码开关是闭合时，检测到低电平，数码管显示的是 0；拨码开关是断开时，检测到高电平，数码管显示的是 1。4 位数码管每一位显示一个信号采集端的状态。

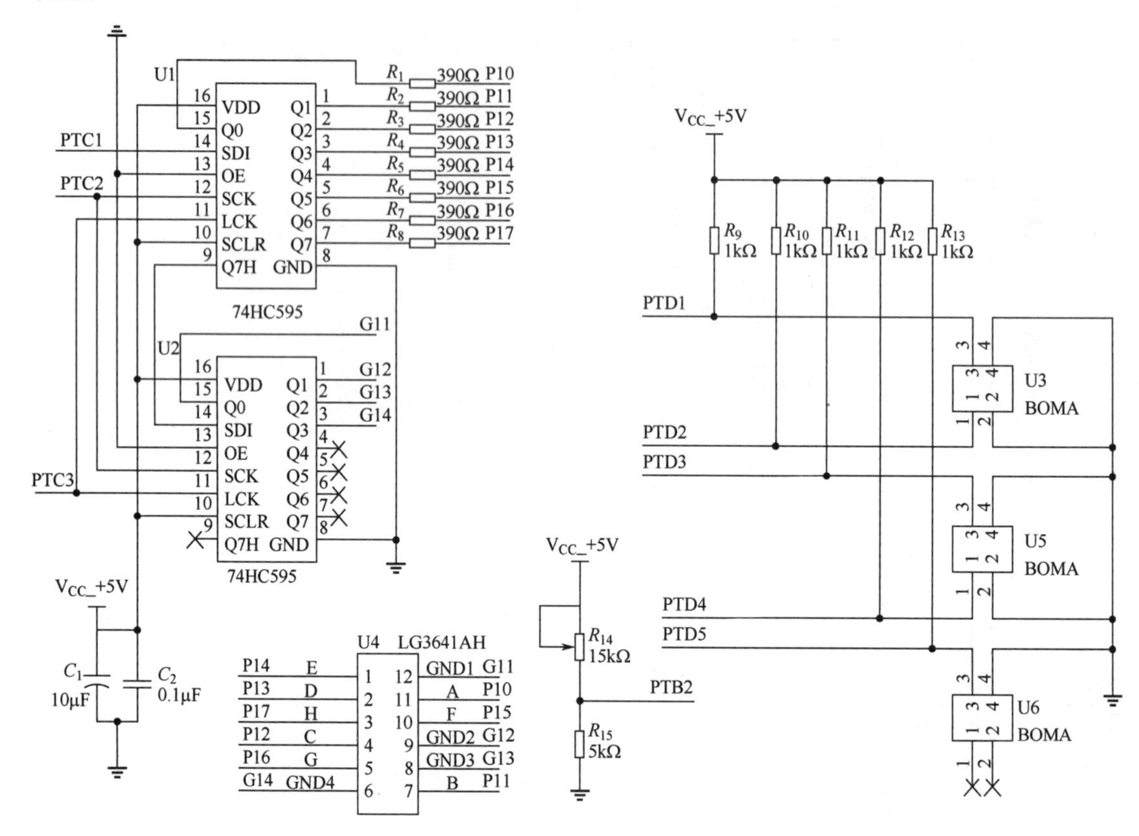

图 11.5.3　单片机展示模块

图 11.5.4 所示为单片机展示模块的实物图。

图 11.5.4　单片机展示模块的实物图

11.5.3　电压比较器模块

电压比较器电路如图 11.5.5 所示。LM393 的 IN1+脚接入可调电压电路，调节可调电阻 R_{19} 的阻值可以输出不同的稳定电压。IN1-脚接入的也是可调电压电路，不过是较为简易的调压电路，调节 R_{14} 的阻值，可以输出不同的电压值。LM393 比较 IN1+、IN1-的数值，通过 OUT1 脚（V_OUT5）

输出高电平和低电平，控制后面的发光二极管亮还是灭。

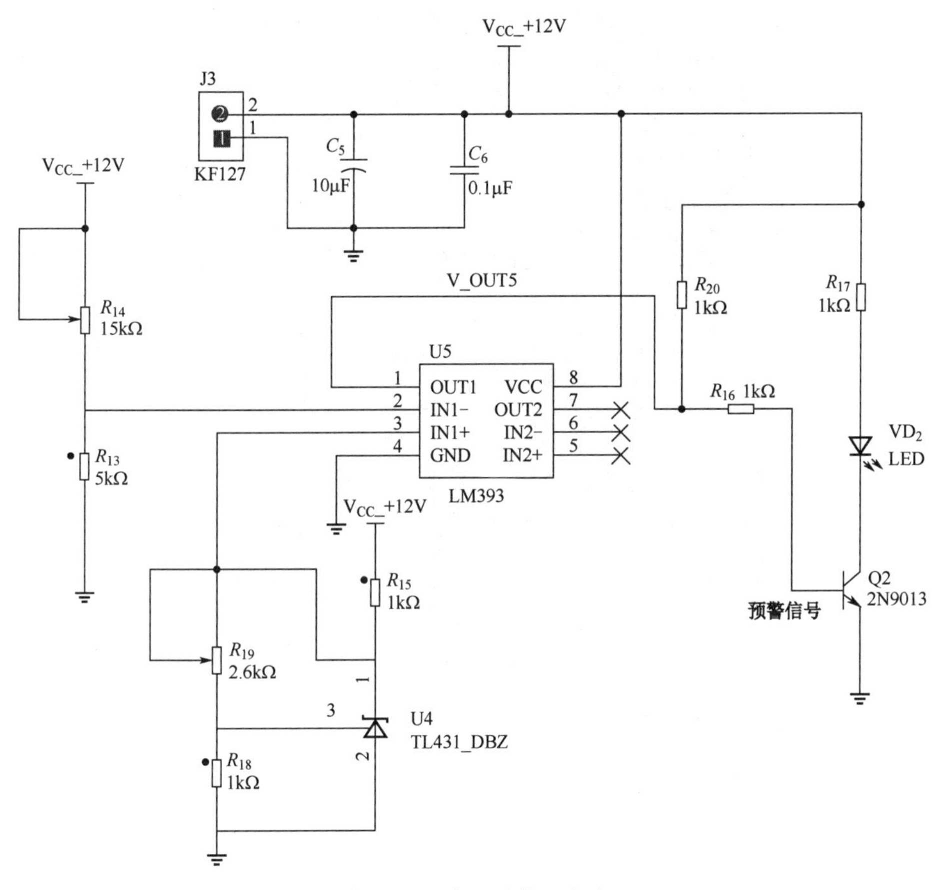

图 11.5.5　电压比较器电路

输出信号（V_OUT5）引入到 LM555 的控制端（RST 脚），LM555 输出的是高频率的脉冲信号，可以通过插针 J4 接到示波器（见图 11.5.6），查看输出波形。

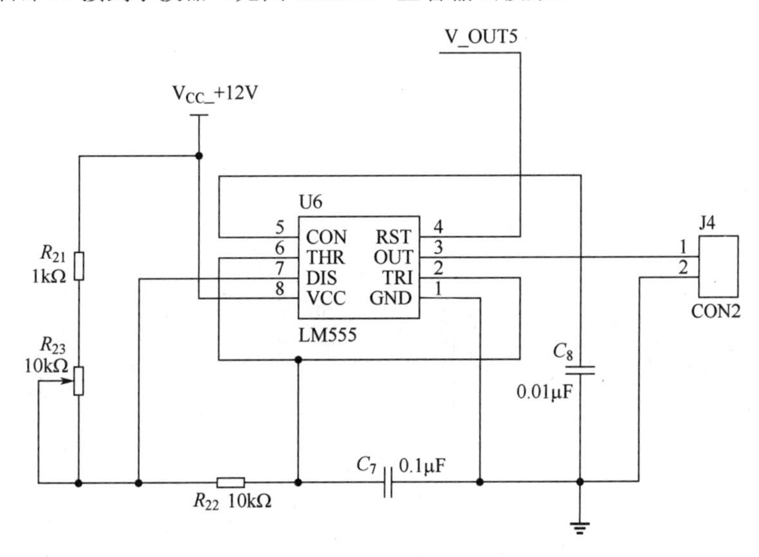

图 11.5.6　LM555 模块

图 11.5.7 所示为电压比较模块的实物图。

图 11.5.7　电压比较模块的实物图

11.5.4　运算放大器模块

图 11.5.8 所示为运算放大器模块。本模块采用的是差分放大电路，假设图中的 Voltage 电压为 U，V_OUT2 电压为 U_2，V_OUT3 的电压为 U_3，则

$$U=(U_2-U_3)(1+2\times R_{11}/R_8)(R_9/R_{13})$$

式中，$R_{11}=R_{12}$，$R_{13}=R_{14}$，$R_9=R_{10}$。

图 11.5.8 中，R_8 为滑动变阻器，所以该模块的放大倍数可调。由插针 J3 接入电源，由插针 J4 的 1、2 脚引入未放大的电压信号，3 脚输出经过放大的信号。

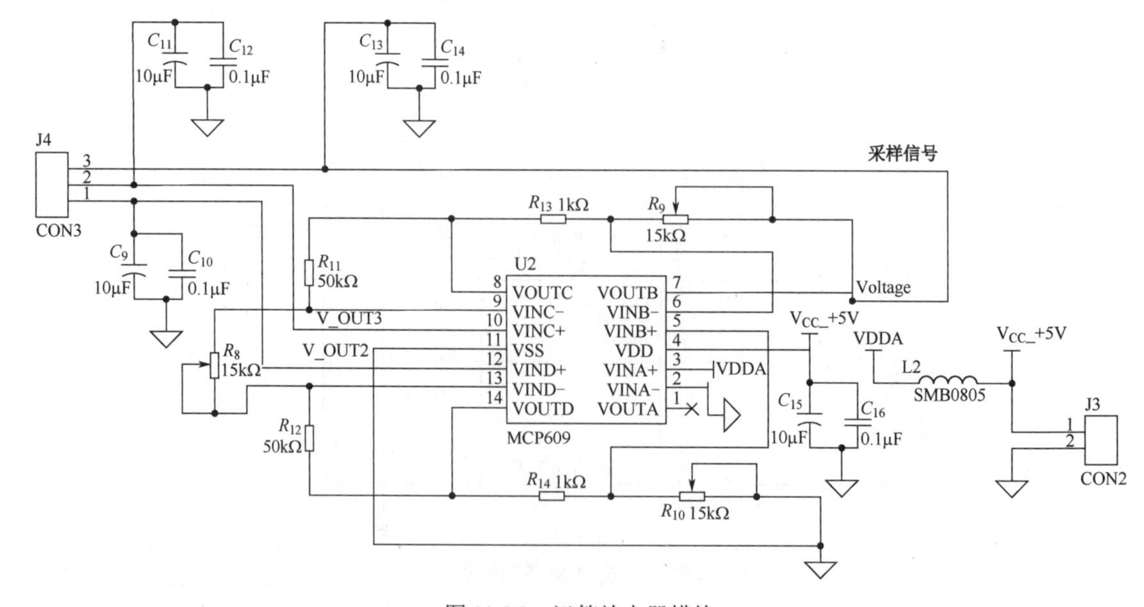

图 11.5.8　运算放大器模块

图 11.5.9 所示为运算放大器模块的实物图。

图 11.5.9　运算放大器模块的实物图

11.5.5　电压转换模块

图 11.5.10 所示为电压转换模块，毫欧表的电路中需要两种直流电源，分别是 12V 和 5V 电源，而外界的是 220V 交流电，所以设计中加入了交流 220V 转直流 12V 模块和直流 12V 转直流 5V 模块。本电路是直流 12V 转直流 5V 模块。

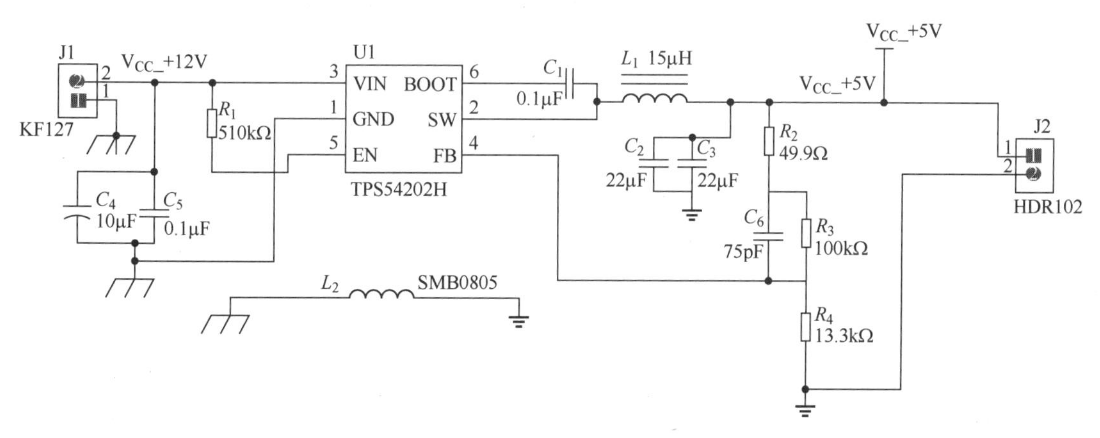

图 11.5.10　电压转换模块

11.5.6　总电路的实物图

总电路的实物图如图 11.5.11 所示。

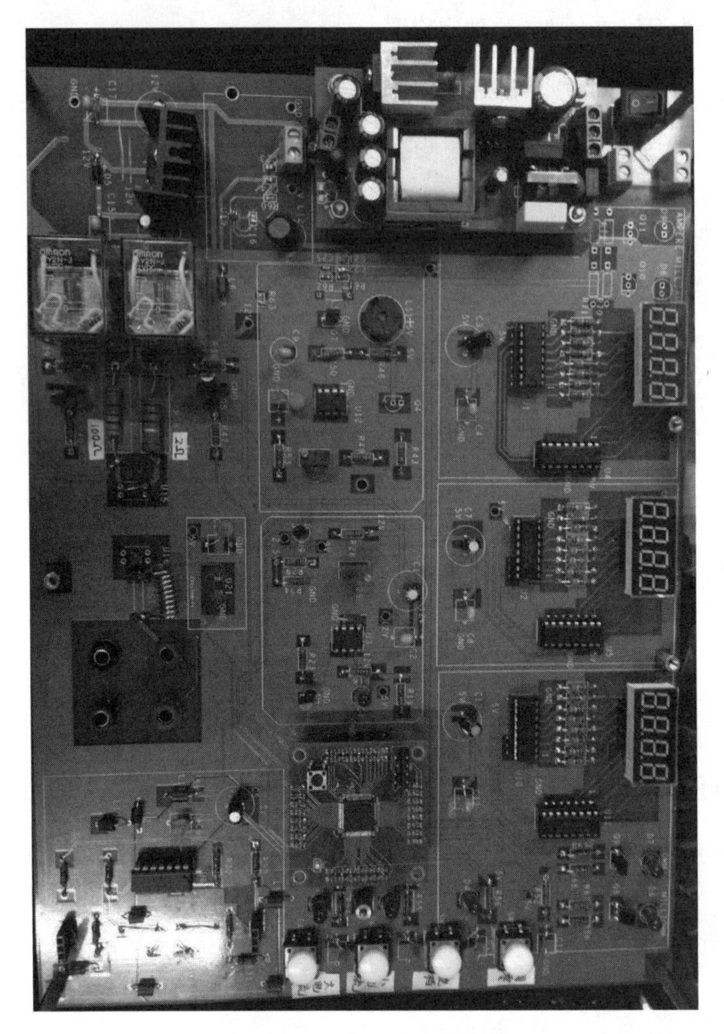

图 11.5.11　总电路的实物图

第 12 章　一种电控液压舵机系统电路故障诊断仿真系统设计

本平台以液压舵机电控系统为对象，综合利用模拟仿真、数据通信、人机交互等技术，建立电控系统故障模拟训练平台。该平台分解了液压电气控制系统，构建各控制环节的单元模块，通过人机交互界面改变模块内部电路的连接关系，模拟电路中元件短路、断路、老化等故障，训练人员可以通过测试关键节点的电压波形判断故障点及故障类型。

12.1　整体电路功能概述

液压舵机电控系统包括电液比例阀控制器、液压舵机、阀芯位移反馈及磁粉制动器。电压比例阀控制器接收外部控制信号 u_i 和反馈回来的位置电信号 u_f，输出控制信号 u_e 去控制液压舵机动作，液压舵机动作的位移信号 y 通过阀芯位移反馈转换为电信号，液压舵机产生的转矩 T 驱动负载磁粉制动器。整体设计框图如图 12.1.1 所示。

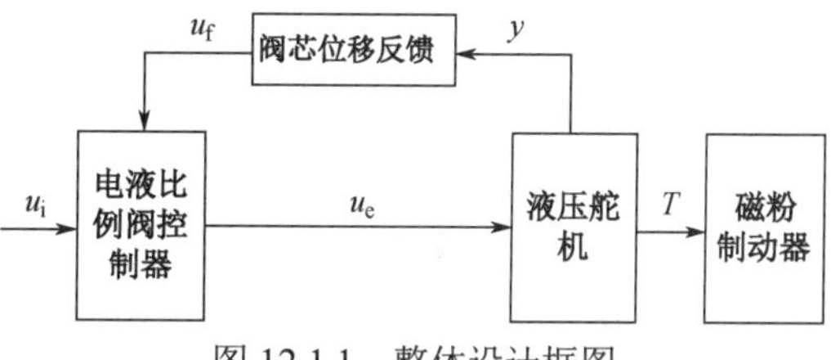

图 12.1.1　整体设计框图

液压舵机电控系统的控制流程框图如图 12.1.2 所示。

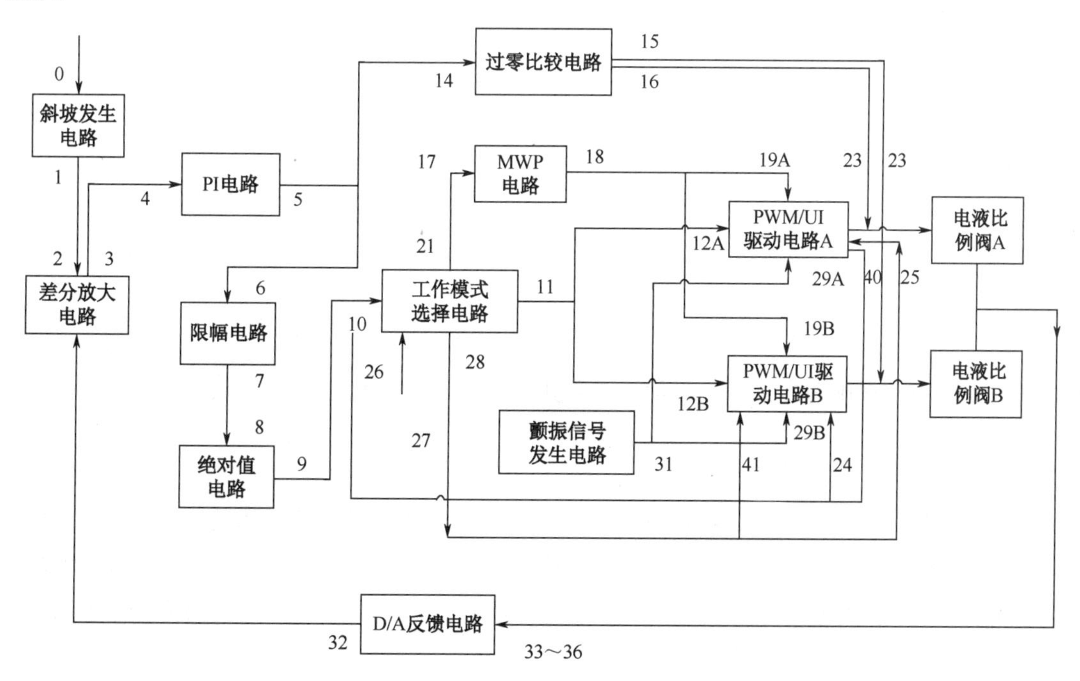

图 12.1.2　液压舵机电控系统控制流程框图

12.2 斜坡发生电路

功能：以一个设定值阶跃作为输入信号，斜坡信号发生器产生一个缓慢上升或下降的输出信号，输出信号的变化速率可通过电位器调节。以实现被控制系统工作压力或运动速度等的无冲击过度，满足系统控制的缓冲要求。

斜坡发生电路的工作原理如图 12.2.1 所示。当U_{i}输入阶跃信号时，对N_1点进行分析，由虚短可知$U_{N1}=\frac{1}{2}U_{o}$，虚断可知$(U_{i}-\frac{1}{2}U_{o})/R_4=(\frac{1}{2}U_{o}-U_{o1})/R_1$，推导可得$U_{o1}=U_{o}-U_{i}$，此时$U_{o1}$为负的最大值；积分器 U1A 进行积分，输出电压$U_{o}$逐渐增大，随着$U_{o}$逐渐增大$U_{o1}$逐渐减小，积分速度降低，直到$U_{o1}=U_{o}-U_{i}=0$时，积分停止，此时$U_{o}=U_{i}$。该电路积分时间常数$T=(R_2+R_3)C_1$，由此可见，改变$R_2$的阻值可对输出信号变化速率进行控制。

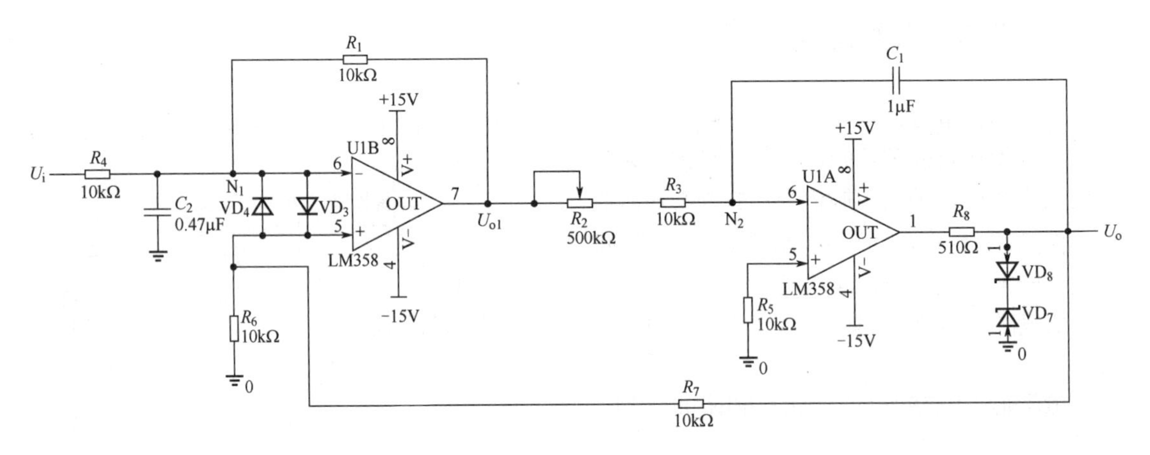

图 12.2.1 斜坡发生电路的工作原理

斜坡发生电路注入故障分析图，如图 12.2.2 所示。

故障 1：C_1短路。测量 T1 点和 T2 点电压可知$U_{o}=U_{N2}=0V$，C_1短路，所以斜坡电路输出电压等于 0V。

故障 2：R_4阻值上升为原来的 2 倍。测量 T4、T9 和 T10 点电压可知$U_{o1}=\frac{3}{4}U_{o}-\frac{1}{2}U_{i}$，则$R_4$阻值上升为原来的 2 倍。根据电路工作原理可知，$(U_{i}-\frac{1}{2}U_{o})/R_4=(\frac{1}{2}U_{o}-U_{o1})/R_1$，考虑到故障情况计算得 T10 点的电压为$U_{o1}=\frac{3}{4}U_{o}-\frac{1}{2}U_{i}$。当积分结束，$U_{o1}=0V$时，$U_{o}=\frac{2}{3}U_{i}$，即当输入信号为正值时，输出下降为原来的$\frac{2}{3}$。

故障 3：R_2开路。测量 T2 点和 T10 点可知，T2 点电压值正常，而 T10 点电压为恒值，可判断R_2开路。根据虚短、虚断，R_2开路时积分器输入近似于 0V。测试 T1 点电压可知，由于开路时悬空端电位不确定，当电路处于稳定状态时，积分器可能对一个接近于 0V 的定值持续积分，最终电路输出值为$+V_{CC}$或$-V_{CC}$。

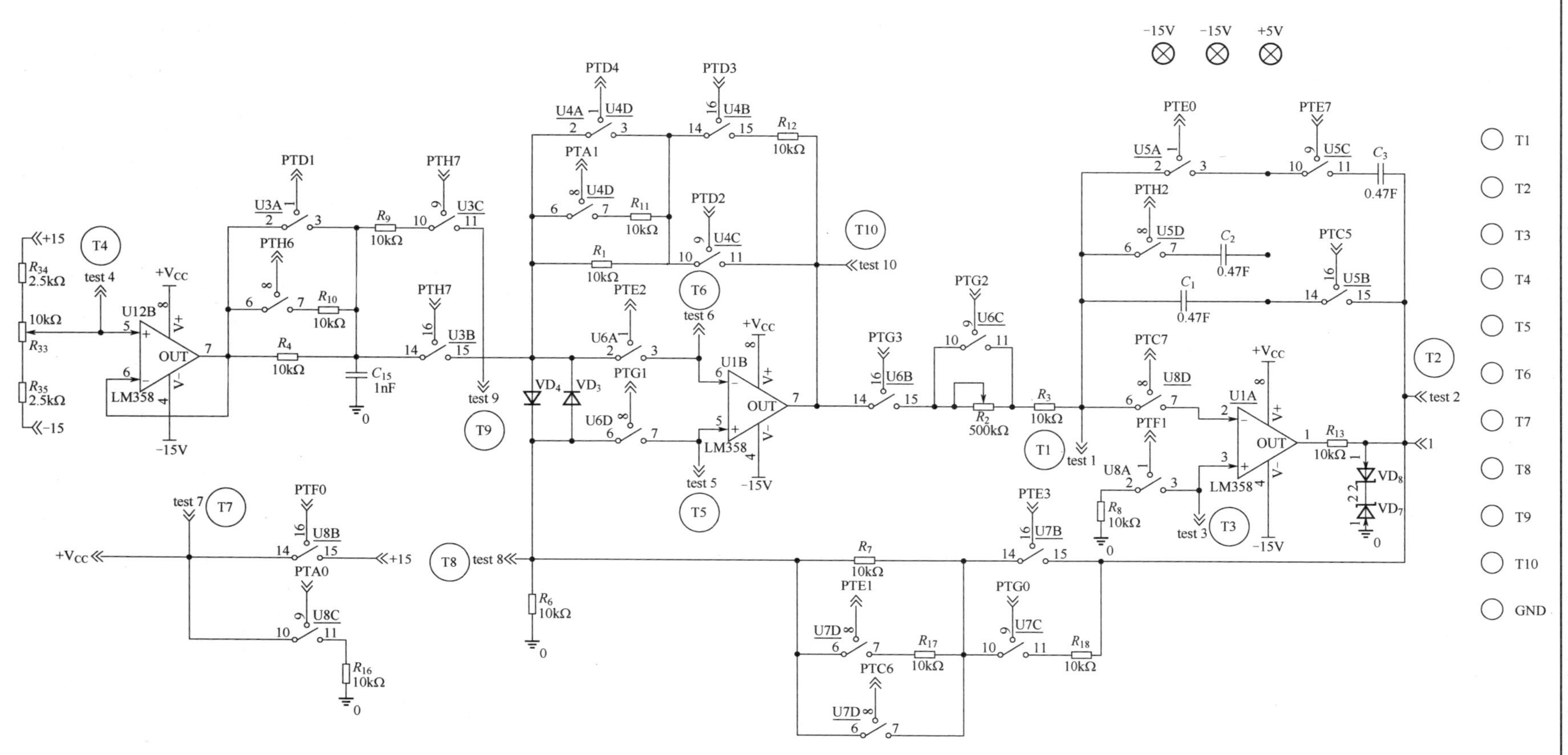

图 12.2.2　斜坡发生电路注入故障分析图

斜坡发生电路的故障类型及其影响如表 12-2-1 所示。

表 12-2-1 斜坡发生电路的故障类型及其影响

元件编号	故障类型	故障影响
R_4	短路	有信号输入时，输出为±15V
R_4	开路	输出为零
R_4	阻值上升为 20kΩ	有信号输入时，输出下降
R_4	阻值下降为 5kΩ	有信号输入时，输出上升
U1B	正输入端开路	-15V
U1B	负输入端开路	+15V
R_7	短路	有信号输入时，输出为输入一半
R_7	开路	输出为±15V
R_7	阻值上升为 20kΩ	有信号输入时，输出上升
R_7	阻值下降为 5kΩ	有信号输入时，输出下降
R_1	短路	输出为零
R_1	开路	有信号输入时，输出为±15V
R_1	阻值上升为 20kΩ	有信号输入时，输出上升
R_1	阻值下降为 5kΩ	有信号输入时，输出下降
R_2	短路	斜率为定值，不可控制
R_2	开路	输出为-15V
U1A	正输入端开路	+11V
U1A	负输入端开路	-11V
C_1	短路	输出为零
C_1	开路	输出等于输入，有噪声
C_1	容值上升	斜率下降
C_1	容值下降	斜率上升
所有运放	运放电源悬空	-11V
所有运放	运放供电电源为 0V	-11V

12.3 差分放大电路

功能：将输入的控制信号与反馈信号进行差值运算，运算结果输出到 PI 电路。

工作原理：图 12.3.1 所示为三运放差分放大电路，放大系数已设定为 1。图 12.3.1 中，运放 U12A，U12D 为电压跟随器，用于提供高输入阻抗和电压增益，由虚短可知$U_{o1}=U_{i1}$、$U_{o2}=U_{i2}$。运放 U12C 为一个增益为 1 的差分放大电路，对 N 点进行分析，由虚短可知$U_N=\frac{1}{2}U_o$，由虚断可知流经R_{17}和R_{12}的电流是相等的，根据基尔霍夫定律可得$(U_{o1}-U_N)/R_{17}=(U_N-U_o)/R_{18}$，计算可得$U_o=U_{o2}-U_{o1}=U_{i2}-U_{i1}$。

差分放大注入故障分析图如图 12.3.2 所示。

故障 1：R_{20}开路或R_{21}短路。测量 T6、T7、T8、T9 点可知，$U_N=0V$，可能为R_{20}开路或R_{21}短路，对 N 点进行分析，根据虚断和基尔霍夫定律可得$(U_{o1}-U_N)/R_{17}=(U_N-U_o)/R_{18}$，考虑到故障情况计算得$U_o=-U_{i1}$。

故障 2：U12A 输出端嵌位＋15V。测试 T3 点电压可知，$U_{o1}=+15V$，测试 T2 点电压不等于+15V 可知，U12A 输出端嵌位＋15V。对 N 点进行分析，根据虚断和基尔霍夫定律可得$(U_{o1}-U_N)/R_{17}=(U_N-U_o)/R_{18}$，考虑到故障情况计算得$U_o=U_{o2}-U_{o1}=U_{o2}-15V$。

故障 3：U12C 正输入端开路。测量 T8 点电压为恒值且与 T9 点电压不相等，由此可知，U12C 正输入端开路，由于开路时悬空端电位不确定，U12C 输出端电压为 $+V_{CC}$ 或 $-V_{CC}$。

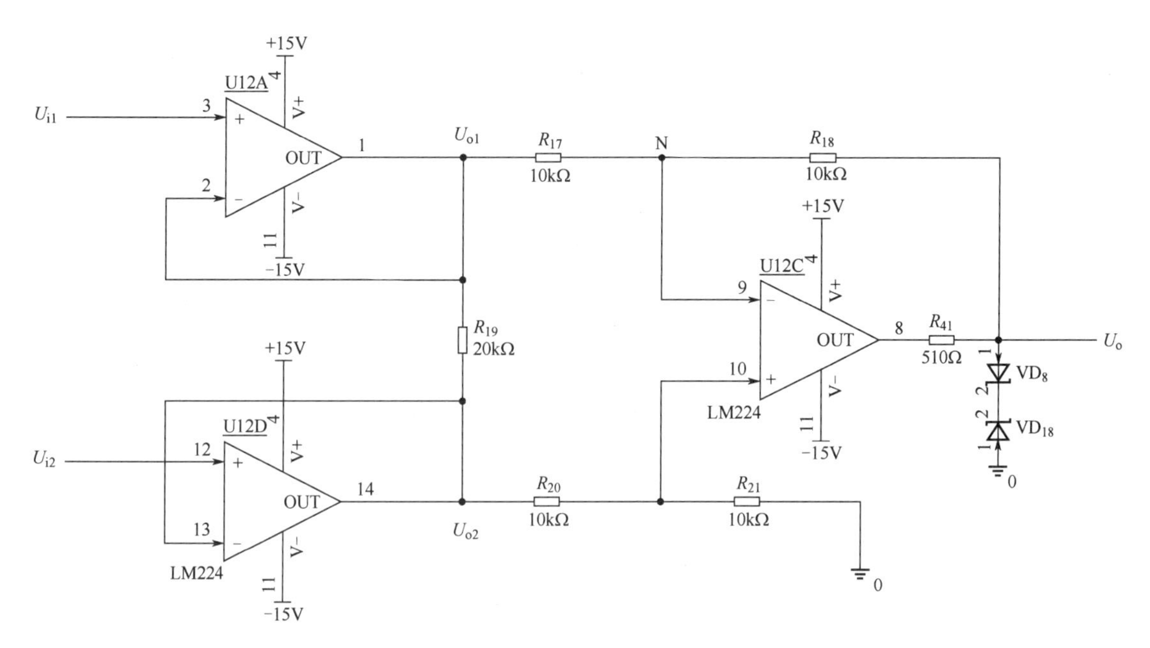

图 12.3.1　差分放大电路的工作原理

差分放大电路的故障类型及其影响如表 12-3-1 所示。

表 12-3-1　差分放大电路的故障类型及其影响

元件编号	故障类型	故障影响	元件编号	故障类型	故障影响
U12A	正输入端开路	-11V	U12B	正输入端开路	+11V
U12A	输出端嵌位+15V	U_2-11	U128	负输入端开路	-11V
U12C	输出端嵌位-15V	-11-U_1	R_{20}	开路	-U_1
U12C	正输入端开路	+11V	R_{21}	开路	2U_2-U_1
R_{17}	开路	$\frac{1}{2}U_2$，有噪声	R_{21}	参数漂移为 20kΩ	$\frac{4}{3}U_2-U_1$
R_{18}	开路	-11V，$U_1>\frac{1}{2}U_2$ 时 11V，$U_2>\frac{1}{2}U_1$ 时	R_{20}	参数漂移为 5kΩ	$\frac{4}{3}U_2-U_1$
R_{18}	参数漂移为 5kΩ	$\frac{4}{3}U_2-\frac{1}{2}U_1$	R_{20}	短路	2U_2-U_1
R_{17}	参数漂移为 20kΩ	正常	R_{17}	短路	-11V，$U_1>\frac{1}{2}U_2$ 时 11V，$U_2>\frac{1}{2}U_1$ 时
所有运放	运放正电源悬空	-11V	R_{18}	短路	$\frac{1}{2}U_2$
所有运放	运放正供电电源为 0V	0V	R_{21}	短路	-U_1
所有运放	运放正供电电源为+3V	6V 以下输出逐渐减小	U12B	输出端嵌位+15V	+11V
所有运放	运放正供电电源为+12V	正常	U12B	输出端嵌位-15V	-11V

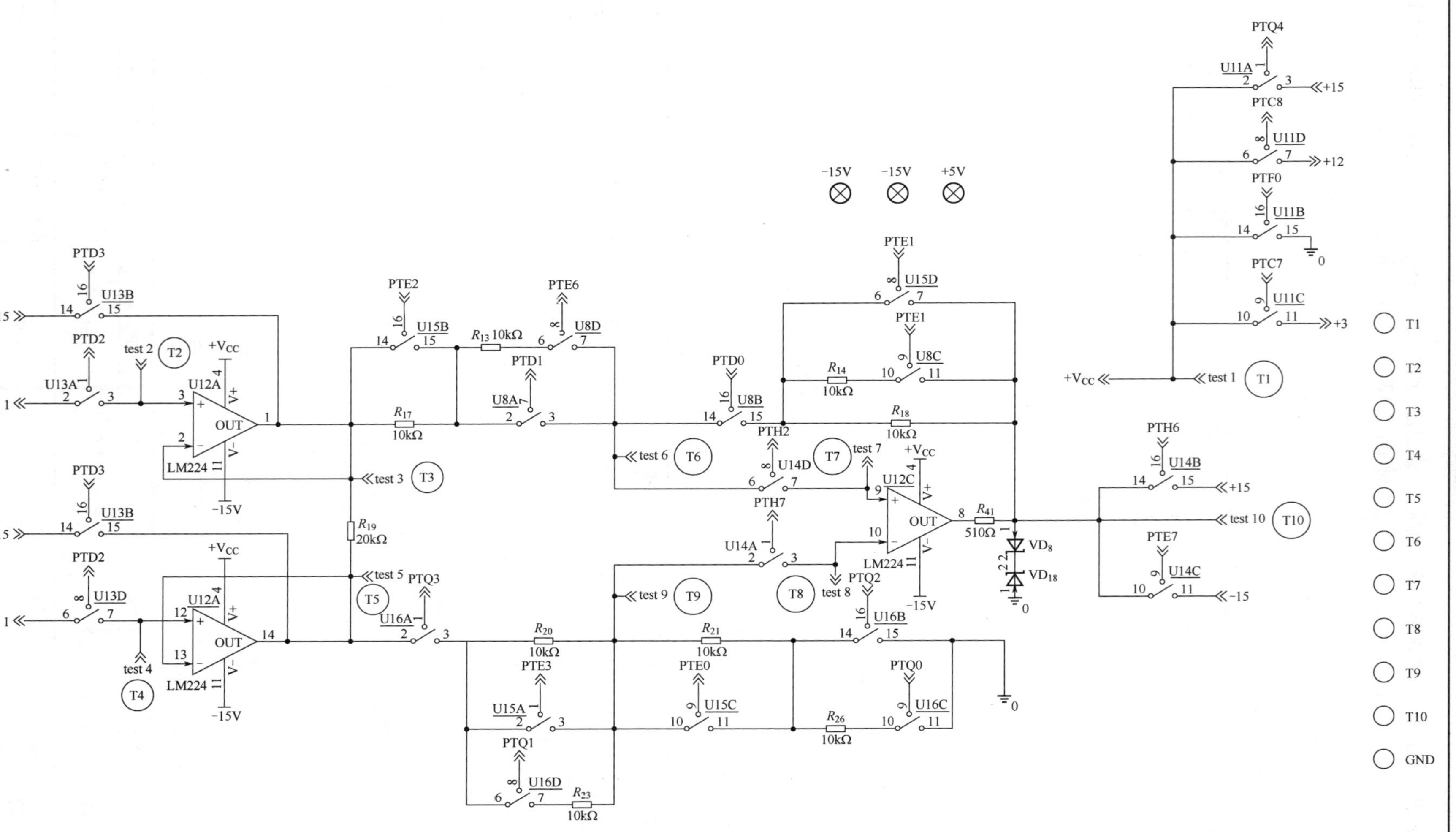

图 12.3.2　差分放大注入故障分析图

12.4　PI 电路

12.4.1　基本原理

PI 电路主要包括比例积分电路和反相电路两部分。

对于比例积分电路部分（图 12.4.1），电流 I 的箭头表示电流流过的方向，取电压与电流关联参考方向。根据运“虚短”可知，运放反向输入端基本保持零电位，则

$$I = \frac{v_i}{R_1}$$

由“虚断”可得 I 直接流过 R_2 和 C 路径，u_{R_2} 表示在 R_2 上的压降，u_C 表示在 C 上的压降。因此由 $u_{R_2} = I \times R_2$ 可得

$$u_{R_2} = v_i \times (R_2 / R_1)$$

由

$$I = C\frac{du_C}{dt}$$

两边积分可得

$$u_C = \frac{1}{C}\int I dt = \frac{1}{C}\int \frac{v_i}{R_1} dt$$

综合，根据 KVL 可以得出以下方程

$$v_o = -v_i \times \left(\frac{R_2}{R_1}\right) - \frac{1}{C}\int \frac{v_i}{R_1} dt = -v_i \times \left(\frac{R_2}{R_1}\right) - \frac{1}{CR_1}\int v_i dt$$

令

$$K_P = -\left(\frac{R_2}{R_1}\right),\quad K_I = -\frac{1}{CR_1}$$

可得

$$v_o = -v_i \times \left(\frac{R_2}{R_1}\right) - \frac{1}{C}\int \frac{v_i}{R_1} dt = -K_P v_i + K_I \int v_i dt$$

对于图 12.4.2 所示的反相电路部分，参考上述比例积分电路部分的分析方法，根据“虚短”可知

$$I = \frac{v_i}{R_1}$$

根据“虚断”可知

$$u_{R_2} = I \times R_2$$

根据 KVL 可知

$$v_o = -v_i \times \left(\frac{R_2}{R_1}\right)$$

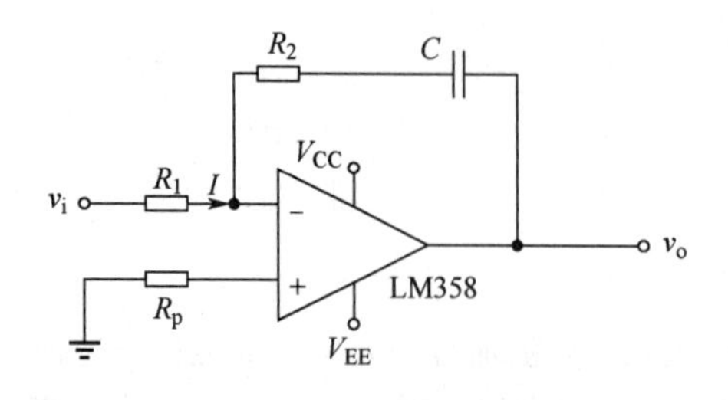

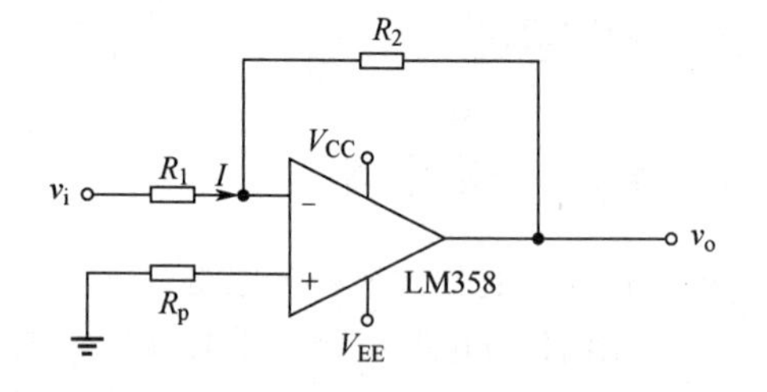

图 12.4.1　基本比例积分电路　　　　图 12.4.2　基本反相电路

图 12.4.3 所示为 PI 电路的原理分析图。综合上面两个电路的分析方法可知

$$u_5 = \frac{R_1 + R_2}{R_4 + R_{30}} u_4 + \frac{1}{(R_4 + R_{30})C_2} \int u_4 \mathrm{d}t$$

通过调节滑动变阻器 R_1 和 R_{30} 调节 PI 的参数。

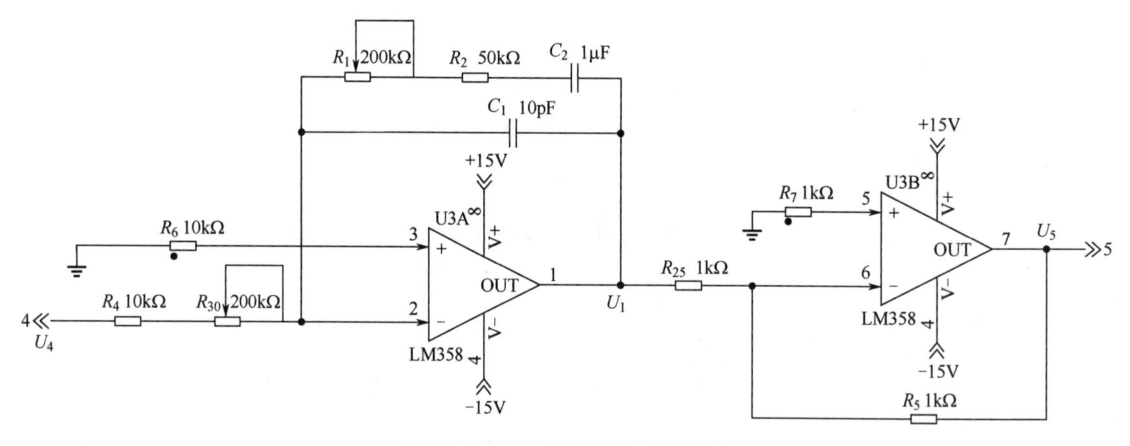

图 12.4.3　PI 电路的原理分析图

12.4.2　注入故障

PI 电路注入故障分析图如图 12.4.4 所示。

故障 1：C_2 短路。

首先，分析 C_2 短路的现象。C_2 短路，相当于比例积分电路没有了积分环节，此时，输出波形应该与输入波形呈一定比例关系。小范围更改输入电压，输出电压也会发生变化。如果积分环节还存在，那么输出电压基本不会发生变化。

其次，具体测试。通过界面将 PI 电路与其他电路隔开，即断开输入与输出，通过外加电源改变输入电压。例如，先设定 3V 电压，外加电源的正端插入 T9，负端插入 GND。用万用表检查测试点 T5 的电压，如果和 T9 点的电压成比例，则检查 T7 点的电压，如果也和 T9 点电压形成比例，更改设定电压为 5V，现象和上面相同，就是积分环节出了问题，可以确定是电容 C_2 的短路故障。

故障 2：R_5 开路。

首先，分析 R_5 开路的现象。R_5 开路，此时运放 U3B 处在不正常工作状态，其正输入端为经过比例积分之后的信号，负输入端悬空，此时输出电压恒定约为−13V。

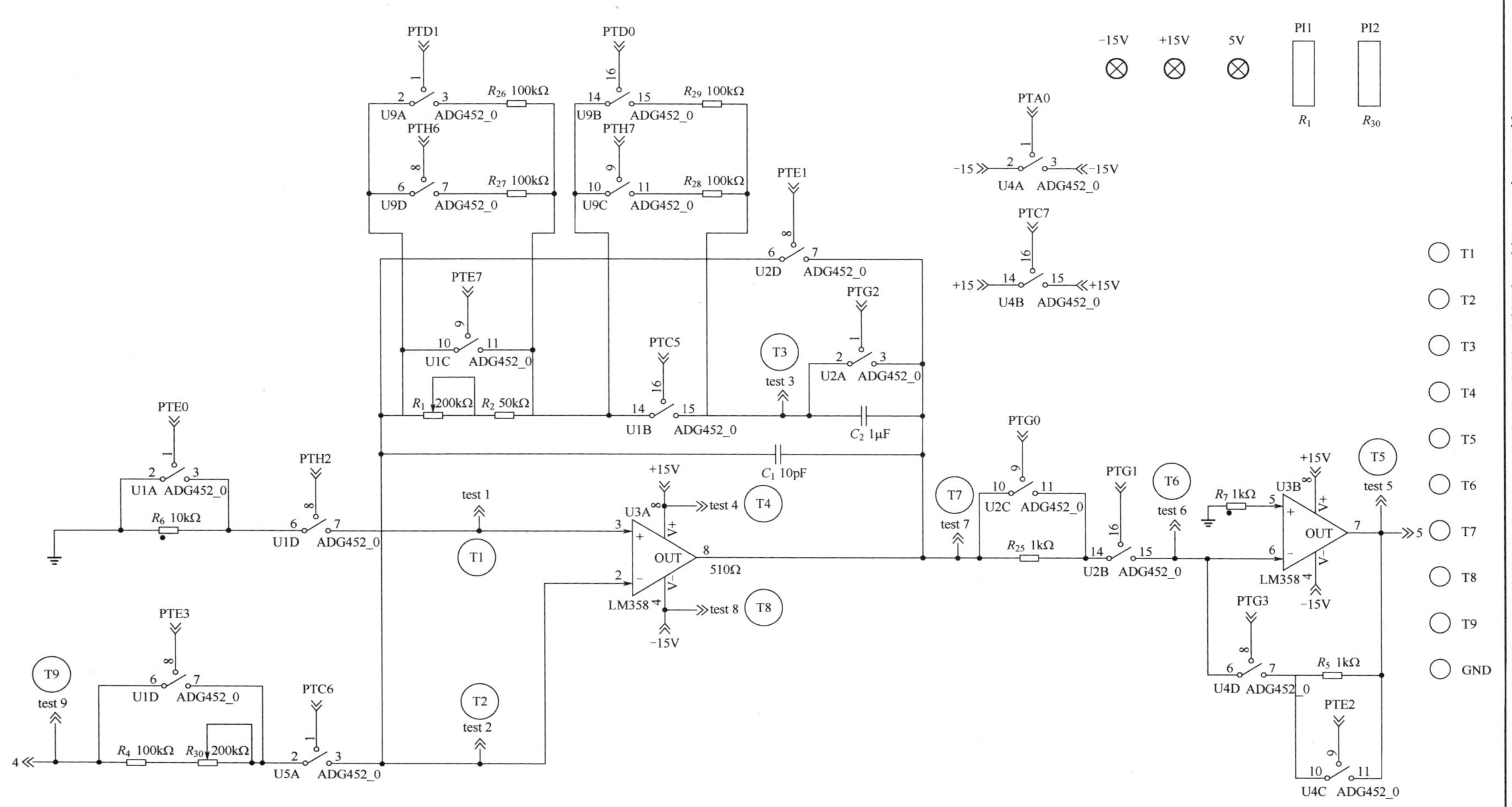

图 12.4.4　PI 电路注入故障分析图

然后，具体测试，通过界面将 PI 电路与其他电路隔开，即断开输入与输出，通过外加电源改变输入电压。例如，先设定 3V 电压，用万用表检查测试点 T5 的电压，此时电压应约为-13V，然后测试 T6 点的电压，这一点的电压是 3V 电压比例积分之后的信号，应该为-13V，按照反相的原理来说，T6 点的电压应为 13V，因此判断反相环节出现问题，除去 R_5 短路的可能性，因此注入的故障为 R_5 开路。

PI 电路的故障类型及其影响如表 12-4-1 所示。

表 12-4-1　PI 电路的故障类型及其影响

元件编号	故障类型	故障影响
R_6	短路	输出波形正常
R_2	开路	无法实现比例积分作用，运放起到比较器的作用
R_1、R_2	短路	比例积分中共侧环节消失，只剩积分作用
R_6	开路	运放正输入端无输入，输出约为+13V
C_2	短路	比例积分中积分环节消失，只剩比例放大作用
R_{25}	开路	输出一直为零，比例积分环节与后面的反向环节断升，无输出
R_{25}	短路	反向环节输入不正常
C_1	短路	输出约为 0V
-15V	开路	无输出
+15V	开路	无输出
R_5	短路	恒定输出为 0V
R_5	开路	反向环节相当于过零比较器
R_4	开路	输出不确定
R_{30}、R_4	短路	比例积分作用消失
R_1、R_2	100kΩ 电阻，阻值减小	改变 PI 参数
R_2	R_2 电阻增大为 150kΩ	改变 PI 参数

12.5　过零比较电路

12.5.1　基本原理

在系统中，过零比较电路的功能是将输入信号电压值与 0V 进行比较，输出两路反相的控制信号，用来控制比例阀阀门 A 和 B 的工作。

过零比较电路包括两个电压比较器电路，如图 12.5.1 所示，电压比较器电路的作用是将它的一个输入端上的电压 v_p 与另一个输入端上的电压 v_N 进行比较。根据

$$v_o = V_{OL}, \quad v_p = v_N$$

$$v_o = V_{OH}, \quad v_p > v_N$$

输出可以是一个低电压 V_{OL} 或是一个高电压 V_{OH}。观察发现，当 v_p 和 v_N 使模拟变量时（因为它们能取一组连续值），v_o 是一个二进制变量（因为它只能取两个值其中的一个，V_{OL} 或 V_{OH}），可以把比较器看成一个 1bit 模数转换器。这里的高、低电平根据供电电压的不同而改变，本设计采用的是±15V 供电，所以 $V_{OL} \approx -13V$，$V_{OL} \approx +13V$。

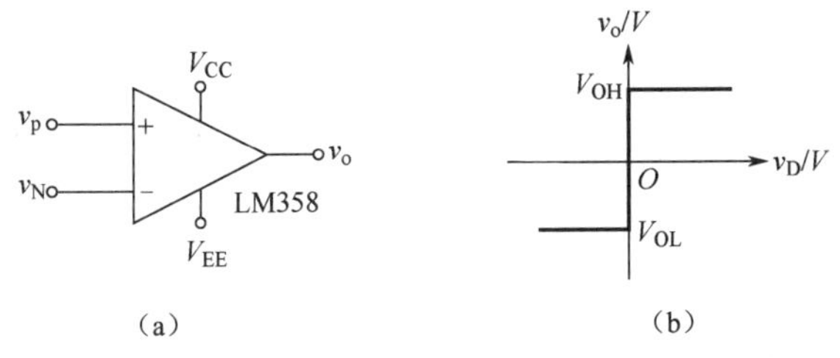

图 12.5.1　电压比较器电路和理想电压转移曲线

引入差分输入电压 $v_D = v_p - v_N$ 后，可以得到图 12.5.1（b）所示的理想电压转移曲线，但实际的只能近似这种理想的电压转移曲线。

在过零比较电路中，采用的是运算放大器 LM358，而不是电压比较器 LM393，LM358 运放也可以充当电压比较器的作用，当比较器的相应速率不再是影响电路整体功能的重要因素时，运算放大器可以成为一个极好的比较器，尤其是许多运算放大器系列都具有极高的增益和低输入失调可供利用。另外，在工作模式选择电路中也有电压比较电路，在此电路中采用了电压比较器芯片 LM393。

除此之外，在实用电路中，为了满足负载的需要，常在集成运放的输出端加稳压管限幅电路，从而获得合适的 V_{OL} 和 V_{OH}。电压比较器的输出限幅电路如图 12.5.2 所示，R 为限流电阻，两只稳压管的稳定电压均应小于运放的最大输出电压。图中，稳压二极管 VD_{Z1} 和 VD_{Z2} 的稳压值 U_Z 均为 10V，稳压二极管的导通电压 U_D 约为 0.7V。当 $v_p < v_N$ 时，$v'_o = V_{OL}$，此时，VD_{Z1} 工作在正向导通状态，VD_{Z2} 工作在稳压状态，$v_o = -(U_Z + U_D) \approx -10.7V$。当 $v_p < v_N$ 时，$v'_o = V_{OH}$，此时，VD_{Z1} 工作在稳压状态，VD_{Z2} 工作在正向导通状态，$v_o = +(U_Z + U_D) \approx +10.7V$。

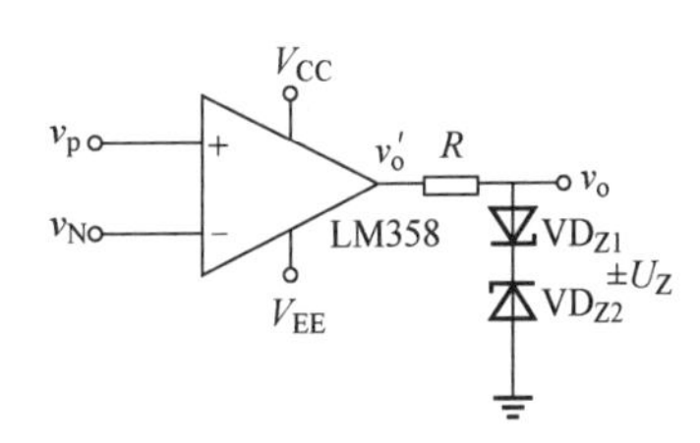

图 12.5.2　电压比较器的输出限幅电路

根据上述原理，我们设计了如图 12.5.3 所示的过零比较电路。输入信号 14 为 PI 电路的输出信号，输出信号 15 和 16 为两路控制信号，输出至驱动电路 A 和驱动电路 B。其中运放 U9A 和 U9B 充当的是电压比较器的作用。

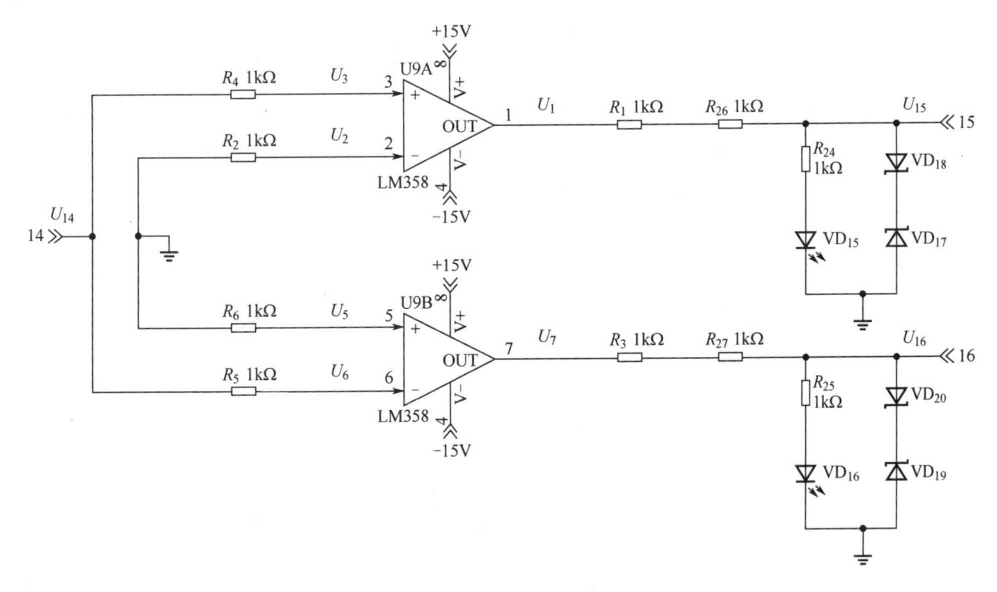

图 12.5.3　过零比较电路

当$U_{14}>0$时，$U_3>U_2$，则$U_1\approx+13\text{V}$，经过VD_{18}和VD_{17}的限幅作用，$U_{15}\approx+10\text{V}$；$U_6>U_5$，则$U_7\approx-13\text{V}$，经过VD_{19}和VD_{20}的限幅作用，$U_{16}\approx-10\text{V}$。

当$U_{14}<0$时，$U_3>U_2$，则$U_1\approx-13\text{V}$，经过VD_{18}和VD_{17}的限幅作用，$U_{15}\approx-10\text{V}$；$U_6>U_5$，则$U_7\approx+13\text{V}$，经过VD_{19}和VD_{20}的限幅作用，$U_{16}\approx+10\text{V}$。

12.5.2 注入故障

在图 12.5.4 所示的过零比较电路注入故障分析图中，上面标示了发光二极管的名称，其中，+15V/-15V/5V 是红色发光二极管，灯 1 和灯 2 是绿色发光二极管，灯 1 在电路图中指代的是发光二极管 VD_{15}，灯亮，表示输出端 15 是高电平；灯灭，表示输出端 15 是低电平。灯 2 在电路图中指代的是发光二极管 VD_{16}，灯亮，表示输出端 16 是高电平；灯灭，表示输出端 16 是低电平。当检测电路故障时，可以从灯的亮、灭大致看出来哪一部分发生了故障，但是具体到某一个元器件，还需要测量各测试点的电压信号。图 12.5.4 中也标示了测试点的位置，与电路板上的位置对应。下面，从所有故障中选出两个故障分析，其他的故障也大致按照这样的流程进行分析。

故障 1：R_2开路。

首先，分析 R_2 开路的现象。如图 12.5.4 所示，模拟开关 U1A，当单片机控制信号 PTH7 为高电平时，开关 U1A 为闭合状态；当 PTH7 为低电平时，开关 U1A 为断开状态。当 R_2 断开时，相当于运放 U9A 的负输入端断开，运放的输出状态不确定。但在测试时，发现运放 LM358 的负输入端开路时，输出恒定约为-13V，正输入端开路时，输出恒定约为+13V。因此运放输出电压约为-13V，发光二极管 VD_{15} 不亮。

其次，具体测试。使用者在进行测试时，通过界面选择正弦波或三角波输入，用示波器观察输出端 15 和 16 的波形状态，根据波形状态判断是哪个比较器的元器件短路或开路。R_2 开路，测试点 T3 的波形一直为恒定值，再测试点 T4 的波形，也为恒定值，则可以判断是运放输入端的问题，测试点 T8 的波形与输入波形相同，则可以判断是电阻 R_2 出现故障。但是当 R_2 短路时，运放输出波形与正常没有故障时基本相同，所以判断是电阻 R_2 开路故障。

故障 2：R_3开路。

首先，分析 R_3 开路的现象。当 R_3 开路时，运放输出端断路，信号传不到下一个电路。T2 点的电压一直为低电平，灯 1 应该是一直熄灭状态。

其次，具体测试。通过界面选择正弦波或三角波输入，设置的频率应为 1Hz 或 2Hz，若只观察发光二极管的状态，则发光二极管 VD_1 应该是正常闪烁，发光二极管 VD_2 一直为熄灭状态，因此判断可能是第二路出了问题。然后检测 T2 点的波形，恒定值为 0V，检测 T1 点的波形，为正常的比较之后的方波信号，所以判断 T1 和 T2 两点之间断开，是 R_3 开路的故障。

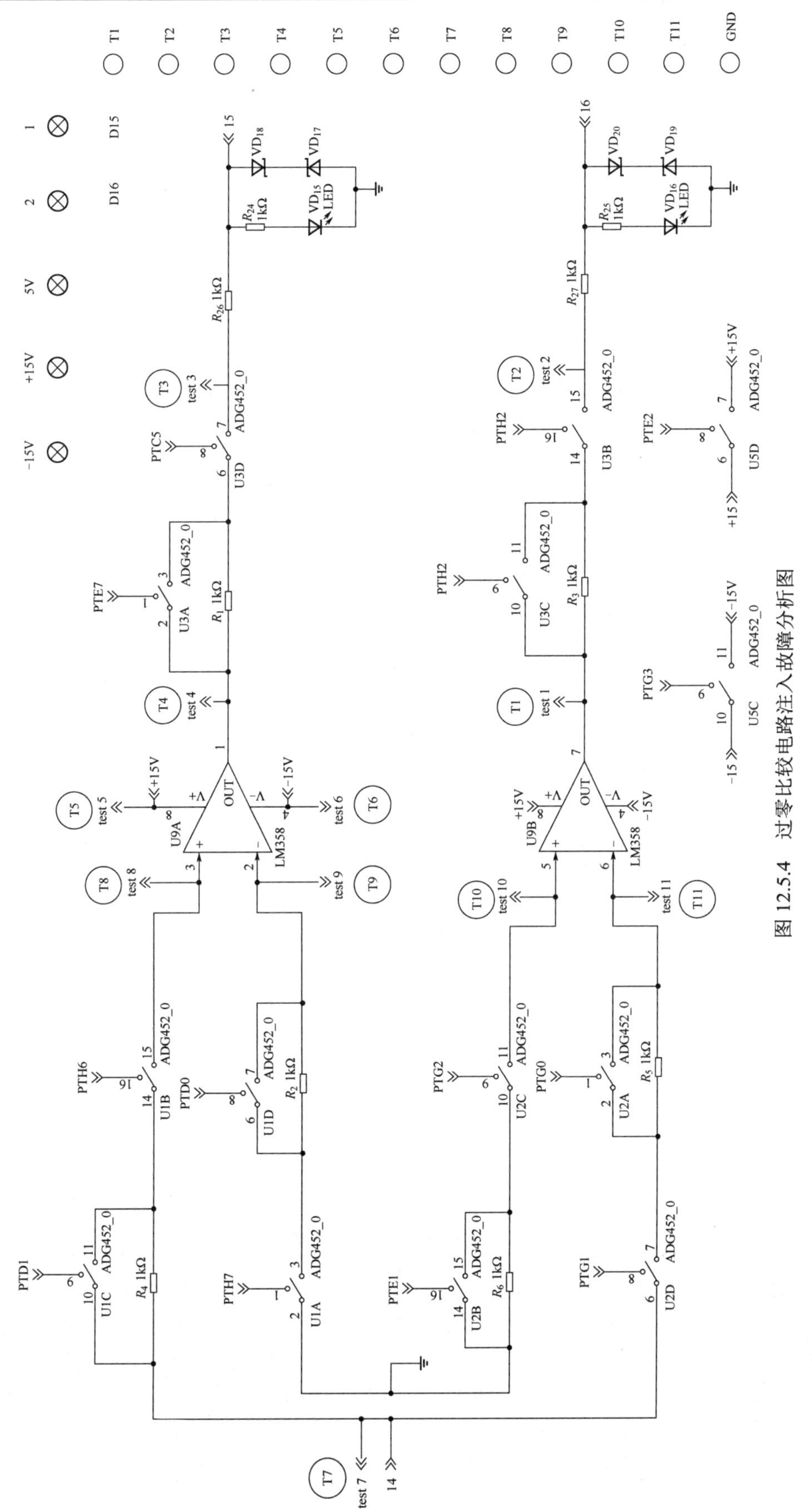

图 12.5.4　过零比较电路注入故障分析图

过零比较电路的故障类型及其影响如表 12-5-1 所示。

表 12-5-1　过零比较电路的故障类型及其影响

元件编号	故障类型	故障影响
R_2	开路	U9A 运放负输入端没有输入信号，输出约为-13V，另一路正常
R_4	开路	U9A 运放正输入端没有输入信号，输出约为+13V，另一路正常
R_4	短路	相当于运放的输入没有限流电阻，起不到对运放的保护作用，但不影响具体功能
R_2	短路	相当于运放的输入没有限流电阻，起不到对运放的保护作用，但不影响具体功能
R_5	短路	相当于运放的输入没有限流电阻，起不到对运放的保护作用，但不影响具体功能
R_6	短路	相当于运放的输入没有限流电阻，起不到对运放的保护作用，但不影响具体功能
R_6	开路	U9B 运放正输入端没有输入信号，输出约为+13V
R_5	开路	U9B 运放负输入端没有输入信号，输出约为-13V
R_1	短路	相当于运放的输入没有限流电阻，起不到对运放的保护作用，但不影响具体功能
R_3	开路	第二路结果无输出，没有输出信号
R_3	短路	相当于运放的输入没有限流电阻，起不到对运放的保护作用，但不影响具体功能
R_1	开路	第一路结果无输出，没有输出信号
+15V	开路	运放供电不正常，测试时，T5=T6=-13V
-15V	开路	运放供电不正常，测试时，T5=T6=0V

12.6　限幅电路

12.6.1　基本原理

限幅电路能按限定的范围削平信号电压波幅的电路，又称为限幅器或削波器。限幅电路常用于：整形（如削去输出波形顶部或底部的干扰）、波形变换（如将输出信号中的正脉冲削去，只留下其中的负脉冲）、过压保护（如强的输出信号或干扰有可能损坏某个部件时，可在这个部件前接入限幅电路）。采用限幅电路的场合是第三种场合，即过压保护。

首先说明电压跟随器（图 12.6.1）的作用，根据虚短 $v'_o = v_i$， R_2 没有电流流过，则 $v_o = v_i$ 。

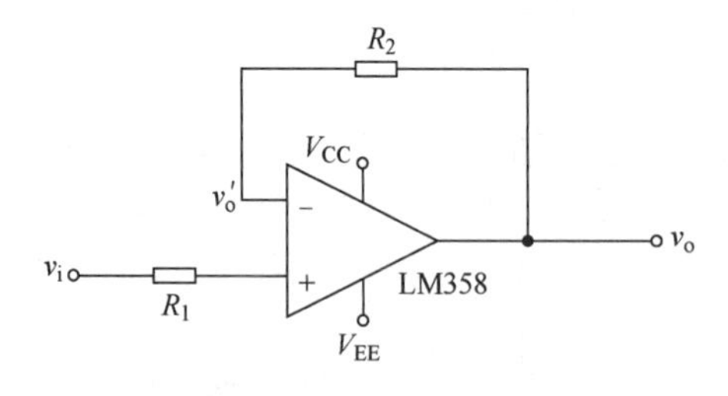

图 12.6.1　电压跟随器

图 12.6.2 所示为双向限幅电路，将输入信号限制在±10V 以内。输入信号 6 为 PI 电路的输出，输出信号 7 输出到绝对值电路。图 12.6.2 中，通过一个分压电路和一个 10V 的稳压二极管获得基准电压+10V，即上限幅 U_1 处的电压为+10V，可以通过调节滑动变阻器 R_1 来改变 U_1 的电压，调节范围为+6～+10V；通过一个分压电路和一个 10V 的稳压二极管获得基准电压-10V，即下限幅 U_2 处的电压为-10V，可以通过调节滑动变阻器 R_3 来改变 U_2 的电压，调节范围为-10～-6V。

基本原理是利用二极管的导通、关断和运放组成的电压跟随器将 U_3 限制在±10V 以内。当

U_6的电压大于上限幅值 10V 时，U_3的电压也大于 10V，U_{A2}的电压也大于 10V，运放 U4A 先起到电压比较器的作用，此时 U_{A3}的电压为 10V，则 U_{A1}的电压约为-13V，从而二极管 VD_1导通，此时运放起到电压跟随的作用，U_3的电压与 U_{A3}的电压相同，再经过 U6A 与 R_{10}组成的电压跟随器，$U_7 = U_3 = 10V$。

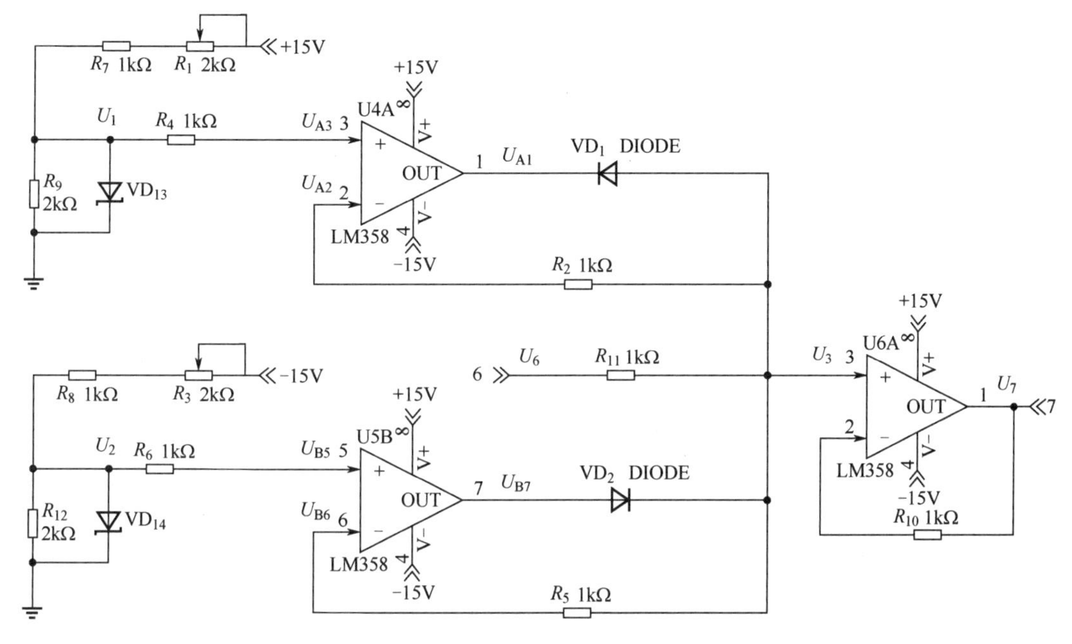

图 12.6.2　双向限幅电路

当 U_6的电压小于下限幅值-10V 时，U_3的电压也小于-10V，U_{B6}的电压也小于-10V，运放 U4B 先起到电压比较器的作用，此时 U_{B5}的电压为-10V，则 U_{B7}的电压约为+13V，从而二极管 VD_2导通，此时运放起到电压跟随的作用，U_3的电压与 U_{B7}的电压相同，再经过 U6A 与 R_{10}组成的电压跟随器，$U_7 = U_3 =-10V$。这样，超过正负 10V 的电压都会被限制在±10V 基准上。

对于输入电压在±10V 以内的电压，按照上面的分析方法可知，二极管 VD_1和 VD_2都不会导通，所以可以输出时不会发生变化。从而整个电路达到限幅的作用。

12.6.2　注入故障

限幅电路注入故障分析图如图 12.6.3 所示。

故障 1： VD_1开路。

输入 6 给定一个+13V 电压，即从测试点 T12 给定一个外加电源，测试点 T8 的电压为+13V，则判断是电路的上限幅部分出现了错误，再测试 T3 点的电压约为 13V，T1 点的电压约为-13V，则判断是二极管开路故障。

故障 2： R_5开路。

输入 6 给定一个-13V 电压，即从测试点 T12 给定一个外加电源，测试 T8 点的电压为-13V，则判断是电路的下限幅部分出现了错误，再测试 T3 点的电压为-13V，T6 点的电压为-10V，说明测试点 T6 之前的电路没有问题，T4 点的电压约为-13V，说明二极管 VD_2没有短路，再给输入 6 给定一个+13V 电压，T4 点的电压不变，说明 VD_2没有开路，因此判断 R_5开路。

限幅电路的故障类型及其影响如表 12-6-1 所示。

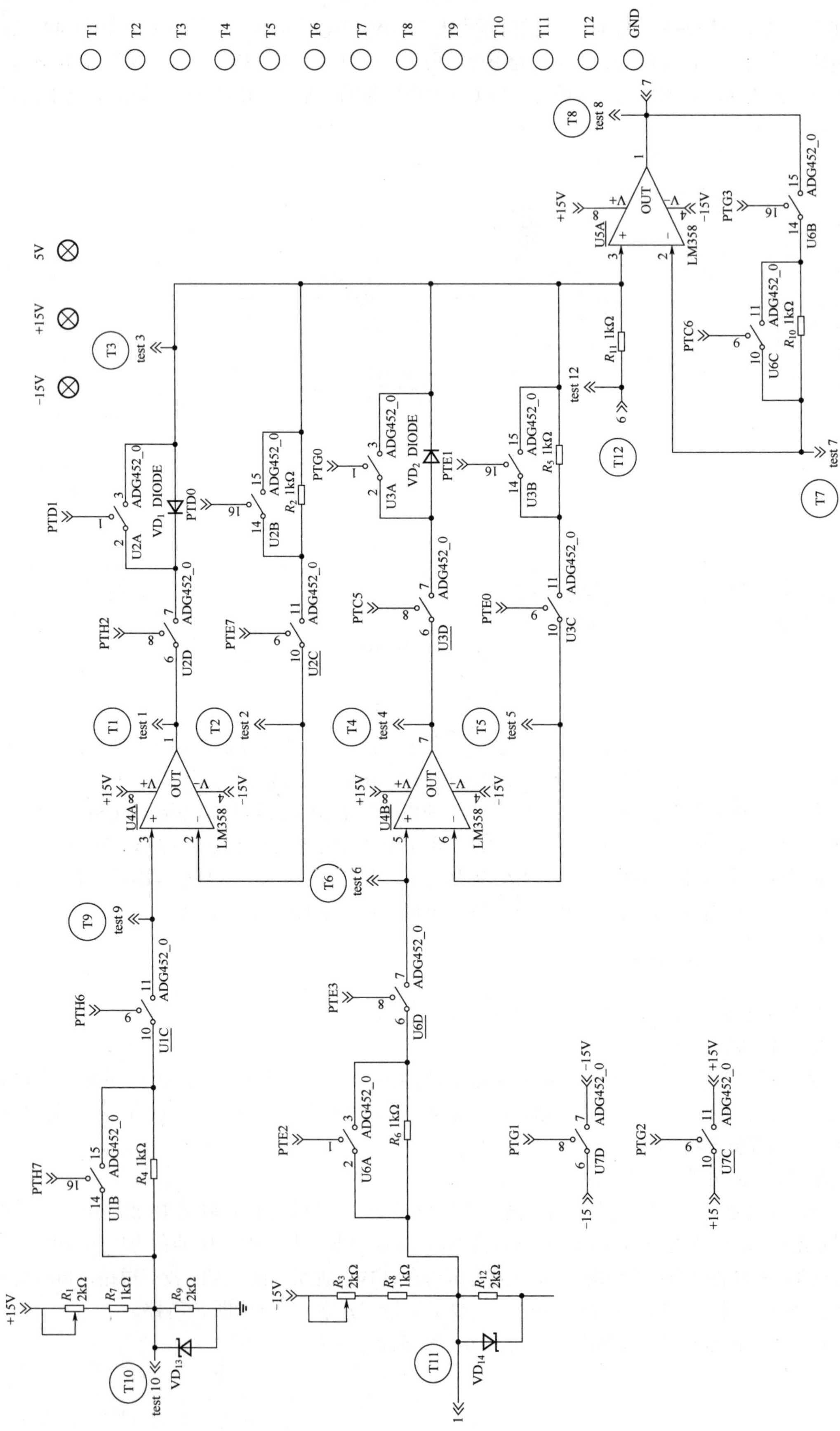

图 12.6.3　限幅电路注入故障分析图

表 12-6-1　限幅电路的故障类型及其影响

元件编号	故障类型	故障影响
R_4	短路	相当于运放的输入没有限流电阻：起不到对运放的保护作用，但不影响具体功能
R_4	开路	运放正输入端无输入，运放输出约为+13V
VD_1	短路	VD_1 短路，相当于电压一直跟随正限幅值
R_2	短路	相当于运放的输入没有限流电阻，起不到对运放的保护作用，但不影响具体功能
R_2	开路	运放负输入端无输入，运放输出约为-13V
VD_1	开路	上限幅不起作用
VD_2	短路	VD_2 短路，相当于电压一直跟随负限幅值
R_5	短路	相当于运放的输入没有限流电阻：起不到对运放的保护作用，但不影响具体功能
R_5	开路	运放负输入端无输入，运放输出约为-13V
VD_2	开路	下限幅不起作用
R_{10}	短路	起不到限流保护的作用，但也可正常工作
R_6	开路	运放正输入端无输入，运放输出约为+13V
R_6	短路	相当于运放的输入没有限流电阻：起不到对运放的保护作用，但不影响具体功能
R_{10}	开路	运放负输入端无输入，运放输出约为-13V
+15V	开路	运放输出不了正电压，-15V 至负限幅值
-15V	开路	运放输出不了负电压，+15V 至正限幅值

12.7　绝对值电路

功能：将输入范围为-10～10V 的控制信转换为 0～+10V 的控制信号，以便对驱动电路进行控制。

工作原理：如图 12.7.1 所示，输入U_i为正时，U1A 的输出为负值，VD_{11} 导通，VD_{12} 截止，对 N1 点进行分析，由虚短可知，$U_{N1}=0V$；由虚断可知，流经R_1和R_5的电流是相等的。根据基尔霍夫定律可得$U_{i1}/R_5+U_{o1}/R_1=0$，化简可得$U_{o1}=-U_i$；U1B 的输入为$-U_i$，对 N2 点进行分析，由虚短、虚断及基尔霍夫定律可得$U_o=U_{o1}(-R_2/R_3)=U_i$；输入U_i为负时，U1A 的输出为正值，VD_{11} 截止，VD_{12} 导通，对 N1 点进行分析。由虚短可知，$U_{N1}=0V$、$U_{N2}=U_{P2}$；由虚断可知，流经上下两条支路之和等于输入电流。根据这样的关系可得$U_{N2}/(R_1+R_2)+U_{N2}/R_7+U_i/R_5=0V$，计算可得$U_{N2}=-\frac{2}{3}U_i$、$U_{o1}=-\frac{1}{3}U_i$。再对 N2 点进行分析，由虚断及基尔霍夫定律可得$(U_{o1}-U_{N2})/R_2=(U_{N2}-U_o)/R_3$，带入前面的结果计算可得$U_o=-U_i$，因为此时的$U_i$是负值，所以$-U_i$为正值。综上可知，此绝对值电路的输出为$U_o=|U_i|$。

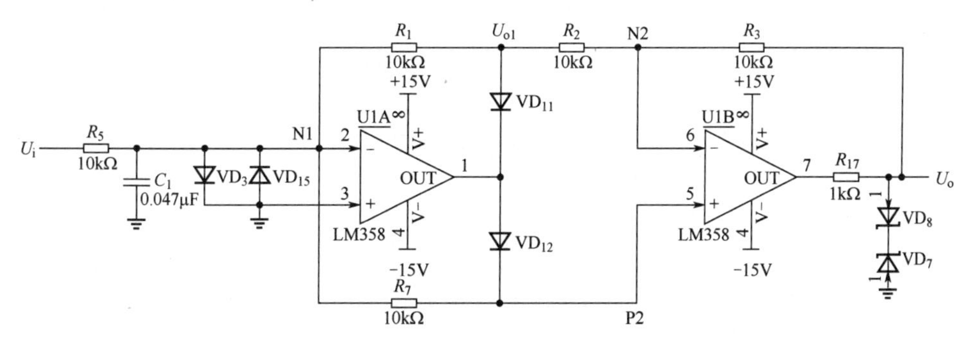

图 12.7.1　绝对值电路

绝对值电路注入故障分析图，如图 12.7.2 所示。

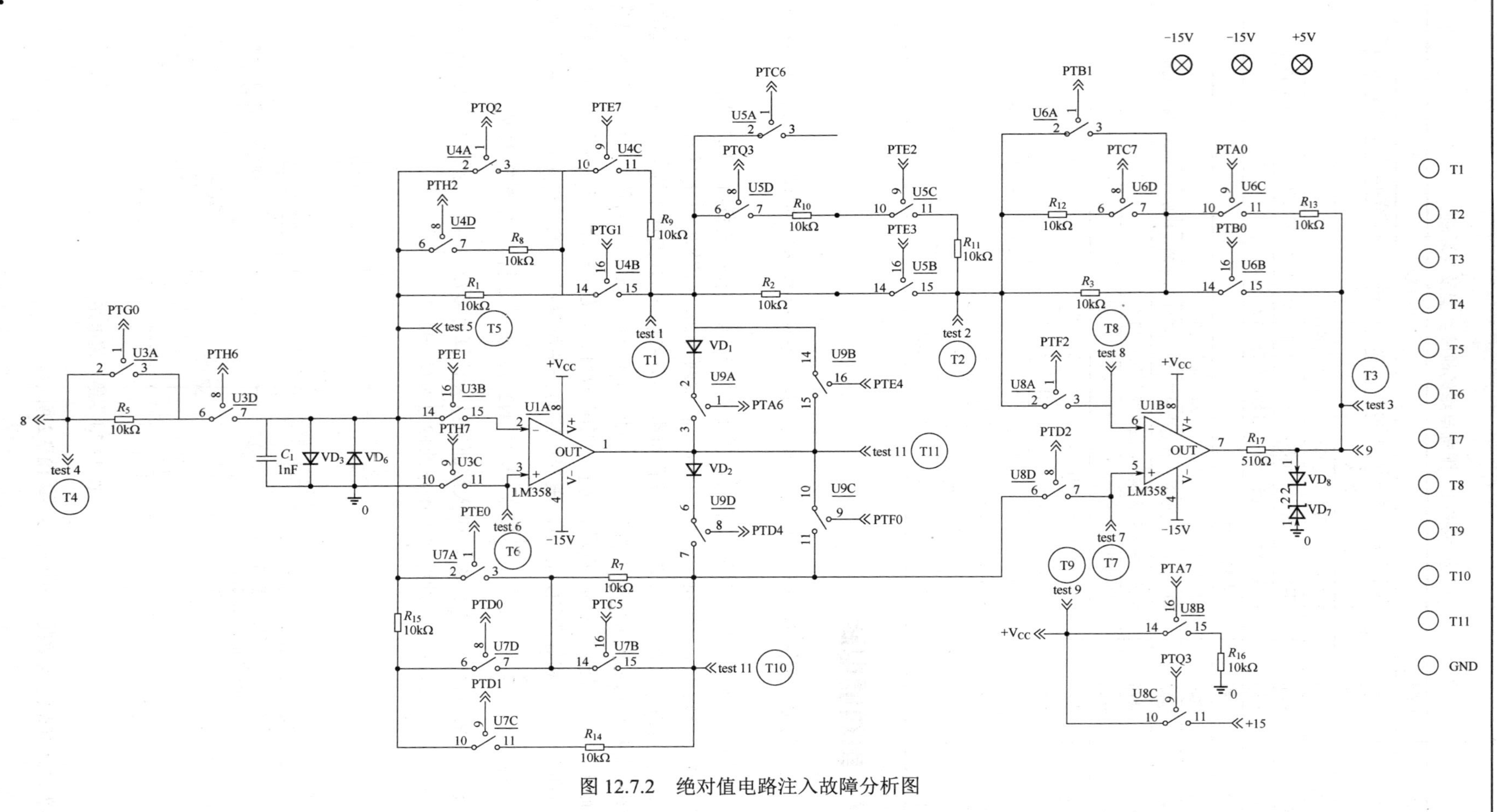

图 12.7.2　绝对值电路注入故障分析图

故障 1：R_1 短路。测试 T1 点和 T5 点可知，$U_{o1}=U_{N1}=0V$，可以判断 R_1 短路。当 $U_i>0V$ 时，$U_{N2}=U_{P2}=0V$，对 N2 进行分析得 $U_o=U_{o1}(-R_2/R_3)=0V$。当 $U_i<0V$ 时，$U_{N2}=U_{P2}=\frac{1}{2}U_i$，再对 N2 点进行分析，由虚断及基尔霍夫定律可得 $(0-U_{N2})/R_2=(U_{N2}-U_o)/R_3$，计算得 $U_o=-U_i$。

故障 2：U1A 负输入端开路。测量 T5 点电压不为 0V，T6 点电压等于 0V，则可判断 U1A 负输入端开路。当 U1A 负输入端开路时，U1A 工作于比较器状态，由于开路时悬空端电位不确定，U1A 输出为 $+V_{CC}$ 或 $-V_{CC}$。因此 N2 点嵌位于 $+V_{CC}$ 或 $-V_{CC}$，U1B 输出值保持于 $+V_{CC}$ 或 $-V_{CC}$。

故障 3：R_7 阻值降为原来的一半。测量 T7 点，当 $U_i>0V$ 时，T7 点电压为 0V；当 $U_i<0V$ 时，T7 点电压约为 $-\frac{1}{3}U_i$；可判断 R_7 阻值降为原来的一半。当 $U_i>0V$ 时，R_7 无电流流过，R_7 阻值的变化对电路无影响；当 $U_i<0V$ 时，$U_o=2U_{N2}-U_{o1}$，U_{N2}、U_{o1} 值接近于原来的一半，即 $U_o\approx-\frac{1}{2}U_i$。

绝对值电路的故障类型及其影响如表 12-7-1 所示。

表 12-7-1　绝对值电路的故障类型及其影响

元件编号	故障类型	故障影响	元件编号	故障类型	故障影响
R_5	短路	+11V	VD_2	短路	$\frac{2}{3}U_i$，$U_i>0$ 时 正常，$U_i<0$ 时
R_5	开路	0V	VD_2	开路	正常，$U_i>0$ 时 0V，$U_i<0$ 时
U1A	正输入端开路	+11V	R_2	短路	11V，$U_i>0$ 时 正常，有噪声，$U_i<0$
U1A	负输入端开路	+11V	R_2	开路	0V，$U_i>0$ 时 正常，$U_i<0$ 时
R_1	短路	0V，$U_i>0$ 时 正常，$U_i<0$ 时	R_2	参数漂移为 5kΩ	$2U_i$，$U_i>0$ 时 正常，$U_i<0$ 时
R_1	开路	10V，$U_i>0$ 时 正常，$U_i<0$ 时	R_2	参数漂移为 20kΩ	$\frac{1}{2}U_i$，$U_i>0$ 时 正常，$U_i<0$ 时
R_1	参数漂移为 5kΩ	$\frac{1}{2}U_i$，$U_i>0$ 时 正常，$U_i<0$ 时	R_3	短路	0V，$U_i>0$ 时 $\frac{2}{3}U_i$，$U_i<0$ 时
R_1	参数漂移为 20kΩ	$2U_i$，$U_i>0$ 时 正常，$U_i<0$ 时	R_3	开路	+11V
R_7	短路	正常，$U_i>0$ 时 0V，$U_i<0$ 时	R_3	参数漂移为 5kΩ	$\frac{1}{2}U_i$，$U_i>0$ 时 正常，$U_i<0$ 时
R7	开路	正常，$U_i>0$ 时 $-\frac{1}{3}U_i$，$U_i<0$ 时	R_3	参数漂移为 20kΩ	$2U_i$，$U_i>0$ 时 $-2U_i$，$U_i<0$ 时
R_7	参数漂移为 5kΩ	$-U_i$，$U_i>0$ 时 $-3U_i$，$U_i<0$ 时	R_3	正输入端开路	+11V
R_7	参数漂移为 20kΩ	正　常　，　$U_i>0$　时 $-2U_i$，$U_i<0$ 时	U1B	负输入端开路	−11V
VD_1	短路	正常，$U_i>0$ 时 $-\frac{1}{3}U_i$，$U_i<0$ 时	U1B	运放电源悬空	−11V
VD_1	开路	正常	所有运放	运放供电电源为 0V	−7.5V

12.8 工作模式选择电路

12.8.1 基本原理

图 12.8.1 所示为工作模式选择电路，基本功能是切换信号，以绝对值输出的信号为输入，输出信号给 PWM 电路板和驱动电路板，用来选择 PWM 驱动方式和 U/I 驱动方式。

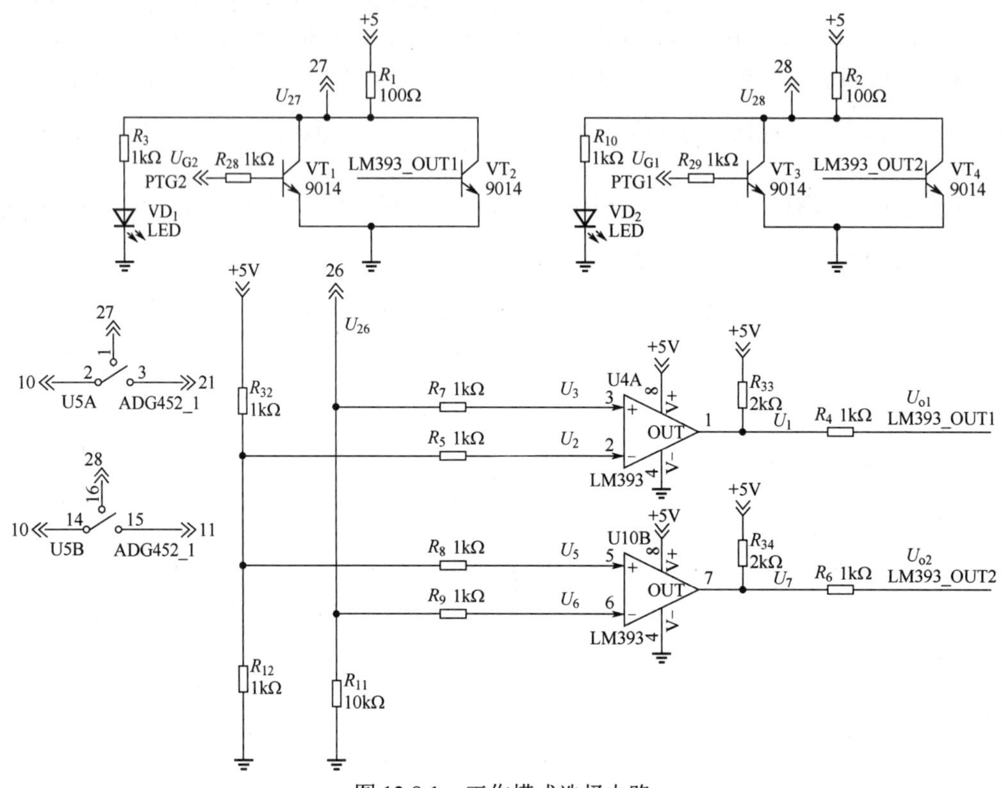

图 12.8.1 工作模式选择电路

各继电器的动作部分如表 12-8-1 所示。

表 12-8-1 各继电器的动作部分

继电器	K1	K2	K3	K4	K5	K6
动作部分	A	PWM	U/I	B	PWM	U/I

输入信号 10 通过开关 U5A 和 U5B 输出信号 21 和 11，信号 21 输出到 PWM 电路，然后到 PWM 驱动电路，与此同时信号 27 控制继电器 K2 闭合，使 PWM 驱动方式工作，且有信号通过，此时，虽然继电器 K5 也工作，但是同一时刻阀门 A 和 B 只能有一路工作，所以不会造成冲突。

在电路中，输入信号 26 为信号发生电路中给出的信号，为 5V 或 0V，通过与 2.5V 电压比较。当输入电压为 5V 时，输出 LM393_OUT1 约为 5V，控制三极管 VT_2 导通，使信号 27 为低电平，开关 U5A 断开；输出 LM393_OUT2 约为 0V，控制三极管 VT_2 关断，使信号 28 为高电平，开关 U5B 闭合，输入信号 10 可以通过，输出信号 11。

此电路另外设计了强制关断功能，单片机控制信号 PTG2 为高电平时，强制关断开关 U5A，单片机控制信号 PTG1 为高电平时，强制关断开关 U5B，设计这个功能的目的是防止电路注入故障时，对被控对象造成不可控的影响。

12.8.2 注入故障

工作模式选择电路注入故障分析图如图 12.8.2 所示。

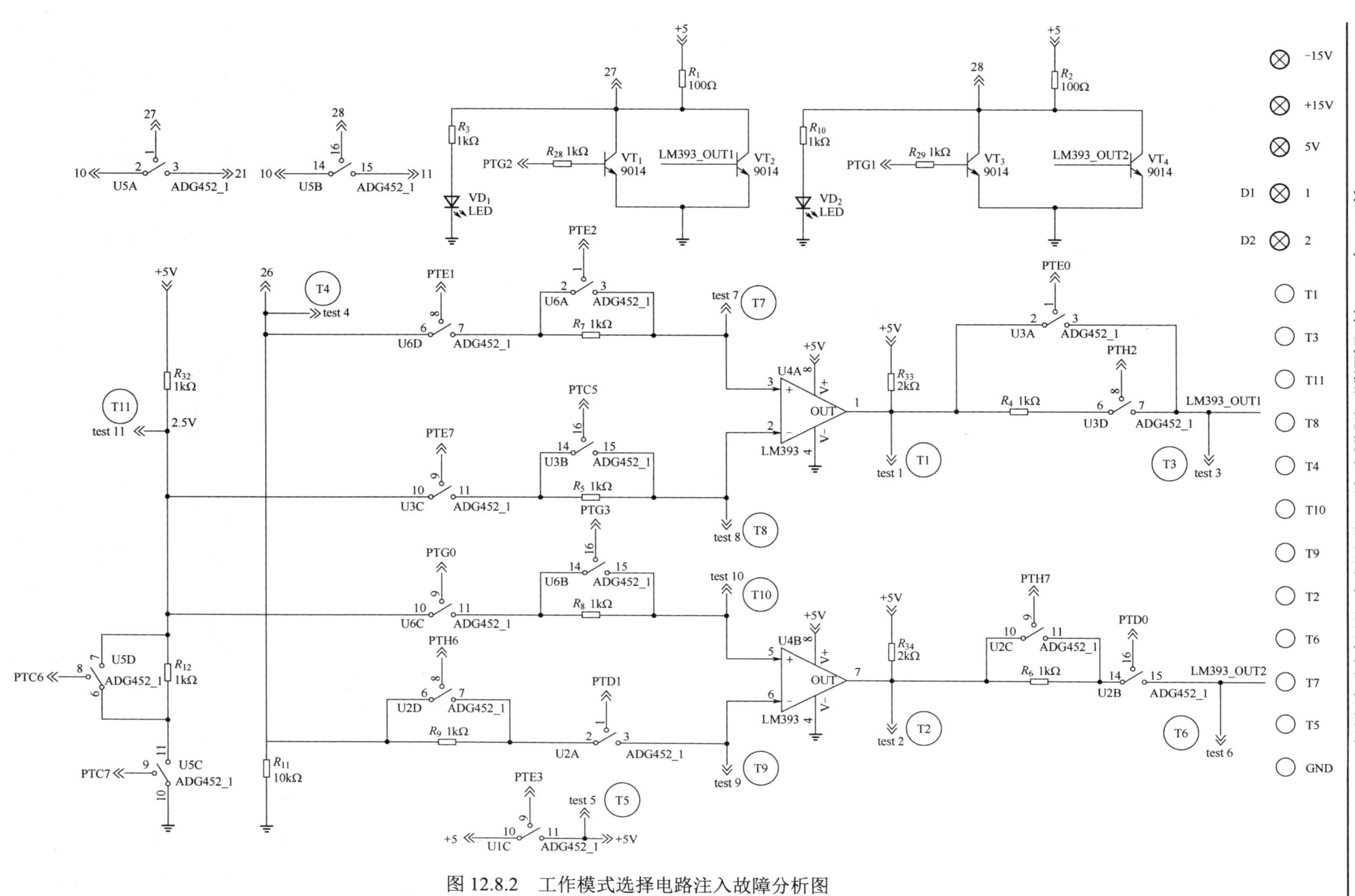

图 12.8.2　工作模式选择电路注入故障分析图

故障 1：R_4开路，测量 T4 点的电压，若为 0V，再测试 T1 点的电压为 0V，T2 点的电压为 5V，则说明运放输入部分电路没有注入故障，改变通过软件切换输入 26 的电压，测量 T4 点的电压为 5V，但是改变电压前后 T3 点的电压不变，因此判断 R_4 开路故障。

故障 2：R_6 短路，测试 T2 点的电压为 0.7V，只有 R_6 短路才会出现这种情况，0.7V 为三极管导通后的基极电压。

工作模式选择电路的故障类型及其影响如表 12-8-2 所示。

表 12-8-2　工作模式选择电路的故障类型及其影响

元件编号	故障类型	故障影响
U4	5/开路	电源断路，模拟开关一直处于断开状态，无法实现选择功能
R_9	开路	运放负输入端悬空，运放输出约为 0V
R_9	开路	OUT2 无输出，只有一路可以实现通断
R_6	短路	输入端直接接地或接电源：未加电阻，电压比较器也可以实现功能
R_6	短路	输入端直接接地或接电源，未加电阻，电压比较器也可以实现功能
R_4	短路	输入端直接接地或接电源，未加电阻，电压比较器也可以实现功能
R_4	短路	输入端直接接地或接电源，未加电阻，电压比较器也可以实现功能
R_5	开路	运放负输入端悬空，输出约为 0V
R_5	开路	OUT1 无输出，只有一路可以实现通断
R_{a2}	开路	参考电压由 2.5V 变为 5V，所以 C 为低电平时可以比较，变为高电平时比较结果不一定
R_{a2}	短路	参考电压由 25V 变为 0V，所以 C 为高电平时可以比较，变为低电平时比较结果不一定
R_7	短路	输入端直接接地或接电源，未加电阻，电压比较器也可以实现功能
R_7	短路	输入端直接接地或接电源。未加电阻，电压比较器也可以实现功能
R_8	开路	运放输入端正悬空，输出约为 2V
R_8	开路	运放输入端正悬空，输出约为 2V
VT_1	导通	第一路强制关断，第二路正常关断
VT_3	导通	第二路强制关断，第一路正常关断

12.9　PWM 控制电路

功能：脉宽调制技术可以通过调节 PWM 波的占空比来改变电磁铁线圈电流，该技术因具有效率高、接口简单和抗干扰能力强等优点，目前被广泛应用于液压控制系统中。

工作原理：如图 12.9.1 所示，接通电源时，积分器 U2A 便以 R_4 确定的电流开始积分，NE555 按一定的时间间隔产生定时脉冲。当 I_1 的栅极电压为 0V 时，工作在饱和导通状态，C_1 经此放电；当 I_1 的栅极电压为−15V 时，工作在截止关断状态，C_1 开始重新充电。由于 C_1 在充放电状态不断切换，使得 U1A 负输入端为锯齿波信号。NE555 经 $T=0.693(R_7+R_{10})C_2$ 时间后输出复位脉冲，改变 R_7 的阻值可对脉冲处于 0V 持续时间进行调节，改变 R_{10} 的阻值可对脉冲处于−15V 持续时间进行调节。当 NE555 输出脉冲处于 0V 时，三极管 VT_1 工作在截止关断状态，集电极输出−15V；当 NE555 输出脉冲处于−15V 时，三极管 VT_1 工作在饱和导通状态，集电极输出 0V。运放 U1A 为比较器，当负输入端控制信号大于正输入端锯齿波信号时，运放输出 $+V_{CC}$；反之，输出 0V。比较器 LM393 的输出部分是集电极开路，输出端必须接上拉电阻 R_{25}。

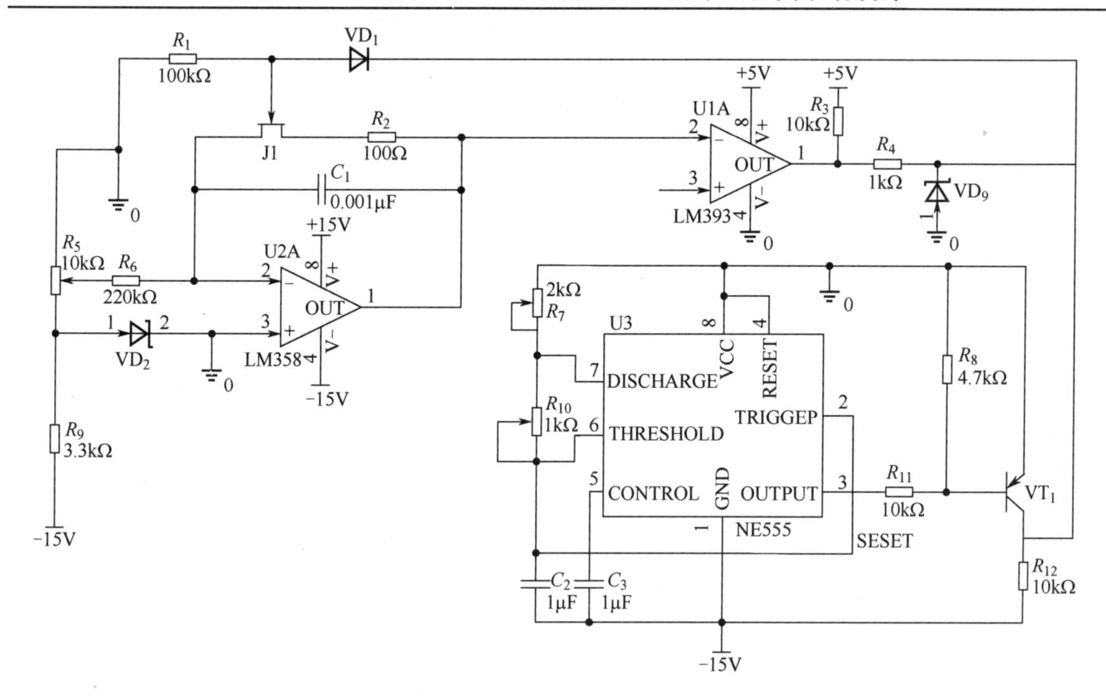

图 12.9.1　PWM 控制电路原理分析图

PWM 控制电路注入故障分析图如图 12.9.2 所示。

故障 1：C_2 开路。测量 T2 点的电压为一恒定值，说明 C_2 开路。当 C_2 开路时，测量 T5 点可知 555 定时器无脉冲波输出，则 I_1 恒处于导通或截止状态，C_1 恒处于放电或充电状态，U1A 负输入端为 0V 或 $+V_{CC}$。

故障 2：R_6 短路。测量 T10 点的电压为 0V，说明 R_6 短路。当 R_6 短路时，由于稳压管稳压，电压不变，流经电阻 R_5 的电流增大，电容 C_1 的充电速度变快，在频率不变的前提下，锯齿波变为梯形波，电路占空比调节范围变小。

故障 3：I_1 的 D 端开路。测量 T9，若电压值恒为 $+V_{CC}$，则可能为 I_1 的 D 端开路。当 I_1 的 D 端开路时，C_1 只能充电，不能放电，U1A 负输入端恒为 $+V_{CC}$，电路输出的 PWM 波恒为 0V。

PWM 控制电路的故障类型及其影响如表 12-9-1 所示。

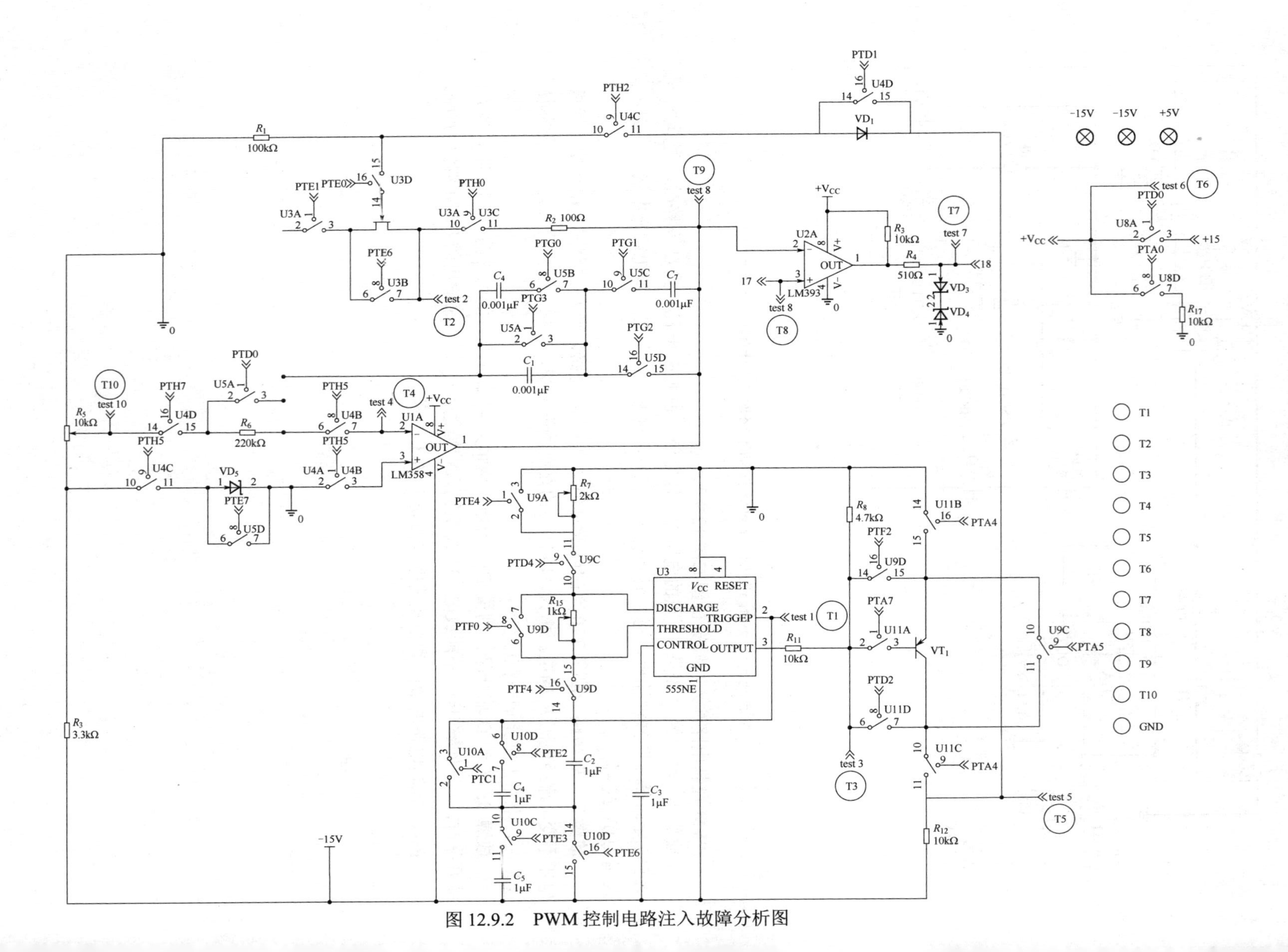

图 12.9.2 PWM 控制电路注入故障分析图

表 12-9-1　PWM 控制电路的故障及其影响

元件编号	故障类型	故障影响
C_2	短路	频率为零，输出为电压+12V
C_2	开路	频率为零，输出为电压+12V
C_2	容值增大	输出频率减小
C_2	容值减小	输出频率增大
R_7	短路	频率为零，输出电压为 0V
R_7	开路	频率为零，输出电压为+12V
R_{10}	短路	输出频率增大
R_{10}	开路	频率为零，输出电压为 0V
VT_1	C 开路	频率为零，输出电压为+12V
VT_1	B 开路	频率为零，输出电压为+12V
Q1E	开路	频率为零，输出电压为+12V
VT_1	BC 短路	频率为零，输出电压为 0V
VT_1	BE 短路	频率为零，输出电压为+12V
VT_1	CE 短路	频率为零，输出电压为 0V
J1	S 开路	频率为零，输出电压为+12V
J1	G 开路	输出波形失真
J1	D 开路	频率为零，输出电压为+12V
J1	DS 短路	频率为零，输出电压为 0V
VD_1	短路	无影响
VD_1	开路	频率为零，输出电压为 0V
R_6	短路	频率不变，占空比变化范围变小
R_6	开路	频率不变，输出方波
C_1	短路	频率为零，输出电压为 0V
C_1	开路	频率不变，占空比变化范围变小
C_1	容值增大	频率不变，幅值变小
C_1	容值减小	频率不变，幅值变大
U1A	正输入端开路	频率为零，输出电压为+12V
U1A	负输入端开路	频率为零，输出电压为-1V
VD_5	短路	频率不变，输出方波
VD_5	开路	无影响
所有运放	运放电源悬空	-0.6V
所有运放	运放供电电源为 0V	-1V

12.10　PWM/UI 驱动电路

12.10.1　PWM 驱动电路

工作原理：如图 12.10.1 所示，当 PWM 控制电路输出信号为高电平时，光耦开关 PS2501 闭合，由电阻 R_1 和 R_4 进行分压，使场效应晶体管 VT_1 和 VT_3 同时打开，此时电磁阀阀芯两端驱动电压为+24V；当 PWM 信号为低电平时，光耦开关 PS2501 打开，场效应管 VT_1 和 VT_3 同时关闭，阀芯进行卸荷，电流流向为电阻 R_3→防电源接反二极管 VD_5→电磁阀阀芯→卸荷二极管 VD_4，此时阀芯两端驱动电压为-24V。22、23 接电磁阀阀芯；C_3、C_4、C_5、C_6 为卸荷电容。

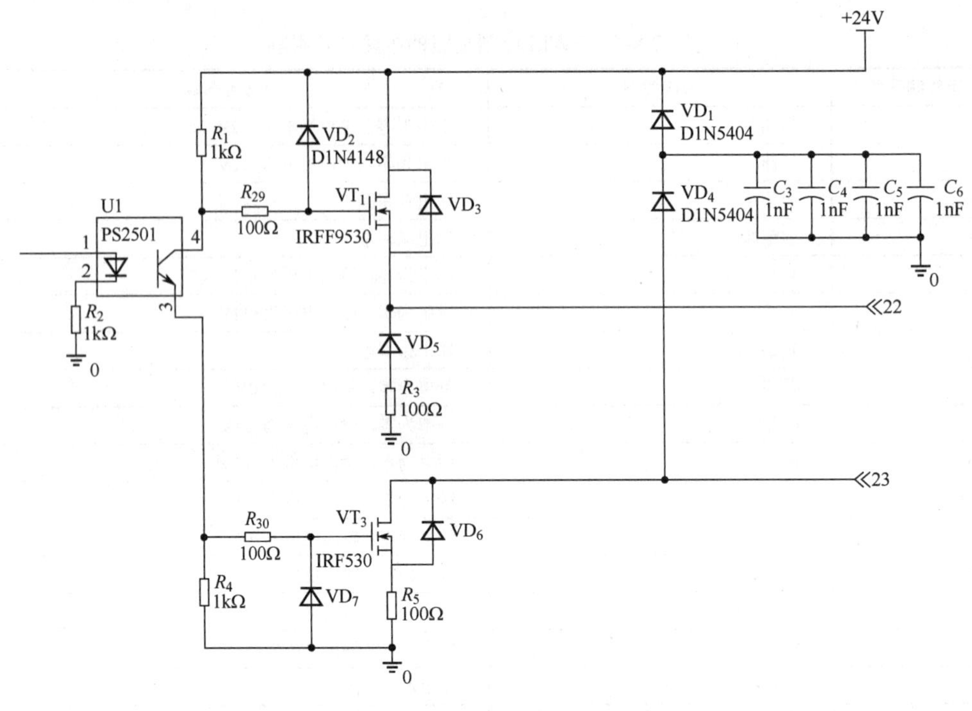

图 12.10.1　PWM 驱动电路原理分析图

12.10.2　UI 驱动电路

工作原理：如图 12.10.2 所示，该电路由控制信号叠加电路和 U/I 转换电路两部分组成。控制信号电压与颤振信号电压通过反相加法运算电路进行叠加，对 N 点进行分析。由虚短可知，$U_{\mathrm{N}}=0\mathrm{V}$，由虚断可知，流经 R_9 和 R_{12} 的电流与流经 R_7 的电流是相等的。根据基尔霍夫定律和叠加定理可得 $U_{\mathrm{i1}}/R_9+U_{\mathrm{i2}}/R_{12}=-(U_{\mathrm{o1}}/R_7)$，化简可得 $U_{\mathrm{o1}}=-(U_{\mathrm{i1}}/U_{\mathrm{i2}})$。为满足相位的要求，其后又增加一级反相器，由虚短、续断及基尔霍夫定律可得 $U_{\mathrm{o1}}/R_8+U_{\mathrm{o2}}/R_6=0$，化简可得 $U_{\mathrm{O2}}=-U_{\mathrm{o1}}=U_{\mathrm{i1}}+U_{\mathrm{i2}}$。最后，U/I 转换电路将输入的电压信号转换为电磁阀阀芯的控制电流输出。20、21 接电磁阀。该 U/I 转换电路的功放三极管工作于线性放大区，U2A 反相输出端电压加在 R_{10} 上所产生的电流与流经电磁阀阀芯的电流相同。二极管 VD$_8$ 是续流二极管，用于在断电时释放电磁阀阀芯感应电动势产生的电流。

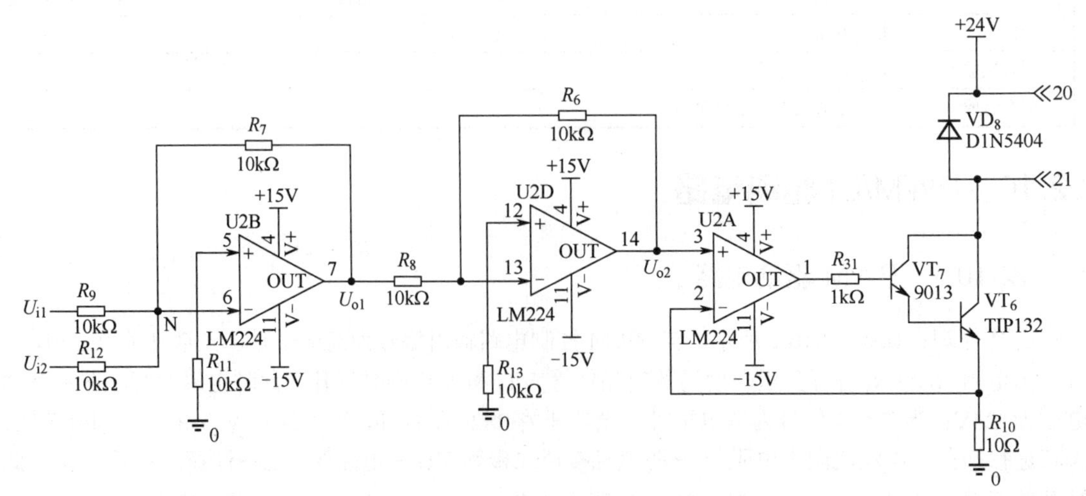

图 12.10.2　UI 驱动电路原理分析图

12.11　颤振信号发生电路

功能：为了降低比例电磁铁的摩擦滞环，常采用在控制信号上叠加颤振信号的方法。由于受机械加工工艺水平的限制而带来的性能不一致性，往往还要求比例控制放大器能提供颤振分量频率和幅值可独立调节的控制电流。

工作原理：图 12.11.1 是由比较器 U5A 和积分器 U5B 组成的颤振信号发生电路。在 t_1 时刻，若 U5A 输出达到负向饱和电压 $-V_{CC}$，则 U5B 的输出正向电压增加到 $U_{o1}/R_3+U_{o2}/R_8=0$，此时 U5A 输出反转，由 $-V_{CC}$ 变化到 $+V_{CC}$，U5B 输出开始反向减小,减小到 $U_{o1}/R_3+U_{o2}/R_8=0$，此时再次反转。该电路持续产生振荡，其时间常数仅由 $T=(R_5+R_6)C_3$ 决定。由此可知，改变 R_5 的阻值就能对颤振频率进行控制。由电阻分压可知，改变 R_9 的阻值能对颤振幅值进行控制。

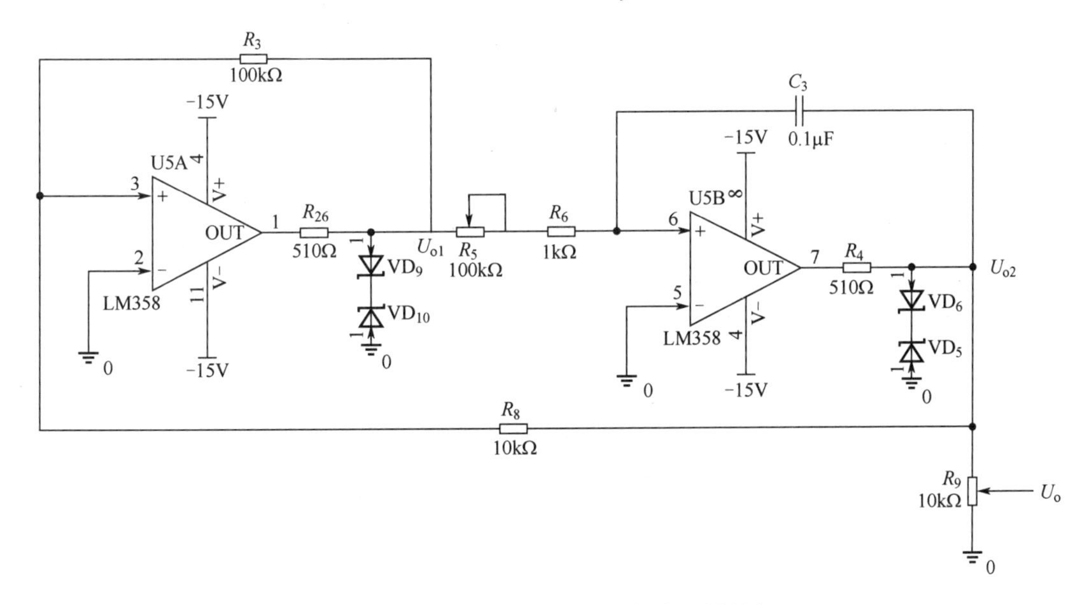

图 12.11.1　颤振信号发生电路原理分析图

颤振信号发生电路注入故障分析图如图 12.11.2 所示。

故障 1：R_3 阻值上升为原来的 2 倍。测量 T8 点的波形，当波形频率不变、幅值变小时，可能为 R_3 阻值上升为原来的 2 倍。通过电路工作原理可知，当 U5B 的输出正向电压增加到 $U_{o1}/R_3+U_{o2}/R_8=0$ 时，U5A 输出反转，由 $-V_{CC}$ 变化到 $+V_{CC}$。R_3 阻值上升为原来的两倍后，因为 U_{o1}、R_8 的值恒定不变，U_{o2} 的值达到原来的 $\frac{1}{2}$ 时，U5A 输出反转，即颤振信号输出幅值变为原来的 $\frac{1}{2}$。

故障 2：U5B 负输入端开路。若测量 T3 点的电压不等于 0V，T8 点的电压恒为 $+V_{CC}$ 或 $-V_{CC}$，则 U5B 负输入端开路。当 U5B 负输入端开路时，U5B 工作在比较器状态，由于开路时悬空端电位不确定，U5B 输出端电压为 $+V_{CC}$ 或 $-V_{CC}$。

颤振信号发生电路的故障类型及其影响如表 12-11-1 所示。

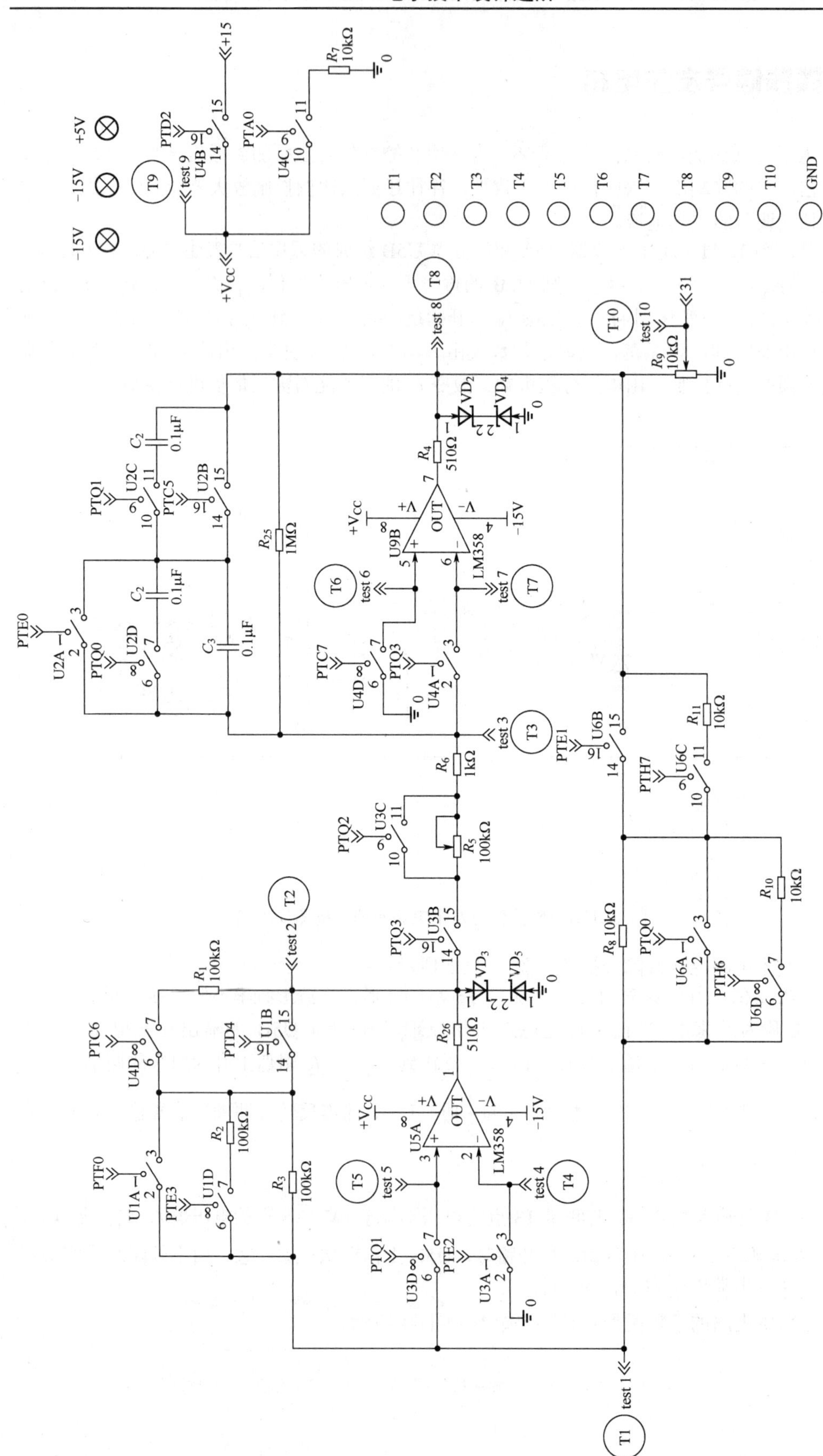

图 12.11.2 颤振信号发生电路注入故障分析图

表 12-11-1 颤振信号发生电路的故障及其影响

元件编号	故障类型	故障影响
R_3	短路	颤振信号频率为零，输出正电压
R_3	开路	无颤振信号，输出电压为 0V
R_3	阻值上升	颤振信号频率升高，幅值减小
R_3	阻值下降	颤振信号频率降低，幅值增大
R_5	短路	颤振信号频率降低，幅值增大
R_5	开路	颤振信号频率为零，输出正电压
R_8	短路	无颤振信号，输出电压为 0V
R_8	开路	颤振信号频率为零，输出负电压
R_8	阻值上升	颤振信号频率降低，幅值增大
R_8	阻值下降	颤振信号频率升高，幅值减小
C_3	短路	无颤振信号，输出电压为 0V
C_3	开路	颤振信号频率升高，幅值增大
C_3	容值上升	颤振信号频率降低
C_3	容值下降	颤振信号频率为零，输出负电压
所有运放	运放电源悬空	颤振信号频率为零，输出负电压
所有运放	运放供电电源为 0V	输出为负值，有颤振
U5A	正输入端开路	颤振信号频率为零，输出负电压
U5A	负输入端开路	颤振信号频率为零，输出正电压
U5B	正输入端开路	颤振信号频率为零，输出正电压
U5B	负输入端开路	无影响

12.12 D/A 反馈电路

D/A 反馈电路的功能是将增量式旋转编码器的数字量信号转换成±10V 的模拟量信号，输出至差分放大电路。它主要包括倍频电路、计数器电路、D/A 转换电路三部分。

12.12.1 倍频电路

增量式旋转编码器输出 6 路信号，包括 A、$\overline{A}$、B、$\overline{B}$、Z、$\overline{Z}$。信号 A 和 B 是两路相差 90° 的脉冲，编码器旋转一周，则产生 1000 个脉冲，信号 Z 是每旋转一周产生一个脉冲，作为校准功能。信号 A 和 $\overline{A}$ 是完全反相的差分信号，当长距离传输信号时，用来提高信号精度，同理，B 和 $\overline{B}$，Z 和 $\overline{Z}$ 也是完全反相的差分信号。

增量式旋转编码器的特点是每产生一个输出脉冲信号就对应一个增量位移，但是不能通过输出脉冲区别出在哪个位置上的增量。它能够产生与位移增量等值的脉冲信号，其作用是提供一种对连续位移量离散化或增量化及位移变化（速度）的传感方法，它是相对于某个基准点的相对位置增量，不能够直接检测出轴的绝对位置信息。一般来说，增量式旋转编码器输出 A、B 两相互差 90° 电度角的脉冲信号（两组正交输出信号），从而可方便地判断出旋转方向。同时，还有用作参考零位的 Z 相标志（指示）脉冲信号，编码器每旋转一周只发出一个标志信号，标志脉冲通常用来指示机械位置或对积累量清零。

本设计中，负载液压装置只旋转正、负 45°，且传输距离较短，所以只选用了 A、B 两路信号。

我们设计了一种全数字型倍频电路，如图 12.12.1 所示。D 触发器的功能表如表 12-12-1 所示。在此电路中，输入脉冲由 A 点输入，由时钟 CLK 上升沿打入 D 触发器 1，D 触发器 1 输出信号 B，B 信号在下一个时钟的上升沿被打入下一级 D 触发器 2，D 触发器 2 输出信号 C，再将 B、C 信号异或，即可得到脉冲宽度为一个时钟周期的倍频信号，其波形如图 12.12.2 所示。采用这种方法实现的电路输出信号的脉冲宽度可由输入时钟周期的大小随意调节 ，唯一的要求是时钟的频率要大于 2 倍的输入信号的频率。

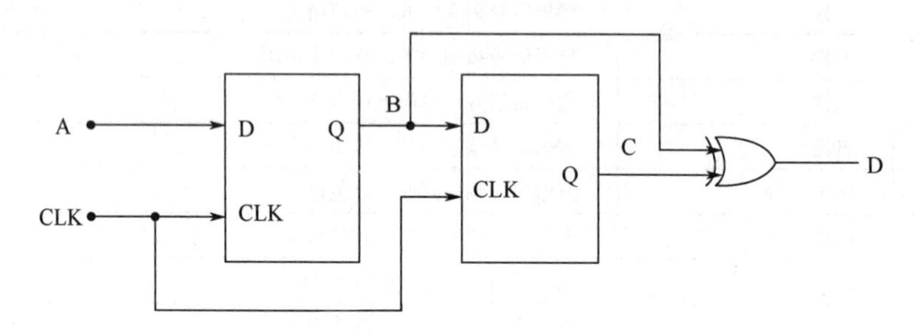

图 12.12.1　全数字型倍频电路

表 12-12-1　D 触发器的功能表

D	CLK	Q	QN
0	时钟上升沿	0	1
1	时钟上升沿	1	0
×	0	last Q	last QN
×	1	last Q	last QN

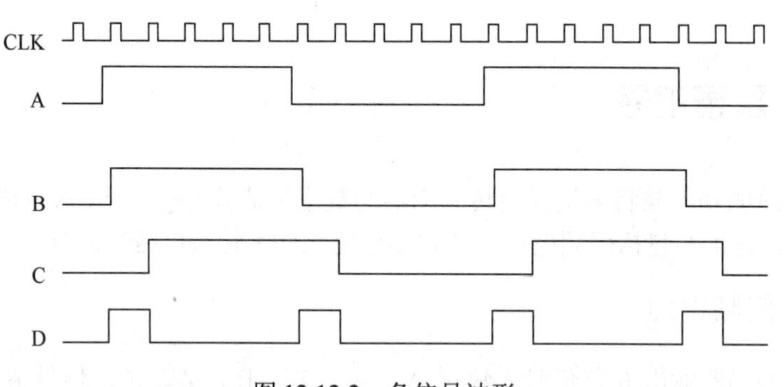

图 12.12.2　各信号波形

图 12.12.3 所示为编码器正转时的仿真图，信号 A（1）超前信号 B（2）90°，周期为 2s，占空比为 50%，信号 PTA1（3）为时钟信号，周期 0.16s，占空比为 50%。根据上述的分析方法，信号 4 是二倍频之后的信号，信号 5 是四倍频之后的信号。信号 6 是表示电机正转的信号，根据 D 触发器的功能表，可知信号 6 输出一直为高电平。

图 12.12.4 所示为编码器正转倍频仿真波形图，截取的是第 2～4 秒的波形，从上到下 6 个波形图的顺序对应的是仿真图中标出的序号，波形图中的 1 和 2 是两路相差 90° 的方波信号；3 是时钟信号，频率较高；4 是二倍频的信号，通过与 1 进行比较也可看出；5 是四倍频的信号，通过与 4 进行比较也可看出；6 一直为高电平。

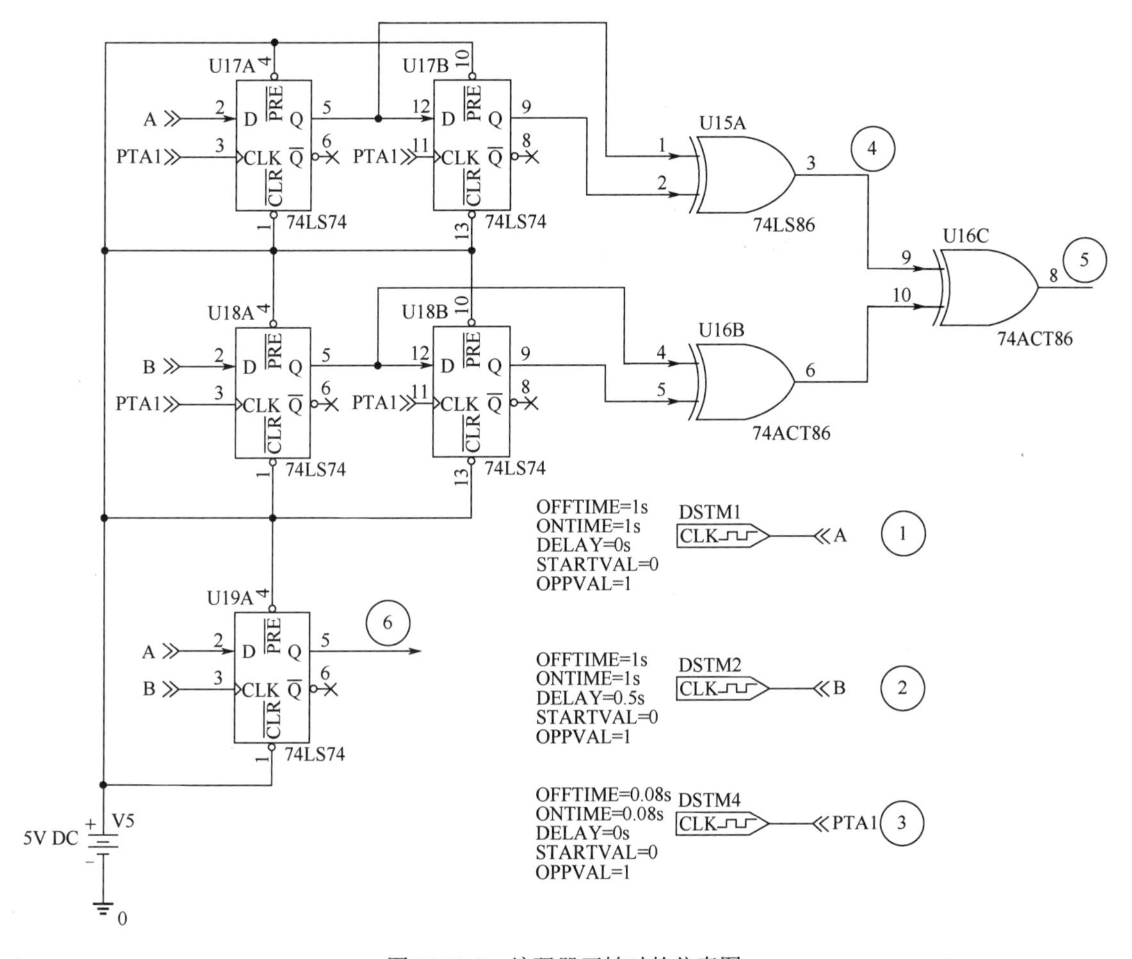

图 12.12.3　编码器正转时的仿真图

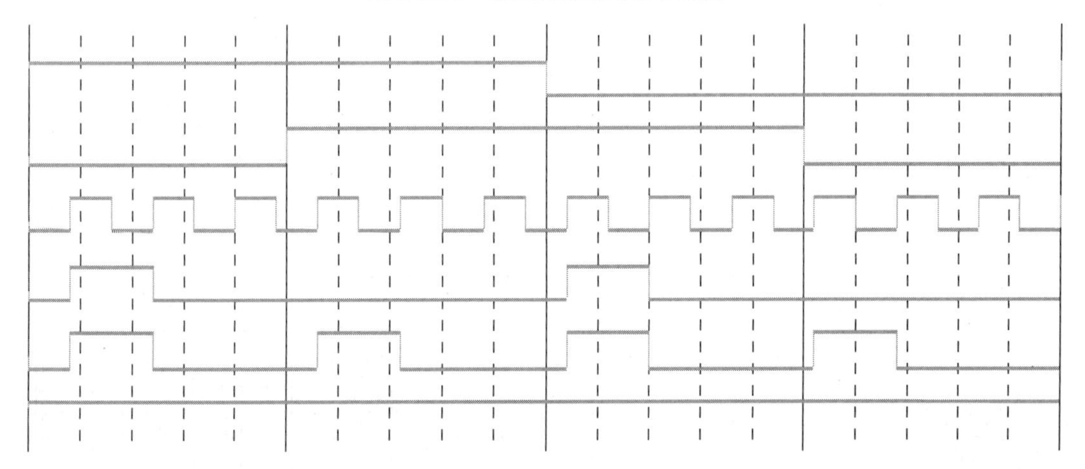

图 12.12.4　编码器正转倍频仿真波形图

图 12.12.5 所示为编码器反转时的仿真图，信号 B（1）超前信号 A（2）90°，周期为 2s，占空比为 50%，信号 PTA1（3）为时钟信号，周期 0.16s，占空比为 50%。根据上述的分析方法，信号 4 是二倍频之后的信号，信号 5 是四倍频之后的信号。信号 6 是表示电机反转的信号，根据 D 触发器的功能表，可知信号 6 输出一直为低电平。

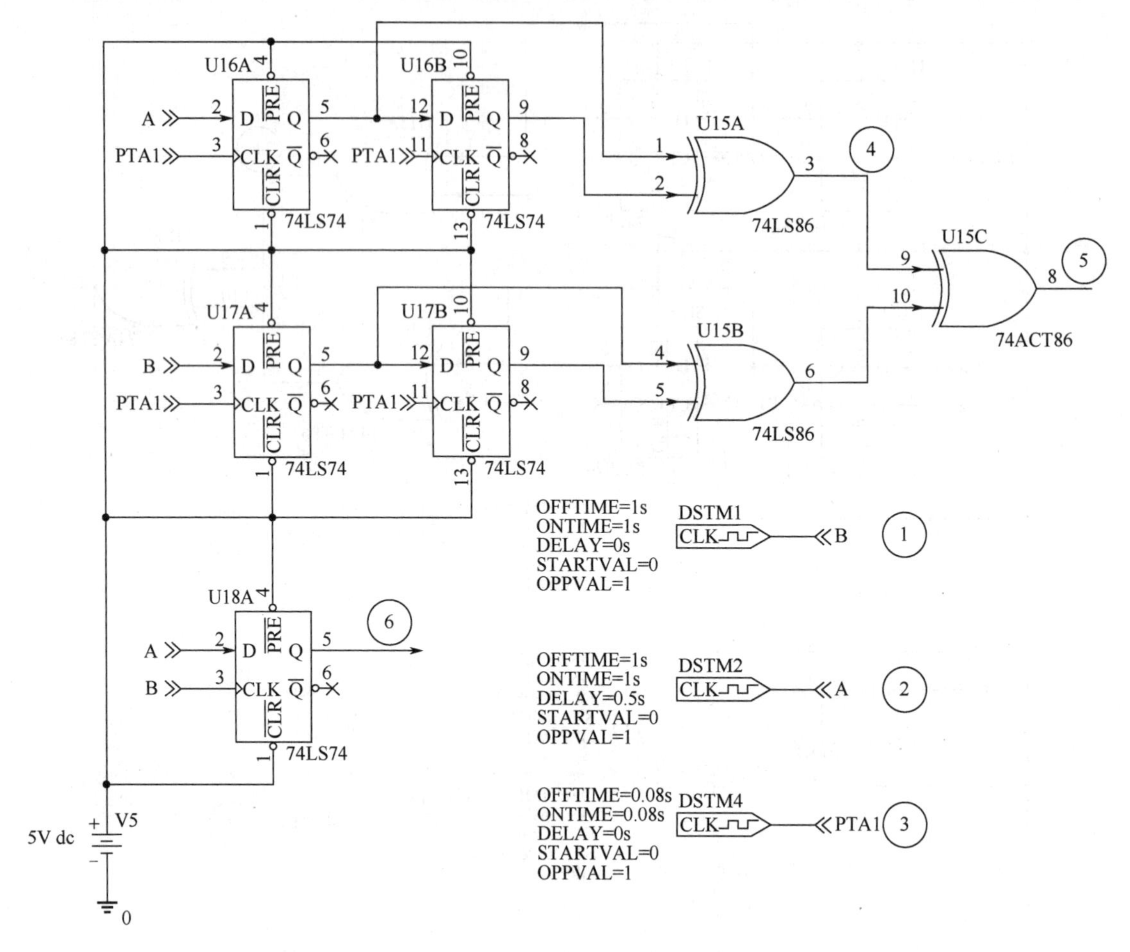

图 12.12.5 编码器反转时的仿真图

图 12.12.6 所示为编码器反转倍频仿真波形图，截取的是第 2～4 秒的波形，从上到下 6 个波形图的顺序对应的是仿真图中标出的序号，波形图中的 1 和 2 是两路相差 90° 的方波信号；3 是时钟信号，频率较高；4 是二倍频的信号，通过与 1 进行比较也可看出；5 是四倍频的信号，通过与 4 进行比较也可看出；6 一直为低电平。

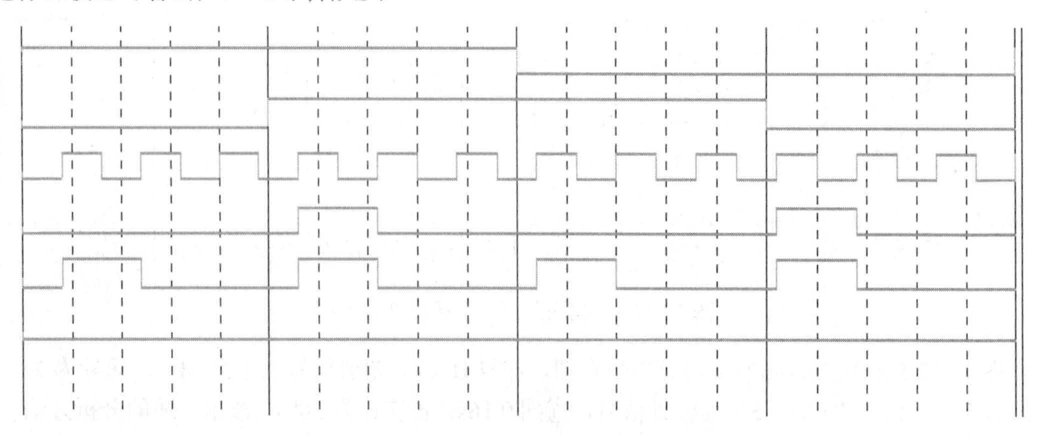

图 12.12.6 编码器反转倍频仿真波形图

在实际应用中，我们选用 74LS74D 芯片，它含有两个独立的 D 触发器，其构成如图 12.12.7 所示，输入信号 1 是 A 路信号，输入信号 2 是 B 路信号，经过由 D 触发器和异或门构成的倍频电路倍频，器件 J11 的 1 端是原信号二倍频后的信号，3 端是原信号四倍频后的信号，输出给计数器电路的是 2 端，用短路帽可以任意切换所需要的结果，实际应用的二倍频信号。U5 的 5 脚（1Q）输出的是旋转方向信号，当旋转方向为顺时针时，输出高电平；当旋转方向为逆时针时，输出低电平。输入的时钟脉冲为单片机模块提供的 1kHz 脉冲。

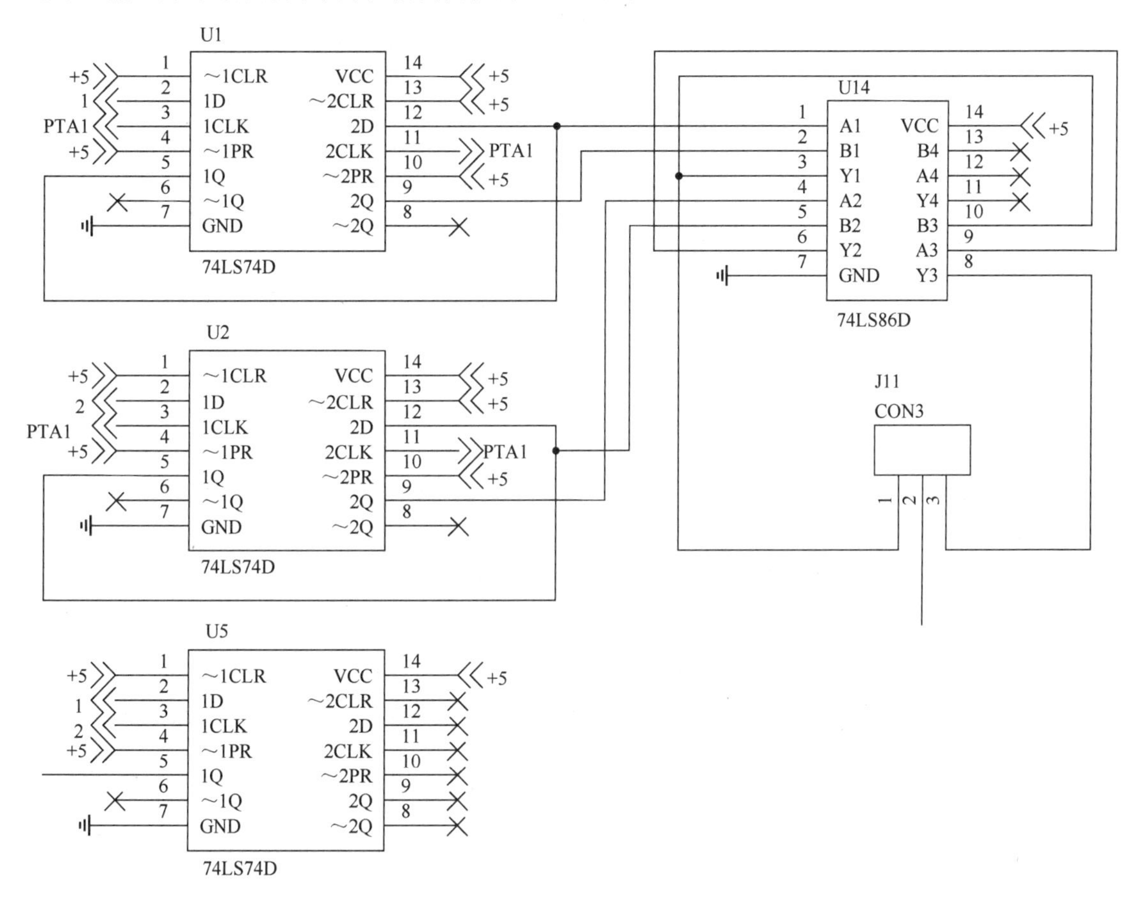

图 12.12.7　倍频电路构成

12.12.2　计数器电路

为了实现正向和反向的计数模式，设计中选择了可以上下行计数的计数器 74LS191N，倍频电路的倍频信号输出到 U1 和 U2 的 14 号引脚（CLK），正反计数信号输出到 U1、U2、U3 的 5 号引脚（D/$\overline{\mathrm{U}}$），构成 10 位二进制计数器。10 位从高位到低位是 U3 的 QB、QA，U2 的 QD、QC、QB、QA，U1 的 QD、QC、QB、QA，输出到 D/A 转换电路。单片机提供置位信号 PTA0，初始计数为 1000000000，以此为基准进行上、下计数。

图 12.12.8 所示为计数器电路的仿真图，计数器的 A、B、C、D 引脚都接低电平，表示从 0000 开始计数，计数脉冲由信号源 DSTM2 发出，加到低位芯片 U1 和 U2 的 CLK 端，每一个芯片向前进位的信号由 MAX/MIN 引脚经非门提供。当第一块芯片计数至 1111 时，MAX/MIN 从低电平到高电平，在下一个时钟信号下降沿到来时再变为低电平，第二块芯片的 $\overline{\mathrm{CTEN}}$ 引脚接收到低电平信号，开始从保持状态转变为计数状态，但每次只能计数一个，等到下一次计数 MAX/MIN 信号到来再次计数。当第二块芯片计数至 1111 时，再通过 MAX/MIN 信号使第三块芯片开始计数，但第三块芯片的计数脉冲不再由 DSTM2 提供，而是由第二块芯片的 $\overline{\mathrm{RCO}}$ 提供，$\overline{\mathrm{RCO}}$ 信号是和 MAX/MIN 信号相反的信号，作为第三块芯片的计数信号。这样从低位到高位，第三块芯片只选

用的是低两位。因为D/A芯片选择的是十位并行芯片，所以只需要两位。这样计数器从00000 00000计数至11111 11111。每块芯片的D/U端是正反计数的引脚，给一个信号DSTM4，在第5秒时由低电平转变为高电平，则从向下计数改变为向上计数。

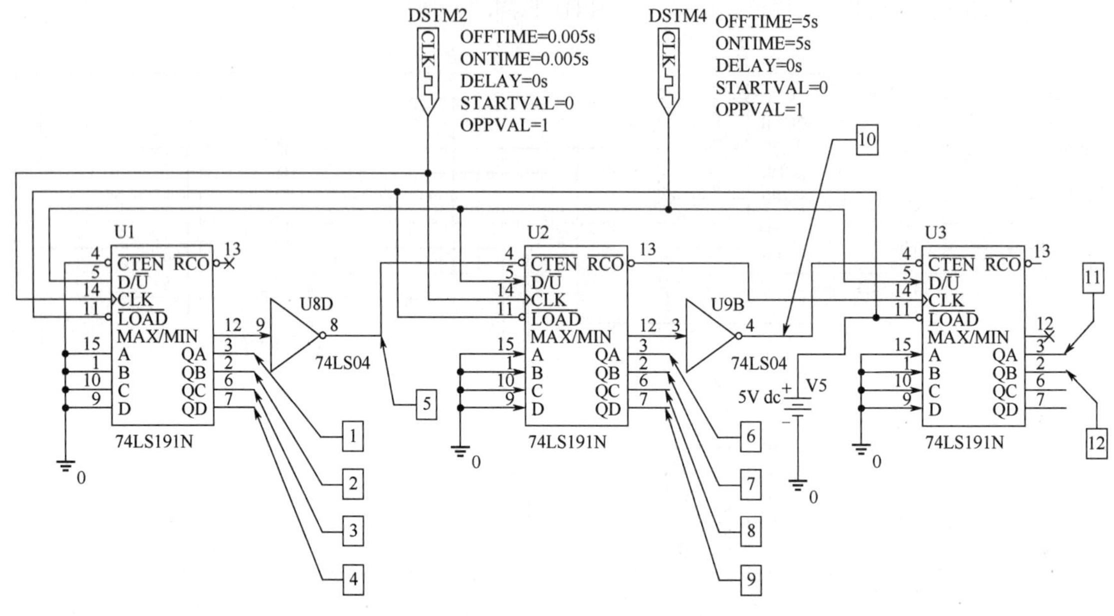

图 12.12.8 计数器电路的仿真图

图12.12.9所示为计数器电路的仿真波形图，从上到下的序号对应的是计数器电路的仿真图中的标号，信号5和10是进位信号，波形截取的是第4～6秒的波形图，第5秒是由正向计数到反向计数的，对比信号的前后波形可以看出，正反计数的一些特点。图12.12.10所示为74LS191N计数器的逻辑时序图。

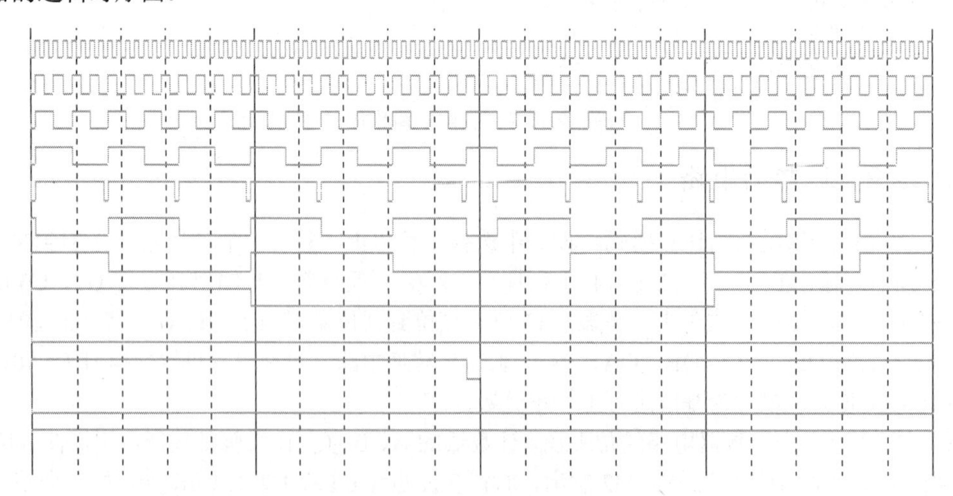

图 12.12.9 计数器电路的仿真波形图

图12.12.11所示为实际设计中的计数器电路。在上述计数器的原理上，为了让计数器从10000 00000开始计数，选择给定信号PTA0，加到芯片LOAD脚的信号上，PTA0的波形参考时序图中$\overline{\text{LOAD}}$引脚的信号。在信号的低电平期间进行预置数，设置芯片U3的预置数从高位到低位DCBA为0010，芯片U2的预置数从高位到低位DCBA为0000芯片，U1的预置数从高位到低位DCBA为0000。这样，计数开始时，是从10000 00000开始上下计数的。

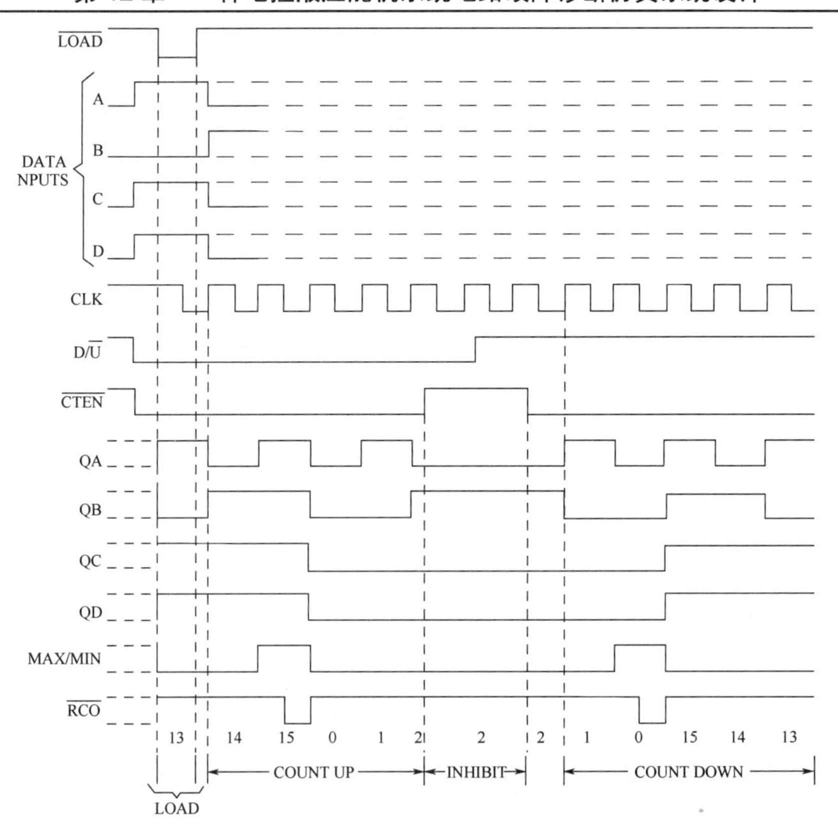

图 12.12.10　74LS191N 计数器的逻辑时序图

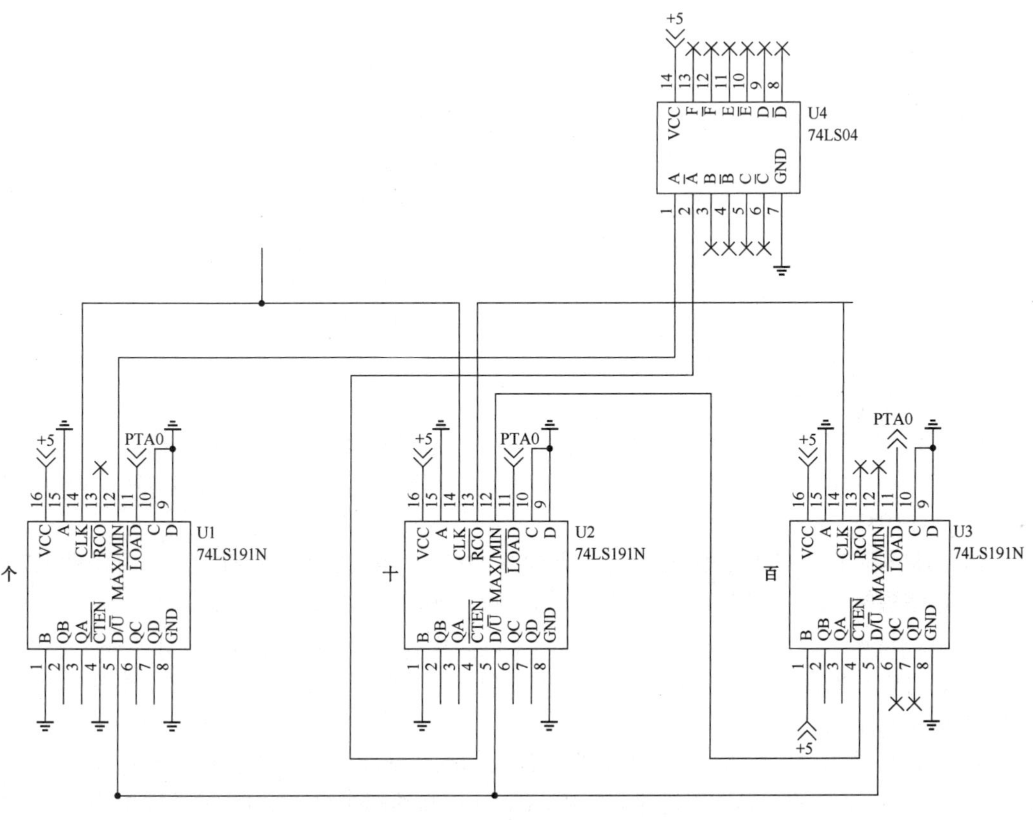

图 12.12.11　实际设计中的计数器电路

12.12.3 D/A 转换电路

我们采用的是 10 位并行数模转换芯片 DAC10，参考器件手册中推荐电路，如图 12.12.12 所示，输入信号从高位到低位为 B_1~B_{10}，是来自计数器电路的数字信号；输出端 I_o 和 $\overline{I_o}$ 输出的是电流信号，需要转换成电压信号，通过外加运放电路，E_o 为输出电压。图中右侧为数字输入值与模拟输出值所对应的表格。

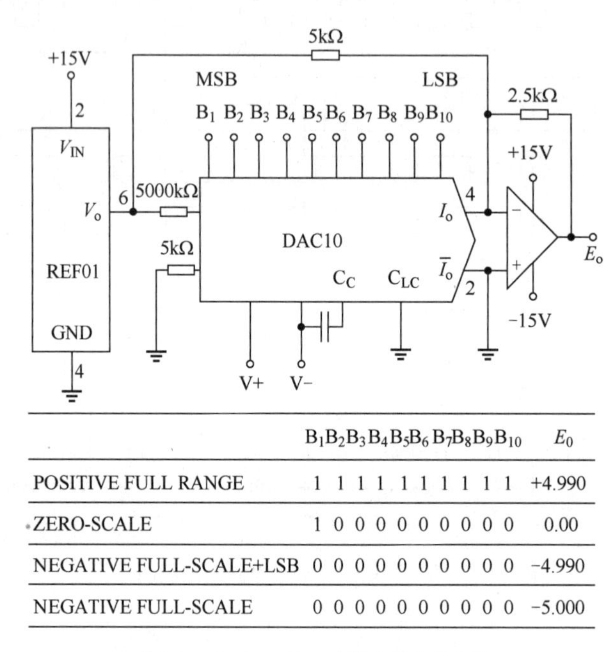

	$B_1B_2B_3B_4B_5B_6B_7B_8B_9B_{10}$	E_0
POSITIVE FULL RANGE	1 1 1 1 1 1 1 1 1 1	+4.990
ZERO-SCALE	1 0 0 0 0 0 0 0 0 0	0.00
NEGATIVE FULL-SCALE+LSB	0 0 0 0 0 0 0 0 0 0	−4.990
NEGATIVE FULL-SCALE	0 0 0 0 0 0 0 0 0 0	−5.000

图 12.12.12　D/A 转换电路原理图

图 12.12.13 所示为实际 D/A 转换电路，将参考电路中的 2.5kΩ 电阻更改为 5kΩ 电阻，这样就得到了±10V 的输出电压。当计数结果为 00000 00000 时，输出电压为-10V；当计数结果为 11111 11111 时，输出电压为+10V。

增量式旋转编码器旋转一周脉冲数为 1000 个，而实际在系统中只是旋转±45°，因此产生的最大脉冲数为 250 个，经过二倍频是 500 个脉冲，经过四倍频是 1000 个脉冲，而 D/A 转换芯片最大计数脉冲为 1024。D/A 转化后的信号需要输出到差分放大电路，与斜坡发生电路的外部输入± 10V 进行求差，作为误差信号。

有以下两种方案。

（1）二倍频，产生最大 500 个脉冲，则 $U_1 \approx \pm 5\text{V}$，再经过运放电路 U6B，放大倍数 2 倍，则 $U_1 \approx \pm 10\text{V}$。在电路板上，将器件 J12 的 1 和 3 用短路帽短接、2 和 4 用短路帽短接，则电路的总输出为 $U_2 \approx \pm 10\text{V}$。

（2）四倍频，产生最大 1000 个脉冲，则 $U_1 \approx \pm 10\text{V}$，第二级不再进行放大，将器件 J12 的 1 和 2 用短路帽短接、3 和 4 用短路帽短接，则电路的总输出为 $U_2 \approx \pm 10\text{V}$。

在实际测试中，只有当转盘处在竖直位置上，以此作为基点旋转时，运转后才不会大于±45°。而在实际运用中，如在+45°时，输出电压 $U_1 \approx \pm 10\text{V}$，一旦超过 45°，$U_1$ 直接跃变为 -10V，会影响系统的正常工作。

因此考虑，使用二倍频方案，运转时产生最大 500 个脉冲，则 $U_1 \approx \pm 5\text{V}$，除去运放电路，在电路板上，将器件 J12 的 1 和 2 用短路帽短接、3 和 4 用短路帽短接，则电路的总输出为 $U_2 \approx \pm 5\text{V}$。

在差分放大电路中与外部输入±10V 信号进行求差值，系统也可正常工作。

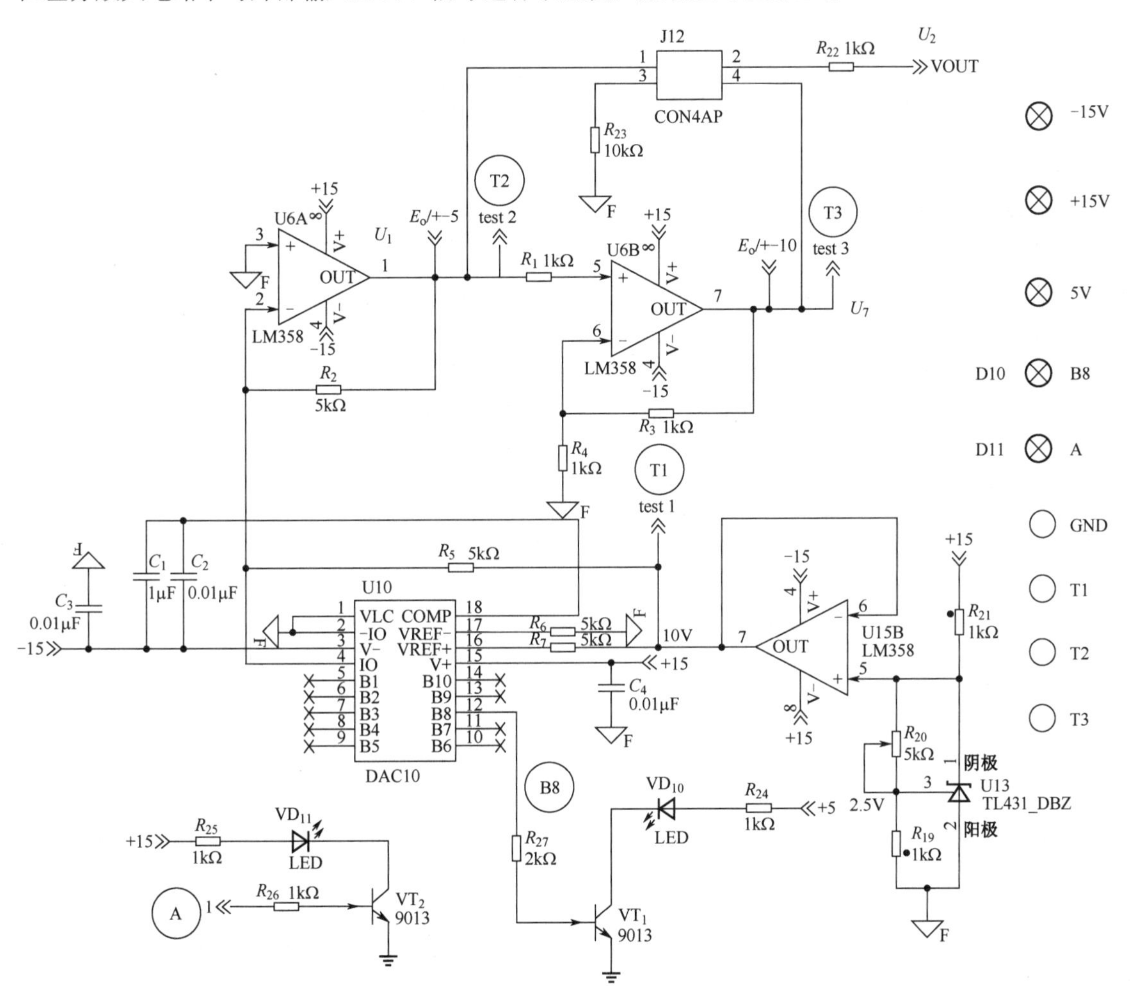

图 12.12.13　实际 D/A 转换电路

参 考 文 献

[1] Harry Kybett，Earl Boysen. 电子技术自学指南[M]. 3 版. 张鼎，等译. 北京：人民邮电出版社，2010.
[2] 华成英，童诗白. 模拟电子技术基础[M]. 北京：高等教育出版社，2006.
[3] 乐嘉谦. 仪表工手册[M]. 2 版. 北京：化学工业出版社，2004.
[4] 任致程，李卫玲. 高级电工实用电路 500 例[M]. 北京：机械工业出版社，2005.
[5] 秦曾煌. 电工学 上册[M]. 7 版. 北京：高等教育出版社，2004.
[6] 邱关源，罗先觉. 电路[M]. 5 版. 北京：高等教育出版社，2006.
[7] 金代中，候锐. 电工速查速算手册[M]. 北京：机械工业出版社，2001.
[8] 李瀚荪. 简明电路分析基础[M]. 北京：高等教育出版社，2002.